CAMBRIDGE LIBRARY COLLECTION

Books of enduring scholarly value

Mathematical Sciences

From its pre-historic roots in simple counting to the algorithms powering modern desktop computers, from the genius of Archimedes to the genius of Einstein, advances in mathematical understanding and numerical techniques have been directly responsible for creating the modern world as we know it. This series will provide a library of the most influential publications and writers on mathematics in its broadest sense. As such, it will show not only the deep roots from which modern science and technology have grown, but also the astonishing breadth of application of mathematical techniques in the humanities and social sciences, and in everyday life.

Oeuvres complètes

Augustin-Louis, Baron Cauchy (1789-1857) was the pre-eminent French mathematician of the nineteenth century. He began his career as a military engineer during the Napoleonic Wars, but even then was publishing significant mathematical papers, and was persuaded by Lagrange and Laplace to devote himself entirely to mathematics. His greatest contributions are considered to be the Cours d'analyse de l'École Royale Polytechnique (1821), Résumé des leçons sur le calcul infinitésimal (1823) and Leçons sur les applications du calcul infinitésimal à la géométrie (1826-8), and his pioneering work encompassed a huge range of topics, most significantly real analysis, the theory of functions of a complex variable, and theoretical mechanics. Twenty-six volumes of his collected papers were published between 1882 and 1958. The first series (volumes 1–12) consists of papers published by the Académie des Sciences de l'Institut de France; the second series (volumes 13–26) of papers published elsewhere.

Oeuvres complètes

Series 1

VOLUME 12

AUGUSTIN LOUIS CAUCHY

CAMBRIDGE
UNIVERSITY PRESS

CAMBRIDGE UNIVERSITY PRESS

Cambridge New York Melbourne Madrid Cape Town Singapore São Paolo Delhi

Published in the United States of America by Cambridge University Press, New York

www.cambridge.org
Information on this title: www.cambridge.org/9781108002813

This edition first published 1900
This digitally printed version 2009

ISBN 978-1-108-00281-3

ŒUVRES

COMPLÈTES

D'AUGUSTIN CAUCHY

PARIS. — IMPRIMERIE GAUTHIER-VILLARS.
26225 Quai des Augustins, 55.

ŒUVRES

COMPLÈTES

D'AUGUSTIN CAUCHY

PUBLIÉES SOUS LA DIRECTION SCIENTIFIQUE

DE L'ACADÉMIE DES SCIENCES

ET SOUS LES AUSPICES

DE M. LE MINISTRE DE L'INSTRUCTION PUBLIQUE.

Ire SÉRIE. — TOME XII,

AVEC UNE TABLE GÉNÉRALE DE LA PREMIÈRE SÉRIE.

PARIS,

GAUTHIER-VILLARS, IMPRIMEUR-LIBRAIRE

DU BUREAU DES LONGITUDES, DE L'ÉCOLE POLYTECHNIQUE,

Quai des Augustins, 55.

MCM.

PREMIÈRE SÉRIE.

MÉMOIRES, NOTES ET ARTICLES

EXTRAITS DES

RECUEILS DE L'ACADÉMIE DES SCIENCES

DE L'INSTITUT DE FRANCE.

III.

NOTES ET ARTICLES

EXTRAITS DES

COMPTES RENDUS HEBDOMADAIRES DES SÉANCES

DE L'ACADÉMIE DES SCIENCES.

(SUITE.)

NOTES ET ARTICLES

EXTRAITS DES

COMPTES RENDUS HEBDOMADAIRES DES SÉANCES

DE L'ACADÉMIE DES SCIENCES.

515.

MÉCANIQUE. — *Sur la théorie des moments linéaires et sur les moments linéaires des divers ordres.*

C. R., T. XXXVI, p. 75 (10 janvier 1853).

J'ai développé, depuis plus d'un quart de siècle, non seulement dans mes *Exercices de Mathématiques*, mais aussi dans mes Leçons données à l'École Polytechnique et à la Faculté des Sciences, la théorie des *moments linéaires*. Comme j'en ai fait la remarque, cette théorie se lie intimement, d'un côté, à la théorie des *moments* des forces, pris par rapport à un point fixe, et représentés par des surfaces planes, de l'autre, à la théorie des *couples* établie par M. Poinsot. Elle a d'ailleurs, l'avantage de s'appliquer non seulement aux forces, mais encore à toutes les quantités qui ont pour mesure des longueurs portées sur des droites dans des directions déterminées, par exemple aux vitesses et aux quantités de mouvement. Il en résulte qu'elle peut être très utilement employée dans la détermination du mouvement d'un système de points matériels, et en particulier dans la détermination des deux mouvements de translation et de rotation d'un corps solide. D'ailleurs, les théorèmes auxquels on est alors conduit s'énoncent plus facilement, lorsqu'avec MM. Mœbius et Saint-Venant on appelle *somme géométrique* de deux longueurs données une troisième longueur représentée en grandeur et en direction par la diagonale du parallélogramme construit sur les deux premières. Entrons à ce sujet dans quelques détails.

Considérons d'abord un point mobile rapporté à trois axes fixes qui partent d'une même origine O, et soit P la position de ce point au bout du temps t. Si l'on attribue à t un accroissement infiniment petit Δt, le rayon vecteur OP, considéré comme une quantité géométrique, recevra un accroissement correspondant, et le coefficient de Δt sera, dans l'accroissement du rayon vecteur, ce qu'on nomme la *vitesse*, dans l'accroissement de la vitesse ce qu'on nomme l'*accélération*. Dans la Mécanique, on est généralement convenu d'attribuer cette accélération à une cause du mouvement appelée *force accélératrice*, et l'on prend, pour mesure de cette force, l'accélération même. Cette substitution de la force à l'accélération est d'ailleurs sans inconvénient, et ne saurait être objectée aux géomètres par ceux qui seraient tentés d'élever des doutes sur les résultats du calcul; car on démontre que le système de deux forces appliquées à un point mobile peut être remplacé par leur somme géométrique, et l'expérience prouve que les accélérations, attribuées à des forces diverses, s'ajoutent géométriquement. Ainsi, par exemple, l'accélération d'un astre placé en présence de deux autres est la somme géométrique des accélérations attribuées à des forces attractives émanant de ces derniers.

D'après ce qu'on vient de dire, la force ou l'accélération est, par sa nature, aussi distincte de la vitesse que celle-ci du rayon vecteur mené de l'origine au point mobile. Si quelquefois on a désigné la vitesse sous le nom de *force d'impulsion*, cela tient à ce qu'en Analyse il peut être commode de représenter une grandeur par une autre d'une nature toute différente, par exemple une force par une longueur, ou réciproquement une longueur par une force. Mais il vaut mieux, ce semble, afin de prévenir toute espèce d'équivoque, éviter de substituer les prétendues forces d'impulsion ou les couples d'impulsion aux vitesses elles-mêmes ou aux moments linéaires de ces vitesses.

Revenons au point mobile P. Pendant qu'il se meut dans l'espace, le rayon vecteur OP décrit une surface conique. Construisons une courbe dont l'arc soit proportionnel à l'aire décrite par le rayon vecteur, la tangente menée par l'extrémité S de cet arc étant perpendiculaire au plan qui touche le cône suivant le rayon vecteur. Le point mobile S sera celui qu'on peut nommer, en se servant d'une épithète introduite dans la science par M. Binet, le *curseur aréolaire.* D'ailleurs la vitesse de ce curseur ou la *vitesse aréolaire* sera proportionnelle au moment linéaire de la vitesse du point P, et l'accélération du point S ou l'*accélération aréolaire* sera proportionnelle au moment linéaire de l'accélération du point P. Dans mes Leçons de 1849, à la Faculté des Sciences, j'ai supposé que le rapport entre l'arc aréolaire et l'aire décrite par le rayon vecteur se réduisait à l'unité. Alors la vitesse aréolaire ne diffère pas en intensité de celle que M. Binet a désignée sous ce nom, c'est-à-dire de la vitesse avec laquelle croît l'aire décrite par le rayon vecteur. Si le rapport de l'arc à cette aire devient égal à 2, la vitesse et l'accélération aréolaires seront précisément les moments linéaires de la vitesse et de l'accélération du point mobile P.

Tandis que le point mobile P se déplace dans l'espace, la projection orthogonale ou même oblique de ce point sur un plan ou sur un axe se déplace pareillement, et le déplacement de cette projection n'est autre chose que la projection du déplacement du point P. De cette seule remarque il suit immédiatement que *la vitesse et l'accélération du point projeté sont les projections de la vitesse et de l'accélération du point donné.*

Plus généralement, si deux points se meuvent simultanément dans l'espace, le déplacement absolu du second sera la somme géométrique qu'on obtient en ajoutant au déplacement absolu du premier le déplacement apparent du second vu du premier. Donc aussi *la vitesse absolue et l'accélération absolue du second point seront les sommes géométriques qu'on obtient quand, à la vitesse ou à l'accélération absolue du premier point, on ajoute la vitesse ou l'accélération apparente du second point vu du premier.*

Enfin, lorsqu'un point mobile P se déplace dans l'espace, si l'on mène par ce point et par un certain axe RS un plan PRS, ce plan se déplacera lui-même avec le temps, et, pendant un instant infiniment petit Δt, il décrira autour de l'axe RS un certain angle. Le coefficient de Δt, dans la valeur de cet angle, sera ce qu'on peut appeler la *vitesse angulaire* du plan mobile autour de l'axe RS. On obtiendra cette vitesse angulaire en divisant la projection de la vitesse du point P sur une perpendiculaire au plan PRS par la distance du point P à l'axe RS.

Jusqu'ici, nous avons fait abstraction de la nature des corps et des points matériels. Alors, comme on l'a dit, l'accélération que produit une force appliquée à un point matériel peut servir de mesure à cette force, nommée, pour cette raison, *accélératrice.* Mais l'expérience démontre que l'effet produit, dans le cas d'équilibre ou de mouvement, par une force appliquée à un point matériel, est tout à la fois proportionnel à l'accélération et à un certain coefficient appelé *masse,* qui dépend de la nature du point mobile. Donc, lorsqu'on veut avoir égard à la masse, on doit prendre pour mesure de la force le produit de la masse par l'accélération. On obtient de cette manière ce qu'on nomme la *force motrice.*

Considérons maintenant un système de points mobiles libres ou assujettis à des liaisons quelconques. En vertu du principe de d'Alembert, le système des forces appliquées à ces points devra être équivalent au système des forces motrices qui ont pour mesure les produits de leurs masses par leurs accélérations; et, pour obtenir les diverses équations du mouvement, il suffira de joindre à cette proposition le principe des vitesses virtuelles. Si les liaisons données permettent de prendre successivement pour mouvements virtuels des mouvements quelconques de translation ou de rotation communs aux divers points, par exemple des mouvements effectués parallèlement aux axes coordonnés ou autour de ces mêmes axes, la considération de ces mouvements fournira *six équations* entre les deux systèmes de forces ci-dessus mentionnés. D'ailleurs, ces six équations pourront être remplacées par deux *équations géométriques*, exprimant que *la somme géométrique des forces et la somme géométrique de leurs moments linéaires, en d'autres termes,* LA FORCE PRINCIPALE *et le* MOMENT PRINCIPAL *restent les mêmes dans les deux systèmes.* Ajoutons qu'il faut bien se garder de confondre le moment principal qui se rapporte aux forces, et qu'on pourrait appeler le *moment dynamique*, avec le moment principal qui se rapporte aux quantités de mouvement, c'est-à-dire aux vitesses multipliées par les masses, et qu'on pourrait appeler le *moment cinématique*. De ces deux moments, le premier est la dérivée du second, prise par rapport au temps, tout comme la somme géométrique des forces motrices est la dérivée de la somme géométrique des quantités de mouvement.

Les deux équations géométriques ici indiquées continuent de subsister, lorsque, dans chacune d'elles, on remplace les diverses quantités géométriques par leurs projections algébriques sur un même axe; et, en prenant successivement pour cet axe chacun des axes coordonnés, on est immédiatement ramené aux six équations connues, qui se trouvent ainsi établies dans le cas même où les axes cessent d'être rectangulaires.

Concevons à présent qu'après avoir multiplié la masse de chacun des points matériels donnés par la quantité géométrique qui représente le rayon vecteur mené de l'origine à ce point, ou par sa dérivée du premier ou du second ordre, c'est-à-dire, en d'autres termes, par la vitesse du point ou par son accélération, on ajoute entre eux les produits ainsi formés; on obtiendra un *rayon vecteur moyen*, ou une *vitesse moyenne*, ou une *accélération moyenne*. Or l'extrémité du rayon vecteur moyen sera précisément ce qu'on appelle le *centre des moyennes distances*, ou *centre d'inertie*, et la vitesse moyenne, ainsi que l'accélération moyenne, ne seront autre chose que la vitesse et l'accélération de ce même centre. Il y a plus : si, dans les produits dont il s'agit, on substitue aux rayons vecteurs, aux vitesses et aux accélérations leurs moments linéaires, ou, en d'autres termes, si l'on substitue à chacun des points donnés le curseur aréolaire qui lui correspond, alors, à la place du centre d'inertie, on obtiendra ce qu'on peut appeler le *centre aréolaire*. Cela posé, les deux équations géométriques ci-dessus indiquées montrent que le centre d'inertie se meut comme si toutes les forces motrices lui étaient appliquées, et le centre aréolaire comme un point auquel on appliquerait à chaque instant, non plus les forces motrices données, mais d'autres forces représentées par les moments linéaires des premières.

Dans le cas particulier où la somme géométrique des forces appliquées s'évanouit, ainsi que la somme géométrique de leurs moments linéaires, le centre d'inertie du système des points donnés est animé d'une vitesse constante et constamment dirigée suivant la même droite ; en d'autres termes, *le centre d'inertie a un mouvement uniforme*, et l'on peut en dire autant du *centre aréolaire*.

Je viens de rappeler les principes généraux sur lesquels il paraît convenable de s'appuyer pour résoudre les problèmes de la Mécanique. Ces principes, que j'ai développés en 1849, dans mes Leçons à la Faculté des Sciences, et qui sont même en grande partie ceux qu'à l'École Polytechnique je présentais, il y a plus d'un quart de siècle, comme devant servir de base à la Mécanique, résument en quelque sorte, sous une forme simple et lumineuse, non seulement les théories exposées dans les Mémoires ou les Ouvrages d'Euler, de Lagrange, de d'Alembert, etc., mais encore les recherches plus récemment publiées sur ce sujet, soit dans la *Mécanique* de Poisson, soit dans les Ouvrages de divers auteurs, particulièrement de MM. Poinsot, Binet, Coriolis, Mœbius, Saint-Venant, etc. On peut d'ailleurs, dans l'application de ces principes à la solution définitive des problèmes, recourir utilement à la considération des moments linéaires des divers ordres dont je vais donner une idée en peu de mots.

Un point fixe O étant pris pour centre des moments, considérons une longueur AB qui, partant d'un autre point A, aboutisse au point B; et, après avoir construit le moment linéaire OK de la longueur AB, menons par le point A une droite AC égale et parallèle à OK, puis une droite AD égale et parallèle au moment linéaire de AC; etc. Les moments linéaires successifs des longueurs AB, AC, AD, ... seront, à l'égard de la longueur AB, ce que nous nommerons *les moments linéaires du premier, du second, du troisième, ... ordre.* Comme je l'expliquerai dans un autre article, l'usage de ces moments linéaires conduit très promptement aux formules qui déterminent le double mouvement de translation et de rotation d'un corps. Dans le cas où le corps est retenu par un point fixe, on arrive, presque sans calcul, à une équation géométrique qui comprend les trois formules données par Euler pour la détermination du mouvement de rotation du corps autour de ce point. Il y a plus : on peut souvent déduire avec facilité de cette équation géométrique les lois du mouvement. On en conclut, par exemple, qu'un solide de révolution, soumis à la seule action de la pesanteur et traversé par un axe dont l'extrémité inférieure s'appuie sur un plan horizontal, peut, en tournant sur lui-même avec une vitesse suffisamment grande, tourner en même temps autour de la verticale, de manière que l'inclinaison de l'axe par rapport au plan horizontal demeure constante. Je me bornerai, pour le moment, à formuler ici les lois de ce phénomène qu'indiquent les évolutions d'une toupie, et qu'a mis en évidence une belle expérience de M. Foucault.

Soient

P le poids du corps;

X la distance entre le centre de gravité et le point d'appui, situés l'un et l'autre sur l'axe de révolution;

ϖ l'angle formé par cet axe avec la verticale;

A le moment d'inertie du corps par rapport à l'axe de révolution;

B le moment d'inertie relatif à un second axe horizontal, perpendiculaire au premier, et passant par le point d'appui;

$\varkappa$ la vitesse angulaire avec laquelle le corps tourne autour de l'axe instantané de rotation;

u la projection de cette vitesse angulaire sur l'axe de révolution;

Υ la vitesse angulaire d'un point situé sur l'axe de révolution autour de la verticale,

et faisons, pour abréger,

$$\Pi = PX.$$

Les vitesses angulaires $\varkappa$, Υ correspondront à des mouvements de rotation dirigés dans le même sens, et l'on aura

$$A u \Upsilon = \Pi + B\Upsilon^2 \cos\varpi.$$

Si la vitesse $\varkappa$ est très grande, l'axe instantané de rotation se confondra sensiblement avec l'axe de révolution, et la projection u de la vitesse $\varkappa$ avec cette vitesse elle-même. Alors l'équation trouvée donnera sensiblement

$$\varkappa\Upsilon = \frac{\Pi}{A},$$

quel que soit l'angle ϖ. Donc alors *la vitesse de rotation d'un point de l'axe de révolution autour de la verticale sera sensiblement en raison inverse de la vitesse de rotation du corps autour de son axe.*

La dernière des équations que nous venons de poser s'accorde avec des formules que Poisson a données dans la seconde édition de sa *Mécanique* en les déduisant d'un calcul approximatif.

516.

ANALYSE MATHÉMATIQUE. — *Sur les clefs algébriques* (suite).

C. R., T. XXXVI, p. 129 (17 janvier 1853).

Les *clefs algébriques*, telles que je les ai définies, peuvent être considérées comme des quantités véritables. Mais ce sont des quantités dont le rôle est spécial et transitoire, des quantités qui n'apparaissent que passagèrement dans les formules où leurs produits sont définitivement remplacés par d'autres quantités qui n'ont avec elles aucune relation, aucune liaison nécessaire. Elles méritent doublement le nom de clefs, puisqu'elles ouvrent la porte en quelque sorte, non seulement au calculateur dont elles guident la marche et facilitent les recherches, mais encore aux quantités nouvelles qui, se glissant à leur suite, viennent s'emparer de postes où elles puissent utilement concourir à la démonstration des théorèmes ou à la solution des problèmes que l'on a en vue. C'est ce que l'on a pu déjà reconnaître, en lisant l'article inséré dans le *Compte rendu* de la dernière séance, et ce que je vais confirmer par de nouveaux exemples.

Considérons d'abord n variables distinctes $x, y, z, \ldots, w$ liées entre elles par une équation de la forme

$$ax + by + cz + \ldots + hw = k. \tag{1}$$

Si l'on attribue successivement aux constantes que renferme la formule (1), n systèmes distincts de valeurs, indiqués à l'aide des indices

$$1, \quad 2, \quad 3, \quad \ldots, \quad n,$$

placés au bas des lettres $a, b, c, \ldots, h, k$, on obtiendra, entre les inconnues $x, y, z, \ldots, w$, les équations linéaires

$$\left\{\begin{array}{l} a_1 x + b_1 y + c_1 z + \ldots + h_1 w = k_1, \\ a_2 x + b_2 y + c_2 z + \ldots + h_2 w = k_2, \\ \ldots\ldots\ldots\ldots\ldots\ldots\ldots\ldots\ldots\ldots, \\ a_n x + b_n y + c_n z + \ldots + h_n w = k_n, \end{array}\right. \tag{2}$$

qui suffiront généralement pour déterminer ces inconnues; et, si l'on combine entre elles par voie d'addition les équations (2), respectivement multipliées par les n facteurs

$$\alpha, \quad \beta, \quad \gamma, \quad \ldots, \quad \eta,$$

on obtiendra une nouvelle équation linéaire de la forme

$$Ax + By + Cz + \ldots + Hw = K, \tag{3}$$

$A, B, C, \ldots, H, K$ désignant $n+1$ fonctions linéaires de $\alpha, \beta, \gamma, \ldots, \eta$. On aura, par exemple,

$$A = a_1\alpha + a_2\beta + a_3\gamma + \ldots + a_n\eta,$$

et, pour obtenir $B, C, H, \ldots, K$, il suffira de substituer à la lettre a, dans le second membre de la formule précédente, la lettre b, ou c, ... D'ailleurs, les facteurs $\alpha, \beta, \gamma, \ldots, \eta$ étant complètement arbitraires, il en résulte que l'équation (3) peut remplacer à elle seule le système des équations (2). J'ajoute que, si l'on considère ces facteurs comme des clefs assujetties aux transmutations de la forme

$$(4) \qquad \alpha^2 \simeq 0, \quad \ldots, \quad \beta\alpha \simeq -\alpha\beta, \quad \ldots,$$

on pourra, de l'équation (3), déduire immédiatement, à l'aide d'une simple multiplication algébrique, la valeur de chacune des inconnues $x, y, z, \ldots, w$. Alors, en effet, les polynômes $A, B, C, \ldots, H, K$, jouissant des mêmes propriétés que les facteurs $\alpha, \beta, \gamma, \ldots, \eta$, satisferont aux conditions de la forme

$$(5) \qquad A^2 = 0, \quad \ldots, \quad BA = -AB, \quad \ldots,$$

et, en multipliant les deux membres de l'équation (3) par le produit symbolique $BC\ldots H$, on trouvera

$$BC\ldots HAx = BC\ldots HK$$

ou, ce qui revient au même,

$$(6) \qquad ABC\ldots Hx = KBC\ldots H.$$

On aura donc

$$(7) \qquad x = \frac{KBC\ldots H}{ABC\ldots H}.$$

En déterminant de la même manière $y, z, \ldots$, on obtiendrait pour valeurs des inconnues celles que donnent les formules symboliques

$$(8) \qquad x = \frac{KBC\ldots H}{ABC\ldots H}, \qquad y = \frac{AKC\ldots H}{ABC\ldots H}, \qquad z = \frac{ABK\ldots H}{ABC\ldots H}, \qquad \ldots.$$

Mais il est bon d'observer qu'après avoir déterminé x on pourra simplifier la recherche des valeurs de y, z, ... en les tirant de la formule (3) multipliée, non plus par le produit $BC\ldots H$, mais par ceux qu'on en déduit quand on supprime le facteur B, ou les deux facteurs BC, ..., etc. Il y a plus : en admettant que l'on suive cette marche, on pourra réduire à zéro une clef dans la valeur de y, deux clefs dans la valeur de z, ...; et, comme on pourra choisir arbitrairement les clefs auxquelles ces réductions seront appliquées, il est clair que le calcul pourra s'effectuer de diverses manières, ce qui fournira un grand nombre de vérifications des résultats obtenus. Supposons, pour fixer les idées, que les inconnues x, y, z soient au nombre de trois. Leurs valeurs pourront être tirées des formules symboliques

$$(9) \qquad x = \frac{KBC}{ABC}, \qquad y = \frac{KC - ACx}{BC}, \qquad z = \frac{K - Ax - By}{C};$$

d'ailleurs, on pourra réduire à zéro une clef dans la valeur de y, et deux clefs dans la valeur de z.

Concevons à présent que les seconds membres des équations (1) s'évanouissent; alors, entre les équations réduites aux formules

$$(10) \qquad \begin{cases} a_1 x + b_1 y + c_1 z + \ldots + h_1 w = 0, \\ a_2 x + b_2 y + c_2 z + \ldots + h_2 w = 0, \\ \ldots\ldots\ldots\ldots\ldots\ldots\ldots\ldots, \\ a_n x + b_n y + c_n z + \ldots + h_n w = 0, \end{cases}$$

on pourra éliminer les variables x, y, z, ..., et l'on obtiendra ainsi une équation de condition entre les coefficients représentés par les divers termes du Tableau

$$(11) \qquad \begin{cases} a_1, & b_1, & c_1, & \ldots, & h_1, \\ a_2, & b_2, & c_2, & \ldots, & h_2, \\ \ldots, & \ldots, & \ldots, & \ldots, & \ldots, \\ a_n, & b_n, & c_n, & \ldots, & h_n. \end{cases}$$

Alors aussi la formule (6) sera réduite à

$$ABC\ldots Hx = 0;$$

et, comme elle devra se vérifier, quel que soit x, il est clair que la formule

$$ABC\ldots H = 0 \tag{12}$$

sera précisément l'équation résultante de l'élimination des variables x, y, z, ..., w entre les équations (10). Enfin, comme on aura encore

$$ABC\ldots H = \alpha\beta\gamma\ldots\eta\, S(\pm a_1 b_2 c_3 \ldots h_n), \tag{13}$$

on tirera de l'équation (12), en y posant, comme on peut le faire, $\alpha\beta\gamma\ldots\eta \simeq 1$,

$$S(\pm a_1 b_2 c_3 \ldots h_n) = 0. \tag{14}$$

On peut remarquer d'ailleurs que le premier membre de la formule (14), c'est-à-dire la *résultante algébrique* des divers termes du Tableau (11), demeure invariable, tandis que dans ce Tableau on échange entre elles les colonnes horizontales et verticales. Donc l'équation (13) continuera de subsister si l'on suppose les valeurs de A, B, C, ... déterminées par les formules

$$\left\{\begin{array}{l} A = a_1\alpha + b_1\beta + c_1\gamma + \ldots + h_1\eta, \\ B = a_2\alpha + b_2\beta + c_2\gamma + \ldots + h_2\eta, \\ \ldots\ldots\ldots\ldots\ldots\ldots\ldots\ldots\ldots\ldots, \\ K = a_n\alpha + b_n\beta + c_n\gamma + \ldots + h_n\eta; \end{array}\right. \tag{15}$$

et l'on peut énoncer la proposition suivante :

Théorème I. — *Si l'on élimine n variables x, y, z, ..., w entre n équations dont les premiers membres soient des fonctions linéaires et homogènes de ces variables, il suffira, pour obtenir l'équation résultante, d'égaler à zéro le produit des premiers membres des équations données, et de considérer les variables x, y, z, ..., w comme des clefs assujetties aux transmutations de la forme*

$$x^2 \simeq 0, \quad \ldots, \quad xy \simeq -xy, \quad \ldots.$$

Revenons maintenant aux équations (1); supposons que, dans les premiers membres de ces équations, on attribue successivement aux variables

$$x, \quad y, \quad z, \quad \ldots, \quad w$$

n systèmes distincts de valeurs, indiquées à l'aide des indices

$$1, \quad 2, \quad 3, \quad \ldots, \quad n$$

placés en bas des lettres qui représentent ces variables, et nommons $k_{l,m}$ ce que devient k_l quand on y pose

$$x = x_m, \qquad y = y_m, \qquad z = z_m, \qquad \ldots, \qquad w = w_m.$$

A la place de la formule (3) on obtiendra n équations de la forme

$$(16) \qquad \begin{cases} Ax_1 + By_1 + Cz_1 + \ldots + Hw_1 = K_1, \\ Ax_2 + By_2 + Cz_2 + \ldots + Hw_2 = K_2, \\ \ldots\ldots\ldots\ldots\ldots\ldots\ldots\ldots\ldots\ldots, \\ Ax_n + By_n + Cz_n + \ldots + Hw_n = K_n, \end{cases}$$

les valeurs de K_1; K_2, ..., K_n étant déterminées par les formules

$$(17) \qquad \begin{cases} K_1 = k_{1,1}\alpha + k_{2,1}6 + k_{3,1}\gamma + \ldots + k_{n,1}\eta, \\ K_2 = k_{1,2}\alpha + k_{2,2}6 + k_{3,2}\gamma + \ldots + k_{n,2}\eta, \\ \ldots\ldots\ldots\ldots\ldots\ldots\ldots\ldots\ldots\ldots, \\ K_n = k_{1,n}\alpha + k_{2,n}6 + k_{3,n}\gamma + \ldots + k_{n,n}\eta. \end{cases}$$

D'ailleurs, si aux facteurs symboliques $A, B, C, \ldots, H$, dont les valeurs sont données par les formules (15), on substitue les facteurs K_1, $K_2, \ldots, K_n$, dont les valeurs sont données par les formules (17), on obtiendra, en formant le produit de ces facteurs symboliques, non plus la formule (13), mais la suivante

$$(18) \qquad K_1 K_2 \ldots K_n = \alpha 6 \gamma \ldots \eta \, \mathrm{S}(\pm k_{1,1} k_{2,2} k_{3,3} \ldots k_{n,n}),$$

dans laquelle l'expression $\mathrm{S}(\pm k_{1,1} k_{2,2} k_{3,3} \ldots k_{n,n})$ est la résultante algébrique des divers termes du tableau

$$(19)\qquad \left\{\begin{array}{lllll} k_{1,1}, & k_{2,1}, & k_{3,1}, & \ldots, & k_{n,1}, \\ k_{1,2}, & k_{2,2}, & k_{3,2}, & \ldots, & k_{n,2}, \\ \ldots, & \ldots, & \ldots, & \ldots, & \ldots, \\ k_{1,n}, & k_{2,n}, & k_{3,n}, & \ldots, & k_{n,n}, \end{array}\right.$$

le signe S pouvant être censé relatif à l'un quelconque des deux systèmes d'indices; et, puisque les facteurs symboliques $A, B, C, \ldots, H$ vérifient les conditions (5), on tirera encore des formules (16)

$$(20)\qquad ABC\ldots H\,\mathrm{S}(\pm x_1 y_2 z_3 \ldots w_n) = K_1 K_2 K_3 \ldots K_n.$$

Si, dans cette dernière formule, on substitue les valeurs des produits $ABC\ldots H$, $K_1 K_2 K_3 \ldots K_n$ fournies par les équations (13) et (18), et si, dans l'équation nouvelle ainsi obtenue, on suppose, pour plus de simplicité,

$$\alpha\beta\gamma\ldots\eta = 1,$$

on trouvera

$$(21)\qquad \mathrm{S}(a_1 b_2 c_3 \ldots h_n)\,\mathrm{S}(\pm x_1 y_2 z_3 \ldots w_n) = \mathrm{S}(\pm k_{1,1} k_{2,2} k_{3,3} \ldots k_{n,n}).$$

On sera ainsi ramené, par la considération des produits symboliques, à un théorème que j'ai démontré dans le XVIIe Cahier du *Journal de l'École Polytechnique* (¹), et que l'on peut énoncer comme il suit :

Théorème II. — *Le produit de deux résultantes algébriques est encore une résultante algébrique.*

Pour mettre en évidence les avantages que présente l'intervention des clefs dans les applications numériques, supposons que l'on se propose de résoudre les trois équations

$$(22)\qquad \left\{\begin{array}{l} x + 2y + 3z = 1, \\ 3x + y + 2z = 3, \\ 2x + 3y + z = 5. \end{array}\right.$$

(¹) *Voir* aussi dans le même Cahier un Mémoire de M. Binet.

De ces équations respectivement multipliées par α, β, γ, puis combinées entre elles par voie d'addition, on tirera

$$Ax + By + Cz = K, \tag{23}$$

les valeurs de A, B, C, K étant

$$(24) \quad \left\{ \begin{array}{lll} A = \alpha + 3\beta + 2\gamma, & B = 2\alpha + \beta + 3\gamma; & C = 3\alpha + 2\beta + \gamma, \\ & K = \alpha + 3\beta + 5\gamma, & \end{array} \right.$$

puis, en considérant α, β, γ comme des clefs assujetties aux conditions de la forme

$$\alpha^2 \simeq 0, \quad \ldots, \quad \beta\alpha \simeq -\alpha\beta, \quad \ldots,$$

on tirera immédiatement de l'équation (23) multipliée par le produit BC la valeur de l'inconnue x. Effectivement, dans cette hypothèse, les formules (24) donneront

$$BC = -5\beta\gamma + 7\gamma\alpha + \alpha\beta;$$

et par suite, en posant, pour abréger,

$$\alpha\beta\gamma \simeq 1,$$

on trouvera

$$ABC = -1.5 + 3.7 + 2.1 = 18,$$
$$KBC = -1.5 + 3.7 + 5.1 = 21,$$
$$x = \frac{KBC}{ABC} = \frac{21}{18} = \frac{7}{6}.$$

La valeur de x étant ainsi obtenue, on déduira immédiatement de la formule (23) multipliée par le seul facteur C la valeur de y, et l'on pourra même, dans la détermination de y, réduire à zéro l'une quelconque des trois clefs α, β, γ. En prenant, pour fixer les idées, $\gamma = 0$, on tirera des formules (24)

$$(25) \quad \left\{ \begin{array}{lll} A = \alpha + 3\beta, & B = 2\alpha + \beta, & C = 3\alpha + 2\beta, \\ & K = A, & \end{array} \right.$$

puis, en posant, pour abréger,

$$\alpha\beta \simeq 1,$$

on trouvera

$$BC = 1, \qquad AC = KC = -7,$$

$$y = \frac{AC}{BC}(1 - x) = -7(1 - x) = \frac{7}{6} = x.$$

Enfin, on tirera de la formule (23), en réduisant à zéro deux clefs, par exemple α et β,

$$z = 5 - 2x - 3y = 5(1 - x) = -\frac{5}{6}.$$

On aura donc, en définitive,

$$(26) \qquad x = y = \frac{7}{6}, \qquad z = -\frac{5}{6}.$$

Remarquons d'ailleurs que, en appliquant l'équation (23) à la détermination des inconnues x, y, z, on peut choisir arbitrairement : 1° l'ordre dans lequel on déterminera ces inconnues; 2° l'ordre dans lequel on multipliera les facteurs symboliques des produits ABC, KBC, ...; 3° les clefs que l'on fera évanouir dans les valeurs des inconnues y et z. Il y aura donc un grand nombre de manières différentes d'effectuer le calcul; mais, quelle que soit celle que l'on adopte, on sera toujours conduit au même résultat. Ainsi, par exemple, si dans la détermination de y on pose, non plus $\gamma = 0$, mais $\beta = 0$, on trouve

$$A = \alpha + 2\gamma, \qquad B = 2\alpha + 3\gamma, \qquad C = 3\alpha + \gamma,$$
$$K = \alpha + 5\gamma,$$

puis, en posant, pour abréger, $\gamma\alpha = 1$, on trouvera

$$BC = 7, \qquad AC = 5, \qquad KC = 14,$$

$$y = \frac{KC - ACx}{BC} = \frac{14 - 5x}{7} = \frac{7}{6}.$$

Dans un prochain article, je montrerai les avantages que présente l'emploi des clefs algébriques dans la résolution des équations non linéaires.

517.

ANALYSE MATHÉMATIQUE. — *Sur les avantages que présente, dans un grand nombre de questions, l'emploi des clefs algébriques.*

C. R., T. XXXVI, p. 161 (24 janvier 1853).

Dans les précédents articles, j'ai fait voir que l'élimination des inconnues entre des équations linéaires et la résolution d'équations de cette forme pouvaient être réduites, par l'emploi des clefs algébriques, à de simples multiplications. J'ajoute que la théorie des clefs réduit encore à la multiplication un grand nombre d'opérations d'Algèbre et de questions diverses, par exemple la division algébrique, la recherche du plus grand commun diviseur de deux polynômes donnés, le problème de l'interpolation, l'élimination des inconnues entre des équations de degrés quelconques, etc. C'est effectivement ce qui résulte des principes que je vais poser.

ANALYSE.

Je commencerai par établir la proposition suivante :

THÉORÈME. — *Soient* $\mathrm{f}(x)$, $\mathrm{F}(x)$ *deux fonctions entières de* x : *la première, du degré* n; *la seconde, du degré* m. *Soient encore* μ, ν *deux nombres entiers distincts de* m, n; *et nommons* l *la plus grande des deux différences*

$$m - \mu, \quad n - \nu,$$

ou leur valeur commune, si elles sont égales. On pourra, si l *est positif, satisfaire à l'équation*

$$\mathrm{u} = \mathrm{v}\,\mathrm{f}(x) + \mathrm{w}\,\mathrm{F}(x), \tag{1}$$

en prenant pour

$$\mathrm{u}, \quad \mathrm{v}, \quad \mathrm{w}$$

trois fonctions entières de x, *dont les degrés soient respectivement*

$$l - 1, \quad \mu, \quad \nu.$$

Démonstration. — En effet, supposons

$$(2) \qquad \mathrm{v} = \alpha_0 + \alpha_1 x + \ldots + \alpha_\mu x^\mu, \qquad \mathrm{w} = 6_0 + 6_1 x + \ldots + 6_\nu x^\nu;$$

à ces valeurs de v, w correspondra, en vertu de l'équation (1), une valeur de u, qui sera de la forme

$$(3) \qquad \mathrm{u} = \omega_0 + \omega_1 x + \ldots + \omega_{l+\mu+\nu} x^{l+\mu+\nu},$$

le degré $l + \mu + \nu$ de u, considéré comme fonction de x, étant le plus grand des nombres

$$m + \nu, \quad n + \mu,$$

ou leur valeur commune, s'ils sont égaux, et les quantités

$$\omega_0, \quad \omega_1, \quad \ldots, \quad \omega_{l+\mu+\nu}$$

étant des fonctions linéaires des coefficients

$$\alpha_0, \quad \alpha_1, \quad \ldots, \quad \alpha_\mu, \qquad 6_0, \quad 6_1, \quad \ldots, \quad 6_\nu.$$

D'ailleurs, le nombre de ces coefficients étant $\mu + \nu + 2$, on pourra, en attribuant à l'un d'eux une valeur arbitraire, choisir les autres de manière à faire évanouir $\mu + \nu + 1$ termes dans la fonction u; et, si ces termes sont ceux qui renferment les plus hautes puissances de x, c'est-à-dire si l'on choisit les coefficients $\alpha_0, \alpha_1, \ldots, \alpha_\mu, 6_0, 6_1, \ldots, 6_\nu$, ou plutôt leurs rapports, de manière à vérifier les équations

$$(4) \qquad \omega_l = 0, \qquad \omega_{l+1} = 0, \qquad \ldots, \qquad \omega_{l+\mu+\nu} = 0,$$

alors u, réduit à la forme

$$(5) \qquad \mathrm{u} = \omega_0 + \omega_1 x + \ldots + \omega_{l-1} x^{l-1},$$

sera, non plus du degré $l + \mu + \nu$, mais du degré $l - 1$. Cela posé, les polynômes u, v, w satisferont évidemment aux conditions énoncées dans le théorème.

Quant à la détermination précise des valeurs de u, v, w, on pourrait l'effectuer, dans tous les cas, en tirant des équations (4) les valeurs des coefficients $\alpha_0, \alpha_1, \ldots, \alpha_\mu, 6_0, 6_1, \ldots, 6_\nu$, et en substituant ces valeurs dans les formules (2) et (5). Il y a plus : dans le cas particulier où l'on a

$$m - \mu = n - \nu, \tag{6}$$

on peut, comme l'a remarqué M. Liouville, déduire d'une formule d'interpolation, donnée dans la Note V de mon *Analyse algébrique* (¹), les valeurs de u, v, w, exprimées en fonctions symétriques des racines des deux équations

$$\mathrm{f}(x) = 0, \tag{7}$$

$$\mathrm{F}(x) = 0, \tag{8}$$

attendu que, en vertu de la formule (1), on a, pour chacune des valeurs de x propres à vérifier l'équation (7),

$$\frac{\mathrm{u}}{\mathrm{w}} = \mathrm{F}(x) \tag{9}$$

et, pour chacune des valeurs de x propres à vérifier l'équation (8),

$$\frac{\mathrm{u}}{\mathrm{v}} = \mathrm{f}(x). \tag{10}$$

Mais, après avoir exprimé u, v, w en fonctions symétriques des racines des équations (7) et (8), on devrait encore transformer ces fonctions symétriques en fonctions des coefficients que renferment $\mathrm{f}(x)$ et $\mathrm{F}(x)$. Enfin, dans le cas où la condition (6) est remplie, on pourrait exprimer les diverses valeurs de u, v, w correspondantes aux diverses valeurs de μ, en fonction des quotients et des restes fournis par les divisions qu'entraîne la recherche du plus grand commun diviseur entre $\mathrm{f}(x)$ et $\mathrm{F}(x)$. J'ajoute que, si l'on considère les coefficients α_0, $\alpha_1, \ldots, \alpha_\mu, \beta_0, \beta_1, \ldots, \beta_\nu$ comme des clefs algébriques, il ne sera plus nécessaire de recourir ni à la résolution des équations (4), ni à aucune des opérations algébriques dont nous venons de parler, et qu'alors une simple multiplication suffira, dans tous les cas, pour déduire des fonctions entières u, v, w, déterminées par les équa-

(¹) *OEuvres de Cauchy*, S. II, T. III, p. 429.

tions (2) et (3), trois autres fonctions entières u, v, w, qui rempliront les conditions énoncées dans le théorème. En effet, les quantités α_0, α_1, ..., α_μ, β_0, β_1, ..., β_ν étant prises pour des clefs assujetties aux transmutations de la forme

$$\alpha^2 \simeq 0, \quad \ldots, \quad \beta\alpha \simeq -\alpha\beta, \quad \ldots,$$

posons

$$\Omega = \omega_l \omega_{l+1} \ldots \omega_{l+\mu+\nu}; \tag{11}$$

et soient, d'ailleurs,

$$u = \Omega \mathrm{u}, \qquad v = \Omega \mathrm{v}, \qquad w = \Omega \mathrm{w}. \tag{12}$$

Il est clair que l'équation

$$\mathrm{u} = \mathrm{v}\, \mathrm{f}(x) + \mathrm{w}\, \mathrm{F}(x)$$

entraînera la suivante

$$u = v\, \mathrm{f}(x) + w\, \mathrm{F}(x), \tag{13}$$

et que les degrés des trois fonctions nouvelles

$$u, \quad v, \quad w$$

seront respectivement

$$l-1, \quad \mu, \quad \nu.$$

Remarquons encore que, si l'on nomme c le coefficient de la plus haute puissance de x dans u, la première des formules (12) donnera

$$c = \Omega \omega_{l-1}$$

ou, ce qui revient au même,

$$c = (-1)^{\mu+\nu-1} \omega_{l-1} \Omega. \tag{14}$$

Pour que les valeurs de u, v, w, c données par les formules (12) et (14) puissent être calculées numériquement, il sera nécessaire d'attribuer une valeur déterminée au produit des clefs

$$\alpha_0, \quad \alpha_1, \quad \ldots, \quad \alpha_\mu; \qquad \beta_0, \quad \beta_1, \quad \ldots, \quad \beta_\nu,$$

multipliées l'une par l'autre dans un certain ordre. Par ce motif, nous assujettirons désormais les clefs dont il s'agit à la condition

$$(15)\qquad \alpha_0\alpha_1\ldots\alpha_\mu\,6_0\,6_1\ldots6_\nu = 1.$$

Revenons maintenant au cas spécial où les nombres μ, ν sont liés entre eux par la condition (6), et supposons d'ailleurs, pour fixer les idées, $m \overline{\gtrless} n$. On aura

$$(16)\qquad l = m - \mu = n - \nu,$$

et, puisque l doit être positif, le nombre

$$\mu = m - l$$

sera l'un des termes de la suite

$$0,\quad 1,\quad 2,\quad \ldots,\quad m-1.$$

Alors aussi, μ venant à changer de valeur, les trois fonctions

$$u,\quad v,\quad w$$

varieront avec leurs degrés exprimés par les trois nombres

$$m-\mu-1,\quad \mu,\quad n-m+\mu,$$

et c variera encore ainsi que Ω. Cela posé, représentons, à l'aide des notations

$$u_\mu,\quad v_\mu,\quad w_\mu,\quad c_\mu,$$

les quantités

$$u,\quad v,\quad w,\quad c,$$

considérées comme fonctions du nombre variable μ. La formule (13) donnera

$$(17)\qquad u_\mu = v_\mu\,\mathrm{f}(x) + w_\mu\,\mathrm{F}(x),$$

et l'on tirera de la formule (14)

$$(18)\qquad c_\mu = (-1)^{m+n-1}\,\omega_{m-\mu-1}\,\omega_{m-\mu}\ldots\omega_{n+\mu-1}\,\omega_{n+\mu}.$$

Cherchons à présent les coefficients des plus hautes puissances de x dans v_μ et w_μ. Ces coefficients seront, en vertu des formules (12) jointes aux équations (2),

$$\Omega \alpha_\mu, \quad \Omega \beta_\nu, \tag{19}$$

la valeur de Ω étant

$$\Omega = \omega_{m-\mu} \ldots \omega_{n+\mu-1} \omega_{n+\mu}. \tag{20}$$

Si d'ailleurs on pose

$$\left\{ \begin{aligned} f(x) &= a_0 + a_1 x + \ldots + a_n x^n, \\ F(x) &= b_0 + b_1 x + \ldots + b_m x^m, \end{aligned} \right. \tag{21}$$

on aura

$$\omega_{m+\mu} = a_n \alpha_\mu + b_m \beta_\nu,$$

et par suite les expressions (19) deviendront

$$\left\{ \begin{aligned} &- b_m \omega_{m-\mu} \ldots \omega_{n+\mu-1} \alpha_\mu \beta_\nu, \\ & a_n \omega_{m-\mu} \ldots \omega_{n+\mu-1} \alpha_\mu \beta_\nu. \end{aligned} \right. \tag{22}$$

D'autre part, lorsqu'on multipliera $\alpha_\mu \beta_\nu$ par le produit symbolique

$$\omega_{m-\mu} \ldots \omega_{n+\mu-1},$$

on pourra, dans ce produit, réduire à zéro les deux clefs α_μ, β_ν; par conséquent, on pourra réduire la valeur de ce même produit à celle que lui assigne la formule (18), quand on remplace, dans cette formule, μ par $\mu - 1$, c'est-à-dire à la quantité

$$(-1)^{m+n-1} c_{\nu-1}.$$

Enfin, en vertu de la convention qu'exprime la formule (15), on devra supposer, dans l'évaluation de $c_{\mu-1}$,

$$\alpha_0 \alpha_1 \ldots \alpha_{\mu-1} \beta_0 \beta_1 \ldots \beta_{\nu-1} \simeq 1, \tag{23}$$

et, dans l'évaluation des produits (22),

$$\alpha_0 \alpha_1 \ldots \alpha_{\mu-1} \alpha_\mu \beta_0 \beta_1 \ldots \beta_{\nu-1} \beta_\nu \simeq 1,$$

par conséquent

$$\alpha_0 \alpha_1 \ldots \alpha_{\mu-1} 6_0 6_1 \ldots 6_{\nu-1} \alpha_\mu 6_\nu = (-1)^\nu.$$

Donc, et attendu que l'on a $\nu = n - m + \mu$, les produits (22), ou les coefficients de x^μ et de $x^{n-m+\mu}$, dans les fonctions v_μ et w_μ, se réduiront aux deux quantités

$$(24) \qquad (-1)^\mu b_m c_{\mu-1}, \quad (-1)^{\mu+1} a_n c_{\mu-1}.$$

Il sera maintenant facile de tirer de la formule (17) une équation remarquable à laquelle satisfont les fonctions v_μ, w_μ. En effet, si, dans la formule (17), on remplace μ par $\mu + 1$, on obtiendra la suivante

$$(25) \qquad u_{\mu+1} = v_{\mu+1} \, \mathrm{f}(x) + w_{\mu+1} \, \mathrm{F}(x);$$

puis, en faisant, pour abréger,

$$(26) \qquad k_{\lambda,\mu} = v_\lambda w_\mu - v_\mu w_\lambda,$$

on tirera des formules (17) et (25),

$$(27) \qquad \begin{cases} k_{\mu,\mu+1} \, \mathrm{f}(x) = u_\mu w_{\mu+1} - u_{\mu+1} w_\mu, \\ k_{\mu+1,\mu} \, \mathrm{F}(x) = u_\mu v_{\mu+1} - u_{\mu+1} v_\mu. \end{cases}$$

Or les degrés des produits

$$u_\mu w_{\mu+1}, \quad u_\mu v_{\mu+1},$$

étant exprimés par les nombres

$$l + \nu = n, \qquad l + \mu = m,$$

par conséquent égaux aux degrés des fonctions

$$\mathrm{f}(x), \quad \mathrm{F}(x),$$

tandis que les degrés des produits

$$u_{\mu+1} w_\mu, \quad u_{\mu+1} v_\mu$$

se réduisent aux nombres $n - 2$, $m - 2$, il résulte des formules (27) que les quantités

$$k_{\mu,\mu+1},\quad k_{\mu+1,\mu},$$

égales au signe près, mais affectées de signes contraires, sont indépendantes de x. Comme d'ailleurs les coefficients des plus hautes puissances de x, dans les fonctions

$$f(x),\quad F(x),\quad u_\mu,\quad v_{\mu+1},\quad w_{\mu+1},$$

seront respectivement

$$a_n,\quad b_m,\quad c_\mu,\quad (-1)^{\mu+1} b_m c_\mu,\quad (-1)^\mu a_n c_\mu,$$

les deux derniers étant ce que deviennent les quantités (24) quand on remplace μ par $\mu+1$, on tirera des formules (27),

$$(28)\qquad k_{\mu,\mu+1} = -k_{\mu+1,\mu} = (-1)^\mu c_\mu^2.$$

En d'autres termes, on aura

$$(29)\qquad v_\mu w_{\mu+1} - v_{\mu+1} w_\mu = (-1)^\mu c_\mu^2.$$

Remarquons encore que si, dans la formule (17), on remplace μ par $\mu+2$, on obtiendra la suivante

$$(30)\qquad u_{\mu+2} = v_{\mu+2} f(x) + w_{\mu+2} F(x),$$

et que, des formules (17), (25), (30), on tire, en éliminant $f(x)$ et $F(x)$,

$$(31)\qquad k_{\mu+1,\mu+2} u_\mu + k_{\mu+2,\mu} u_{\mu+1} + k_{\mu,\mu+1} u_{\mu+2} = 0,$$

par conséquent,

$$(32)\qquad u_\mu = (-1)^\mu \frac{k_{\mu,\mu+2}}{c_{\mu+1}^2} u_{\mu+1} + \left(\frac{c_\mu}{c_{\mu+1}}\right)^2 u_{\mu+2}.$$

Dans cette dernière formule, où les degrés des polynômes

$$u_\mu,\quad u_{\mu+1},\quad u_{\mu+2}$$

sont exprimés par les nombres

$$n-\mu-1,\quad n-\mu-2,\quad n-\mu-3,$$

$k_{\mu,\mu+2}$ ne pourra être évidemment qu'une fonction linéaire de la variable x.

Des principes que nous venons d'établir on déduira sans peine la conséquence que nous avons déjà indiquée, savoir que l'intervention des clefs réduit à la multiplication un grand nombre d'opérations algébriques.

S'agit-il, par exemple, de diviser le polynôme $f(x)$ du degré n par un autre polynôme $F(x)$ du degré m égal ou inférieur à n, on posera $\mu = 0$, $\nu = n - m$. Alors la fonction v, déterminée par la formule

$$v = \Omega \alpha_0, \tag{33}$$

sera réduite à une quantité constante. Alors aussi, de l'équation (13) présentée sous la forme

$$f(x) = \frac{u}{v} - \frac{w}{v} F(x), \tag{34}$$

on conclura qu'en divisant $f(x)$ par $F(x)$ on obtiendra pour quotient et pour reste les deux fonctions entières

$$-\frac{w}{v}, \quad \frac{u}{v}.$$

S'agit-il d'éliminer x entre les deux équations

$$f(x) = 0, \qquad F(x) = 0,$$

alors on posera $\mu = m - 1$, $\nu = n - 1$, et l'équation résultante de l'élimination sera

$$u = 0, \tag{35}$$

la valeur de u étant donnée par la première des équations (12), de sorte qu'on aura

$$u = \Omega u = \Omega \omega_0.$$

Par suite l'équation résultante pourra être réduite à la formule

$$\omega_0 \omega_1 \omega_2 \ldots \omega_{m+n-1} = 0. \tag{36}$$

Si d'ailleurs on veut, de cette dernière formule, déduire celle que j'ai donnée, comme propre à résoudre la même question, dans mon premier article sur les clefs ([1]), il suffira d'échanger entre elles les colonnes horizontales et verticales dans le Tableau formé avec les divers termes, dont le premier membre de la formule (36) représente la résultante algébrique.

S'agit-il enfin d'obtenir les quotients et les restes divers des divisions qu'entraîne la recherche du plus grand commun diviseur des fonctions entières $f(x)$, $F(x)$, il suffira de recourir aux formules (12) et (26), à l'aide desquelles on déterminera les diverses valeurs de la fonction u ou u_μ, et de la fonction $k_{\mu,\mu+2}$. En effet, il résulte des formules (34) et (32) que les divers restes et les divers quotients seront les produits des diverses valeurs de u_μ et de $k_{\mu,\mu+2}$ par des constantes que donnent ces formules mêmes.

Ajoutons que l'intervention des clefs fournira encore un moyen de réduire à de simples multiplications les problèmes dont les solutions s'appuyaient sur l'une des opérations algébriques ici rappelées, par exemple, l'évaluation d'une fonction symétrique des racines d'une équation, et spécialement du produit des carrés des différences entre ces racines, la détermination du nombre des racines égales et leur élimination, la détermination d'une limite inférieure à la plus petite différence entre deux racines réelles, la détermination du nombre des racines positives, du nombre des racines négatives, et, plus généralement, du nombre des racines réelles ou imaginaires qui satisfont à certaines conditions, etc.

518.

Analyse mathématique. — *Note sur les séries convergentes dont les divers termes sont des fonctions continues d'une variable réelle ou imaginaire, entre des limites données.*

C. R., T. XXXVI, p. 454 (14 mars 1853).

En établissant, dans mon *Analyse algébrique*, les règles générales

([1]) *Œuvres de Cauchy*, S. I, T. XI, p. 441.

relatives à la convergence des séries, j'ai, de plus, énoncé le théorème suivant :

Lorsque les différents termes de la série

$$(1) \qquad u_0,\quad u_1,\quad u_2,\quad \ldots,\quad u_n,\quad u_{n+1},\quad \ldots$$

sont des fonctions d'une même variable x, continues par rapport à cette variable, dans le voisinage d'une valeur particulière pour laquelle la série est convergente, la somme s de la série est aussi, dans le voisinage de cette valeur particulière, fonction continue de x.

Comme l'ont remarqué MM. Bouquet et Briot, ce théorème se vérifie pour les séries ordonnées suivant les puissances ascendantes d'une variable. Mais, pour d'autres séries, il ne saurait être admis sans restriction. Ainsi, par exemple, il est bien vrai que la série

$$(2) \qquad \sin x,\quad \frac{\sin 2x}{2},\quad \frac{\sin 3x}{3},\quad \ldots,$$

toujours convergente pour des valeurs réelles de x, a pour somme une fonction de x qui reste continue, tandis que x, supposée réelle, varie, dans le voisinage d'une valeur distincte d'un multiple $\pm 2n\pi$ de la circonférence 2π, et qui se réduit, en particulier, à $\frac{\pi - x}{2}$, entre les limites $x = 0$, $x = 2\pi$. Mais, à ces limites mêmes, la somme s de la série (2) devient discontinue, et cette somme, considérée comme fonction de la variable réelle x, acquiert, à la place de la valeur

$$+\frac{\pi}{2} \quad \text{ou} \quad -\frac{\pi}{2},$$

donnée par la formule

$$s = \frac{\pi - x}{2},$$

la valeur *singulière* $s = 0$, qui reparaît encore quand on suppose

$$x = \pm 2n\pi,$$

n étant un nombre entier quelconque.

Au reste, il est facile de voir comment on doit modifier l'énoncé du théorème, pour qu'il n'y ait plus lieu à aucune exception. C'est ce que je vais expliquer en peu de mots.

D'après la définition proposée dans mon *Analyse algébrique*, et généralement adoptée aujourd'hui, une fonction u de la variable réelle x sera *continue* entre deux limites données de x, si, cette fonction admettant pour chaque valeur intermédiaire de x une valeur unique et finie, un accroissement infiniment petit attribué à la variable produit toujours, entre les limites dont il s'agit, un accroissement infiniment petit de la fonction elle-même. Cela posé, concevons que la série (1) reste convergente, et que ses divers termes soient fonctions continues d'une variable réelle x, pour toutes les valeurs de x renfermées entre certaines limites. Soient alors

s la somme de la série;

s_n la somme de ses n premiers termes;

$r_n = s - s_n = u_n + u_{n+1} + \ldots$ le reste de la série indéfiniment prolongée à partir du terme général u_n.

Si l'on nomme n' un nombre entier supérieur à n, le reste r_n ne sera autre chose que la limite vers laquelle convergera, pour des valeurs croissantes de n', la différence

$$s_{n'} - s_n = u_n + u_{n+1} + \ldots + u_{n'-1}. \tag{3}$$

Concevons, maintenant, qu'en attribuant à n une valeur suffisamment grande on puisse rendre, pour toutes les valeurs de x comprises entre les limites données, le module de l'expression (3) (quel que soit n'), et, par suite, le module de r_n, inférieurs à un nombre ε aussi petit que l'on voudra. Comme un accroissement attribué à x pourra encore être supposé assez rapproché de zéro pour que l'accroissement correspondant de s_n offre un module inférieur à un nombre aussi petit que l'on voudra, il est clair qu'il suffira d'attribuer au nombre n une valeur infiniment grande, et à l'accroissement de x une valeur infiniment petite, pour démontrer, entre les limites données, la continuité de la fonction

$$s = s_n + r_n.$$

Mais cette démonstration suppose évidemment que l'expression (3) remplit la condition ci-dessus énoncée, c'est-à-dire que cette expression devient infiniment petite pour une valeur infiniment grande attribuée au nombre entier n. D'ailleurs, si cette condition est remplie, la série (1) sera évidemment convergente. En conséquence, on peut énoncer le théorème suivant :

Théorème I. — *Si les différents termes de la série*

$$(1) \qquad u_0, \quad u_1, \quad u_2, \quad \ldots, \quad u_n, \quad u_{n+1}, \quad \ldots$$

sont des fonctions de la variable réelle x, continues, par rapport à cette variable, entre des limites données; si, d'ailleurs, la somme

$$(3) \qquad u_n + u_{n+1} + \ldots + u_{n'-1}$$

devient toujours infiniment petite pour des valeurs infiniment grandes des nombres entiers n et $n' > n$, la série (1) sera convergente, et la somme s de la série (1) sera, entre les limites données, fonction continue de la variable x.

Si à la série (1) on substitue la série (2), l'expression (3), réduite à la somme

$$(4) \qquad \frac{\sin(n+1)x}{n+1} + \frac{\sin(n+2)x}{n+2} + \ldots + \frac{\sin n'x}{n'},$$

s'évanouira pour $x = 0$; mais, pour des valeurs de x très voisines de zéro, par exemple pour $x = \frac{1}{n}$, n étant un très grand nombre, elle pourra différer notablement de zéro; et si, en attribuant à n une très grande valeur, on pose non seulement $x = \frac{1}{n}$, mais encore $n' = \infty$, la somme (4), ou, ce qui revient au même, le reste r_n de la série (2) se réduira sensiblement à l'intégrale

$$\int_1^\infty \frac{\sin x}{x}\,dx = \frac{\pi}{2} - 1 + \frac{1}{1.2.3}\,\frac{1}{3} - \frac{1}{1.2.3.4.5}\,\frac{1}{5} + \ldots = 0{,}6244\ldots.$$

Ajoutons que, pour une valeur de x positive, mais très voisine de zéro, la somme s de la série (2) se réduira sensiblement à l'intégrale

$$\int_0^\infty \frac{\sin x}{x}\,dx = \frac{\pi}{2} = 1,570796\ldots$$

Soit maintenant

$$z = x + yi$$

une variable imaginaire. Cette variable pourra être censée représenter l'*affixe* d'un point mobile A situé dans un certain plan, et, d'après la définition que j'ai proposée à la page 161 du XXXIIe Volume des *Comptes rendus* (¹), une autre variable imaginaire

$$u = v + wi$$

sera *fonction* de z, si les variables réelles v, w sont *fonctions* de x et y. D'ailleurs, rien n'empêchera d'étendre aux fonctions de variables imaginaires la définition donnée pour les fonctions continues de variables réelles, et dès lors une fonction u de la variable imaginaire z sera *continue* par rapport à cette variable, pour toutes les valeurs de l'affixe z correspondantes aux divers points d'une aire S renfermée dans l'intérieur d'un certain contour, si, cette fonction admettant pour chacun de ces points une valeur unique et finie, un accroissement infiniment petit attribué à l'affixe z produit toujours, dans le voisinage de chacun d'eux, un accroissement infiniment petit de la fonction elle-même. Cela posé, en raisonnant comme ci-dessus, on établira encore très facilement la proposition suivante :

Théorème II. — *Si les différents termes de la série*

(1) $$u_0, \quad u_1, \quad u_2, \quad \ldots, \quad u_n, \quad u_{n+1}, \quad \ldots$$

sont des fonctions de la variable imaginaire z, continues par rapport à cette variable pour les diverses valeurs de l'affixe z correspondantes aux divers points d'une aire S *renfermée dans un certain contour, si d'ailleurs, pour chacune de ces valeurs, la somme*

$$u_n + u_{n+1} + \ldots + u_{n'}$$

(¹) *Œuvres de Cauchy*, S. I, T. XI, p. 302.

devient toujours infiniment petite, quand on attribue des valeurs infiniment grandes aux nombres entiers n et $n' > n$, la série (1) *sera convergente, et la somme s de la série sera, entre les limites données, fonction continue de la variable z.*

On conclut aisément du théorème II que la somme de la série (1) est fonction continue dans le voisinage d'une valeur donnée de z, lorsque, chaque terme étant dans ce voisinage fonction continue de z, le module de la série, correspondant à la valeur donnée de z, est inférieur à l'unité. Dans le même cas, si chaque terme offre une dérivée unique, la série formée avec les dérivées des divers termes sera encore une série convergente dont la somme offrira une seule dérivée équivalente à la dérivée de la somme de la série proposée.

En terminant, nous fixerons le sens de quelques expressions qui peuvent être utilement employées pour simplifier les énoncés de théorèmes relatifs à la continuité des fonctions et à la convergence des séries.

Une fonction de la variable réelle ou imaginaire z sera dite *monodrome*, si elle ne cesse d'être continue qu'en devenant infinie; elle sera dite *monogène*, si elle a une dérivée monodrome. Une fonction peut être monodrome ou monogène, seulement pour les valeurs de z correspondantes aux points intérieurs d'une certaine aire S renfermée dans un contour donné.

D'après ce qu'on vient de dire, une fonction monodrome de z variera par degrés insensibles, en acquérant à chaque instant une *valeur unique*, si le point mobile correspondant à l'affixe z *court* çà et là sans sortir de l'aire S, ou tourne autour des points singuliers correspondants à des valeurs infinies de la fonction. Cette propriété de certaines fonctions m'a paru assez bien exprimée par le mot *monodrome*, que j'ai, pour ce motif, substitué au mot *monotypique*, dont j'avais fait usage dans le Mémoire du 7 avril 1851.

Une fonction monodrome sera dite *synectique*, si elle ne cesse jamais d'être continue pour aucune valeur finie de z. Une fonction entière de z est synectique, non seulement lorsqu'elle comprend un nombre fini de termes, mais encore lorsque, renfermant un nombre infini de termes, elle est la somme d'une série toujours convergente, ordonnée suivant les puissances positives, entières et ascendantes de z, par conséquent la somme d'une série dont le module s'évanouit. Telles sont, par exemple, les fonctions e^z, $\sin z$, $\cos z$, ...

Parmi les fonctions monodromes et monogènes de z, on peut citer les fonctions rationnelles de z, de e^z, de $\sin z$, de $\cos z$, etc.

519.

Analyse algébrique. — *Mémoire sur l'évaluation d'inconnues déterminées par un grand nombre d'équations approximatives du premier degré.*

C. R., T. XXXVI, p. 1114 (27 juin 1853).

Comme l'a remarqué M. Faye, la nouvelle méthode d'interpolation que j'ai donnée, dans un Mémoire lithographié en 1835 (1), peut être utilement appliquée à l'évaluation d'inconnues déterminées par un grand nombre d'équations approximatives du premier degré. Entrons à ce sujet dans quelques détails.

Considérons m inconnues représentées par les lettres

$$x, \quad y, \quad z, \quad \ldots, \quad u, \quad v, \quad w,$$

et supposons que, n étant un très grand nombre, on donne les valeurs approchées

$$k_1, \quad k_2, \quad \ldots, \quad k_n$$

de n fonctions linéaires de ces inconnues, par exemple des fonctions représentées par les polynômes

$$\begin{array}{c} a_1 x + b_1 y + c_1 z + \ldots + h_1 w, \\ a_2 x + b_2 y + c_2 z + \ldots + h_2 w, \\ \ldots\ldots\ldots\ldots\ldots\ldots\ldots\ldots, \\ a_n x + b_n y + c_n z + \ldots + h_n w. \end{array}$$

(1) *Œuvres de Cauchy*, S. II, T. II.

Les valeurs exactes de ces fonctions seront de la forme

$$k_1 - \varepsilon_1, \quad k_2 - \varepsilon_2, \quad \ldots, \quad k_n - \varepsilon_n,$$

$\varepsilon_1, \varepsilon_2, \ldots, \varepsilon_n$ désignant des quantités dont les valeurs numériques seront très petites; et l'on aura rigoureusement

$$(1) \quad \begin{cases} a_1 x + b_1 y + c_1 z + \ldots + h_1 w = k_1 - \varepsilon_1, \\ a_2 x + b_2 y + c_2 z + \ldots + h_2 w = k_2 - \varepsilon_2, \\ \ldots\ldots\ldots\ldots\ldots\ldots\ldots\ldots\ldots\ldots, \\ a_n x + b_n y + c_n z + \ldots + h_n w = k_n - \varepsilon_n. \end{cases}$$

Soit maintenant x celle des inconnues $x, y, z, \ldots, w$ pour laquelle les valeurs numériques des coefficients offrent la plus grande somme. Désignons cette plus grande somme par $\mathrm{S}a_i$, la lettre i désignant l'un quelconque des nombres 1, 2, 3, ..., n; et soient

$$\mathrm{S}b_i, \quad \mathrm{S}c_i, \quad \ldots, \quad \mathrm{S}h_i$$

ce que devient $\mathrm{S}a_i$ quand on y remplace les coefficients

$$a_1, \quad a_2, \quad \ldots, \quad a_n$$

par les coefficients

$$b_1, b_2, \ldots, b_n, \quad \text{ou} \quad c_1, c_2, \ldots, c_n, \quad \ldots, \quad \text{ou} \quad h_1, h_2, \ldots, h_n.$$

On tirera des formules (1)

$$(2) \qquad x\,\mathrm{S}a_i + y\,\mathrm{S}b_i + z\,\mathrm{S}c_i + \ldots + w\,\mathrm{S}h_i = \mathrm{S}k_i - \mathrm{S}\varepsilon_i.$$

A l'aide de cette dernière formule, on pourra éliminer x des équations (1), et, en posant, pour abréger,

$$(3) \qquad \alpha_i = \frac{a_i}{\mathrm{S}a_i},$$

$$(4) \quad \begin{cases} b_i - \alpha_i \mathrm{S}b_i = \Delta b_i, \quad c_i - \alpha_i \mathrm{S}c_i = \Delta c_i, \quad \ldots, \quad h_i - \alpha_i \mathrm{S}h_i = \Delta h_i, \\ k_i - \alpha_i \mathrm{S}k_i = \Delta k_i, \quad \varepsilon_i - \alpha_i \mathrm{S}\varepsilon_i = \Delta\varepsilon_i, \end{cases}$$

on obtiendra, au lieu des équations (1), les suivantes :

$$(5)\quad \begin{cases} y\,\Delta b_1 + z\,\Delta c_1 + \ldots + w\,\Delta h_1 = \Delta k_1 - \Delta\varepsilon_1, \\ y\,\Delta b_2 + z\,\Delta c_2 + \ldots + w\,\Delta h_2 = \Delta k_2 - \Delta\varepsilon_2, \\ \ldots\ldots\ldots\ldots\ldots\ldots\ldots\ldots\ldots\ldots\ldots, \\ y\,\Delta b_n + z\,\Delta c_n + \ldots + w\,\Delta h_n = \Delta k_n - \Delta\varepsilon_n. \end{cases}$$

Soit maintenant y celle des inconnues $y, z, \ldots, w$ pour laquelle, dans les premiers membres des équations (5), la somme des valeurs numériques des coefficients est la plus grande possible. Désignons par $S'\Delta b_i$ cette plus grande somme, et par

$$S'\Delta c_i, \quad \ldots, \quad S'\Delta h_i$$

ce que devient cette somme, quand on y remplace

$$\Delta b_1, \quad \Delta b_2, \quad \ldots, \quad \Delta b_n$$

par

$$\Delta c_1, \quad \Delta c_2, \quad \ldots, \quad \Delta c_n, \quad \ldots, \qquad \text{ou par} \qquad \Delta h_1, \quad \Delta h_2, \quad \ldots, \quad \Delta h_n.$$

On tirera des équations (5)

$$(6)\qquad y\,S'\Delta b_i + z\,S'\Delta c_i + \ldots + w\,S'\Delta h_i = S'\Delta k_i - S'\Delta\varepsilon_i.$$

A l'aide de cette dernière formule, on pourra éliminer y des équations (5), et, en posant, pour abréger,

$$(7)\qquad 6_i = \frac{\Delta b_i}{S'\Delta b_i},$$

$$(8)\quad \begin{cases} \Delta c_i - 6_i S'\Delta c_i = \Delta^2 c_i, & \ldots, \quad \Delta h_i - 6_i S'\Delta h_i = \Delta^2 h_i, \\ \Delta k_i - 6_i S'\Delta k_i = \Delta^2 k_i, & \quad \Delta\varepsilon_i - 6_i S'\Delta\varepsilon_i = \Delta^2\varepsilon_i, \end{cases}$$

on trouvera

$$(9)\quad \begin{cases} z\,\Delta^2 c_1 + \ldots + w\,\Delta^2 h_1 = \Delta^2 k_1 - \Delta^2\varepsilon_1, \\ z\,\Delta^2 c_2 + \ldots + w\,\Delta^2 h_2 = \Delta^2 k_2 - \Delta^2\varepsilon_2, \\ \ldots\ldots\ldots\ldots\ldots\ldots\ldots\ldots\ldots\ldots, \\ z\,\Delta^2 c_n + \ldots + w\,\Delta^2 h_n = \Delta^2 k_n - \Delta^2\varepsilon_n. \end{cases}$$

En continuant de la même manière, on obtiendra définitivement, à la place de l'équation (1), un système d'équations de la forme

$$(10)\quad \begin{cases} \varpi\,\Delta^{m-1}h_1 = \Delta^{m-1}k_1 - \Delta^{m-1}\varepsilon_1, \\ \varpi\,\Delta^{m-1}h_2 = \Delta^{m-1}k_2 - \Delta^{m-1}\varepsilon_2, \\ \dots\dots\dots\dots\dots\dots, \\ \varpi\,\Delta^{m-1}h_n = \Delta^{m-1}k_n - \Delta^{m-1}\varepsilon_n; \end{cases}$$

puis, en désignant par $S^{(m-1)}\Delta^{m-1}h_i$ la somme des valeurs numériques de $\Delta^{m-1}h_1$, $\Delta^{m-1}h_2$, ..., $\Delta^{m-1}h_n$, et par

$$S^{(m-1)}\Delta^{m-1}k_i \quad \text{ou par} \quad S^{(m-1)}\Delta^{m-1}\varepsilon_i,$$

ce que devient $S^{(m-1)}\Delta^{m-1}h_i$ quand on y remplace $h_1, h_2, \dots, h_n$ par

$$k_1, \quad k_2, \quad \dots, \quad k_n \qquad \text{ou par} \qquad \varepsilon_1, \quad \varepsilon_2, \quad \dots, \quad \varepsilon_n,$$

on tirera des formules (10)

$$(11)\quad \varpi\,S^{(m-1)}\Delta^{m-1}h_i = S^{(m-1)}\Delta^{m-1}k_i - S^{(m-1)}\Delta^{m-1}\varepsilon_i.$$

Enfin, en éliminant ϖ des équations (10) à l'aide de la formule (11), et posant, pour abréger,

$$(12)\quad \eta_i = \frac{\Delta^{m-1}h_i}{S^{(m-1)}\Delta^{m-1}h_i},$$

$$(13)\quad \begin{cases} \Delta^m k_i = \Delta^{m-1}k_i - \eta_i S^{(m-1)}\Delta^{m-1}k_i, \\ \Delta^m \varepsilon_i = \Delta^{m-1}\varepsilon_i - \eta_i S^{(m-1)}\Delta^{m-1}\varepsilon_i, \end{cases}$$

on trouvera

$$(14)\quad 0 = \Delta^m k_1 - \Delta^m \varepsilon_1, \quad \dots,$$

par conséquent,

$$(15)\quad \Delta^m\varepsilon_1 = \Delta^m k_1, \quad \Delta^m\varepsilon_2 = \Delta^m k_2, \quad \dots, \quad \Delta^m\varepsilon_n = \Delta^m k_n.$$

Ces dernières équations déterminent complètement les valeurs de $\Delta^m\varepsilon_1$, $\Delta^m\varepsilon_2$, ..., $\Delta^m\varepsilon_n$, c'est-à-dire les diverses valeurs de $\Delta^m\varepsilon_i$. Si, pour abréger, on pose

$$(16)\quad \theta_i = \Delta^m k_i,$$

on aura généralement, en vertu des formules (15),

$$(17) \qquad \Delta^m \varepsilon_i = \theta_i.$$

Si, d'ailleurs, on pose

$$(18) \qquad \lambda = S\varepsilon_i, \quad \mu = S'\Delta\varepsilon_i, \quad \ldots, \quad \varsigma = S^{(m-1)}\Delta^{m-1}\varepsilon_i,$$

on tirera des formules (4), (8), ..., (17)

$$(19) \qquad \varepsilon_i = \alpha_i\lambda + \beta_i\mu + \gamma_i\nu + \ldots + \eta_i\varsigma + \theta_i.$$

En vertu de la formule (19), la valeur de ε_i dépend des valeurs des m sommes représentées par les lettres

$$\lambda, \quad \mu, \quad \nu, \quad \ldots, \quad \varsigma.$$

L'hypothèse la plus simple que l'on puisse faire sur les valeurs de ces mêmes sommes est de les supposer nulles, c'est-à-dire de prendre

$$(20) \qquad S\varepsilon_i = 0, \quad S'\Delta\varepsilon_i = 0, \quad \ldots, \quad S^{(m-1)}\Delta^{m-1}\varepsilon_i = 0.$$

Alors on a généralement

$$(21) \qquad \varepsilon_i = \theta_i,$$

et les formules (2), (6), ..., (11) donnent

$$(22) \qquad \left\{\begin{array}{lr} xSa_i + ySb_i \;+\ldots+ wSh_i & = Sk_i, \\ \quad ySb'\Delta b_i + \ldots + wS'\Delta h_i & = S'\Delta k_i, \\ \ldots\ldots\ldots\ldots\ldots\ldots\ldots\ldots & \ldots, \\ \qquad\qquad wS^{(m-1)}\Delta^{m-1}h_i & = S^{(m-1)}\Delta^{m-1}k_i. \end{array}\right.$$

Ces dernières équations sont celles auxquelles conduit la méthode d'interpolation déjà citée. Elles fournissent, pour les inconnues x, y, z, ..., w, des valeurs que l'on peut aisément calculer, en commençant par w. Ces valeurs, qui ne sont qu'approchées, jouissent de propriétés remarquables indiquées dans le Mémoire sur l'interpolation. Si on les désigne par x, y, z, ..., w, si, d'ailleurs, on nomme ξ, η,

$\zeta, \ldots, \omega$ les erreurs qu'elles comportent, on aura rigoureusement

$$(23)\quad \left\{\begin{array}{l} \mathrm{x}\,\mathrm{S}a_i + \mathrm{y}\,\mathrm{S}b_i \;\;+ \mathrm{z}\,\mathrm{S}c_i \;\;+\ldots+ \mathrm{w}\,\mathrm{S}h_i \qquad\quad = \mathrm{S}k_i, \\ \qquad \mathrm{y}\,\mathrm{S}'\Delta b_i + \mathrm{z}\,\mathrm{S}'\Delta c_i + \ldots + \mathrm{w}\,\mathrm{S}'\Delta h_i \qquad = \mathrm{S}'\Delta k_i, \\ \qquad \ldots\ldots\ldots\ldots\ldots\ldots\ldots\ldots\ldots\ldots\ldots\ldots\ldots\ldots, \\ \qquad\qquad\qquad\qquad \mathrm{w}\,\mathrm{S}^{(m-1)}\Delta^{m-1}h_i = \mathrm{S}^{(m-1)}\Delta^{m-1}k_i \end{array}\right.$$

et

$$(24)\qquad x = \mathrm{x} - \xi, \qquad y = \mathrm{y} - \eta, \qquad z = \mathrm{z} - \zeta, \qquad \ldots, \qquad w = \mathrm{w} - \omega;$$

et, des équations (2), (6), ..., (11), jointes aux formules (18), (23), (24), on tirera

$$(25)\quad \left\{\begin{array}{l} \xi\,\mathrm{S}a_i + y\,\mathrm{S}b_i \;\;+ \zeta\,\mathrm{S}c_i \;\;+\ldots+ \omega\,\mathrm{S}h_i \qquad = \lambda, \\ \qquad y\,\mathrm{S}'\Delta b_i + \zeta\,\mathrm{S}'\Delta c_i + \ldots + \omega\,\mathrm{S}'\Delta h_i \qquad = \mu, \\ \qquad \ldots\ldots\ldots\ldots\ldots\ldots\ldots\ldots\ldots\ldots\ldots\ldots, \\ \qquad\qquad\qquad\qquad \omega\,\mathrm{S}^{(m-)}\Delta^{m-1} = \varsigma. \end{array}\right.$$

Il est bon d'observer qu'en vertu des formules (3) et (4), (7) et (8), etc., on a généralement

$$(26)\quad \left\{\begin{array}{lllll} \mathrm{S}\alpha_i = 1, & \mathrm{S}\,\beta_i = 0, & \mathrm{S}\,\gamma_i = 0, & \ldots, & \mathrm{S}\,\theta_i = 0, \\ & \mathrm{S}'\beta_i = 1, & \mathrm{S}'\gamma_i = 0, & \ldots, & \mathrm{S}'\theta_i = 0, \\ & & \mathrm{S}''\gamma_i = 1, & \ldots, & \mathrm{S}''\theta_i = 0. \\ & & \ldots\ldots, & \ldots, & \ldots\ldots \end{array}\right.$$

Cela posé, on tirera successivement de la formule (19)

$$(27)\quad \left\{\begin{array}{l} \mathrm{S}\,\varepsilon_i \quad = \lambda, \\ \mathrm{S}'\varepsilon_i \quad = \lambda\,\mathrm{S}'\alpha_i + \mu, \\ \mathrm{S}''\varepsilon_i \quad = \lambda\,\mathrm{S}''\alpha_i + \mu\,\mathrm{S}''\beta_i + \nu, \\ \ldots\ldots\ldots\ldots\ldots\ldots\ldots\ldots, \\ \mathrm{S}^{(m-1)}\varepsilon_i = \lambda\,\mathrm{S}^{(m-1)}\alpha_i + \mu\,\mathrm{S}^{(m-1)}\beta_i + \ldots + \varsigma, \end{array}\right.$$

et l'on pourra des formules (27), jointes aux équations (25), tirer d'abord les valeurs des coefficients

$$\lambda, \quad \mu, \quad \nu, \quad \ldots, \quad \varsigma,$$

puis celles des erreurs

$$\xi,\quad \eta,\quad \zeta,\quad \ldots,\quad \omega,$$

de manière à obtenir ces diverses valeurs exprimées en fonctions linéaires des sommes

$$\mathrm{S}\varepsilon_i,\quad \mathrm{S}'\varepsilon_i,\quad \ldots,\quad \mathrm{S}^{(m-1)}\varepsilon_i,$$

ou, ce qui revient au même, en fonctions linéaires des erreurs

$$\varepsilon_1,\quad \varepsilon_2,\quad \ldots,\quad \varepsilon_n.$$

En opérant ainsi, on parviendra à des équations de la forme

$$(28)\qquad \left\{\begin{array}{l} \xi = \xi_1\,\varepsilon_1 + \xi_2\,\varepsilon_2 + \ldots + \xi_n\,\varepsilon_n, \\ \eta = \eta_1\,\varepsilon_1 + \eta_2\,\varepsilon_2 + \ldots + \eta_n\,\varepsilon_n, \\ \ldots\ldots\ldots\ldots\ldots\ldots\ldots\ldots, \\ \omega = \omega_1\,\varepsilon_1 + \omega_2\,\varepsilon_2 + \ldots + \omega_n\,\varepsilon_n, \end{array}\right.$$

$\xi_1, \xi_2, \ldots, \xi_n$; $\eta_1, \eta_2, \ldots, \eta_n$; ...; $\omega_1, \omega_2, \ldots, \omega_n$ étant des quantités dont les valeurs seront données en nombres; et, à l'aide de ces équations, on pourra se former une idée du degré de précision avec lequel chacune des inconnues

$$x,\quad y,\quad z,\quad \ldots,\quad w$$

est déterminée par les formules (21), ou, ce qui revient au même, par les équations

$$(29)\qquad x = \mathrm{x},\qquad y = \mathrm{y},\qquad z = \mathrm{z},\qquad \ldots,\qquad w = \mathrm{w}.$$

En effet, les erreurs

$$\xi,\quad \eta,\quad \zeta,\quad \ldots,\quad \omega$$

que l'on commettra en prenant x, y, z, ..., w pour valeurs des inconnues $x, y, z, \ldots, w$ seront équivalentes, en vertu des formules (18), à des fonctions linéaires et déterminées des erreurs

$$\varepsilon_1,\quad \varepsilon_2,\quad \ldots,\quad \varepsilon_n;$$

et par suite les limites que pourront atteindre les valeurs numériques de $\xi, \eta, \zeta, \ldots, \omega$ dépendront des limites que pourront atteindre les valeurs numériques de $\varepsilon_1, \varepsilon_2, \ldots, \varepsilon_n$.

Concevons, pour fixer les idées, que les quantités $k_1, k_2, \ldots, k_n$ soient toutes de même nature, et que, dans la détermination de chacune d'elles, l'erreur à craindre soit renfermée entre les limites $-\varepsilon$, $+\varepsilon$. Soient, d'ailleurs,

Ξ la somme des valeurs numériques des quantités $\xi_1, \xi_2, \ldots, \xi_n$;
H la somme des valeurs numériques des quantités $\eta_1, \eta_2, \ldots, \eta_n$;
. . . . ;
Ω la somme des valeurs numériques des quantités $\omega_1, \omega_2, \ldots, \omega_n$.

En vertu des formules (28), lorsqu'on prendra x, y, z, ..., w pour valeurs approchées des inconnues $x, y, z, \ldots, w$, les valeurs numériques des erreurs à craindre auront pour limites les produits

$$\Xi\varepsilon, \quad H\varepsilon, \quad \ldots, \quad \Omega\varepsilon.$$

Par suite, si, au-dessous des inconnues

$$x, \quad y, \quad \ldots, \quad w,$$

on écrit les nombres correspondants

$$\Xi, \quad H, \quad \ldots \quad \Omega,$$

alors, à un plus grand nombre correspondra une inconnue pour laquelle la limite des erreurs à craindre sera plus considérable. Les grandeurs respectives des nombres inverses

$$\frac{1}{\Xi}, \quad \frac{1}{H}, \quad \ldots, \quad \frac{1}{\Omega} \tag{30}$$

fourniront donc une idée de la précision avec laquelle les inconnues

$$x, \quad y, \quad \ldots, \quad w$$

seront déterminées par les formules (29).

On se formera une idée plus exacte encore de cette précision, si, au lieu de supposer les valeurs numériques des erreurs $\varepsilon_1, \varepsilon_2, \ldots, \varepsilon_n$

inférieures à une certaine limite ε qu'elles ne puissent dépasser, on considère chacune d'elles comme pouvant atteindre à la rigueur une valeur numérique quelconque, mais avec une probabilité qui décroisse très rapidement quand cette valeur numérique vient à croître, et si l'on prend pour Ξ, H, ..., Ω des nombres proportionnels à ceux qui exprimeraient alors la probabilité respective de l'abaissement des valeurs numériques des erreurs ζ, η, ..., ω au-dessous d'une limite commune et infiniment petite. C'est ce que je me propose d'expliquer plus en détail dans un autre article, en recherchant comment les nombres Ξ, H, ..., Ω dépendraient alors des coefficients $\xi_1, \xi_2, \ldots, \xi_n$; $\eta_1, \eta_2, \ldots, \eta_n; \ldots; \omega_1, \omega_2, \ldots, \omega_n$.

Avant de terminer cet article, nous remarquerons que des valeurs de $x, y, z, \ldots, w$, fournies par la nouvelle méthode d'interpolation, on peut aisément déduire celles que fournirait la méthode connue *des moindres carrés*. On y parviendra, en effet, en opérant comme il suit.

Désignons par $\Sigma\varepsilon_i^2$ la somme des carrés des erreurs

$$\varepsilon_1, \quad \varepsilon_2, \quad \ldots, \quad \varepsilon_n.$$

Pour que cette somme devienne un minimum, comme l'exige la méthode des moindres carrés, il suffira d'attribuer aux quantités

$$\lambda, \quad \mu, \quad \nu, \quad \ldots, \quad \varsigma,$$

comprises dans le second membre de la formule (19), des valeurs qui vérifient les équations linéaires

$$(31)\qquad \left\{\begin{array}{l} \Sigma\alpha_i(\alpha_i\lambda + 6_i\mu + \gamma_i\nu + \ldots + \eta_i\varsigma + \theta_i) = 0, \\ \Sigma 6_i(\alpha_i\lambda + 6_i\mu + \gamma_i\nu + \ldots + \eta_i\varsigma + \theta_i) = 0, \\ \ldots\ldots\ldots\ldots\ldots\ldots\ldots\ldots\ldots\ldots, \\ \Sigma\eta_i(\alpha_i\lambda + 6_i\mu + \gamma_i\nu + \ldots + \eta_i\varsigma + \theta_i) = 0. \end{array}\right.$$

D'ailleurs, les diverses valeurs de θ_i étant généralement très petites, on pourra en dire autant des valeurs de $\lambda, \mu, \nu, \ldots, \varsigma$, et, en les calculant, on pourra exprimer chacune d'elles à l'aide d'un très petit nombre de chiffres significatifs. Cette circonstance permettra de résoudre facilement les équations (31). La résolution étant effectuée, les valeurs des inconnues x, y, z, ..., w seront fournies par les équations

$$(24)\qquad x = \mathrm{x} - \xi, \qquad y = \mathrm{y} - \eta, \qquad z = \mathrm{z} - \zeta, \qquad \ldots, \qquad w = \mathrm{w} - \omega,$$

les corrections ξ, η, ζ, ..., ω étant elles-mêmes déterminées par le système des équations

$$(32)\qquad \left\{\begin{array}{ll} \xi \mathrm{S} a_i + \eta \mathrm{S} b_i + \zeta \mathrm{S} c_i + \ldots + \omega \mathrm{S} h_i & = \lambda, \\ \qquad \eta \mathrm{S}' \Delta b_i + \zeta \mathrm{S}' \Delta c_i + \ldots + \omega \mathrm{S}' \Delta h_i & = \mu, \\ \qquad\qquad \zeta \mathrm{S}'' \Delta^2 c_i + \ldots + \omega \mathrm{S}'' \Delta^2 h_i & = \nu, \\ \ldots\ldots\ldots\ldots\ldots\ldots\ldots\ldots & , \\ \qquad\qquad\qquad \omega \mathrm{S}^{(m-1)} \Delta^{m-1} h_i & = \varsigma. \end{array}\right.$$

En vertu des équations (31) et (32), les corrections ξ, η, ζ, ..., ω offriront des valeurs numériques qui seront en général sensiblement inférieures à celles des quantités θ_1, θ_2, ..., θ_n. La raison en est que les coefficients de λ dans la première des équations (31), de μ dans la seconde, etc., de ς dans la dernière, c'est-à-dire les sommes

$$\Sigma \alpha_i^2, \quad \Sigma 6_i^2, \quad \ldots, \quad \Sigma \eta_i^2,$$

se composeront de termes qui seront tous positifs, tandis que les autres coefficients et les sommes

$$\Sigma \alpha_i \theta_i, \quad \Sigma 6_i \theta_i, \quad \ldots, \quad \Sigma \eta_i \theta_i$$

se composeront de termes qui seront en général les uns positifs, les autres négatifs. Donc, et attendu que les valeurs numériques des quantités

$$\theta_1, \quad \theta_2, \quad \ldots, \quad \theta_n$$

seront généralement très petites, on pourra en dire autant *a fortiori* des valeurs numériques des quantités

$$\lambda, \quad \mu, \quad \nu, \quad \ldots, \quad \varsigma$$

et des quantités

$$\xi, \quad \eta, \quad \zeta, \quad \ldots, \quad \omega,$$

qui se déduiront successivement des premières à l'aide des équations (31) et (32). On ne devra donc pas être surpris de voir les résultats que fournit la nouvelle méthode d'interpolation coïncider en général à très peu près avec ceux auxquels on est conduit par la méthode des moindres carrés.

Remarquons encore qu'on pourrait appliquer aux équations (32) la méthode de résolution employée pour les équations (1). Cette application sera d'autant plus facile, que les valeurs numériques des quantités

$$\theta_1, \quad \theta_2, \quad \ldots, \quad \theta_n$$

seront plus petites. En effet, lorsque ces valeurs numériques, et à plus forte raison celles de $\lambda, \mu, \nu, \ldots, \varsigma$, seront très rapprochées de zéro, on pourra ordinairement, dans le calcul de ces dernières, s'arrêter après la détermination d'un petit nombre de chiffres décimaux, par exemple d'un ou de deux chiffres significatifs.

520.

ANALYSE MATHÉMATIQUE. — *Mémoire sur les différentielles et les variations employées comme clefs algébriques.*

C. R., T. XXXVII, p. 38 (11 juillet 1853).

Comme j'en ai fait ailleurs la remarque, il est souvent utile, dans le Calcul différentiel, d'attribuer aux différentielles des variables indépendantes des valeurs finies et déterminées. La même remarque, dans le Calcul des variations, peut être appliquée aux variations de constantes arbitraires supposées indépendantes les unes des autres. J'ajouterai que ces différentielles et ces variations peuvent être aussi employées utilement comme *clefs algébriques*. C'est ce que je me propose ici de faire voir.

§ I. — *Différentielles employées comme clefs algébriques.*

Considérons n variables $x, y, z, \ldots$ liées à n autres variables $\mathrm{x}, \mathrm{y}, \mathrm{z}, \ldots$ par n équations distinctes. En vertu de ces équations, les variables $x, y, z, \ldots$ seront fonctions des variables $\mathrm{x}, \mathrm{y}, \mathrm{z}, \ldots,$ et réciproquement. Cela posé, on aura, en considérant $x, y, z, \ldots$ comme fonctions de $\mathrm{x}, \mathrm{y}, \mathrm{z}, \ldots,$

$$(1)\qquad \left\{ \begin{array}{l} dx = \mathrm{D_x} x\, d\mathrm{x} + \mathrm{D_y} x\, d\mathrm{y} + \mathrm{D_z} x\, d\mathrm{z} + \ldots, \\ dy = \mathrm{D_x} y\, d\mathrm{x} + \mathrm{D_y} y\, d\mathrm{y} + \mathrm{D_z} y\, d\mathrm{z} + \ldots, \\ \ldots\ldots\ldots\ldots\ldots\ldots\ldots\ldots\ldots\ldots\ldots, \end{array} \right.$$

et, en considérant $\mathrm{x}, \mathrm{y}, \mathrm{z}, \ldots$ comme fonctions de $x, y, z, \ldots,$

$$(2)\qquad \left\{ \begin{array}{l} d\mathrm{x} = D_x \mathrm{x}\, dx + D_y \mathrm{x}\, dy + D_z \mathrm{x}\, dz + \ldots, \\ d\mathrm{y} = D_x \mathrm{y}\, dx + D_y \mathrm{y}\, dy + D_z \mathrm{z}\, dz + \ldots, \\ \ldots\ldots\ldots\ldots\ldots\ldots\ldots\ldots\ldots\ldots\ldots \end{array} \right.$$

Concevons maintenant que l'on combine entre elles, par voie de multiplication, les différentielles $dx, dy, dz, \ldots,$ déterminées par les formules (1), en considérant les différentielles

$$d\mathrm{x}, \quad d\mathrm{y}, \quad d\mathrm{z}, \quad \ldots$$

comme des *clefs algébriques* assujetties aux transmutations de la forme

$$(3)\qquad d\mathrm{y}\, d\mathrm{x} \simeq - d\mathrm{x}\, d\mathrm{y}.$$

Posons d'ailleurs

$$(4)\qquad d\mathrm{x}\, d\mathrm{y}\, d\mathrm{z} \ldots \simeq 1,$$

et désignons, à l'aide de la notation $|\, dx\, dy\, dz \ldots |$, ce que devient, eu égard aux transmutations (3) et (4), le produit $dx\, dy\, dz \ldots$ des différentielles des variables $x, y, z, \ldots$. La formule (3) et les formules semblables entraîneront avec elles les transmutations de la forme

$$(5)\qquad dy\, dx \simeq - dx\, dy,$$

et, eu égard aux formules (3), (4), (5), on tirera : 1° des équations (1)

$$(6)\qquad |\,dx\,dy\,dz\ldots| = S(\pm D_{\text{x}}x\,D_{\text{y}}y\,D_{\text{z}}z\ldots);$$

2° des équations (2)

$$(7)\qquad 1 = |\,dx\,dy\,dz\ldots|\,S(\pm D_x\text{x}\,D_y\text{y}\,D_z\text{z}\ldots).$$

Si, dans cette dernière formule, on substitue pour $|\,dx\,dy\,dz\ldots|$ sa valeur tirée de l'équation (6), on obtiendra la suivante

$$(8)\qquad S(\pm D_{\text{x}}x\,D_{\text{y}}y\,D_{\text{z}}z\ldots)\,S(\pm D_x\text{x}\,D_y\text{y}\,D_z\text{z}\ldots) = 1,$$

à laquelle satisfont, comme l'on sait, les dérivées que l'on forme, quand on différentie d'une part $x, y, z, \ldots$ considérées comme fonctions de x, y, z, ..., d'autre part x, y, z, ... considérées comme fonctions de $x, y, z, \ldots$.

Concevons à présent qu'au-dessous des n variables

$$x,\quad y,\quad z,\quad \ldots$$

on écrive n autres variables

$$u,\quad v,\quad w,\quad \ldots.$$

En nommant h, k deux fonctions quelconques des $2n$ variables

$$x,\quad y,\quad z,\quad \ldots,\qquad u\quad v,\quad w,\quad \ldots,$$

on aura

$$(9)\qquad \begin{cases} dh = D_x h\,dx + D_y h\,dy + \ldots + D_u h\,du + D_v h\,dv + \ldots, \\ dk = D_x k\,dx + D_y k\,dy + \ldots + D_u k\,du + D_v k\,dv + \ldots. \end{cases}$$

Cela posé, désignons à l'aide de la notation $|\,dh\,dk|$ ce que devient le produit $dh\,dk$ quand on assujettit les différentielles des deux systèmes de variables

$$x,\quad y,\quad z,\quad \ldots,$$
$$u,\quad v,\quad w,\quad \ldots$$

aux transmutations de la forme

$$(10)\qquad \begin{cases} dx\,du \simeq 1, & dy\,dv \simeq 1, & dz\,dw \simeq 1, & \ldots, \\ du\,dx \simeq -1, & dv\,dy \simeq -1, & dw\,dz \simeq -1, & \ldots, \end{cases}$$

en remplaçant par zéro, dans le développement de $\mathrm{d}h\,\mathrm{d}k$, ceux des produits binaires des différentielles

$$\mathrm{d}x,\ \mathrm{d}y,\ \mathrm{d}z,\ \ldots,\quad \mathrm{d}u,\ \mathrm{d}v,\ \mathrm{d}w,\ \ldots,$$

qui ne sont pas compris dans la formule (10). On trouvera

$$(11)\qquad |\,\mathrm{d}k\,\mathrm{d}h\,| = (h, k),$$

la valeur de (h, k) étant

$$(12)\qquad (h, k) = \mathrm{D}_x h\,\mathrm{D}_u k - \mathrm{D}_u h\,\mathrm{D}_x k + \mathrm{D}_y h\,\mathrm{D}_v k - \mathrm{D}_v h\,\mathrm{D}_y k + \ldots.$$

Ajoutons qu'en vertu de la formule (12) on aura généralement

$$(13)\qquad (k, h) = -(h, k)$$

et

$$(14)\qquad (h, h) = 0.$$

Supposons maintenant les $2n$ variables

$$x,\ y,\ z,\ \ldots,\quad u,\ v,\ w,\ \ldots$$

liées à $2n$ autres variables

$$a,\ b,\ c,\ \ldots$$

par des équations de nature telle, qu'on puisse en tirer les valeurs de $x, y, z, \ldots$ exprimées en fonctions de $a, b, c, \ldots$, et, réciproquement, les valeurs de $a, b, c, \ldots$ exprimées en fonctions de $x, y, z, \ldots$. On aura, non seulement

$$(15)\qquad \mathrm{d}a = \mathrm{D}_x a\,\mathrm{d}x + \mathrm{D}_y a\,\mathrm{d}y + \ldots + \mathrm{D}_u a\,\mathrm{d}u + \mathrm{D}_v a\,\mathrm{d}v + \ldots,$$

mais encore

$$(16)\qquad \begin{cases} \mathrm{d}x = \mathrm{D}_a x\,\mathrm{d}a + \mathrm{D}_b x\,\mathrm{d}b + \mathrm{D}_c x\,\mathrm{d}c + \ldots, \\ \mathrm{d}u = \mathrm{D}_a u\,\mathrm{d}a + \mathrm{D}_b u\,\mathrm{d}b + \mathrm{D}_c u\,\mathrm{d}c + \ldots. \end{cases}$$

Cela posé, si l'on considère les différentielles $\mathrm{d}x, \mathrm{d}y, \ldots, \mathrm{d}u, \mathrm{d}v, \ldots$ comme des clefs algébriques assujetties aux transmutations ci-dessus énoncées, on tirera de l'équation (15)

$$|\mathrm{d}a\,\mathrm{d}x| = -\mathrm{D}_u a, \qquad |\mathrm{d}a\,\mathrm{d}u| = \mathrm{D}_x a,$$

et des équations (16), jointes à la formule (11),

$$|\mathrm{d}a\,\mathrm{d}x| = (a, a)\mathrm{D}_a x + (a, b)\mathrm{D}_b x + (a, c)\mathrm{D}_c x + \ldots,$$
$$|\mathrm{d}a\,\mathrm{d}u| = (a, a)\mathrm{D}_a u + (a, b)\mathrm{D}_b u + (a, c)\mathrm{D}_c u + \ldots.$$

On aura donc, par suite,

$$(17)\quad \begin{cases} \mathrm{D}_x a = (a, a)\mathrm{D}_a u + (a, b)\mathrm{D}_b u + (a, c)\mathrm{D}_c u + \ldots, \\ \mathrm{D}_u a = -(a, a)\mathrm{D}_a x - (a, b)\mathrm{D}_b x - (a, c)\mathrm{D}_c x - \ldots. \end{cases}$$

Ajoutons que les équations (17) continueront évidemment de subsister, si l'on y remplace les variables x et u soit par y et v, soit par z et w, ..., ou bien encore, si l'on remplace la quantité a par l'une des quantités b, c, ...

Concevons, à présent, que, x, y, z, ..., u, v, w, ... étant considérées comme fonctions de a, b, c, ..., on réduise à l'unité la différentielle de a, et à zéro celles de b, c, ..., en sorte qu'on ait

$$\mathrm{d}a = 1, \qquad \mathrm{d}b = 0, \qquad \mathrm{d}c = 0, \qquad \ldots;$$

les équations (16) et les formules analogues donneront

$$\mathrm{d}x = \mathrm{D}_a x, \qquad \mathrm{d}y = \mathrm{D}_a y, \qquad \ldots,$$
$$\mathrm{d}u = \mathrm{D}_a u, \qquad \mathrm{d}v = \mathrm{D}_a v, \qquad \ldots.$$

Par suite, la formule (15) et les formules semblables qui fourniront les valeurs de db, dc, ... donneront

$$(18)\quad \begin{cases} \mathrm{D}_x a\,\mathrm{D}_a x + \mathrm{D}_y a\,\mathrm{D}_a y + \ldots + \mathrm{D}_u a\,\mathrm{D}_a u + \mathrm{D}_v a\,\mathrm{D}_a v + \ldots = 1, \\ \mathrm{D}_x b\,\mathrm{D}_a x + \mathrm{D}_y b\,\mathrm{D}_a y + \ldots + \mathrm{D}_u b\,\mathrm{D}_a u + \mathrm{D}_v b\,\mathrm{D}_a v + \ldots = 0, \\ \mathrm{D}_x c\,\mathrm{D}_a x + \mathrm{D}_y c\,\mathrm{D}_a y + \ldots + \mathrm{D}_u c\,\mathrm{D}_a u + \mathrm{D}_v c\,\mathrm{D}_a v + \ldots = 0, \\ \ldots\ldots\ldots\ldots\ldots\ldots\ldots\ldots\ldots\ldots\ldots\ldots \end{cases}$$

Or, si dans les équations (18) on substitue pour

$$\mathrm{D}_x a, \quad \mathrm{D}_y a, \quad \ldots, \quad \mathrm{D}_x b, \quad \mathrm{D}_y b, \quad \ldots,$$
$$\mathrm{D}_u a, \quad \mathrm{D}_v a, \quad \ldots, \quad \mathrm{D}_u b, \quad \mathrm{D}_v b, \quad \ldots,$$

leurs valeurs tirées des formules (17) et des formules analogues, on trouvera

$$(19)\quad \left\{\begin{array}{l} (a,a)[a,a]+(a,b)[a,b]+(a,c)[a,c]+\ldots=1,\\ (a,a)[b,a]+(a,b)[b,b]+(a,c)[b,c]+\ldots=0,\\ (a,a)[c,a]+(a,b)[c,b]+(a,c)[c,c]+\ldots=0,\\ \ldots\ldots\ldots\ldots\ldots\ldots\ldots\ldots\ldots\ldots\ldots, \end{array}\right.$$

les valeurs des quantités

$$[a,a],\quad [a,b],\quad [a,c],\quad \ldots,\quad [b,a],\quad [b,b],\quad [b,c],\quad \ldots$$

étant données par des équations de la forme

$$(20)\quad [h,k]=D_h x D_k u - D_h u D_k x + D_h y D_k v - D_h v D_k y + \ldots,$$

de sorte qu'on aura généralement

$$(21)\quad [k,h]=-[h,k]$$

et

$$(22)\quad [h,h]=0.$$

Si les formules (19), respectivement multipliées par des facteurs indéterminés α, β, γ, ..., sont ensuite combinées ensemble par voie d'addition, alors en posant, pour abréger,

$$(23)\quad \left\{\begin{array}{l} \lambda=[a,a]\alpha+[b,a]\beta+[c,a]\gamma+\ldots,\\ \mu=[a,b]\alpha+[b,b]\beta+[c,b]\gamma+\ldots,\\ \nu=[a,c]\alpha+[b,c]\beta+[c,c]\gamma+\ldots, \end{array}\right.$$

on obtiendra l'équation unique

$$(24)\quad (a,a)\lambda+(a,b)\mu+(a,c)\nu+\ldots=\alpha,$$

qui équivaut seule au système des formules (19). D'ailleurs il est clair que l'équation (24) devra continuer de subsister, si l'on y remplace a et α par b et β, ou par c et γ, etc. On aura donc généralement

$$(25)\quad \left\{\begin{array}{l}(a,a)\lambda+(a,b)\mu+(a,c)\nu+\ldots=\alpha,\\ (b,a)\lambda+(b,b)\mu+(b,c)\nu+\ldots=6,\\ (c,a)\lambda+(c,b)\mu+(c,c)\nu+\ldots=\gamma,\\ \ldots\ldots\ldots\ldots\ldots\ldots\ldots\ldots\ldots\ldots\end{array}\right.$$

Les formules (25) permettent de déterminer les quantités

$$(a,b),\quad (a,c),\quad \ldots,\quad (b,c),\quad \ldots$$

en fonctions des quantités

$$[a,b],\quad [a,c],\quad \ldots,\quad [b,c],\quad \ldots.$$

Pour arriver à cette détermination, il suffit de considérer les facteurs α, 6, γ, ... comme des clefs assujetties aux transmutations de la forme

$$(26)\qquad [6,\alpha]\simeq-[\alpha,6];$$

alors, en posant, pour plus de commodité,

$$(27)\qquad \alpha 6\gamma\ldots\simeq-1,$$

et en désignant, à l'aide de la notation $|\lambda\mu\nu\ldots|$, ce que devient le produit $\lambda\mu\nu\ldots$ quand on a égard aux transmutations (26) et (27), on tirera de la formule (24)

$$(28)\qquad (a,b)=\frac{|\lambda\alpha\nu\ldots|}{|\lambda\mu\nu\ldots|}$$

et des formules (23)

$$(29)\qquad |\lambda\mu\nu\ldots|=\mathrm{S}\{\pm[a,a][b,b][c,c]\ldots\},$$

la somme alternée

$$\mathrm{S}\{\pm[a,a][b,b][c,c]\ldots\}$$

étant composée de termes, les uns positifs, les autres négatifs, représentés par le produit partiel

$$[a,a][b,b][c,c]\ldots,$$

et par ceux que l'on peut en déduire à l'aide d'échanges opérés entre les lettres a, b, c, ... qui occupent la première place dans les expressions

$$[a, a], \quad [b, b], \quad [c, c], \quad \ldots .$$

D'ailleurs, on tirera des formules (25)

$$(30) \qquad |\mu\lambda\nu\ldots|\, S[\pm (a, a)(b, b)(c, c)\ldots] = 1$$

ou, ce qui revient au même,

$$(31) \qquad S\{\pm [a, a][b, b][c, c]\ldots\}\, S[\pm (a, a)(b, b)(c, c)\ldots] = 1;$$

et, comme la somme alternée

$$S[\pm (a, a)(b, b)(c, c)\ldots]$$

conservera généralement une valeur finie, on conclura, de la formule (29), que la quantité $|\lambda\mu\nu\ldots|$ ne se réduit pas à zéro. Cela posé, les valeurs des expressions

$$(a, b), \quad (a, c), \quad \ldots, \quad (b, c), \quad \ldots,$$

représentées, en vertu de la formule (28) et des formules analogues, par des fractions dont $|\lambda\mu\nu\ldots|$ sera le commun dénominateur, ne deviendront ni infinies, ni indéterminées. Ajoutons qu'en vertu des équations (13) et (14), jointes aux formules

$$(32) \quad \begin{cases} (a, a) = \dfrac{|\alpha\mu\nu\ldots|}{|\lambda\mu\nu\ldots|}, & (a, b) = \dfrac{|\lambda\alpha\nu\ldots|}{|\lambda\mu\nu\ldots|}, & (a, c) = \dfrac{|\lambda\mu\alpha\ldots|}{|\lambda\mu\nu\ldots|}, & \ldots, \\ (b, a) = \dfrac{|\beta\mu\nu\ldots|}{|\lambda\mu\nu\ldots|}, & (b, b) = \dfrac{|\lambda\beta\nu\ldots|}{|\lambda\mu\nu\ldots|}, & (b, c) = \dfrac{|\lambda\mu\beta\ldots|}{|\lambda\mu\nu\ldots|}, & \ldots, \\ (c, a) = \dfrac{|\gamma\mu\nu\ldots|}{|\lambda\mu\nu\ldots|}, & (c, b) = \dfrac{|\lambda\gamma\nu\ldots|}{|\lambda\mu\nu\ldots|}, & (c, c) = \dfrac{|\lambda\mu\gamma\ldots|}{|\lambda\mu\nu\ldots|}, & \ldots, \\ \ldots\ldots\ldots\ldots, & \ldots\ldots\ldots\ldots, & \ldots\ldots\ldots\ldots, & \ldots, \end{cases}$$

on aura

$$(33) \qquad |\alpha\mu\nu\ldots| = 0, \qquad |\lambda\beta\nu\ldots| = 0, \qquad |\lambda\mu\gamma\ldots| = 0, \qquad \ldots$$

et de plus

$$(34)\quad \begin{cases} |6\mu\nu\ldots| = -|\lambda\alpha\nu\ldots|, & |\gamma\mu\nu\ldots| = -|\lambda\mu\alpha\ldots|, & \ldots, \\ & |\lambda\gamma\nu\ldots| = -|\lambda\mu6\ldots|, & \ldots, \\ & & \ldots. \end{cases}$$

Les équations (19) sont précisément celles que j'ai données dans le Mémoire lithographié en 1832 ([1]), comme propres à déterminer les quantités

$$(a, b),\ (a, c),\ \ldots,\ (b, c),\ \ldots$$

en fonctions des quantités

$$[a, b],\ [a, c],\ \ldots,\ [b, c],\ \ldots.$$

Pour qu'il ne restât aucun doute à cet égard, il convenait, comme l'a remarqué M. Liouville, de prouver que les valeurs de

$$(a, b),\ (a, c),\ \ldots,$$

déduites des équations (19), ne sont ni infinies, ni de la forme $\frac{0}{0}$. Or c'est là ce que prouve, en effet, la formule (30) ou (31).

521.

Analyse mathématique. — *Suite du Mémoire sur les différentielles et les variations employées comme clefs algébriques.*

C. R., T. XXXVII, p. 57 (18 juillet 1853).

§ II. — *Variations employées comme clefs algébriques.*

Soient données entre la variable t, n fonctions de t désignées par $x, y, z, \ldots$, et n autres fonctions de t désignées par $u, v, w, \ldots$, des équations différentielles, en nombre égal à $2n$, et de la forme

$$(1)\quad \begin{cases} D_t x = D_u Q, & D_t y = D_v Q, & D_t z = D_w Q, & \ldots, \\ D_t u = -D_x Q, & D_t v = -D_y Q, & D_t w = -D_z Q, & \ldots, \end{cases}$$

([1]) *Œuvres de Cauchy*, S. II, T. XV.

Q représentant une fonction de $x, y, z, \ldots, u, v, w, \ldots, t$. Les intégrales de ces équations fourniront les valeurs des inconnues $x, y, z, \ldots, u, v, w, \ldots$, exprimées en fonction de t et de $2n$ constantes arbitraires $a, b, c, \ldots$. Concevons maintenant que l'on fasse varier ces constantes arbitraires, et désignons, à l'aide des lettres caractéristiques δ, Δ, des variations prises dans deux systèmes différents. On aura, en nommant s une fonction quelconque de $a, b, c, \ldots, t$,

$$\delta \mathrm{s} = \mathrm{D}_a \mathrm{s}\, \delta a + \mathrm{D}_b \mathrm{s}\, \delta b + \mathrm{D}_c \mathrm{s}\, \delta c + \ldots,$$
$$\Delta \mathrm{s} = \mathrm{D}_a \mathrm{s}\, \Delta a + \mathrm{D}_b \mathrm{s}\, \Delta b + \mathrm{D}_c \mathrm{s}\, \Delta c + \ldots,$$

et l'on pourra, dans ces équations, attribuer aux variations

$$\delta a, \quad \delta b, \quad \delta c, \quad \ldots, \qquad \Delta a, \quad \Delta b, \quad \Delta c, \quad \ldots$$

des valeurs finies quelconques. Ajoutons que, si s est fonction non plus de $a, b, c, \ldots, t$, mais de $x, y, z, \ldots, u, v, w, \ldots, t$, on aura

(2) $$\begin{cases} \delta s = \mathrm{D}_x s\, \delta x + \mathrm{D}_y s\, \delta y + \ldots + \mathrm{D}_u s\, \delta u + \mathrm{D}_v s\, \delta v + \ldots, \\ \Delta s = \mathrm{D}_x s\, \Delta x + \mathrm{D}_y s\, \Delta y + \ldots + \mathrm{D}_u s\, \Delta u + \mathrm{D}_v s\, \Delta v + \ldots. \end{cases}$$

On trouvera, par exemple, en posant $s = Q$, et eu égard aux équations (1),

(3) $$\begin{cases} \delta Q = \mathrm{D}_t x\, \delta u - \mathrm{D}_t u\, \delta x + \mathrm{D}_t y\, \delta v - \mathrm{D}_t v\, \delta y + \ldots, \\ \Delta Q = \mathrm{D}_t x\, \Delta u - \mathrm{D}_t u\, \Delta x + \mathrm{D}_t y\, \Delta v - \mathrm{D}_t v\, \Delta y + \ldots. \end{cases}$$

Cela posé, l'équation identique

(4) $$\delta \Delta Q - \Delta \delta Q = 0,$$

jointe aux équations de même forme, donnera

(5) $$\mathrm{D}_t(\delta, \Delta) = 0,$$

la valeur de (δ, Δ) étant

(6) $$(\delta, \Delta) = \delta x\, \Delta u - \delta u\, \Delta x + \delta y\, \Delta v - \delta v\, \Delta y + \ldots,$$

puis on en conclura

(7) $$(\delta, \Delta) = \text{const.}$$

Donc la valeur de l'expression (δ, Δ) sera indépendante de t, et se réduira simplement à une fonction des constantes arbitraires a, b, c, ..., t et de leurs variations. Ajoutons qu'en vertu de l'équation (6) on aura évidemment

$$(\Delta, \delta) = -(\delta, \Delta) \tag{8}$$

et

$$(\delta, \delta) = 0. \tag{9}$$

Si, pour fixer les idées, on réduit à zéro les variations des constantes arbitraires, en exceptant seulement δa, Δb, et en posant d'ailleurs

$$\delta a = 1, \qquad \Delta b = 1,$$

alors, s étant une fonction de a, b, c, ..., t, on aura

$$\delta s = D_a s, \qquad \Delta s = D_b s, \tag{10}$$

par conséquent

$$(\delta, \Delta) = [a, b],$$

la valeur de $[a, b]$ étant

$$[a, b] = D_a x D_b u - D_a u D_b x + D_a y D_b v - D_a v D_b y + \ldots; \tag{11}$$

et l'équation (9), réduite à la forme

$$[a, b] = \text{const.}, \tag{12}$$

sera précisément celle que j'ai donnée dans le Mémoire lithographié du 16 octobre 1831 ([1]), en la tirant d'une analyse à laquelle se réduisent les calculs précédents, lorsqu'on a égard aux formules (10), et que l'on remplace, en conséquence, les caractéristiques δ, Δ par les caractéristiques D_a et D_b. D'ailleurs, on a généralement

$$(\delta, \Delta) = [a, b](\delta a \Delta b - \delta b \Delta a) + \ldots, \tag{13}$$

quelles que soient les valeurs attribuées aux variations des constantes. Donc l'équation (6), obtenue plus récemment par les géo-

([1]) *Œuvres de Cauchy*, S. II, T. XV.

mètres, pour le cas où l'on suppose les variations de a, b, c, ...
indépendantes de t, peut se déduire de la formule (11), comme la
formule (11) peut être tirée de l'équation (6). Il y a plus : on peut
faire coïncider la formule (11) avec l'équation (6) de la manière suivante.

Pour que les constantes a, b, c, ... soient arbitraires, il suffit qu'on
les suppose représentées par des fonctions arbitrairement choisies
d'une autre constante arbitraire h ou k. Alors, en nommant s une
fonction de a, b, c, ..., t, et en indiquant, à l'aide de la caractéristique δ ou $\mathcal{A}$, des variations relatives à la première ou à la seconde
hypothèse, on aura, si l'on considère a, b, c, ... comme fonctions
de h,

$$\delta s = D_h s \, \delta h,$$

et, si l'on considère a, b, c, ... comme fonctions de k,

$$\mathcal{A} s = D_k s \, \mathcal{A} k.$$

Par suite, en posant

$$\delta h = 1, \qquad \mathcal{A} k = 1,$$

on aura simplement

$$D_h s = \delta s, \qquad D_k s = \mathcal{A} s,$$

et l'on en conclura

$$(14) \qquad\qquad [h, k] = (\delta, \mathcal{A}).$$

D'ailleurs, il suffira de substituer, dans la formule (11), aux deux constantes arbitraires a et b les deux constantes arbitraires h et k, pour
obtenir l'équation

$$(15) \qquad\qquad [h, k] = \text{const.},$$

dans laquelle on aura

$$(16) \qquad [h, k] = D_h x \, D_k u - D_h u \, D_k x + D_h y \, D_k v - D_h v \, D_k y + \ldots;$$

et, eu égard à la formule (14), l'équation (15) coïncidera évidemment
avec la formule (7).

Observons à présent que, en vertu des équations finies qui représenteront les intégrales générales des équations (1), on pourra considérer, non seulement les inconnues $x, y, z, \ldots, u, v, w, \ldots$ comme fonctions de t et des constantes arbitraires $a, b, c, \ldots$, mais aussi $a, b, c, \ldots$ comme fonctions de $x, y, z, \ldots, u, v, w, \ldots, t$. Cela posé, si, en nommant h, k deux fonctions quelconques de $x, y, z, \ldots, u, v, w, \ldots, t$, on pose

$$(17) \qquad (h, k) = D_x h\, D_u k - D_u h\, D_x k + D_y h\, D_v k - D_v h\, D_y k + \ldots,$$

on prouvera, comme dans le § I, que les quantités (a, b), (a, c), $\ldots$, (b, c), ... peuvent être exprimées par des fonctions rationnelles des quantités $[a, b]$, $[a, c]$, $\ldots$, $[b, c]$, ... Donc, si l'on prend pour h, k deux quelconques des quantités $a, b, c, \ldots$, la formule (15), qui subsistera toujours dans cette hypothèse, entraînera la suivante :

$$(18) \qquad (h, k) = \text{const.}$$

Au reste, sans recourir aux calculs effectués dans le § I, on pourra sans peine établir la formule (1), en considérant d'abord le cas où les constantes arbitraires $a, b, c, \ldots$ se réduisent aux valeurs particulières qu'acquièrent les inconnues $x, y, z, \ldots, u, v, w, \ldots$, pour une valeur donnée, par exemple pour une valeur nulle de la variable t. En effet, soient $\mathrm{x}, \mathrm{y}, \mathrm{z}, \ldots, \mathrm{u}, \mathrm{v}, \mathrm{w}, \ldots$ ces valeurs particulières, en sorte qu'on ait, pour $t = 0$,

$$(19) \qquad \begin{cases} x = \mathrm{x}, & y = \mathrm{y}, & z = \mathrm{z}, & \ldots, \\ u = \mathrm{u}, & v = \mathrm{v}, & w = \mathrm{w}, & \ldots. \end{cases}$$

On aura, en vertu des équations (15) et (16),

$$(20) \qquad [h, k] = D_h \mathrm{x}\, D_k \mathrm{u} - D_h \mathrm{u}\, D_k \mathrm{x} + D_h \mathrm{y}\, D_k \mathrm{v} - D_h \mathrm{v}\, D_k \mathrm{y} + \ldots.$$

D'ailleurs, si l'on prend pour h et k deux quelconques des quantités $\mathrm{x}, \mathrm{y}, \mathrm{z}, \ldots, \mathrm{u}, \mathrm{v}, \mathrm{w}, \ldots$, les termes de la suite $D_h \mathrm{x}$, $D_h \mathrm{y}$, $D_h \mathrm{z}$, $\ldots$, $D_h \mathrm{u}$, $D_h \mathrm{v}$, $D_h \mathrm{w}$, $\ldots$, et ceux de la suite $D_k \mathrm{x}$, $D_k \mathrm{y}$, $D_k \mathrm{z}$, $\ldots$, $D_k \mathrm{u}$, $D_k \mathrm{v}$, $D_k \mathrm{w}$, ... s'évanouiront tous, à l'exception des termes $D_h h$,

$D_k k$, qui se réduiront l'un et l'autre à l'unité. Cela posé, il est clair que la formule (20) donnera

$$(21)\qquad [h, k] = 0,$$

à moins que h et k ne se réduisent à deux termes correspondants des deux suites

$$\mathrm{x},\quad \mathrm{y},\quad \mathrm{z},\quad \ldots,$$
$$\mathrm{u},\quad \mathrm{v},\quad \mathrm{w},\quad \ldots,$$

et que, dans cette dernière hypothèse, on aura

$$(22)\qquad [h, k] = -[k, h] = 1,$$

si h représente un terme de la suite x, y, z, ..., et k le terme correspondant de la suite u, v, w, ... On trouvera effectivement

$$(23)\qquad \begin{cases} [\mathrm{x}, \mathrm{u}] = 1, & [\mathrm{y}, \mathrm{v}] = 1, & [\mathrm{z}, \mathrm{w}] = 1, & \ldots, \\ [\mathrm{u}, \mathrm{x}] = -1, & [\mathrm{v}, \mathrm{y}] = -1, & [\mathrm{w}, \mathrm{z}] = -1, & \ldots, \end{cases}$$

et les autres expressions de la forme $[h, k]$, non comprises dans les formules (23), mais relatives au cas où h, k représentent deux des quantités x, y, z, ..., u, v, w, ..., se réduiront à zéro.

D'autre part, si, en désignant par s l'une quelconque des inconnues $x, y, z, \ldots, u, v, w, \ldots$, et par l l'une quelconque des constantes arbitraires x, y, z, ..., u, v, w, ..., on pose $\delta s = D_l s$, la formule (6) donnera

$$(24)\qquad (\delta, \mathcal{A}) = \delta x\, D_l u - \delta u\, D_l x + \delta y\, D_l v - \delta v\, D_l y + \ldots;$$

et, comme, en vertu de l'équation (7), la valeur précédente de $(\delta, \mathcal{A})$ ne sera point altérée si l'on y pose $t = 0$, on aura nécessairement

$$(25)\qquad \begin{cases} \delta x\, D_l u - \delta u\, D_l x + \delta y\, D_l v - \delta v\, D_l y + \ldots \\ = \delta \mathrm{x}\, D_l \mathrm{u} - \delta \mathrm{u}\, D_l \mathrm{x} + \delta \mathrm{y}\, D_l \mathrm{v} - \delta \mathrm{v}\, D_l \mathrm{y} + \ldots. \end{cases}$$

Soient maintenant h un terme quelconque de la suite x, y, z, ..., et k le terme correspondant de la suite u, v, w, ... On tirera de la formule (25), en posant $l = h$,

$$(26)\qquad \delta x\, D_h u - \delta u\, D_h x + \delta y\, D_h v - \delta v\, D_h y + \ldots = -\delta k,$$

et, en posant $l = k$,

$$\delta x\, D_k u - \delta u\, D_k x + \delta y\, D_k v - \delta v\, D_k y + \ldots = \delta h. \tag{27}$$

Si dans les formules (27) et (26) on substitue à δh, δk leurs valeurs données par deux équations de la forme

$$\delta l = D_x l\,\delta x + D_y l\,\delta y + \ldots + D_u l\,\delta u + D_v l\,\delta v + \ldots, \tag{28}$$

on trouvera

$$\left\{\begin{aligned} & D_x h\,\delta x + D_y h\,\delta y + \ldots + D_u h\,\delta u + D_v h\,\delta v + \ldots \\ & = D_k u\,\delta x + D_k v\,\delta y + \ldots - D_k x\,\delta u - D_k y\,\delta v - \ldots \end{aligned}\right. \tag{29}$$

et

$$\left\{\begin{aligned} & D_x k\,\delta x + D_y k\,\delta y + \ldots + D_u k\,\delta u + D_v k\,\delta v + \ldots \\ & = - D_h u\,\delta x + D_h v\,\delta y + \ldots + D_h x\,\delta u + D_h y\,\delta v + \ldots. \end{aligned}\right. \tag{30}$$

Ces deux dernières formules devant subsister, quelles que soient les variations δx, δy, δz, ..., δu, δv, δw, ..., on en conclura

$$\left\{\begin{array}{llll} D_x h = D_k u, & D_y h = D_k v, & D_z h = D_k w, & \ldots, \\ D_u h = - D_k x, & D_v h = - D_k y, & D_w h = - D_k z, & \ldots \end{array}\right. \tag{31}$$

et

$$\left\{\begin{array}{llll} D_x k = - D_h u, & D_y k = - D_h v, & D_z k = - D_h w, & \ldots, \\ D_u k = D_h x, & D_v k = D_h y, & D_w k = D_h z, & \ldots. \end{array}\right. \tag{32}$$

En vertu des formules (31) et (32), on aura évidemment

$$(h, k) = [h, k], \tag{33}$$

par conséquent, en ayant égard à l'équation (22),

$$(h, k) = -(k, h) = 1. \tag{34}$$

Ajoutons que, si l'on nomme h, h' deux termes distincts de la suite x, y, z, ..., et k, k' les deux termes correspondants de la suite u, v, w, ..., on aura encore, en vertu des formules (31) et (32),

$$(h, h') = [k, k'] = 0, \qquad (k, k') = [h, h'] = 0,$$
$$(h, k') = [k, h'] = 0, \qquad (k, h') = [h, k'] = 0.$$

Donc, en définitive, si l'on nomme h et k deux termes de la suite x, y, z, ..., u, v, w, ... qui ne se réduisent pas à deux termes correspondants des deux suites x, y, z, ...; u, v, w, ..., on aura toujours

$$(h, k) = 0. \tag{35}$$

Il en résulte aussi que la formule (33) subsiste toujours, quand on prend pour h et k deux termes quelconques de la suite x, y, z, ..., u, v, w, ... Donc alors la formule (15) entraîne avec elle la formule (18).

Considérons maintenant le cas général où h, k représentent deux constantes arbitraires quelconques, introduites par l'intégration des équations (1). Ces deux constantes arbitraires ne pourront être que des fonctions de x, y, z, ..., u, v, w, ..., et, si l'on attribue à ces dernières quantités les variations $\delta\mathrm{x}$, $\delta\mathrm{y}$, $\delta\mathrm{z}$, ..., $\delta\mathrm{u}$, $\delta\mathrm{v}$, $\delta\mathrm{w}$, ..., les variations correspondantes de h et k seront données par les formules

$$(36)\quad \begin{cases} \delta h = \mathrm{D_x} h\,\delta\mathrm{x} + \mathrm{D_y} h\,\delta\mathrm{y} + \ldots + \mathrm{D_u} h\,\delta\mathrm{u} + \mathrm{D_v} h\,\delta\mathrm{v} + \ldots, \\ \delta k = \mathrm{D_x} k\,\delta\mathrm{x} + \mathrm{D_y} k\,\delta\mathrm{y} + \ldots + \mathrm{D_u} k\,\delta\mathrm{u} + \mathrm{D_v} k\,\delta\mathrm{v} + \ldots. \end{cases}$$

D'autre part, en vertu des intégrales générales des équations (1), on pourra considérer non seulement $x, y, z, \ldots, u, v, w, \ldots$, comme fonctions de x, y, z, ..., u, v, w, ..., t, mais aussi x, y, z, ..., u, v, w, ..., et, par suite, h, k comme fonctions de $x, y, z, \ldots, u, v, w, \ldots, t$; et alors, à la place des formules (36), on obtiendra les suivantes :

$$(37)\quad \begin{cases} \delta h = \mathrm{D}_x h\,\delta x + \mathrm{D}_y h\,\delta y + \ldots + \mathrm{D}_u h\,\delta u + \mathrm{D}_v h\,\delta v + \ldots, \\ \delta k = \mathrm{D}_x k\,\delta x + \mathrm{D}_y k\,\delta y + \ldots + \mathrm{D}_u k\,\delta u + \mathrm{D}_v k\,\delta v + \ldots. \end{cases}$$

Or, des formules (37), jointes à l'équation (17), on tirera

$$|\delta h\,\delta k| = (h, k), \tag{38}$$

pourvu que l'on représente, à l'aide de la notation $|\delta h\,\delta k|$, ce que devient le produit $\delta h\,\delta k$ dans le cas où l'on considère les variations

$$\delta x,\quad \delta y,\quad \delta z,\quad \ldots,\quad \delta u,\quad \delta v,\quad \delta w,\quad \ldots$$

comme des clefs assujetties aux transmutations

$$(39)\qquad \begin{cases} \delta x\,\delta u \simeq 1, & \delta y\,\delta v \simeq 1, & \delta z\,\delta w \simeq 1, & \ldots, \\ \delta u\,\delta x \simeq -1, & \delta v\,\delta y \simeq -1, & \delta w\,\delta z \simeq -1, & \ldots, \end{cases}$$

et où l'on remplace par zéro les produits binaires des mêmes variations, non compris dans lez formules (39). D'ailleurs, de la formule (38), jointe à l'équation (34) ou (35), il résulte : 1° que l'on aura

$$(40)\qquad |\delta h\,\delta k| = 1, \qquad |\delta k\,\delta h| = -1,$$

si l'on prend pour h un terme de la suite x, y, z, ..., et pour k le terme correspondant de la suite u, v, w, ...; 2° que l'on aura, au contraire,

$$(41)\qquad |\delta h\,\delta k| = 0,$$

si l'on prend pour h et k deux termes de la suite x, y, z, ..., u, v, w, ... qui ne se réduisent pas à deux termes correspondants des deux suites x, y, z, ...; u, v, w, ... Cela posé, la valeur générale de l'expression $|\delta h\,\delta k|$, tirée des formules (36), sera évidemment celle qu'on obtient quand on considère les variations δx, δy, δz, ..., δu, δv, δw, ... comme des clefs assujetties aux transmutations

$$(42)\qquad \begin{cases} \delta \mathrm{x}\,\delta \mathrm{u} \simeq 1, & \delta \mathrm{y}\,\delta \mathrm{v} \simeq 1, & \delta \mathrm{z}\,\delta \mathrm{w} \simeq 1, & \ldots, \\ \delta \mathrm{u}\,\delta \mathrm{x} \simeq -1, & \delta \mathrm{v}\,\delta \mathrm{y} \simeq -1, & \delta \mathrm{w}\,\delta \mathrm{z} \simeq -1, & \ldots, \end{cases}$$

et quand on remplace par zéro les produits de ces mêmes variations, non compris dans les formules (42). Or, en opérant ainsi, on trouvera

$$\delta h\,\delta k = \mathrm{D_x} h\,\mathrm{D_u} k - \mathrm{D_u} h\,\mathrm{D_x} k + \mathrm{D_y} h\,\mathrm{D_v} k - \mathrm{D_v} h\,\mathrm{D_y} k + \ldots;$$

et, comme la formule (38) donne généralement

$$(43)\qquad (h, k) = |\delta h\,\delta k|,$$

on aura encore

$$(44)\qquad (h, k) = \mathrm{D_x} h\,\mathrm{D_u} k - \mathrm{D_u} h\,\mathrm{D_x} k + \mathrm{D_y} h\,\mathrm{D_v} k - \mathrm{D_v} h\,\mathrm{D_y} k + \ldots;$$

puis, de la formule (38), comparée à l'équation (17), on conclura que la valeur (h, k) n'est pas altérée, quand on y pose $t = 0$, et, par suite,

$$x = \mathrm{x}, \quad y = \mathrm{y}, \quad z = \mathrm{z}, \quad \ldots, \quad u = \mathrm{u}, \quad v = \mathrm{v}, \quad w = \mathrm{w}, \quad \ldots.$$

On aura donc généralement $(h, k) = \text{const.}$, conformément à l'équation (18).

La formule (43) offre encore un moyen facile de calculer les valeurs des expressions de la forme (h, k), et d'établir leurs diverses propriétés. C'est ce que l'on verra dans un prochain article.

562.

ANALYSE MATHÉMATIQUE. — *Mémoire sur l'interpolation, ou remarques sur les remarques de* M. Jules Bienaymé.

C. R., T. XXXVII, p. 64 (18 juillet 1853).

Le *Compte rendu* de la dernière séance renferme un Mémoire lu à l'avant-dernière par M. Jules Bienaymé, à un moment où j'étais absent. Ce Mémoire est intitulé : *Remarques sur les différences qui distinguent la méthode des moindres carrés de l'interpolation de* M. Cauchy, *et qui assurent la supériorité de cette méthode.* En lisant ce titre, on pourrait croire la méthode des moindres carrés, toujours et sous tous les rapports, préférable à la nouvelle méthode d'interpolation que j'ai donnée en 1835. Toutefois, cette conclusion ne serait pas légitime. Pour mettre le lecteur à portée de se former une opinion à cet égard, j'ai cru devoir à mon tour comparer l'une à l'autre les deux méthodes. L'algorithme dont j'ai fait usage en 1835 facilite cette comparaison, en réduisant les diverses méthodes proposées par les géomètres, pour la résolution des équations linéaires, à quelques formules générales et très simples, renfermées dans les premières pages de mon Mémoire, et que je vais indiquer.

Considérons d'abord m inconnues, $x, y, z, \ldots, w$, liées les unes aux autres par m équations

$$(1) \qquad \mathcal{A}=0, \qquad \mathcal{B}=0, \qquad \mathcal{C}=0, \qquad \ldots, \qquad \mathcal{H}=0,$$

dont les premiers membres soient des fonctions linéaires de ces inconnues. Si la résultante du Tableau qui a pour termes les coefficients de x, y, z, ..., w dans les fonctions $\mathcal{A}$, $\mathcal{B}$, $\mathcal{C}$, ..., $\mathcal{H}$ ne s'évanouit pas, on pourra tirer des équations (1) les valeurs de x, y, z, ..., w, en éliminant l'une après l'autre ces inconnues, rangées dans un certain ordre, et en remontant de la dernière des formules ainsi obtenues à celles qui la précèdent. Si, en particulier, on veut éliminer x de la deuxième, de la troisième, ..., de la dernière des équations (1), il suffira de retrancher de la fonction $\mathcal{B}$, ou $\mathcal{C}$, ..., ou $\mathcal{H}$ le produit de $\mathcal{A}$ par le rapport du coefficient de x dans $\mathcal{B}$, ou $\mathcal{C}$, ..., ou $\mathcal{H}$ au coefficient de x dans $\mathcal{A}$. Si l'on indique, à l'aide de la lettre caractéristique Δ, les *différences du premier ordre* ainsi obtenues, l'élimination de x entre les équations (1) donnera les suivantes :

$$(2) \qquad \Delta\mathcal{B}=0, \qquad \Delta\mathcal{C}=0, \qquad \ldots, \qquad \Delta\mathcal{H}=0.$$

Pareillement, si l'on veut éliminer y de celles-ci, à l'aide de l'équation $\Delta\mathcal{B}=0$, il suffira de retrancher de la fonction $\Delta\mathcal{C}$, ..., ou $\Delta\mathcal{H}$ le produit de $\Delta\mathcal{B}$ par le rapport du coefficient de x dans $\Delta\mathcal{C}$, ..., ou $\Delta\mathcal{H}$ au coefficient de x dans $\Delta\mathcal{B}$. Si l'on indique, à l'aide de la caractéristique Δ^2, les *différences du second ordre* ainsi obtenues, l'élimination de y entre les équations (2) donnera les suivantes :

$$(3) \qquad \Delta^2\mathcal{C}=0, \qquad \ldots, \qquad \Delta^2\mathcal{H}=0.$$

En continuant ainsi, on finira par joindre aux équations (1) toutes les formules renfermées avec elles dans le Tableau suivant :

$$(4) \qquad \left\{\begin{array}{lllll}
\mathcal{A}=0, & \mathcal{B}=0, & \mathcal{C}=0, & \ldots, & \mathcal{H}=0, \\
 & \Delta\mathcal{B}=0, & \Delta\mathcal{C}=0, & \ldots, & \Delta\mathcal{H}=0, \\
 & & \Delta^2\mathcal{C}=0, & \ldots, & \Delta^2\mathcal{H}=0, \\
 & & & \ldots, & \ldots\ldots, \\
 & & & & \Delta^m\mathcal{H}=0;
\end{array}\right.$$

et ce Tableau permettra, non seulement de calculer aisément les valeurs de $x, y, z, \ldots, w$, que l'on pourra déduire des seules formules

$$(5) \qquad \mathcal{A} = 0, \quad \Delta\mathcal{B} = 0, \quad \Delta^2\mathcal{C} = 0, \quad \ldots, \quad \Delta^m\mathcal{H} = 0,$$

en remontant de l'une à l'autre, après avoir tiré de la dernière la valeur de w, mais encore de constater la justesse des calculs par de nombreuses vérifications.

Supposons maintenant les m inconnues $x, y, z, \ldots, w$ liées entre elles par n équations exactes ou approximatives

$$(6) \qquad \varepsilon_1 = 0, \quad \varepsilon_2 = 0, \quad \ldots, \quad \varepsilon_n = 0,$$

n étant égal ou supérieur à m. Pour déterminer complètement les valeurs des inconnues, il suffira encore de résoudre m équations de la forme (1), $\mathcal{A}, \mathcal{B}, \mathcal{C}, \ldots, \mathcal{H}$ désignant m fonctions linéaires de ε_1, $\varepsilon_2, \ldots, \varepsilon_n$. D'ailleurs, dans les valeurs de $\mathcal{A}, \mathcal{B}, \mathcal{C}, \ldots, \mathcal{H}$ exprimées en fonctions de $\varepsilon_1, \varepsilon_2, \ldots, \varepsilon_n$ pour des équations linéaires, c'est-à-dire de la forme

$$(7) \qquad \left\{\begin{array}{l} \mathcal{A} = \lambda_1\varepsilon_1 + \lambda_2\varepsilon_2 + \ldots + \lambda_n\varepsilon_n, \\ \mathcal{B} = \mu_1\varepsilon_1 + \mu_2\varepsilon_2 + \ldots + \mu_n\varepsilon_n, \\ \mathcal{C} = \nu_1\varepsilon_1 + \nu_2\varepsilon_2 + \ldots + \nu_n\varepsilon_n, \\ \ldots\ldots\ldots\ldots\ldots\ldots\ldots\ldots, \\ \mathcal{H} = \varsigma_1\varepsilon_1 + \varsigma_2\varepsilon_2 + \ldots + \varsigma_n\varepsilon_n, \end{array}\right.$$

les facteurs $\lambda_1, \lambda_2, \ldots, \lambda_n, \mu_1, \mu_2, \ldots, \mu_n, \nu_1, \nu_2, \ldots, \nu_n, \ldots, \varsigma_1, \varsigma_2, \ldots, \varsigma_n$ pourront être arbitrairement choisis sous une seule condition, savoir, que les valeurs de $\mathcal{A}, \mathcal{B}, \mathcal{C}, \ldots, \mathcal{H}$ ne puissent elles-mêmes satisfaire à aucune équation linéaire de laquelle serait exclue chacune des inconnues x, y, z, w. On ne doit pas se préoccuper du cas où cette condition ne pourrait être remplie; car ce serait là un cas exceptionnel, et dans lequel les équations (6) ou se contrediraient mutuellement, ou deviendraient insuffisantes pour déterminer les valeurs des inconnues.

Il est bon d'observer que, après avoir formé les équations (1), on devra leur substituer d'autres équations desquelles on puisse aisément tirer les valeurs des inconnues, par exemple les équations (5). D'ailleurs, on pourra former directement ces dernières, sans passer par les équations (1). En effet, les formules (7) donneront

$$(8)\qquad \left\{\begin{array}{l} \mathcal{A} \;\;\, = \lambda_1\varepsilon_1 \;\;\, + \lambda_2\varepsilon_2 \;\;\, + \ldots + \lambda_n\varepsilon_n, \\ \Delta\mathcal{B} \;= \mu_1\,\Delta\varepsilon_1 \;+ \mu_2\,\Delta\varepsilon_2 \;+ \ldots + \mu_n\,\Delta\varepsilon_n, \\ \Delta^2\mathcal{C} = \nu_1\,\Delta^2\varepsilon_1 + \nu_2\,\Delta^2\varepsilon_2 + \ldots + \nu_n\,\Delta^2\varepsilon_n, \\ \ldots\ldots\ldots\ldots\ldots\ldots\ldots\ldots\ldots\ldots\ldots, \\ \Delta^m\mathcal{H} = \varsigma_1\,\Delta^m\varepsilon_1 + \varsigma_2\,\Delta^m\varepsilon_2 + \ldots + \varsigma_n\,\Delta^m\varepsilon_n. \end{array}\right.$$

Or, eu égard aux équations (8), on pourra déterminer successivement les différences des divers ordres comprises dans les diverses lignes horizontales du Tableau

$$(9)\qquad \left\{\begin{array}{llll|l} \varepsilon_1, & \varepsilon_2, & \ldots, & \varepsilon_n, & \mathcal{A}, \\ \Delta\varepsilon_1, & \Delta\varepsilon_2, & \ldots, & \Delta\varepsilon_n, & \Delta\mathcal{B}, \\ \Delta^2\varepsilon_1, & \Delta^2\varepsilon_2, & \ldots, & \Delta^2\varepsilon_n, & \Delta^2\mathcal{C}, \\ \ldots, & \ldots, & \ldots, & \ldots, & \ldots, \\ \Delta^m\varepsilon_1, & \Delta^m\varepsilon_2, & \ldots, & \Delta^m\varepsilon_n, & \Delta^m\mathcal{H}, \end{array}\right.$$

en déduisant, dans la première ligne horizontale, le terme $\mathcal{A}$ des précédents combinés avec un premier système de facteurs $\lambda_1, \lambda_2, \ldots, \lambda_n$; puis la seconde ligne horizontale de la première jointe à un second système de facteurs $\mu_1, \mu_2, \ldots, \mu_n$; puis la troisième ligne horizontale de la seconde jointe à un troisième système de facteurs $\nu_1, \nu_2, \ldots, \nu_n$; etc. On se trouve ainsi ramené très simplement, par l'emploi de la lettre caractéristique Δ, à la proposition énoncée par M. Bienaymé, et relative à l'indépendance dans laquelle demeurent, en présence les uns des autres, les divers systèmes de facteurs

$$\lambda_1,\; \lambda_2,\; \ldots,\; \lambda_n, \quad \mu_1,\; \mu_2,\; \ldots,\; \mu_n, \quad \nu_1,\; \nu_2,\; \ldots,\; \nu_n, \quad \ldots.$$

En réalité, cette proposition peut se déduire de cette simple observation, que deux fonctions linéaires de $x, y, z, \ldots, w$, identiquement égales entre elles, par exemple

$$\mathcal{C} \quad \text{et} \quad \nu_1\varepsilon_1 + \nu_2\varepsilon_2 + \ldots + \nu_n\varepsilon_n,$$

ne cessent pas d'être identiquement égales lorsqu'on y remplace une ou plusieurs inconnues par leurs valeurs tirées de certaines équations linéaires, par exemple x et y par leurs valeurs tirées des deux équations $\mathcal{A} = 0$, $\mathcal{B} = 0$, ou, ce qui revient au même, des deux équations $\mathcal{A} = 0$, $\Delta\mathcal{B} = 0$, ce qui réduit les deux fonctions citées aux deux suivantes :

$$\Delta^2 \mathcal{S}, \quad \nu_1 \Delta^2 \varepsilon_1 + \nu_2 \Delta^2 \varepsilon_2 + \ldots + \nu_n \Delta^2 \varepsilon_n.$$

Concevons maintenant que, après avoir déterminé les différences de l'ordre m des fonctions $\varepsilon_1, \varepsilon_2, \ldots, \varepsilon_n$, on détermine encore leurs différences de l'ordre $m + 1$, savoir

$$(10) \qquad \Delta^{m+1}\varepsilon_1, \quad \Delta^{m+1}\varepsilon_2, \quad \ldots, \quad \Delta^{m+1}\varepsilon_n.$$

Ces dernières différences seront ce que deviennent les précédentes quand on élimine l'inconnue w à l'aide de l'équation $\Delta^m \mathfrak{H} = 0$, ou bien encore ce que deviennent les fonctions $\varepsilon_1, \varepsilon_2, \ldots, \varepsilon_n$ quand on élimine $x, y, z, \ldots, w$ à l'aide des équations (1) ou (5). Par suite, elles se réduiront à zéro, si l'on a $n = m$, ou si les équations (6) sont exactes; et si, n étant supérieur à m, les équations (6) ne sont qu'approximatives, à des constantes d'autant plus petites (abstraction faite des signes) que l'approximation sera plus grande.

En s'appuyant sur les considérations précédentes, on reconnaît aisément que la méthode des moindres carrés et la nouvelle méthode d'interpolation ont toutes deux leurs avantages et leurs inconvénients; que les questions auxquelles elles s'appliquent naturellement sont de deux genres distincts, la nouvelle méthode étant spécialement employée pour résoudre des problèmes où il s'agit de fixer à la fois et la valeur des inconnues, et le nombre de celles qui doivent entrer dans le calcul; que, pour rendre la méthode des moindres carrés applicable à ces problèmes, il serait nécessaire d'emprunter à l'autre méthode la règle qui en fait le principal mérite; enfin, que des résultats obtenus par la méthode nouvelle on peut souvent déduire, avec une très grande facilité, ceux que fournirait la méthode des moindres carrés. Telles sont les conclusions qui sont mises en évidence dans mon Mémoire, ainsi que je l'expliquerai plus en détail dans un second article.

523.

Analyse mathématique. — *Sur la nouvelle méthode d'interpolation comparée à la méthode des moindres carrés.*

C. R., T. XXXVII, p. 100 (25 juillet 1853).

Ma nouvelle méthode d'interpolation, comme toutes celles qui ont été proposées par les géomètres, peut être réduite à la résolution de certaines équations linéaires. D'ailleurs, les problèmes que servent à résoudre les équations linéaires sont de deux genres distincts. Dans les uns, le nombre des inconnues est fixé à l'avance, et il s'agit de tirer de certaines équations exactes ou approximatives les valeurs de ces inconnues. Dans d'autres problèmes, le nombre des inconnues que renfermeront les formules n'est pas fixé d'avance, et l'on a, par suite, à déterminer non seulement les valeurs des inconnues rangées dans un certain ordre, mais encore le nombre de celles que l'on devra calculer. Concevons, pour fixer les idées, qu'il s'agisse de construire une série ordonnée suivant les puissances ascendantes ou descendantes d'une variable, et supposée convergente, dans le cas où l'on connaît, pour diverses valeurs de la variable, la somme de la série. Alors, évidemment, on devra rechercher tout à la fois, et le nombre des termes après lesquels la série pourra être arrêtée sans que l'on ait à craindre d'erreurs sensibles, et les valeurs de ces mêmes termes. C'est à la solution des problèmes du premier genre qu'a été généralement appliquée la méthode des moindres carrés; c'est, au contraire, pour résoudre le second genre des problèmes, que j'ai donné en 1835 la nouvelle méthode d'interpolation.

D'autre part, les valeurs de m inconnues, liées l'une à l'autre par n équations linéaires, n étant égal ou supérieur à m, peuvent être calculées plus ou moins rapidement et avec une exactitude plus ou moins grande. Cette rapidité, cette exactitude peuvent dépendre, non seulement du nombre et de la nature des équations données, mais encore des méthodes employées pour les résoudre.

Si l'on a

$$n = m,$$

c'est-à-dire si m inconnues $x, y, z, \ldots, v, w$ sont déterminées par le système de m équations linéaires

$$(1) \qquad \mathcal{A} = 0, \quad \mathcal{B} = 0, \quad \mathcal{C} = 0, \quad \ldots, \quad \mathcal{H} = 0,$$

les valeurs des inconnues ne dépendront pas des méthodes employées, qui toutes conduiront aux mêmes résultats, mais pourront être plus ou moins rapides. Alors aussi on pourra obtenir ces valeurs à l'aide des formules générales qui les présentent sous la forme de fractions dont le dénominateur commun est la résultante construite avec les coefficients des diverses inconnues. Mais le calcul des termes compris dans le dénominateur et dans le numérateur de chaque fraction sera très pénible, si le nombre m devient considérable; et l'on évitera ce calcul si, après avoir éliminé successivement x, puis y, puis $z, \ldots,$ puis v des équations données, on remonte de la dernière des formules ainsi obtenues à la première. De plus, comme, pour éliminer une variable x d'une fonction linéaire $\mathcal{B}$ à l'aide d'une équation linéaire $\mathcal{A} = 0$, il suffit de retrancher de la fonction $\mathcal{B}$ le produit de $\mathcal{A}$ par le rapport entre les coefficients de x dans $\mathcal{B}$ et dans $\mathcal{A}$, l'élimination successive des variables $x, y, z, \ldots, v$ entre les équations (1) réduira les premiers membres de ces équations aux *différences de divers ordres* indiquées, quand on suit la notation que nous avons adoptée, à l'aide de la lettre caractéristique Δ. Après avoir ainsi réduit les fonctions $\mathcal{B}, \mathcal{C}, \ldots, \mathcal{H}$ aux *différences de premier ordre* $\Delta\mathcal{B}$, $\Delta\mathcal{C}, \ldots, \Delta\mathcal{H}$, en éliminant x à l'aide de l'équation

$$\mathcal{A} = 0,$$

puis les différences $\Delta\mathcal{C}, \ldots, \Delta\mathcal{H}$ aux *différences de second ordre* $\Delta^2\mathcal{C}, \ldots,$

$\Delta^2 \mathfrak{H}$, en éliminant y, etc., on pourra substituer aux équations (1) les *équations finales*

$$(2) \qquad \mathcal{A} = 0, \quad \Delta \mathcal{B} = 0, \quad \Delta^2 \mathcal{C} = 0, \quad \ldots, \quad \Delta^m \mathfrak{H} = 0,$$

que l'on résoudra sans peine en remontant de la dernière, qui fournira la valeur de w, aux précédentes, qui fourniront, l'une après l'autre, les valeurs des inconnues $v, \ldots, z, y, x$.

Si l'on a $n > m$, c'est-à-dire si m inconnues $x, y, z, \ldots, v, w$ sont liées entre elles par n équations linéaires

$$(3) \qquad \varepsilon_1 = 0, \quad \varepsilon_2 = 0, \quad \ldots, \quad \varepsilon_n = 0,$$

n étant supérieur à m, il arrivera de deux choses l'une : ou les équations (3) seront exactes, ou elles seront simplement approximatives. Dans la première hypothèse, toutes les méthodes de résolution conduiront aux mêmes résultats, et l'on pourra se contenter de résoudre m équations, choisies arbitrairement dans le système donné, en leur appliquant la méthode indiquée pour le cas où l'on avait $n = m$. Au contraire, dans la seconde hypothèse, c'est-à-dire quand les équations (3) seront simplement approximatives, les diverses méthodes de résolution pourront différer entre elles sous le double rapport de la brièveté du calcul et de l'exactitude des résultats obtenus. Alors aussi, pour construire les *équations finales*, analogues aux formules (2), on pourra employer deux procédés distincts. Le premier, que l'on peut nommer *indirect*, consiste à substituer aux n équations données m équations de la forme (1), en prenant pour $\mathcal{A}, \mathcal{B}, \mathcal{C}, \ldots, \mathfrak{H}$ m fonctions linéaires de $\varepsilon_1, \varepsilon_2, \ldots, \varepsilon_n$, et à déduire ensuite des équations (1) les équations (2), en éliminant l'une après l'autre les inconnues $x, y, z, \ldots, v$. Le second procédé, que l'on peut nommer *direct*, consiste à déduire directement les équations finales des équations données, sans passer par les équations (1). Quand on a recours à ce dernier procédé, il n'est pas nécessaire de fixer *a priori*, et dès le commencement de l'opération, les valeurs attribuées aux divers systèmes de facteurs par lesquels on doit multiplier $\varepsilon_1, \varepsilon_2, \ldots, \varepsilon_n$ pour obtenir les fonctions $\mathcal{A}$, $\mathcal{B}$, $\mathcal{C}$, ..., $\mathcal{Z}$. En effet, soient

$$\lambda_1,\ \lambda_2,\ \ldots,\ \lambda_n,\quad \mu_1,\ \mu_2,\ \ldots,\ \mu_n,\quad \nu_1,\ \nu_2,\ \ldots,\ \nu_n,\quad \ldots$$

ces mêmes facteurs, en sorte qu'on ait

$$\begin{aligned}
\mathcal{A} &= \lambda_1 \varepsilon_1 + \lambda_2 \varepsilon_2 + \ldots + \lambda_n \varepsilon_n,\\
\mathcal{B} &= \mu_1 \varepsilon_1 + \mu_2 \varepsilon_2 + \ldots + \mu_n \varepsilon_n,\\
\mathcal{C} &= \nu_1 \varepsilon_1 + \nu_2 \varepsilon_2 + \ldots + \nu_n \varepsilon_n,\\
&\ldots\ldots\ldots\ldots\ldots\ldots
\end{aligned}$$

On aura donc

$$\begin{aligned}
\Delta\mathcal{B} &= \mu_1 \Delta\varepsilon_1 + \mu_2 \Delta\varepsilon_2 + \ldots + \mu_n \Delta\varepsilon_n,\\
\Delta^2\mathcal{C} &= \nu_1 \Delta^2\varepsilon_1 \qquad + \ldots + \nu_n \Delta^2\varepsilon_n,\\
&\ldots\ldots\ldots\ldots\ldots\ldots
\end{aligned}$$

Par suite, pour obtenir $\Delta\mathcal{B}$, il ne sera pas nécessaire de commencer par construire $\mathcal{B}$, en assignant immédiatement aux facteurs μ_1, μ_2, ..., μ_n des valeurs déterminées; il suffira de réduire, en éliminant x à l'aide de l'équation

$$\mathcal{A} = 0,$$

les fonctions ε_1, ε_2, ..., ε_n aux différences de premier ordre $\Delta\varepsilon_1$, $\Delta\varepsilon_2$, ..., $\Delta\varepsilon_n$, puis d'ajouter l'une à l'autre ces différences respectivement multipliées par des facteurs quelconques μ_1, μ_2, ..., μ_n qui pourront dépendre, si l'on veut, de ces mêmes différences, c'est-à-dire des coefficients qu'elles renferment. Pareillement, pour obtenir $\Delta^2\mathcal{C}$, il ne sera pas nécessaire de commencer par construire $\mathcal{C}$, en assignant *a priori* aux facteurs ν_1, ν_2, ..., ν_n des valeurs déterminées; il suffira de réduire, en éliminant y à l'aide de l'équation

$$\Delta\mathcal{B} = 0,$$

les différences de premier ordre $\Delta\varepsilon_1$, $\Delta\varepsilon_2$, ... $\Delta\varepsilon_n$ aux différences de second ordre $\Delta^2\varepsilon_1$, $\Delta^2\varepsilon_2$, ..., $\Delta^2\varepsilon_n$, puis d'ajouter l'une à l'autre ces différences de second ordre respectivement multipliées par des facteurs quelconques ν_1, ν_2, ..., ν_n qui pourront dépendre, si l'on veut, des coefficients renfermés dans ces mêmes différences, etc.

Avant d'aller plus loin, nous ferons une remarque importante. Pour que l'on puisse tirer successivement des équations (2), et en remontant de la dernière à la première, les valeurs des inconnues $w, \ldots, z, y, x$, il est nécessaire que les coefficients de x dans la première, de y dans la seconde, de z dans la troisième, ..., de w dans la dernière, ne s'évanouissent pas. D'ailleurs, chacun de ces coefficients étant représenté par la somme de plusieurs termes, on n'aura point à craindre qu'il s'évanouisse, si chacun de ces termes est positif. Or, c'est ce qui arrivera toujours, si, ε désignant l'une quelconque des fonctions $\varepsilon_1, \varepsilon_2, \ldots, \varepsilon_n$, le facteur λ, ou μ, ou ν, ... qui, dans la somme représentée par $\mathcal{A}$, ou par $\Delta\mathcal{B}$, ou par $\Delta^2\mathcal{C}, \ldots$, précède la fonction ε, ou $\Delta\varepsilon$, ou $\Delta^2\varepsilon, \ldots$, est toujours une quantité affectée du même signe que le coefficient de la première des inconnues comprises dans cette même fonction. Dorénavant, nous supposerons cette condition toujours remplie dans les équations finales formées par le procédé direct; et, dès lors, ces équations fourniront toujours pour les inconnues des valeurs finies, qui seront exactes si les équations (3) sont exactes elles-mêmes.

Concevons maintenant que, pour abréger, on désigne, à l'aide de la lettre caractéristique S, par la notation $S\lambda\varepsilon$, ou $S\mu\Delta\varepsilon$, ou $S\nu\Delta^2\varepsilon, \ldots$, la somme des produits de la forme $\lambda_l\varepsilon_l$, ou $\mu_l\Delta\varepsilon_l$, ou $\nu_l\Delta^2\varepsilon_l$, l étant l'un quelconque des nombres 1, 2, 3, ..., n; on aura

$$(4) \qquad \mathcal{A} = S\lambda\varepsilon, \qquad \Delta\mathcal{B} = S\mu\Delta\varepsilon, \qquad \Delta^2\mathcal{C} = S\nu\Delta^2\varepsilon, \qquad \ldots.$$

Soient d'ailleurs α le rapport entre les coefficients de x dans les fonctions ε et $\mathcal{A}$, β le rapport entre les coefficients de y dans les fonctions $\Delta\varepsilon$ et $\Delta\mathcal{B}$, γ le rapport entre les coefficients de z dans les fonctions $\Delta^2\varepsilon$ et $\Delta^2\mathcal{C}, \ldots$. On aura

$$(5) \qquad \Delta\varepsilon = \varepsilon - \alpha\mathcal{A}, \qquad \Delta^2\varepsilon = \Delta\varepsilon - \beta\Delta\mathcal{B}, \qquad \ldots$$

ou, ce qui revient au même,

$$(6) \qquad \Delta\varepsilon = \varepsilon - \alpha S\lambda\varepsilon, \qquad \Delta^2\varepsilon = \Delta\varepsilon - \beta S\mu\Delta\varepsilon, \qquad \ldots.$$

Ce n'est pas tout : les équations (3) étant linéaires par rapport à x, y, z, ..., w, chacune de ces équations pourra être présentée sous la forme

$$ax + by + cz + \ldots + hw = k$$

ou, ce qui revient au même, sous la forme

$$(7) \qquad \varepsilon = 0,$$

la valeur de ε étant

$$(8) \qquad \varepsilon = k - ax - by - cz - \ldots - hw,$$

et a, b, c, ..., h, k étant des constantes qui recevront, dans la fonction ε_1, certaines valeurs a_1, b_1, c_1, ..., h_1, k_1; dans la fonction ε_2, d'autres valeurs a_2, b_2, c_2, ..., h_2, k_2; ...; enfin, dans la fonction ε_n, d'autres valeurs a_n, b_n, c_n, ..., h_n, k_n. Cela posé, la première des formules (4) donnera

$$(9) \qquad \mathcal{A} = S\lambda k - xS\lambda a - yS\lambda b - \ldots - wS\lambda h,$$

et, par suite, le rapport α entre les coefficients de x dans les fonctions ε et $\mathcal{A}$ sera déterminé par la formule

$$(10) \qquad \alpha = \frac{a}{S\lambda a}.$$

De plus, la première des équations (6) jointe à la formule (8) donnera

$$(11) \qquad \Delta\varepsilon = \Delta k - x\,\Delta a - y\,\Delta b - \ldots - w\,\Delta h,$$

les valeurs de Δk, Δa, Δb, ..., Δh étant déterminées par des formules semblables à la première des équations (6) et que l'on en déduit en substituant à la lettre ε l'une des lettres k, a, b, ..., h, de sorte qu'on aura, par exemple,

$$(12) \qquad \Delta k = k - \alpha S\lambda k.$$

On établira de la même manière les formules

$$(13)\qquad \Delta\mathfrak{B} = S\mu\,\Delta k - y\,S\mu\,\Delta b - z\,S\mu\,\Delta c - \ldots - w\,S\mu\,\Delta h,$$

$$(14)\qquad 6 = \frac{\Delta b}{S\mu\,\Delta b},$$

$$(15)\qquad \Delta^2\varepsilon = \Delta^2 k - y\,\Delta^2 b - z\,\Delta^2 c - \ldots - w\,\Delta^2 h,$$

les valeurs de $\Delta^2 k$, $\Delta^2 b$, $\Delta^2 c$, ..., $\Delta^2 h$ étant déterminées par des formules semblables à la seconde des équations (6), de sorte qu'on aura, par exemple,

$$(16)\qquad \Delta^2 k = \Delta k - 6\,S\mu\,\Delta k, \qquad \ldots.$$

En continuant ainsi, on arrivera définitivement aux équations

$$(17)\qquad \Delta^m\varepsilon = \Delta^m k - w\,\Delta^m h,$$

$$(18)\qquad \Delta^m\mathfrak{H} = S\varsigma\,\Delta^m k - w\,S\varsigma\,\Delta^m h;$$

et si de la formule (17) on élimine w à l'aide de l'équation $\Delta^m\mathfrak{H} = 0$, on obtiendra une formule nouvelle, savoir

$$(19)\qquad \Delta^{m+1}\varepsilon = \Delta^{m+1} k,$$

qui, jointe aux diverses formules déjà trouvées, fournira les valeurs constantes des expressions de la forme $\Delta^{m+1}\varepsilon$, c'est-à-dire des différences

$$(20)\qquad \Delta^{m+1}\varepsilon_1,\quad \Delta^{m+1}\varepsilon_2,\quad \ldots,\quad \Delta^{m+1}\varepsilon_n.$$

Ces valeurs, en vertu de la formule (19), seront précisément celles des différences

$$(21)\qquad \Delta^{m+1}k_1,\quad \Delta^{m+1}k_2,\quad \ldots,\quad \Delta^{m+1}k_n.$$

Donc ces dernières comme les précédentes se réduiront à zéro, si l'on a $n = m$, ou si les équations (3) sont exactes, et si, n étant supérieur à m, les équations (3) ne sont qu'approximatives, à des quantités qui devront être en général d'autant plus petites (abstraction faite des signes) que l'approximation sera plus grande.

Considérons maintenant d'une manière spéciale le cas où le nombre m des inconnues n'est pas donné *a priori*. Supposons, pour fixer les idées, que ces inconnues soient les coefficients renfermés dans les divers termes d'une série convergente, dont k représente la somme, et que, par suite, les constantes

$$k_1, \quad k_2, \quad \ldots, \quad k_n$$

expriment n valeurs de cette même somme déterminées directement, à l'aide d'un certain nombre d'expériences ou d'observations. Généralement ces valeurs, qui pourront être, par exemple, des angles mesurés à l'aide d'instruments plus ou moins parfaits, ne seront pas exactes, mais entachées de certaines erreurs que comporteront les observations dont il s'agit. Cela posé, concevons que l'on emploie, pour la formation des équations finales, desquelles on doit tirer les valeurs des inconnues, le procédé direct, qui fournit avec ces équations les diverses valeurs de Δk, $\Delta^2 k$, $\Delta^3 k$, ... Pour que les valeurs de $\Delta^{m+1} k$ deviennent comparables aux erreurs d'observation, il sera généralement nécessaire que le nombre entier m acquière une valeur suffisamment grande, et telle qu'on puisse, sans erreur sensible, se borner à conserver dans le développement de k en série les m premiers termes. Réciproquement, lorsque, m venant à croître, les diverses valeurs de $\Delta^{m+1} k$ seront devenues comparables aux erreurs d'observation, le problème du développement de k en série pourra être considéré comme résolu. Car, en attribuant aux coefficients des termes conservés les valeurs données par le calcul, et aux coefficients des termes négligés des valeurs insensibles, on obtiendra une série dont la somme k aura pour valeurs particulières des quantités très peu différentes de k_1, k_2, ..., k_n, les différences étant représentées par les diverses valeurs de $\Delta^{m+1} k$, et pouvant être en conséquence attribuées aux erreurs d'observation.

En résumé, *si, dans le développement d'une fonction k en une série convergente, dont chaque terme renferme un coefficient inconnu, on veut déterminer à la fois et le nombre n des termes après lesquels on peut arrêter la série, sans avoir à craindre d'erreurs sensibles, et les coefficients renfermés dans ces mêmes termes, on devra, en adoptant le procédé* *direct pour la formation des équations finales, porter spécialement son attention sur les valeurs des différences des divers ordres*

$$\Delta k, \quad \Delta^2 k, \quad \Delta^3 k, \quad \ldots.$$

Le nombre m aura effectivement acquis la valeur qu'il convient de lui attribuer, lorsque les diverses valeurs numériques de $\Delta^{m+1} k$ *seront devenues assez petites pour être comparables aux erreurs d'observation que comportent les diverses valeurs de k.*

Il est aisé maintenant de comparer entre elles les deux méthodes que M. Bienaymé a mises en présence l'une de l'autre, savoir : la méthode des moindres carrés et la nouvelle méthode d'interpolation.

Le but ordinairement assigné à la méthode des moindres carrés consiste à déduire d'équations approximatives les valeurs d'inconnues dont le nombre est fixé à l'avance. Au contraire, le but spécial assigné à la nouvelle méthode d'interpolation, dans le Mémoire de 1835, est de déterminer, dans une série convergente, propre à représenter le développement d'une fonction, non pas les coefficients inconnus de certains termes dont le nombre serait fixé à l'avance, mais *les coefficients des termes que l'on peut négliger sans avoir à craindre qu'il en résulte une erreur sensible dans les valeurs de la fonction* (*voir* le Mémoire lithographié de 1835, page 3) (¹).

Dans la méthode des moindres carrés, les divers systèmes de facteurs sont déterminés *a priori*, et chacun d'eux se confond avec le système des coefficients d'une même inconnue. Au contraire, dans la nouvelle méthode d'interpolation, le calculateur, éliminant l'une après l'autre les diverses inconnues, dans un ordre fixé primitivement, et adoptant, pour la formation des équations finales, ce que nous avons nommé le *procédé direct*, détermine successivement les divers systèmes de facteurs à mesure que le calcul avance, et réduit chaque facteur à ± 1, le signe étant celui du coefficient de l'inconnue

(¹) *Mémoire sur l'intégration des équations différentielles* (*Nouveaux Exercices d'Analyse et de Physique*, T. I, p. 327. — *Œuvres de Cauchy*, S. II, T. XI).

qui doit être éliminée la première. De plus, en nommant k la constante à laquelle une quelconque des équations données réduit une fonction linéaire des inconnues, le calculateur arrête le calcul au moment où le nombre m de ces inconnues devient assez considérable pour que les diverses valeurs numériques de $\Delta^{m+1}k$ soient comparables aux erreurs dont la valeur de k est susceptible. Ainsi, ce qui distingue surtout la nouvelle méthode d'interpolation, c'est : 1° *l'emploi de facteurs dont chacun se réduit, au signe près, à* ± 1, *le signe étant choisi comme on vient de le dire;* 2° *l'emploi des différences de la forme* $\Delta^{m+1}k$ *pour déterminer le nombre* m *des inconnues qui doivent être admises dans le calcul.* Remarquons d'ailleurs qu'en suivant la nouvelle méthode on n'aura jamais à craindre d'obtenir pour les inconnues des valeurs infinies, comme cela pourrait arriver, si, en réduisant les divers facteurs à ± 1, on déterminait les signes autrement qu'il n'a été dit.

Il est vrai qu'en suivant la méthode des moindres carrés on pourrait employer, pour la formation des équations finales, le procédé direct, comme l'a fait Laplace dans le premier supplément au *Calcul des probabilités*. Mais alors même, pour rendre la méthode applicable à la détermination numérique des coefficients que renferme le développement d'une fonction en série convergente, et du nombre m des termes qui doivent être conservés dans ce développement, il serait nécessaire d'emprunter à la nouvelle méthode d'interpolation la règle qui en fait le principal mérite, celle qui s'appuie sur la considération des diverses valeurs de $\Delta^{m+1}k$.

Je dirai plus : suffira-t-il de rapprocher ainsi, autant que possible, la méthode des moindres carrés de la nouvelle méthode d'interpolation, pour assurer, en tous points et dans tous les cas, la supériorité de la première? Nullement, et quelques réflexions bien simples mettront le lecteur à portée de se former une opinion à cet égard.

D'abord, après la modification indiquée, la méthode des moindres carrés sera loin d'être supérieure à la nouvelle méthode, sous le rapport de la brièveté des calculs. Au contraire, la nouvelle méthode conservera sur l'autre un avantage incontestable, puisqu'elle réduira les divers facteurs introduits dans les équations finales à l'unité.

La méthode des moindres carrés sera-t-elle, sous le rapport de la précision, toujours supérieure à l'autre? Mais, dans le cas spécial où le nombre des équations est égal au nombre m des inconnues, toutes les méthodes fournissent les mêmes résultats, et alors la meilleure est évidemment celle qui exige moins de calcul.

Si maintenant le nombre n des équations devient notablement supérieur au nombre m des inconnues qui doivent rester dans le calcul, il arrivera de deux choses l'une : ou les valeurs données de la fonction dont il s'agit d'obtenir le développement en série seront entachées de graves erreurs, et alors aucune méthode ne pourra garantir la précision des valeurs trouvées pour les inconnues; ou les valeurs données de la fonction seront à peu près exactes, et, dans ce cas, surtout si le nombre n des inconnues devient considérable, les deux méthodes fourniront généralement des résultats peu différents. Il y a plus : étant données les valeurs des inconnues, telles que les fournit la nouvelle méthode d'interpolation, il suffira généralement, pour obtenir celles que fournirait la méthode des moindres carrés, d'ajouter aux premières des corrections très petites, et que, pour ce motif, il sera facile de calculer. M. Bienaymé dit que ce procédé ne tend à rien moins qu'à *doubler le travail si pénible de l'élimination*. Mais, dans le Mémoire lithographié de 1835, pour rendre manifestes les avantages de la nouvelle méthode, j'en ai fait à la théorie de la dispersion de la lumière une application que le Journal de M. Liouville n'a pas reproduite, et j'ai ainsi obtenu un développement dont les diverses valeurs étaient précisément celles de la fonction développée. Dira-t-on qu'alors la méthode de correction ci-dessus rappelée double le travail et accroît de fastidieux calculs? Loin de là, elle prouve, sans calcul, que la méthode des moindres carrés, rendue applicable à l'aide d'un emprunt fait à la nouvelle méthode, aurait conduit le calculateur au même résultat, mais plus péniblement, et en exigeant plus de travail.

Il est vrai que les calculs de Laplace assignent à la méthode des moindres carrés une propriété importante, celle de fournir, comme le remarque M. Bienaymé, les résultats les plus probables. Mais cette propriété ne subsiste, comme je l'expliquerai dans un autre article, que sous certaines conditions; et alors même que ces conditions sont remplies, il peut se faire que, pour obtenir les résultats les plus probables, la voie la plus courte soit de joindre à la nouvelle méthode la méthode de correction dont j'ai parlé.

524.

C. R., T. XXXVII; p. 109 (25 juillet 1853).

M. Augustin Cauchy présente encore à l'Académie :

1° Un *Mémoire sur les variations des constantes arbitraires que comprennent les intégrales des équations différentielles considérées dans un article précédent* (page 54), *et sur les avantages qu'offre l'emploi des clefs algébriques pour déterminer complètement ces variations, lorsque la fonction dont les équations différentielles renferment les dérivées se réduit à une fonction des deux sommes*

$$x^2+y^2+z^2+\ldots,\quad u^2+v^2+w^2+\ldots.$$

2° Un *Mémoire sur le Calcul des probabilités.*

Les résultats obtenus dans ces deux Mémoires seront développés dans une prochaine séance.

525.

Analyse mathématique. — *Mémoire sur les coefficients limitateurs ou restricteurs.*

§ I. — *Considérations générales.*

Concevons qu'étant données diverses valeurs particulières

$$u_0,\quad u_1,\quad u_2,\quad \ldots$$

d'une fonction u des variables indépendantes $x, y, z, \ldots, t$ avec la somme s de ces valeurs dont le nombre peut être fini ou infini, on demande ce que devient cette somme, lorsqu'on la restreint à un moindre nombre de termes, et que l'on conserve seulement les termes correspondants aux valeurs de $x, y, z, \ldots, t$, qui vérifient certaines conditions. Pour résoudre la question proposée, il suffira évidemment de substituer à la fonction u le produit de cette fonction par un coefficient I qui ait la double propriété de se réduire à l'unité quand les conditions énoncées seront remplies, et de s'évanouir dans le cas contraire. Ce coefficient, que je nomme, pour indiquer son rôle, coefficient *limitateur* ou *restricteur* (¹) pourra d'ailleurs revêtir un grand nombre de formes diverses. Supposons, pour fixer les idées, qu'un restricteur doive ou se réduire à l'unité, ou s'évanouir, suivant que la variable t est positive ou négative. Ce restricteur pourra être représenté par l'une quelconque des expressions

$$\frac{1}{2}\left(1+\frac{t}{\sqrt{t^2}}\right),\quad \frac{1}{2}\left(1+\frac{2}{\pi}\int_0^\infty \frac{\sin t\alpha}{\alpha}\,d\alpha\right),\quad \frac{1}{2}\left(1+\frac{1}{\pi}\int_{-\infty}^\infty \frac{t\,d\alpha}{t^2+\alpha^2}\right),$$

$$\frac{1}{2\pi}\int_{-\infty}^\infty\int_0^\infty e^{\alpha(\lambda-t)i}\,d\alpha\,d\lambda,\quad \ldots.$$

Si d'ailleurs, en adoptant la notation que j'ai proposée dans un précédent Mémoire, on représente par l_t l'une quelconque des expressions précédentes, un restricteur I, qui se réduirait à l'unité seulement pour des valeurs réelles de t comprises entre des limites $t_{\prime}, t_{\prime\prime}$, pourra être exprimé à l'aide de la formule

$$(1)\qquad \mathrm{I} = \mathrm{l}_{t-t_{\prime}} - \mathrm{l}_{t-t_{\prime\prime}};$$

et de cette formule, combinée avec l'équation

$$\mathrm{l}_t = \frac{1}{2}\left(1+\frac{t}{\sqrt{t^2}}\right),$$

(¹) Dans les *Comptes rendus* de 1849, j'avais indiqué les facteurs de cette espèce sous le nom de *coefficients limitateurs*. Le mot *restricteurs*, qui est plus court, offre aussi l'avantage de bien exprimer le rôle que ces coefficients jouent dans le calcul.

on tirera immédiatement

$$(2)\qquad \mathrm{I} = \frac{1}{2}\left[\frac{t-t_{,}}{\sqrt{(t-t_{,})^2}} - \frac{t-t_{,,}}{\sqrt{(t-t_{,,})^2}}\right].$$

Au contraire, en ayant égard à l'équation

$$\mathrm{I}_t = \frac{1}{2\pi}\int_{-\infty}^{\infty}\int_{0}^{\infty} e^{\alpha(\lambda-t)i}\,d\alpha\,d\lambda,$$

on trouverait

$$(3)\qquad \mathrm{I} = \frac{1}{2\pi}\int_{-\infty}^{\infty}\int_{t_{,}}^{t_{,,}} e^{\alpha(\lambda-t)i}\,d\alpha\,d\lambda.$$

Pareillement, v étant une fonction réelle des variables $x, y, z, \ldots, t$, un restricteur qui se réduirait à l'unité seulement pour des valeurs de v comprises entre deux limites données $v_{,}$, $v_{,,}$ pourra être exprimé à l'aide de l'une des formules

$$(4)\qquad \mathrm{I} = \mathrm{I}_{v-v_{,}} - \mathrm{I}_{v-v_{,,}},$$

$$(5)\qquad \mathrm{I} = \frac{1}{2}\left[\frac{v-v_{,}}{\sqrt{(v-v_{,})^2}} - \frac{v-v_{,,}}{\sqrt{(v-v_{,,})^2}}\right],$$

$$(6)\qquad \mathrm{I} = \frac{1}{2\pi}\int_{-\infty}^{\infty}\int_{v_{,}}^{v_{,,}} e^{\alpha(\lambda-v)i}\,d\alpha\,d\lambda.$$

Il sera également facile de trouver un restricteur I qui se réduise à l'unité seulement dans le cas où les variables $x, y, z, \ldots, t$ vérifient à la fois plusieurs conditions données. Ainsi, par exemple, si I doit se réduire à l'unité, dans le cas seulement où toutes ces variables sont positives, on pourra prendre

$$(7)\qquad \mathrm{I} = \mathrm{I}_x\,\mathrm{I}_y\,\mathrm{I}_z\ldots\mathrm{I}_t;$$

et si I doit se réduire à l'unité, dans le cas seulement où deux fonctions réelles v, w de ces variables sont comprises, la première entre les limites $v_{,}$, $v_{,,}$, la deuxième entre les limites $w_{,}$, $w_{,,}$, on pourra prendre

$$(8)\qquad \mathrm{I} = (\mathrm{I}_{v-v_{,}} - \mathrm{I}_{v-v_{,,}})(\mathrm{I}_{w-w_{,}} - \mathrm{I}_{w-w_{,,}}),$$

ou bien encore

$$(9)\qquad \mathrm{I}=\left(\frac{1}{2\pi}\right)^2\int_{-\infty}^{\infty}\int_{-\infty}^{\infty}\int_{v_{\prime}}^{v_{\prime\prime}}\int_{w_{\prime}}^{w_{\prime\prime}} e^{[\alpha(\lambda-v)+6(\mu-w)]i}\,d\alpha\,d\beta\,d\lambda\,d\mu.$$

L'introduction des restricteurs dans le calcul permet de résoudre facilement une question qui n'est pas sans importance, et que nous allons indiquer.

Considérons n variables réelles

$$x,\ y,\ z,\ \ldots,\ v,\ w,$$

et n intégrales définies réelles

$$(10)\qquad \int_{x_{\prime}}^{x_{\prime\prime}} X\,dx,\quad \int_{y_{\prime}}^{y_{\prime\prime}} Y\,dy,\quad \ldots,\quad \int_{v_{\prime}}^{v_{\prime\prime}} V\,dv,\quad \int_{w_{\prime}}^{w_{\prime\prime}} W\,dw,$$

X étant fonction de x, Y de y, ..., V de v, W de w. Le produit Π de ces intégrales sera l'intégrale multiple que présente la formule

$$(11)\qquad \Pi=\int_{x_{\prime}}^{x_{\prime\prime}}\int_{y_{\prime}}^{y_{\prime\prime}}\cdots\int_{v_{\prime}}^{v_{\prime\prime}}\int_{w_{\prime}}^{w_{\prime\prime}} XY\ldots VW\,dx\,dy\ldots dv\,dw.$$

D'ailleurs, en regardant chacune des intégrales (10) comme une somme d'éléments infiniment petits de l'une des formes

$$(12)\qquad X\,dx,\quad Y\,dy,\quad \ldots,\quad V\,dv,\quad W\,dw,$$

et, par suite, le produit Π comme une somme de produits partiels de la forme

$$(13)\qquad XY\ldots VW\,dx\,dy\ldots dv\,dw,$$

on peut demander ce que deviendra le produit Π, si l'on tient compte seulement des produits partiels correspondants à des valeurs de $x, y, \ldots, w$, qui remplissent certaines conditions, et si, en conservant ceux-ci, on écarte tous les autres. Concevons, pour fixer les idées, que les produits partiels conservés correspondent uniquement aux valeurs de x, y, ..., v, w, qui réduisent une certaine fonction ω

à une quantité comprise entre deux limites données $\omega_{,}$, $\omega_{,,}$. En nommant P la somme de ces produits partiels, et en posant

$$\mathrm{I} = \mathrm{I}_{\omega-\omega_{,}} - \mathrm{I}_{\omega-\omega_{,,}}, \tag{14}$$

on trouvera

$$\mathrm{P} = \int_{x_{,}}^{x_{,,}} \int_{y_{,}}^{y_{,,}} \cdots \int_{v_{,}}^{v_{,,}} \int_{w_{0}}^{w_{,,}} \mathrm{I}\, XY \ldots VW\, dx\, dy \ldots dv\, dw. \tag{15}$$

On pourra d'ailleurs donner au restricteur I la forme

$$\mathrm{I} = \frac{1}{2} \left[\frac{\omega - \omega_{,}}{\sqrt{(\omega - \omega_{,})^2}} - \frac{\omega - \omega_{,,}}{\sqrt{(\omega - \omega_{,,})^2}} \right], \tag{16}$$

ou bien encore la forme

$$\mathrm{I} = \frac{1}{2\pi} \int_{-\infty}^{\infty} \int_{\omega}^{\omega_{,,}} e^{\theta(\tau-\omega)i}\, d\theta\, d\tau. \tag{17}$$

De l'équation (15), jointe à la formule (17), on tirera

$$\mathrm{P} = \int_{x_{,}}^{x_{,,}} \int_{y_{,}}^{y_{,,}} \cdots \int_{v_{,}}^{v_{,,}} \int_{\omega_{,}}^{\omega_{,,}} XY \ldots V\Theta\, dx\, dy \ldots dv\, d\tau, \tag{18}$$

la valeur de Θ étant

$$\Theta = \frac{1}{2\pi} \int_{-\infty}^{\infty} \int_{w_{,}}^{w_{,,}} W e^{\theta(\tau-\omega)i}\, d\theta\, dw. \tag{19}$$

D'autre part, si l'on pose, pour abréger,

$$\aleph = \sqrt{(\mathrm{D}_w \omega)^2},$$

et si l'on désigne par la notation

$$\underset{w=w_{,}}{\overset{w=w_{,,}}{\mathrm{S}}} \frac{W}{\aleph}$$

la somme des valeurs que peut acquérir le rapport

$$\frac{W}{\aleph},$$

pour des valeurs de w propres à vérifier l'équation

$$\omega = \tau, \tag{20}$$

et renfermées entre les limites $w_{\prime}$, $w_{\prime\prime}$, la formule (19) donnera (*voir* le XIXe Cahier du *Journal de l'École Polytechnique*) [1]

$$\Theta = \underset{w=w_{\prime}}{\overset{w=w_{\prime\prime}}{\mathrm{S}}} \frac{W}{8}. \tag{21}$$

Donc la formule (18) pourra être réduite à la suivante :

$$\mathrm{P} = \int_{\omega_{\prime}}^{\omega_{\prime\prime}} \int_{x_{\prime}}^{x_{\prime\prime}} \int_{y_{\prime}}^{y_{\prime\prime}} \cdots \int_{v_{\prime}}^{v_{\prime\prime}} \underset{w=w_{\prime}}{\overset{w=w_{\prime\prime}}{\mathrm{S}}} \frac{XY\ldots VW}{8} d\tau\, dx\, dy \ldots dv. \tag{22}$$

On peut, au reste, établir encore cette dernière équation comme il suit.

Soit w_τ une valeur de w propre à vérifier l'équation

$$\omega = \tau,$$

étant une quantité renfermée entre les limites $\omega_{\prime}$, $\omega_{\prime\prime}$. Si l'on attribue à τ un accroissement infiniment petit et positif $d\tau$, la valeur de w représentée par w_τ recevra un accroissement correspondant dont la valeur numérique sera $\frac{d\tau}{8}$, et la partie de l'intégrale

$$\int_{w_{\prime}}^{w_{\prime\prime}} W\, dw$$

correspondante à ce même accroissement sera

$$\frac{W}{8} d\tau.$$

Cela posé, concevons que les différentielles dx, dy, ..., dv soient, dans les éléments (12), des quantités infiniment petites d'un ordre supérieur à l'ordre de la quantité infiniment petite représentée par $d\tau$. Alors, dans la valeur de P donnée par la formule (15), ceux des éléments de l'intégrale

$$\int_{w_{\prime}}^{w_{\prime\prime}} \mathrm{I} W\, dw$$

(1) *Œuvres de Cauchy*, S. II, T. I.

qui correspondront à la valeur τ de ω et à l'élément $d\tau$ de la différence $\omega_{\prime\prime} - \omega_{\prime}$ se réduiront aux proiduts de la forme

$$\frac{W}{8} d\tau,$$

en sorte qu'on aura

$$\int_{w_{\prime}}^{w_{\prime\prime}} \Pi W\, dw = \int_{\omega_{\prime}}^{\omega_{\prime\prime}} \underset{w=w_{\prime}}{\overset{w=w_{\prime\prime}}{\mathrm{S}}} \frac{W}{8}\, d\tau. \tag{23}$$

Or, eu égard à cette dernière formule, l'équation (15) peut être évidemment remplacée par l'équation (22).

Considérons spécialement le cas où la fonction ω est linéaire par rapport aux variables x, y, ..., v, w, et de la forme

$$\omega = ax + by + \ldots + gv + hw. \tag{24}$$

Alors, en posant, pour abréger,

$$\mathrm{A} = \int_{x_{\prime}}^{x_{\prime\prime}} X\, dx, \qquad \mathcal{A} = \int_{x_{\prime}}^{x_{\prime\prime}} X e^{-a\theta x i}\, dx, \tag{25}$$

et nommant B, ..., G, H, ou $\mathcal{B}$, ..., $\mathcal{G}$, $\mathcal{H}$ ce que devient A ou $\mathcal{A}$ quand aux lettres x, X, a on substitue les lettres y, Y, b, ou v, V, g, ou w, W, k, on tirera des formules (11) et (15)

$$\Pi = \mathrm{AB}\ldots\mathrm{GH}, \tag{26}$$

$$\mathrm{P} = \frac{1}{2\pi} \int_{\omega_{\prime}}^{\omega_{\prime\prime}} \int_{-\infty}^{\infty} \mathcal{A}\mathcal{B}\ldots\mathcal{G}\mathcal{H} e^{\theta\tau i} \ldots d\tau\, d\theta. \tag{27}$$

Si, les fonctions X, Y, ..., V, W étant toutes semblables entre elles, on suppose les intégrales (10) toutes prises entre les mêmes limites, on aura

$$\mathrm{A} = \mathrm{B} = \ldots = \mathrm{G} = \mathrm{H},$$

par conséquent

$$\Pi = \mathrm{A}^n. \tag{28}$$

Enfin, si l'on suppose

$$x_{\prime} = -\infty, \qquad x_{\prime\prime} = \infty, \qquad \omega_{\prime} = -\upsilon, \qquad \omega_{\prime\prime} = \upsilon,$$

υ désignant une quantité positive, les formules (25) et (27) donneront

$$(29)\qquad \mathrm{A}=\int_{-\infty}^{\infty} \mathcal{X}\,dx, \qquad \mathcal{A}=\int_{-\infty}^{\infty} \mathcal{X} e^{-a\theta x i}\,dx,$$

$$(30)\qquad \mathrm{P}=\frac{1}{2\pi}\int_{-\upsilon}^{\upsilon}\int_{-\infty}^{\infty} \mathcal{A}\mathcal{B}\ldots\mathcal{G}\mathcal{H} e^{\tau i}\,d\tau\,d\theta.$$

Pour montrer une application des formules trouvées, considérons en particulier le cas où l'on aurait

$$(31)\qquad \mathcal{X}=\mathrm{K}e^{-\mathrm{k}x^2},$$

k, K désignant deux constantes positives. Alors on aura encore

$$(32)\qquad \mathrm{A}=\mathrm{K}\sqrt{\frac{\pi}{\mathrm{k}}},$$

et l'on tirera des formules (28) et (30)

$$(33)\qquad \frac{\mathrm{P}}{\Pi}=\frac{2}{\sqrt{\pi}}\int_0^{\frac{\upsilon}{\sqrt{s}}} e^{-\theta^2}\,d\theta,$$

la valeur de s étant

$$(34)\qquad s=\frac{a^2+b^2+\ldots+g^2+h^2}{\mathrm{k}}.$$

Si l'on supposait, au contraire,

$$(35)\qquad \mathcal{X}=\mathrm{K}\,e^{-\mathrm{k}\sqrt{x^2}},$$

on trouverait

$$(36)\qquad \mathrm{A}=\frac{2\mathrm{K}}{\mathrm{k}}$$

et

$$(37)\qquad \frac{\mathrm{P}}{\Pi}=2\,{}_{-\infty}^{\;\infty}\mathcal{E}_0^{\infty}\frac{e^{\upsilon\theta i}-1}{\theta\left(\left(1+\frac{a^2\theta^2}{\mathrm{k}^2}\right)\left(1+\frac{b^2\theta^2}{\mathrm{k}^2}\right)\cdots\left(1+\frac{g^2\theta^2}{\mathrm{k}^2}\right)\left(1+\frac{h^2\theta^2}{\mathrm{k}^2}\right)\right)},$$

le signe $\mathcal{E}'$ étant relatif à la variable θ.

Si, dans la formule (37) on pose $n = 2$, elle donnera

$$(38) \qquad \frac{P}{\Pi} = 1 - \frac{a^2 e^{-\frac{k\upsilon}{\sqrt{a^2}}} - b^2 e^{-\frac{k\upsilon}{\sqrt{b^2}}}}{a^2 - b^2}.$$

§ II. — *Applications au Calcul des probabilités.*

L'emploi des restricteurs permet de résoudre très aisément un grand nombre de problèmes relatifs au Calcul des probabilités, mais qu'on n'avait point encore résolus, si ce n'est dans des cas particuliers, et dont la solution, dans ces cas-là même, n'avait été obtenue qu'à l'aide d'une analyse difficile à suivre. C'est ce que je vais montrer en peu de mots.

Représentons par

$$\varepsilon_1, \quad \varepsilon_2, \quad \ldots, \quad \varepsilon_n$$

n erreurs diverses que comportent n quantités

$$k_1, \quad k_2, \quad \ldots, \quad k_n,$$

déterminées à l'aide de certaines expériences ou de certaines observations. Soit ε_l l'une quelconque de ces erreurs, l étant l'un des nombres entiers $1, 2, \ldots, n$. Soient encore ε une valeur particulière attribuée à ε_l, $d\varepsilon$ un accroissement infiniment petit attribué à ε, et

$$\iota, \quad \chi$$

deux limites inférieure et supérieure entre lesquelles l'erreur ε est certainement comprise. Enfin, concevons que, $f(\varepsilon)$ étant une fonction de ε, le produit

$$f(\varepsilon)\, d\varepsilon$$

représente la probabilité de coïncidence de l'erreur ε_l avec une quantité renfermée entre les deux limites infiniment voisines

$$\varepsilon, \quad \varepsilon + d\varepsilon.$$

On aura

$$(1) \qquad \int_{\iota}^{\chi} f(\varepsilon)\, d\varepsilon = 1.$$

Si les quantités $k_1, k_2, \ldots, k_n$ sont déduites d'observations ou d'expériences de natures diverses, et qui ne comportent pas les mêmes facilités d'erreurs, la forme de la fonction $f(\varepsilon)$ et les valeurs des limites ι, $\varkappa$ pourront varier avec la valeur de l.

Si, pour fixer les idées, on représente par

$$\varphi(\varepsilon), \quad \chi(\varepsilon), \quad \ldots, \quad \varpi(\varepsilon)$$

les formes successives de $f(\varepsilon)$, correspondantes aux valeurs

$$1, \quad 2, \quad \ldots, \quad n$$

du nombre l; si d'ailleurs, dans la formule (1), on écrit, au lieu de ι et de $\varkappa$, ι_l et $\varkappa_l$, on tirera successivement de cette formule

$$(2) \qquad \int_{\iota_1}^{\varkappa_1} \varphi(\varepsilon_1)\, d\varepsilon_1 = 1, \qquad \int_{\iota_2}^{\varkappa_2} \chi(\varepsilon_2)\, d\varepsilon_2 = 1, \qquad \ldots, \qquad \int_{\iota_n}^{\varkappa_n} \varpi(\varepsilon_n)\, d\varepsilon_n = 1,$$

puis on en conclura

$$(3) \qquad \int_{\iota_1}^{\varkappa_1} \int_{\iota_2}^{\varkappa_2} \cdots \int_{\iota_n}^{\varkappa_n} \mathfrak{P}\, d\varepsilon_1\, d\varepsilon_2 \ldots d\varepsilon_n = 1,$$

la valeur de $\mathfrak{P}$ étant

$$(4) \qquad \mathfrak{P} = \varphi(\varepsilon_1)\chi(\varepsilon_2)\ldots\varpi(\varepsilon_n).$$

Or il est clair que l'élément

$$(5) \qquad \mathfrak{P}\, d\varepsilon_1\, d\varepsilon_2 \ldots d\varepsilon_n$$

de l'intégrale multiple qui forme le premier membre de l'équation (3), sera le produit des éléments

$$(6) \qquad \varphi(\varepsilon_1)\, d\varepsilon_1, \quad \chi(\varepsilon_2)\, d\varepsilon_2, \quad \ldots, \quad \varpi(\varepsilon_n)\, d\varepsilon_n,$$

compris dans les intégrales simples qui forment les premiers membres des équations (2). Il représentera donc la probabilité de la coïncidence simultanée de la première erreur avec une quantité comprise entre deux limites infiniment voisines et de la forme ε_1, $\varepsilon_1 + d\varepsilon_1$, de la seconde erreur avec une quantité comprise entre deux limites de la forme ε_2, $\varepsilon_2 + d\varepsilon_2$, ..., de la $n^{\text{ième}}$ erreur avec une quantité comprise entre deux limites de la forme ε_n, $\varepsilon_n + d\varepsilon_n$.

Soit maintenant ω une fonction donnée des erreurs ε_1, ε_2, ..., ε_n, et nommons P la probabilité de coïncidence de cette fonction avec une quantité comprise entre les deux limites $\omega_{,}$, $\omega_{,,}$. Pour obtenir P, il suffira évidemment d'écarter de l'intégrale (3) les éléments correspondants à des valeurs de ε_1, ε_2, ..., ε_n, qui produiront des valeurs de ω situées en dehors des limites $\omega_{,}$, $\omega_{,,}$, et de conserver tous les autres. On y parviendra en multipliant l'élément (5) de l'intégrale (3) par un restricteur I qui ait la double propriété de se réduire à l'unité quand la valeur de ω tombe entre les limites $\omega_{,}$, $\omega_{,,}$, et à zéro dans le cas contraire. On aura donc

$$(7)\qquad P = \int_{\iota_1}^{\varkappa_1} \int_{\iota_2}^{\varkappa_2} \cdots \int_{\iota_n}^{\varkappa_n} \mathrm{I}\,\mathfrak{P}\, d\varepsilon_1\, d\varepsilon_2 \ldots d\varepsilon_n.$$

Ajoutons que la valeur de I pourra se déduire de la formule (16) ou (17) du § I. On pourra donc prendre

$$(8)\qquad \mathrm{I} = \frac{1}{2\pi} \int_{\omega_{,}}^{\omega_{,,}} \int_{-\infty}^{\infty} e^{\theta(\tau-\omega)i}\, d\tau\, d\theta.$$

Si les quantités k_1, k_2, ..., k_n sont déduites d'observations ou d'expériences de même nature, qui comportent les mêmes facilités d'erreurs, les fonctions

$$\varphi(\varepsilon),\quad \chi(\varepsilon),\quad \ldots,\quad \varpi(\varepsilon)$$

deviendront toutes égales; et, en désignant par $\mathfrak{f}(\varepsilon)$ l'une quelconque d'entre elles, on aura

$$(9)\qquad \mathfrak{P} = \mathfrak{f}(\varepsilon_1)\,\mathfrak{f}(\varepsilon_2)\ldots\mathfrak{f}(\varepsilon_n).$$

Alors aussi les limites inférieures et supérieures des intégrales (2) ne varieront pas dans le passage d'une intégrale à l'autre, et, en désignant toujours ces limites à l'aide des lettres ι, $\varkappa$, on aura

$$(10)\qquad P = \int_{\iota}^{\varkappa} \int_{\iota}^{\varkappa} \cdots \int_{\iota}^{\varkappa} \mathrm{I}\,\mathfrak{P}\, d\varepsilon_1\, d\varepsilon_2 \ldots d\varepsilon_n.$$

Si l'on ne peut assigner *a priori* aucune limite inférieure ni supérieure aux erreurs $\varepsilon_1, \varepsilon_2, \ldots, \varepsilon_n$, la formule (10) donnera

$$(11) \qquad \mathrm{P} = \int_{-\infty}^{\infty}\int_{-\infty}^{\infty}\cdots\int_{-\infty}^{\infty} \mathrm{I}\,\mathfrak{P}\, d\varepsilon_1\, d\varepsilon_2 \ldots d\varepsilon_n.$$

Enfin, si l'on veut que l'erreur ω tombe entre deux limites égales aux signes près, mais affectées de signes contraires, et si l'on pose en conséquence

$$\omega_{\prime} = -\upsilon, \qquad \omega_{\prime\prime} = \upsilon,$$

υ étant une quantité positive, la formule (8) donnera

$$(12) \qquad \mathrm{I} = \frac{1}{2\pi}\int_{-\upsilon}^{\upsilon}\int_{-\infty}^{\infty} e^{\theta(\tau-\omega)i}\, d\tau\, d\theta.$$

Considérons spécialement le cas où l'erreur ω est une fonction linéaire des erreurs $\varepsilon_1, \varepsilon_2, \ldots, \varepsilon_n$, et où l'on a, par suite,

$$(13) \qquad \omega_{\prime} = \lambda_1\varepsilon_1 + \lambda_2\varepsilon_2 + \ldots + \lambda_n\varepsilon_n,$$

$\lambda_1, \lambda_2, \ldots, \lambda_n$ étant des facteurs constants. Dans ce cas, en posant, pour abréger,

$$(14) \qquad \mathcal{A} = \int_{\iota}^{\chi} e^{-\lambda\theta\varepsilon i}\, f(\varepsilon)\, d\varepsilon,$$

et en nommant $\mathcal{A}_1, \mathcal{A}_2, \ldots, \mathcal{A}_n$ ce que devient $\mathcal{A}$ quand on y remplace successivement la lettre λ par les facteurs $\lambda_1, \lambda_2, \ldots, \lambda_n$, on tirera des formules (8) et (10)

$$(15) \qquad \mathrm{P} = \frac{1}{2\pi}\int_{\omega_{\prime}}^{\omega_{\prime\prime}}\int_{-\infty}^{\infty} \mathcal{A}_1\mathcal{A}_2\ldots\mathcal{A}_n\, e^{\theta\tau i}\, d\tau\, d\theta.$$

Si d'ailleurs on n'assigne *a priori* aucune limite aux erreurs ε_1, $\varepsilon_2, \ldots, \varepsilon_n$, et si l'on veut que l'erreur ω tombe entre les limites $-\upsilon$, $+\upsilon$, les formules (14) et (15) donneront

$$(16) \qquad \mathcal{A} = \int_{-\infty}^{\infty} e^{-\lambda\theta\varepsilon i}\, f(\varepsilon)\, d\varepsilon,$$

$$(17) \qquad \mathrm{P} = \frac{1}{2\pi}\int_{-\upsilon}^{\upsilon}\int_{-\infty}^{\infty} \mathcal{A}_1\mathcal{A}_2\ldots\mathcal{A}_n\, e^{\theta\tau i}\, d\tau\, d\theta.$$

De plus, l'équation (1), à laquelle devra satisfaire la fonction $f(\varepsilon)$ donnera

$$(18) \qquad \int_{-\infty}^{\infty} f(\varepsilon)\, d\varepsilon = 1.$$

Si l'on suppose, en particulier,

$$(19) \qquad f(\varepsilon) = K e^{-k\varepsilon^2},$$

k, K étant deux constantes positives, on tirera de la formule (18)

$$K = \sqrt{\frac{k}{\pi}},$$

et l'équation (17) donnera

$$(20) \qquad P = \frac{2}{\sqrt{\pi}} \int_0^{\frac{\upsilon}{\sqrt{s}}} e^{-\theta^2}\, d\theta,$$

la valeur de s étant déterminée par les formules

$$(21) \qquad s = \frac{\Lambda}{k}, \qquad \Lambda = \lambda_1^2 + \lambda_2^2 + \ldots + \lambda_n^2.$$

Si l'on suppose, au contraire,

$$(22) \qquad f(\varepsilon) = K e^{-k\sqrt{\varepsilon^2}},$$

on tirera de la formule (18)

$$K = \frac{k}{2},$$

et l'équation (17) donnera

$$(23) \qquad P = 2 \mathop{\mathcal{E}}_{-\infty}^{\infty} \int_0^{\infty} \frac{e^{\upsilon\theta i} - 1}{\theta\left(\left(1 + \frac{\lambda_1^2\theta^2}{k^2}\right)\left(1 + \frac{\lambda_2^2\theta^2}{k^2}\right)\cdots\left(1 + \frac{\lambda_n^2\theta^2}{k^2}\right)\right)},$$

le signe $\mathcal{E}$ du calcul des résidus étant relatif à la variable θ.

Si, dans la formule (23), on pose $n = 2$, elle donnera

$$(24) \qquad P = 1 - \frac{\lambda_1^2 e^{-\frac{k\upsilon}{\sqrt{\lambda_1^2}}} - \lambda_2^2 e^{-\frac{k\upsilon}{\sqrt{\lambda_2^2}}}}{\lambda_1^2 - \lambda_2^2}.$$

Pour montrer une application des formules qui précèdent, supposons que l'on veuille déterminer les valeurs des m inconnues x, y, ..., v, w liées aux quantités k_1, k_2, ..., k_n, par n équations approximatives de la forme

$$a_l x + b_l y + \ldots + g_l v + h_l w = k_l, \tag{25}$$

l étant l'un quelconque des nombres entiers 1, 2, ..., n, et n étant supérieur à m. Pour obtenir la valeur de x, il suffira de multiplier chaque équation par un certain facteur λ_l, puis d'ajouter l'une à l'autre les diverses formules ainsi obtenues, en choisissant les facteurs λ de manière que, dans l'équation finale, le coefficient de x se réduise à l'unité, et ceux de y, z, ..., w à zéro. Si, pour abréger, on indique, à l'aide de la lettre caractéristique S, une somme de termes semblables les uns aux autres, la valeur de x sera

$$x = \mathrm{S}\lambda_l k_l, \tag{26}$$

les facteurs λ_1, λ_2, ..., λ_n étant déterminés par les formules

$$\mathrm{S}a_l\lambda_l = 1, \qquad \mathrm{S}b_l\lambda_l = 0, \qquad \ldots, \qquad \mathrm{S}h_l\lambda_l = 0; \tag{27}$$

et, si l'on nomme toujours ε_l l'erreur que comporte k_l, l'erreur ξ que comportera la valeur de x sera, en vertu de la formule (26),

$$\xi = \mathrm{S}\lambda_l \varepsilon_l. \tag{28}$$

D'autre part, si l'on ne peut assigner *a priori* à l'erreur ε_l aucune limite inférieure ni supérieure, et si la loi de facilité des erreurs est celle qu'exprime la formule (19), la probabilité de la coïncidence de l'erreur ξ avec une quantité comprise entre les limites $-\upsilon$, υ sera la valeur de P que donne la formule (20), et qui croît pour des valeurs décroissantes de la somme

$$\Lambda = \mathrm{S}\lambda_l^2. \tag{29}$$

Donc la valeur de x la plus probable sera celle qui correspondra à la valeur minimum de Λ, et qui sera déterminée par la formule

$$\mathrm{S}\lambda_l \, d\lambda_l = 0, \tag{30}$$

jointe aux équations (27) desquelles on tire

$$(31)\qquad \mathrm{S}a_l\,d\lambda_l = 0,\qquad \mathrm{S}b_l\,d\lambda_l = 0,\qquad \ldots,\qquad \mathrm{S}h_l\,d\lambda_l = 0.$$

Or les formules (30) et (31) devant se vérifier, quelles que soient parmi les différentielles $d\lambda_1$, $d\lambda_2$, ..., $d\lambda_n$ celles qui resteront arbitraires, il en résulte que λ_l devra être de la forme

$$(32)\qquad \lambda_l = a_l\alpha + b_l\beta + \ldots + h_l\eta,$$

α, β, ..., η désignant m coefficients nouveaux dont les valeurs pourront être déduites des formules (27). Il en résulte aussi que la valeur la plus probable de x sera fournie par l'équation

$$(33)\qquad x = \alpha X + \beta Y + \ldots + \eta W = 0,$$

si, en posant, pour abréger,

$$K_l = k_l - a_l x - b_l y - \ldots - h_l w,$$

on prend

$$(34)\qquad X = \mathrm{S}a_l K_l,\qquad Y = \mathrm{S}b_l K_l,\qquad \ldots,\qquad W = \mathrm{S}h_l K_l.$$

Si à la variable x on substitue l'une des variables y, z, ..., w, l'équation (33) gardera la même forme, les coefficients α, β, ..., η n'étant plus les mêmes; et par suite les valeurs les plus probables de x, y, ..., v, w seront généralement celles qui vérifieront les formules

$$(35)\qquad X = 0,\qquad Y = 0,\qquad \ldots,\qquad V = 0,\qquad W = 0,$$

c'est-à-dire celles que fournit la méthode des moindres carrés.

De ce qu'on vient de dire, il résulte que la méthode des moindres carrés, appliquée à la résolution d'équations linéaires dont le nombre surpasse celui des inconnues, fournira toujours les résultats les plus probables, si, la loi de facilité étant la même pour les diverses erreurs que comportent les quantités fournies par les expériences ou les observations, on ne peut assigner à ces erreurs aucune limite inférieure ni supérieure, et si d'ailleurs la probabilité d'une erreur comprise entre deux limites infiniment voisines est proportionnelle à une exponentielle népérienne dont l'exposant soit le produit d'un coefficient négatif par le carré de cette même erreur. Lorsque ces conditions ne sont pas remplies, la méthode des moindres carrés peut fournir pour les inconnues $x, y, z, \ldots, v, w$ des valeurs qui diffèrent sensiblement des valeurs les plus probables. C'est effectivement ce que l'on peut conclure des formules établies dans ce Mémoire, et ce que j'expliquerai plus en détail dans un prochain article.

526.

Calcul des probabilités. — *Sur les résultats moyens d'observations de même nature, et sur les résultats les plus probables.*

C. R., T. XXXVII, p. 198 (8 août 1853).

Supposons m inconnues liées, par n équations linéaires et approximatives, à n quantités fournies par des observations de même nature, et dont chacune comporte une certaine *erreur* ε. On pourra, de ces équations multipliées par certains facteurs $\lambda_1, \lambda_2, \ldots, \lambda_n$, puis ajoutées entre elles, déduire une équation finale propre à déterminer la première inconnue x, et la valeur de x ainsi trouvée sera ce qu'on appelle un *résultat moyen*. Si l'on connaît la *loi de facilité* de l'erreur ε et les limites entre lesquelles cette erreur est certainement comprise, on pourra, des formules établies dans le précédent Mémoire, déduire la probabilité P de la coïncidence de l'erreur ξ, que comportera le résultat moyen, avec une quantité numériquement inférieure à une certaine limite υ. Cette probabilité varie avec les facteurs $\lambda_1, \lambda_2, \ldots, \lambda_n$ que l'on peut choisir de manière à obtenir la plus grande valeur possible de P; et à cette plus grande valeur de P correspondra la *valeur la plus probable* de x, qui dépendra généralement de la limite υ et de la fonction $f(\varepsilon)$ propre à représenter la loi de l'erreur ε. D'ailleurs, ε venant à croître, la fonction $f(\varepsilon)$ peut décroître assez rapidement pour qu'on puisse, sans erreur sensible, négliger les valeurs de cette fonction correspondantes à des valeurs de ε situées hors des limites entre lesquelles l'erreur ε est certainement comprise. C'est à ce cas spécial que se rapporte le présent Mémoire; et, en supposant remplie la condition qui vient d'être énoncée, j'établis les formules très simples qui déterminent la valeur la plus probable de l'inconnue x.

D'après ces formules, la valeur de x la plus probable ne deviendra indépendante de la valeur assignée à la limite υ que pour une forme spéciale de la fonction $f(\varepsilon)$, qui renferme deux constantes arbitraires c, N. De ces deux constantes, la seconde N est la seule qui serve, avec les coefficients des inconnues dans les équations données, à déterminer les facteurs $\lambda_1, \lambda_2, \ldots, \lambda_n$. Si on la suppose réduite au nombre 2, les résultats moyens les plus probables seront précisément ceux que fournirait la méthode des moindres carrés. Mais il en sera tout autrement si le nombre N cesse d'être égal à 2. Concevons, pour fixer les idées, que les inconnues se réduisent à une seule x, et que les coefficients de cette inconnue, dans les équations données, soient inégaux; alors la valeur la plus probable de l'inconnue x sera fournie, si l'on suppose $N = 1$, par une seule des équations données, savoir, par celle dans laquelle le coefficient de x offrira la plus grande valeur numérique, et, si l'on suppose N très grand, par l'équation finale qu'on obtiendra en ajoutant l'une à l'autre les équations données, préparées de manière que dans chacune d'elles le coefficient de x soit positif.

§ I. — *Considérations générales sur la probabilité des résultats moyens, et sur les résultats les plus probables.*

Soient, comme dans le précédent Mémoire,

$k_1, k_2, \ldots, k_n$ des quantités fournies par l'observation;

$\varepsilon_1, \varepsilon_2, \ldots, \varepsilon_n$ les erreurs qu'elles comportent;

l l'un quelconque des nombres entiers $1, 2, \ldots, n$;

ι, $\varkappa$ les limites inférieure et supérieure entre lesquelles l'erreur ε_l est certainement comprise;

$f(\varepsilon)\,d\varepsilon$ la probabilité de la coïncidence de l'erreur ε_l avec une quantité comprise entre les limites infiniment voisines ε, $\varepsilon + d\varepsilon$.

Supposons encore que, m inconnues $x, y, \ldots, v, w$ étant liées aux quantités $k_1, k_2, \ldots, k_n$ par n équations approximatives de la forme

$$a_l x + b_l y + \ldots + g_l v + h_l w = k_l, \tag{1}$$

on tire de ces équations multipliées par certains facteurs, puis ajoutées entre elles, la valeur de l'inconnue x; et nommons $\lambda_1, \lambda_2, \ldots, \lambda_n$ ces facteurs, choisis de manière que l'on ait

$$\mathrm{S}a_l\lambda_l = 1, \qquad \mathrm{S}b_l\lambda_l = 0, \qquad \ldots, \qquad \mathrm{S}h_l\lambda_l = 0, \tag{2}$$

la lettre caractéristique S indiquant une somme de termes semblables les uns aux autres. La valeur trouvée de l'inconnue x et l'erreur ξ que comportera cette valeur seront

$$x = \mathrm{S}\lambda_l k_l, \qquad \xi = \mathrm{S}\lambda_l\varepsilon_l. \tag{3}$$

Soit maintenant P la probabilité de la coïncidence de l'erreur ξ avec une quantité renfermée entre deux limites données $\omega_{\prime}$, $\omega_{\prime\prime}$, et posons, pour abréger,

$$\varphi(\theta) = \int_{\iota}^{\varkappa} e^{-\theta\varepsilon i}\, f(\varepsilon)\, d\varepsilon, \tag{4}$$

$$\Phi(\theta) = \varphi(\lambda_1\theta)\,\varphi(\lambda_2\theta)\ldots\varphi(\lambda_n\theta). \tag{5}$$

On aura

$$\varphi(0) = 1, \tag{6}$$

$$\Phi(0) = 1, \tag{7}$$

et la formule (15) de la page 90 donnera

$$\mathrm{P} = \frac{1}{\pi}\int_0^{\infty} \frac{\sin\omega_{\prime\prime}\theta - \sin\omega_{\prime}\theta}{\theta}\,\Phi(\theta)\,d\theta. \tag{8}$$

Considérons spécialement le cas où l'on aurait

$$\iota = -\varkappa, \qquad \omega_{\prime} = -\upsilon, \qquad \omega_{\prime\prime} = \upsilon,$$

υ étant, ainsi que $\varkappa$, une quantité positive, et, de plus,

$$f(-\varepsilon)=f(\varepsilon). \tag{9}$$

Dans ce cas spécial, la formule (4) donnera

$$\varphi(\theta)=2\int_0^{\varkappa} f(\varepsilon)\cos\theta\varepsilon\, d\varepsilon, \tag{10}$$

et la formule (17) de la page 90 donnera

$$\left\{\begin{aligned} P &= \frac{2}{\pi}\int_0^{\upsilon}\int_0^{\infty}\Phi(\theta)\cos\theta\tau\, d\tau\, d\theta \\ &= \frac{2}{\pi}\int_0^{\infty}\frac{\sin\theta\upsilon}{\theta}\Phi(\theta)\, d\theta \\ &= \frac{2\upsilon}{\pi}\left[\int_0^{\infty}\Phi(\theta)\, d\theta - \frac{\upsilon^2}{2.3}\int_0^{\infty}\theta^2\Phi(\theta)\, d\theta + \ldots\right], \end{aligned}\right. \tag{11}$$

$$D_\upsilon P = \frac{2}{\pi}\int_0^{\infty}\Phi(\theta)\cos\theta\upsilon\, d\theta. \tag{12}$$

Si l'on ne peut assigner à ε_ι aucune limite inférieure ni supérieure, on aura $\varkappa=\infty$, et par suite la formule (10) donnera

$$\varphi(\theta)=2\int_0^{\infty} f(\varepsilon)\cos\theta\varepsilon\, d\varepsilon. \tag{13}$$

Au reste, la formule (13) comprend, comme cas particulier, la formule (10) que l'on en tire, en réduisant $f(\varepsilon)$ à une fonction discontinue qui s'évanouisse constamment, pour des valeurs de ε supérieures à $\varkappa$.

Si la fonction $f(\varepsilon)$, sans être discontinue, devient très petite, et décroît très rapidement pour des valeurs de ε supérieures à $\varkappa$, en sorte qu'on ait sensiblement

$$\int_{\varkappa}^{\infty} f(\varepsilon)\, d\varepsilon = 0,$$

alors, la valeur numérique de l'intégrale $\int_{\varkappa}^{\infty} f(\varepsilon)\cos\theta\varepsilon\, d\varepsilon$, toujours inférieure à celle de l'intégrale $\int_{\varkappa}^{\infty} f(\varepsilon)\, d\varepsilon$, puisqu'on a constamment

$f(\varepsilon) > 0$, sera elle-même très petite, et par suite, dans la détermination de la fonction $\varphi(\theta)$, on pourra, sans erreur sensible, substituer la formule (13) à l'équation (10).

Observons encore que les équations (1), (2), (3) ne sont pas altérées, quand chacune des quantités

$$a_l, \quad b_l, \quad \ldots, \quad g_l, \quad k_l, \quad \lambda_l$$

vient à changer de signe. Il en résulte que, dans le cas où la condition (9) est vérifiée, on peut se borner à déduire des formules (5) et (11), jointes à la formule (10) ou (13), les valeurs de P correspondantes à des valeurs positives des facteurs $\lambda_1, \lambda_2, \ldots, \lambda_n$.

Observons enfin que de la formule (13) on peut déduire, non seulement la fonction $\varphi(\theta)$, lorsque l'on connaît la fonction $f(\varepsilon)$, mais réciproquement la fonction $f(\varepsilon)$, lorsque l'on connaît $\varphi(\theta)$. En effet, multiplions les deux membres de cette formule par $\cos\theta\tau$, puis intégrons par rapport à θ entre les limites $\theta = 0$, $\theta = \infty$. Alors, en remplaçant τ par ε, nous trouverons

$$f(\varepsilon) = \frac{1}{\pi}\int_0^\infty \varphi(\theta)\cos\theta\varepsilon\, d\theta. \tag{14}$$

Pareillement, on tirera de la formule (11)

$$\Phi(\tau) = \int_0^\infty \cos\upsilon\tau . D_\upsilon P\, d\upsilon. \tag{15}$$

La probabilité P, déterminée par la formule (11), dépend généralement de la forme assignée à la fonction $f(\varepsilon)$ et des valeurs attribuées, non seulement aux facteurs $\lambda_1, \lambda_2, \ldots, \lambda_n$, mais encore à la quantité positive υ. En supposant invariable la forme de la fonction $f(\varepsilon)$ et la valeur de υ, on peut demander quelles valeurs il convient d'attribuer aux facteurs $\lambda_1, \lambda_2, \ldots, \lambda_n$, pour que la valeur de P soit la plus grande possible, ou, en d'autres termes, pour que la première des équations (3) fournisse la valeur de *x la plus probable*. Or, si l'on désigne à l'aide de la lettre caractéristique δ des variations correspondantes attribuées aux quantités $\lambda_1, \lambda_2, \ldots, \lambda_n$, P, et si P est une fonction continue de $\lambda_1, \lambda_2, \ldots, \lambda_n$, il suffira ordinairement, pour obtenir le maximum de P, d'assujettir $\lambda_1, \lambda_2, \ldots, \lambda_n$ à la condition

$$(16) \qquad \delta P = 0,$$

quelles que soient, d'ailleurs, celles des variations $\delta\lambda_1, \delta\lambda_2, \ldots, \delta\lambda_n$ qui resteront arbitraires, quand on aura égard aux formules (2) et, par conséquent, aux suivantes :

$$(17) \qquad S a_l \delta\lambda_l = 0, \qquad S b_l \delta\lambda_l = 0, \qquad \ldots, \qquad S h_l \delta\lambda_l = 0.$$

Donc, pour obtenir le maximum de P, il suffira ordinairement d'exprimer $\lambda_1, \lambda_2, \ldots, \lambda_n$ en fonction de m nouveaux facteurs $\alpha, \beta, \ldots, \eta$, à l'aide d'équations de la forme

$$(18) \qquad D_{\lambda_l} P = a_l \alpha + b_l \beta + \ldots + h_l \eta,$$

puis de déterminer ces nouveaux facteurs, à l'aide des formules (2) jointes à la formule (18).

§ II. — *Sur les conditions à remplir pour que les résultats les plus probables deviennent indépendants des limites assignées aux erreurs qu'ils comportent.*

Soient toujours ξ l'erreur que comporte la valeur trouvée de l'inconnue x, et P la probabilité de la coïncidence de cette erreur avec une quantité comprise entre les limites $-\upsilon$, $+\upsilon$. Admettons d'ailleurs, comme nous l'avons fait, pour les erreurs que comportent les quantités fournies par l'observation, une loi de facilité représentée par une fonction $f(\varepsilon)$ qui reste invariable quand l'erreur ε change de signe, et qui décroisse très rapidement pour des valeurs croissantes de cette même erreur. La probabilité P sera donnée par la formule (11) du § I, et si, en supposant P fonction continue des facteurs $\lambda_1, \lambda_2, \ldots, \lambda_n$, on veut faire en sorte que P devienne un maximum, on devra les déterminer à l'aide de la formule

$$(1) \qquad \delta P = 0,$$

dans laquelle δP représente la variation de P correspondante aux variations $\delta\lambda_1, \delta\lambda_2, \ldots, \delta\lambda_n$ des facteurs $\lambda_1, \lambda_2, \ldots, \lambda_n$. D'ailleurs, les valeurs de $\lambda_1, \lambda_2, \ldots, \lambda_n$ déduites de la formule (1), combinée avec les formules (17) du § I, et, par suite, la valeur *la plus probable* x de l'inconnue x, dépendront, en général, des valeurs attribuées, non seulement aux coefficients

$$a_l, \quad b_l, \quad \ldots, \quad h_l, \quad k_l,$$

que renferment les équations données, mais encore à la quantité positive υ; et si l'on veut que x devienne indépendant de υ, il faudra que, υ venant à varier, la relation établie par la formule (1) entre les quantités $\delta\lambda_1, \delta\lambda_2, \ldots, \delta\lambda_n$ demeure invariable; en d'autres termes, il faudra que l'on ait

$$D_\upsilon \delta P = 0. \tag{2}$$

Mais, eu égard à la formule (15) du § I, l'équation (2) entraînera la suivante

$$\delta \Phi(\tau) = 0, \tag{3}$$

quelle que soit, d'ailleurs, la valeur attribuée à τ. Donc, si la valeur la plus probable x de l'inconnue x devient indépendante de υ, alors à la formule (1) on pourra substituer l'équation (3) qui, subsistant quel que soit τ, s'accordera nécessairement avec la suivante :

$$\delta \Phi(1) = 0. \tag{4}$$

D'autre part, si l'on pose, pour abréger,

$$\varpi(\theta) = \frac{D_\theta \varphi(\theta)}{\varphi(\theta)} = D_\theta l \varphi(\theta), \tag{5}$$

on aura identiquement

$$\delta \Phi(\tau) = \Phi(\tau) S \varpi(\lambda_l \tau) \delta\lambda_l, \tag{6}$$

et par suite les formules (3), (4) donneront

$$S \varpi(\lambda_l \tau) \delta\lambda_l = 0, \tag{7}$$

$$S \varpi(\lambda_l) \delta\lambda_l = 0. \tag{8}$$

Or, pour que les équations (7) et (8) s'accordent entre elles, il faudra que l'on ait

$$(9) \qquad \frac{\varpi(\lambda_1\tau)}{\varpi(\lambda_1)} = \frac{\varpi(\lambda_2\tau)}{\varpi(\lambda_2)} = \ldots = \frac{\varpi(\lambda_n\tau)}{\varpi(\lambda_n)}.$$

Il est bon d'observer que l'équation (8), jointe aux formules (17) du § I, déterminera les facteurs $\lambda_1, \lambda_2, \ldots, \lambda_n$ en fonction des coefficients $a_l, b_l, \ldots, h_l$. Si ces coefficients viennent à varier, $\lambda_1, \lambda_2, \ldots, \lambda_n$ varieront par suite, et si, pendant qu'ils varient, la valeur la plus probable x de l'inconnue x reste indépendante de υ, alors, de la formule (9) qui ne cessera pas d'être vérifiée, on en conclura qu'un rapport de la forme

$$\frac{\varpi(\lambda\tau)}{\varpi(\lambda)}$$

offre une valeur indépendante de la valeur attribuée à λ. On aura donc alors

$$(10) \qquad \frac{\varpi(\lambda\tau)}{\varpi(\lambda)} = \frac{\varpi(\tau)}{\varpi(1)}$$

et, par suite, en supposant τ positif,

$$(11) \qquad \varpi(\tau) = \tau^M \varpi(1),$$

M étant une quantité constante. Cela posé, la formule (5) donnera, pour des valeurs positives de θ,

$$(12) \qquad \varphi(\theta) = e^{-c\theta^N},$$

les valeurs de N, c étant

$$N = M + 1, \qquad c = -\frac{\varpi(1)}{N}.$$

D'ailleurs, la valeur de $\varphi(\theta)$ étant déterminée par la formule (12), la formule (14) du § I donnera

$$(13) \qquad f(\varepsilon) = \frac{1}{\pi}\int_0^\infty e^{-c\theta^N} \cos\theta\varepsilon \, d\theta.$$

Ainsi la loi de facilité des erreurs que comportent les observations devra être une des lois que suppose la formule (13), si l'on veut que la valeur la plus probable de chaque inconnue devienne indépendante des limites assignées à l'erreur que comporte cette valeur même.

Supposons maintenant la valeur de $f(\varepsilon)$ déterminée par la formule (13); alors, en attribuant, comme on peut le faire, des valeurs positives aux facteurs $\lambda_1, \lambda_2, \ldots, \lambda_n$, on tirera de l'équation (12), jointe aux formules (5) et (11) du § I,

(14) $$\Phi(\theta) = e^{-s\theta^N}$$

et

(15) $$\left\{\begin{aligned} \mathrm{P} &= \frac{2}{\pi}\int_0^\infty e^{-s\theta^N}\frac{\sin\theta\upsilon}{\theta}\,d\theta \\ &= \frac{2\upsilon}{\pi}\frac{1}{Ns^{\frac{1}{N}}}\left[\Gamma\left(\frac{1}{N}\right) - \frac{\upsilon^2}{2.3}\frac{1}{s^{\frac{2}{N}}}\Gamma\left(\frac{3}{N}\right) + \ldots\right], \end{aligned}\right.$$

la valeur de s étant déterminée par les formules

(16) $$s = c\Lambda, \qquad \Lambda = \lambda_1^N + \lambda_2^N + \ldots + \lambda_n^N.$$

Alors aussi P croîtra pour des valeurs croissantes des deux quantités s, Λ, et l'équation (8) donnera

(17) $$\mathrm{S}\,\lambda_l^{N-1}\,\delta\lambda_l = 0.$$

Donc à la formule (18) du § I on pourra substituer celle-ci :

(18) $$\lambda_l^{N-1} = a_l\alpha + b_l6 + \ldots + h_l\eta.$$

Si l'on suppose les inconnues réduites à une seule x, alors, après avoir préparé les équations données de manière que le coefficient a_l soit toujours positif, on tirera de l'équation (18)

(19) $$\lambda_l^{N-1} = a_l\alpha,$$

(20) $$\lambda_l = a_l^{\frac{1}{N-1}}\alpha^{\frac{1}{N-1}},$$

et de l'équation (20), jointe à la formule $\mathrm{S}a_l\lambda_l = 1$,

(21) $$\alpha^{\frac{1}{N-1}} = \mathrm{S}\,a_l^{\frac{N}{N-1}}.$$

Alors aussi, pour obtenir l'équation finale qui fournira la valeur de x la plus probable, il suffira d'ajouter l'une à l'autre les équations données, après les avoir respectivement multipliées par les divers termes de la suite

$$a_1^{\frac{1}{N-1}}, \quad a_2^{\frac{1}{N-1}}, \quad \ldots, \quad a_n^{\frac{1}{N-1}}. \tag{22}$$

Si l'on réduit l'exposant N au nombre 2, l'équation (13) donnera

$$\mathrm{f}(\varepsilon) = \left(\frac{\mathrm{k}}{\pi}\right)^{\frac{1}{2}} e^{-\mathrm{k}\varepsilon^2}, \tag{23}$$

la valeur de k étant

$$\mathrm{k} = \frac{1}{2\sqrt{\mathrm{c}}};$$

alors aussi la formule (18), réduite à

$$\lambda_1 = a_1\alpha + b_1\beta + \ldots + h_1\eta, \tag{24}$$

conduira précisément aux résultats que fournit la méthode des moindres carrés, ce qui s'accorde avec les conclusions auxquelles nous sommes parvenu dans le Mémoire précédent.

Si l'on réduit l'exposant N à l'unité, on tirera de l'équation (13)

$$\mathrm{f}(\varepsilon) = \frac{\mathrm{k}}{\pi}\,\frac{1}{1+\mathrm{k}^2\varepsilon^2}, \tag{25}$$

la valeur de k étant $\frac{1}{\mathrm{c}}$. Alors aussi, en supposant les coefficients a_1, a_2, ..., a_n inégaux, et désignant par a_1 le plus grand de tous, on tirera des formules (20), (21) de très petites valeurs des rapports $\frac{\lambda_2}{\lambda_1}$, $\frac{\lambda_3}{\lambda_1}$, ..., $\frac{\lambda_n}{\lambda_1}$. Donc alors, si les inconnues se réduisent à une seule x, la valeur de x la plus probable sera celle que fournira la seule équation

$$a_1 x = k_1.$$

Enfin, si l'exposant N devient très grand, les divers termes de la suite (22) se réduiront sensiblement à l'unité. Donc alors, si les inconnues se réduisent à une seule x, la valeur de x la plus probable se tirera de la formule qu'on obtient, quand on ajoute entre elles les équations données préparées de manière que les coefficients de l'inconnue x dans les premiers membres soient tous positifs.

M. AUGUSTIN CAUCHY présente aussi un Mémoire qui a pour titre : *Sur les résultats moyens d'un très grand nombre d'observations.*

527.

CALCUL DES PROBABILITÉS. — *Sur la probabilité des erreurs qui affectent des résultats moyens d'observations de même nature.*

C. R., T. XXXVII, p. 264 (16 août 1853).

§ I. — *Sur la probabilité des erreurs qui affectent des quantités déterminées par des observations de même nature.*

Soient, comme dans le précédent Mémoire,

$k_1, k_2, \ldots, k_n$ des quantités fournies par des observations de même nature;

$\varepsilon_1, \varepsilon_2, \ldots, \varepsilon_n$ les erreurs qu'elles comportent;

l l'un quelconque des nombres entiers $1, 2, 3, \ldots, n$.

Supposons, d'ailleurs, les erreurs positives ou négatives également probables, et soient, dans cette hypothèse,

$-\varkappa, \varkappa$ les limites entre lesquelles l'erreur ε_l est certainement comprise;

$\mathrm{f}(\varepsilon)\,d\varepsilon$ la probabilité de la coïncidence de cette erreur avec une quantité renfermée entre les limites infiniment voisines $\varepsilon, \varepsilon + d\varepsilon$.

La fonction $\mathrm{f}(\varepsilon)$, que nous nommerons l'*indice de probabilité de l'erreur* ε, pourra être transformée en une intégrale définie à l'aide de la formule

$$(1)\qquad f(\varepsilon) = \frac{1}{\pi}\int_0^\infty \varphi(\theta)\cos\theta\varepsilon\, d\theta,$$

dans laquelle on aura

$$(2)\qquad \varphi(\theta) = 2\int_0^{x} f(\varepsilon)\cos\theta\varepsilon\, d\varepsilon.$$

La fonction $\varphi(\theta)$, que détermine la formule (2), est donc liée à la probabilité $f(\varepsilon)$, de telle sorte que, l'une de ces fonctions étant donnée, l'autre s'en déduit. D'ailleurs, si, dans la formule (2), on pose $\theta = 0$, on aura

$$(3)\qquad \varphi(0) = 1$$

ou, ce qui revient au même,

$$(4)\qquad 2\int_0^{x} f(\varepsilon)\, d\varepsilon - 1.$$

La fonction $\varphi(\theta)$ étant supposée connue, on peut sans peine en déduire, non seulement la valeur de $f(\varepsilon)$, c'est-à-dire l'indice de probabilité de l'erreur ε, mais encore la probabilité P de la coïncidence de l'erreur ε, avec une quantité renfermée entre les limites $-\varepsilon$, ε. En effet, cette dernière probabilité sera évidemment représentée par l'intégrale

$$\int_{-\varepsilon}^{\varepsilon} f(\theta)\, d\theta = 2\int_0^{\varepsilon} f(\theta)\, d\theta$$

ou, ce qui revient au même, par le double de l'intégrale

$$\int f(\varepsilon)\, d\varepsilon,$$

prise à partir de $\varepsilon = 0$. D'ailleurs, en vertu de la formule (1), cette dernière intégrale sera équivalente à

$$\frac{1}{\pi}\int_0^\infty \varphi(\theta)\frac{\sin\theta\varepsilon}{\theta}\, d\theta.$$

On aura donc

$$(5)\qquad P = \frac{2}{\pi}\int_0^\infty \varphi(\theta)\frac{\sin\theta\varepsilon}{\theta}\, d\theta.$$

Soit maintenant

$$\omega = \lambda_1\varepsilon_1 + \lambda_2\varepsilon_2 + \ldots + \lambda_n\varepsilon_n \tag{6}$$

une fonction linéaire des erreurs $\varepsilon_1, \varepsilon_2, \ldots, \varepsilon_n$. La probabilité P de la coïncidence de l'erreur ω avec une quantité renfermée entre les limites $-\upsilon$, υ sera fournie par une équation analogue à la formule (5), savoir par celle qu'on en déduit en remplaçant la limite ε par la limite υ, et la fonction $\varphi(\theta)$ par la fonction

$$\Phi(\theta) = \varphi(\lambda_1\theta)\,\varphi(\lambda_2\theta)\ldots\varphi(\lambda_n\theta). \tag{7}$$

On aura, en conséquence,

$$\mathrm{P} = \frac{2}{\pi}\int_0^{\infty} \Phi(\theta)\frac{\sin\theta\upsilon}{\theta}\,d\theta. \tag{8}$$

En d'autres termes, on aura

$$\mathrm{P} = \int_0^{\upsilon} \mathrm{F}(\tau)\,d\tau, \tag{9}$$

la forme de la fonction qu'indique la lettre F étant déterminée par l'équation

$$\mathrm{F}(\upsilon) = \frac{2}{\pi}\int_0^{\infty} \Phi(\theta)\cos\theta\upsilon\,d\theta. \tag{10}$$

Cela posé, le produit $\mathrm{F}(\upsilon)\,d\upsilon$ représentera la probabilité de la coïncidence de l'erreur ω avec une quantité renfermée entre les limites infiniment voisines υ, $\upsilon + d\upsilon$, et le premier facteur de ce produit ou la fonction $\mathrm{F}(\upsilon)$ sera ce que nous nommerons l'*indice de probabilité de l'erreur* υ, considérée comme une valeur particulière de ω. L'indice de probabilité d'une valeur nulle de ω sera donc

$$\mathrm{F}(0) = \frac{2}{\pi}\int_0^{\infty} \Phi(\theta)\,d\theta. \tag{11}$$

Dans le cas particulier où la fonction ω se réduit à la moyenne arithmétique entre les erreurs $\varepsilon_1, \varepsilon_2, \ldots, \varepsilon_n$, et où l'on a, par suite,

$$\omega = \frac{\varepsilon_1 + \varepsilon_2 + \ldots + \varepsilon_n}{n}, \tag{12}$$

la formule (7) donne simplement

$$\Phi(\theta)=\left[\varphi\left(\frac{\theta}{n}\right)\right]^n. \tag{13}$$

Les formules (7), (8), (9) et (10) font dépendre les quantités $F(\upsilon)$ et P de la fonction $\varphi(\theta)$ déterminée elle-même par la formule (2). D'ailleurs, de cette dernière formule on peut en déduire plusieurs autres qui peuvent lui être substituées plus ou moins utilement, suivant qu'on attribue à la variable positive θ des valeurs plus ou moins grandes.

Remarquons d'abord qu'on tire de l'équation (2), en ayant égard à la formule $\cos x = 1 - 2\sin^2\frac{x}{2}$,

$$\varphi(\theta)=1-\int_0^{\varkappa}\left(2\sin\frac{\theta\varepsilon}{2}\right)^2 f(\varepsilon)\,d\varepsilon \tag{14}$$

et, en intégrant par parties,

$$\varphi(\theta)=2\,\frac{f(\varkappa)\sin\theta\varkappa-\int_0^{\varkappa}f'(\varepsilon)\sin\theta\varepsilon\,d\varepsilon}{\theta}. \tag{15}$$

D'autre part, si l'on nomme x une variable positive et $\chi(x)$ une fonction qui, s'évanouissant pour $x=0$, demeure continue, avec sa dérivée $\chi'(x)$, pour des valeurs de x inférieures à une certaine limite, on aura, comme on sait, pour de telles valeurs de x,

$$\chi(x)=x\,\chi'(\eta x),$$

η désignant un nombre inférieur à l'unité. Il en résulte, par exemple, que, pour des valeurs de x très petites, $\sin x$ est le produit de x par un facteur compris entre les limites 1, $\cos x$; que, pareillement, $l(1-x)$ est le produit de $-x$ par un facteur compris entre les limites 1, $\frac{1}{1-x}$, et que, par suite, en nommant ρ un tel facteur, on a

$$1-x=e^{-\rho x}.$$

Cela posé, si l'on fait, pour abréger,

$$(16) \qquad c = \int_0^x \varepsilon^2 f(\varepsilon)\, d\varepsilon,$$

et si, d'ailleurs, on attribue à la variable positive θ une valeur assez petite pour que le produit θx soit lui-même très petit, on verra la valeur de $\varphi(\theta)$ donnée par la formule (15) se réduire sensiblement à l'exponentielle $e^{-c\theta^2}$, et l'on conclura de cette formule qu'on a en toute rigueur

$$(17) \qquad \varphi(\theta) = e^{-\varsigma\theta^2},$$

ς étant le produit de la constante c par un facteur renfermé entre les limites

$$(18) \qquad \cos^2 \frac{\theta x}{2}, \quad \frac{1}{1 - \int_0^x \left(2 \sin \frac{\theta\varepsilon}{2}\right)^2 f(\varepsilon)\, d\varepsilon},$$

et à plus forte raison entre les limites

$$(19) \qquad 1 - \frac{1}{2}\left(\frac{\theta x}{2}\right)^2, \quad \frac{1}{1 - c\theta^2 x^2}.$$

La formule (17) permet d'obtenir facilement une valeur très approchée de la fonction $\varphi(\theta)$, dans le cas où θ et θx sont très petits.

Si, au contraire, on attribue à θ une valeur qui ne soit pas très petite, alors, la valeur de ς n'étant plus très voisine de la constante c, la formule (17) devra être abandonnée. Mais alors, surtout si θ devient très grand, on pourra utilement recourir à la formule (15). Considérons, pour fixer les idées, le cas où la fonction $f(\varepsilon)$ décroît constamment, tandis que la variable ε, supposée positive, croît à partir de zéro. Dans ce cas, $f'(\varepsilon)$ étant négatif, la formule (15) fournira immédiatement une limite supérieure de $\varphi(\theta)$ et donnera

$$(20) \qquad \varphi(\theta) < \frac{2 f(0)}{\theta}.$$

Pour montrer une application des formules que nous venons d'obtenir, appliquons-les à la détermination de la quantité $F(\upsilon)$, ou, ce qui revient au même, à la détermination de l'intégrale

$$\int_0^\infty \Phi(\theta)\cos\theta\upsilon\, d\theta, \tag{21}$$

dans le cas où, n étant un très grand nombre, les facteurs $\lambda_1, \lambda_2, \ldots, \lambda_n$ sont des quantités très petites de l'ordre de $\frac{1}{n}$. Soit d'ailleurs Θ un nombre qui soit lui-même très grand, mais tel, que les produits $\lambda_1\Theta$, $\lambda_2\Theta, \ldots, \lambda_n\Theta$ restent très petits. L'intégrale (21) sera la somme des deux intégrales

$$\int_\Theta^\infty \Phi(\theta)\cos\theta\upsilon\, d\theta, \tag{22}$$

$$\int_0^\Theta \Phi(\theta)\cos\theta\upsilon\, d\theta. \tag{23}$$

D'ailleurs, en vertu des formules (7) et (17), on aura, pour des valeurs de θ inférieures à Θ,

$$\Phi(\theta) = e^{-s\theta^2}, \tag{24}$$

la valeur de s étant donnée par une équation de la forme

$$s = \varsigma_1\lambda_1^2 + \varsigma_2\lambda_2^2 + \ldots + \varsigma_n\lambda_n^2,$$

et les facteurs $\varsigma_1, \varsigma_2, \ldots, \varsigma_n$ étant très voisins de la constante c. Il y a plus : on aura encore

$$s = \varsigma\Lambda, \qquad \Lambda = \lambda_1^2 + \lambda_2^2 + \ldots + \lambda_n^2, \tag{25}$$

ς étant une quantité renfermée entre le plus petit et le plus grand des nombres $\varsigma_1, \varsigma_2, \ldots, \varsigma_n$, par conséquent une quantité qui sera elle-même très voisine de c. Cela posé, l'intégrale (22) deviendra

$$\int_0^\Theta e^{-s\theta^2}\cos\theta\upsilon\, d\theta. \tag{26}$$

Or cette dernière différera très peu de l'intégrale

$$\int_0^\infty e^{-s\theta^2}\cos\theta\upsilon\, d\theta, \tag{27}$$

si le produit $s\Theta^2$ est un très grand nombre, ce qui arrivera si Θ^2 est d'un ordre supérieur à l'ordre de $\frac{1}{s}$, c'est-à-dire à l'ordre de n, ou, en d'autres termes, si Θ est d'un ordre supérieur à l'ordre de $\sqrt{n}$. Donc aussi, sous cette condition, l'intégrale (22) se réduira sensiblement à un produit de la forme

$$(28) \qquad \frac{1}{2}\left(\frac{\pi}{s}\right)^{\frac{1}{2}} e^{-\frac{\upsilon^2}{4s}},$$

la valeur de s étant

$$(29) \qquad s = c\Lambda.$$

D'autre part, on aura, en vertu de la formule (20),

$$(30) \qquad \Phi(\theta) < \frac{[2\,f(0)]^n}{\lambda_1\lambda_2\ldots\lambda_n}\,\frac{1}{\theta^n},$$

et par suite l'intégrale (23) sera inférieure au produit

$$(31) \qquad \frac{[2\,f(0)]^n}{\lambda_1\lambda_2\ldots\lambda_n}\,\frac{1}{(n+1)\Theta^{n+1}}.$$

Donc, si ce dernier peut être négligé vis-à-vis de l'expression (28), ce qui arrivera, par exemple, quand la quantité $2\,f(0)$ sera inférieure à chacun des produits $\lambda_1\Theta$, $\lambda_2\Theta$, ..., $\lambda_n\Theta$, l'intégrale (21) se réduira sensiblement à l'expression (28), et l'on aura, à très peu près,

$$(32) \qquad F(\upsilon) = \frac{1}{\sqrt{\pi s}} e^{-\frac{\upsilon^2}{4s}}.$$

Alors aussi la formule (9) donnera sensiblement

$$(33) \qquad P = \frac{2}{\sqrt{\pi}} \int_0^{\frac{\upsilon}{2\sqrt{s}}} e^{-\theta^2}\, d\theta.$$

§ II. — *Sur la probabilité des erreurs qui affectent les résultats moyens.*

Supposons que, les m inconnues $x, y, \ldots, v, w$ étant déterminées par n équations linéaires approximatives, on déduise de ces équations multipliées par certains facteurs $\lambda_1, \lambda_2, \ldots, \lambda_n$, puis ajoutées entre elles, l'équation finale qui fournit immédiatement la valeur de l'inconnue x. Cette valeur sera de la forme

$$(1) \qquad x = \lambda_1 k_1 + \lambda_2 k_2 + \ldots + \lambda_n k_n,$$

la première des équations de condition auxquelles satisferont les facteurs $\lambda_1, \lambda_2, \ldots, \lambda_n$ étant elle-même de la forme

$$(2) \qquad a_1\lambda_1 + a_2\lambda_2 + \ldots + a_n\lambda_n = 1,$$

et, si l'on nomme $\varepsilon_1, \varepsilon_2, \ldots, \varepsilon_n$ les erreurs que comportent les quantités $k_1, k_2, \ldots, k_n$, l'erreur ξ de la valeur précédente de x sera

$$(3) \qquad \xi = \lambda_1\varepsilon_1 + \lambda_2\varepsilon_2 + \ldots + \lambda_n\varepsilon_n.$$

Enfin, si, des erreurs positives et négatives étant également probables, on suppose l'erreur ε_l certainement comprise entre les limites $-\varkappa, \varkappa$, la probabilité P de la coïncidence de l'erreur ξ avec une quantité renfermée entre les limites $-\upsilon, \upsilon$, et l'indice de probabilité $F(\upsilon)$ de l'erreur υ dans la valeur de l'inconnue x, seront déterminés par les formules (8) et (10) du § I.

Il importe d'observer qu'on tire des formules (1) et (3), jointes à la condition (2),

$$(4) \qquad x = \frac{\lambda_1 k_1 + \lambda_2 k_2 + \ldots + \lambda_n k_n}{a_1\lambda_1 + a_2\lambda_2 + \ldots + a_n\lambda_n},$$

$$(5) \qquad \xi = \frac{\lambda_1\varepsilon_1 + \lambda_2\varepsilon_2 + \ldots + \lambda_n\varepsilon_n}{a_1\lambda_1 + a_2\lambda_2 + \ldots + a_n\lambda_n}.$$

Ces dernières valeurs de x et de ξ dépendent uniquement des rapports entre les facteurs $\lambda_1, \lambda_2, \ldots, \lambda_n$ et sont aussi celles qu'on obtiendrait si l'on cessait d'assujettir ces facteurs à la condition (2). Admettons cette dernière hypothèse, et concevons que, les signes des facteurs λ_1, $\lambda_2, \ldots, \lambda_n$ restant arbitraires, on assigne à ces mêmes facteurs des valeurs numériques déterminées. Soit, d'ailleurs, λ la moyenne arithmétique entre ces valeurs numériques, et nommons A la plus grande valeur numérique que puisse acquérir la somme

$$a_1\lambda_1 + a_2\lambda_2 + \ldots + a_n\lambda_n.$$

La plus grande des valeurs numériques que pourra prendre l'erreur ξ sera la plus petite possible, et précisément égale au rapport

$$\frac{n\lambda x}{A}, \tag{6}$$

quand les signes des facteurs $\lambda_1, \lambda_2, \ldots, \lambda_n$ seront choisis de manière que l'on ait

$$a_1\lambda_1 + a_2\lambda_2 + \ldots + a_n\lambda_n = A. \tag{7}$$

D'ailleurs, étant donnés les coefficients $a_1, a_2, \ldots, a_n$ et les valeurs numériques des facteurs $\lambda_1, \lambda_2, \ldots, \lambda_n$, on connaîtra la valeur numérique de chacun des produits

$$a_1\lambda_1, \quad a_2\lambda_2, \quad \ldots, \quad a_n\lambda_n; \tag{8}$$

et la quantité A, déterminée par l'équation (7), sera la plus grande possible lorsque tous ces produits seront positifs, c'est-à-dire, en d'autres termes, quand les signes des facteurs

$$\lambda_1, \quad \lambda_2, \quad \ldots, \quad \lambda_n$$

seront ceux des quantités

$$a_1, \quad a_2, \quad \ldots, \quad a_n,$$

qui représentent les coefficients de l'inconnue x dans les équations linéaires données. Donc un système de facteurs $\lambda_1, \lambda_2, \ldots, \lambda_n$ qui satisferont à cette condition, étant comparé aux systèmes que l'on peut en déduire en changeant les signes d'un ou de plusieurs de ces facteurs, sera précisément le système pour lequel la plus grande erreur à craindre dans la valeur de l'inconnue x deviendra la plus petite possible. Il conviendra donc, dans la recherche de l'équation finale qui déterminera l'inconnue x, d'attribuer au facteur λ_l, par lequel on multipliera une équation linéaire, le signe qui affectera, dans cette équation, le coefficient a_l de x.

Concevons maintenant que, les produits (8) étant tous positifs, on fasse varier les valeurs numériques des facteurs $\lambda_1, \lambda_2, \ldots, \lambda_n$, en supposant, comme on peut le faire, ces facteurs assujettis à la condition (2). Les valeurs de x et ξ données par les formules (1) et (3) varieront, et la valeur la plus probable x de l'inconnue x sera celle pour laquelle la probabilité P deviendra la plus grande possible. D'ailleurs, pour déterminer la valeur x de l'inconnue x avec les valeurs correspondantes des valeurs $\lambda_1, \lambda_2, \ldots, \lambda_n$, il suffira, en général, de recourir à la condition

$$\delta \mathrm{P} = 0. \tag{9}$$

La quantité x ainsi déterminée, c'est-à-dire la valeur la plus probable de l'inconnue x, sera indépendante de la limite υ au-dessous de laquelle on veut abaisser l'erreur ξ de cette inconnue, si la fonction $f(\varepsilon)$ est de la forme

$$f(\varepsilon) = \frac{1}{\pi}\int_0^\infty e^{-c\theta^N} \cos\theta\varepsilon \, d\theta, \tag{10}$$

les lettres c, N désignant deux constantes positives, et si, d'autre part, on n'assigne aux erreurs $\varepsilon_1, \varepsilon_2, \ldots, \varepsilon_n$ aucune limite, en sorte qu'on puisse poser $\varkappa = \infty$. Alors on aura

$$\varphi(\theta) = e^{-c\theta^N}, \tag{11}$$

$$\Phi(\theta) = e^{-s\theta^N}, \tag{12}$$

la valeur de s étant déterminée par les formules

$$s = c\Lambda, \qquad \Lambda = \lambda_1^N + \lambda_2^N + \ldots + \lambda_n^N. \tag{13}$$

Alors aussi l'indice de probabilité F(0) d'une erreur nulle dans la valeur de ξ sera donné par l'équation

$$F(0) = \frac{2}{\pi}\Gamma\left(1 + \frac{1}{N}\right)s^{-\frac{1}{N}}. \tag{14}$$

La valeur la plus probable x de l'inconnue x est, en vertu de la formule (12), et quand on suppose $N = 2$, celle que donne la méthode des moindres carrés. Mais la même formule conduit à d'autres valeurs de x quand N est supérieur à 2. Donc la valeur la plus probable x de l'inconnue x peut différer sensiblement de celle que fournit la méthode des moindres carrés.

Cette méthode a-t-elle du moins la propriété de fournir la valeur de x la plus probable, dans le cas où, la limite $\varkappa$ étant une quantité finie, le nombre des observations devient très considérable. Pour éclaircir cette question, il convient d'examiner spécialement le cas dont il s'agit. C'est ce que je ferai dans le prochain article.

M. Cauchy présente encore à l'Académie un *Mémoire sur la probabilité des erreurs qui affectent les résultats moyens d'un grand nombre d'observations.*

528.

C. R., T. XXXVII, p. 293 (22 août 1853).

M. Augustin Cauchy lit un Mémoire ayant pour titre : *Sur la plus grande erreur à craindre dans un résultat moyen, et sur le système de facteurs qui rend cette plus grande erreur un minimum.*

529.

Calcul des probabilités. — *Sur la plus grande erreur à craindre dans un résultat moyen, et sur le système de facteurs qui rend cette plus grande erreur un minimum* (Mémoire présenté dans la précédente séance).

C. R., T. XXXVII, p. 326 (29 août 1853).

§ I. — *Sur la plus grande erreur à craindre dans un résultat moyen.*

Soient, comme dans le précédent Mémoire,

$k_1, k_2, \ldots, k_n$ des quantités fournies par l'observation;
$\varepsilon_1, \varepsilon_2, \ldots, \varepsilon_n$ les erreurs qu'elles comportent;
l l'un quelconque des nombres $1, 2, 3, \ldots, n$.

Supposons d'ailleurs que, les erreurs positives ou négatives étant également probables, on nomme $-\varkappa$, $\varkappa$ les limites entre lesquelles l'erreur ε_l est certainement comprise.

Enfin, supposons que, m inconnues $x, y, \ldots, v, w$ étant liées aux quantités $k_1, k_2, \ldots, k_n$ par n équations linéaires et approximatives de la forme

$$a_l x + b_l y + \ldots + g_l v + h_l w = k_l,$$

on déduise de ces équations multipliées par certains facteurs $\lambda_1, \lambda_2, \ldots, \lambda_n$, puis ajoutées l'une à l'autre, l'équation finale qui fournit immédiatement la valeur de l'inconnue n. Cette équation finale sera

$$(1) \qquad x = \lambda_1 k_1 + \lambda_2 k_2 + \ldots + \lambda_n k_n,$$

les facteurs $\lambda_1, \lambda_2, \ldots, \lambda_n$ étant choisis de manière à vérifier les conditions

$$(2) \qquad \mathrm{S} a_l \lambda_l = 1, \qquad \mathrm{S} b_l \lambda_l = 0, \qquad \ldots, \qquad \mathrm{S} h_l \lambda_l = 0,$$

et l'erreur ξ, qui affectera la valeur de x, sera

$$(3) \qquad \xi = \lambda_1 \varepsilon_1 + \lambda_2 \varepsilon_2 + \ldots + \lambda_n \varepsilon_n.$$

Concevons à présent que l'on nomme ϖ la plus grande erreur à craindre, pour un système donné de facteurs, sur la valeur de l'inconnue x; ϖ sera, en vertu de la formule (3), le produit de la limite $\varkappa$ par la somme des valeurs numériques des facteurs $\lambda_1, \lambda_2, \ldots, \lambda_n$, et l'on aura, en conséquence,

$$(4) \qquad \varpi = \varkappa \Lambda,$$

la valeur de Λ étant

$$(5) \qquad \Lambda = \sqrt{\lambda_1^2} + \sqrt{\lambda_2^2} + \ldots + \sqrt{\lambda_l^2} = \mathrm{S}\sqrt{\lambda_l^2}.$$

Il est bon d'observer que, les n facteurs $\lambda_1, \lambda_2, \ldots, \lambda_n$ étant liés les uns aux autres par les formules (2), on pourra généralement exprimer m d'entre eux, par exemple les facteurs

$$\lambda_1, \quad \lambda_2, \quad \ldots, \quad \lambda_m,$$

en fonction de $n-m$ facteurs restants

$$\lambda_{m+1}, \quad \lambda_{m+2}, \quad \ldots, \quad \lambda_n.$$

On doit seulement excepter le cas particulier où l'on aurait

$$\text{(6)} \qquad S(\pm a_1 b_2 \ldots g_{m-1} h_m) = 0.$$

De plus, en laissant de côté ce cas exceptionnel, on pourra éliminer de la somme Λ les facteurs $\lambda_1, \lambda_2, \ldots, \lambda_m$. Pour y parvenir, il suffira de retrancher de la formule (5) l'équation qu'on obtient en ajoutant l'une à l'autre les équations (2), respectivement multipliées par des coefficients arbitraires $\alpha, \beta, \ldots, \eta$, puis de choisir ces coefficients de manière à faire disparaître dans la valeur de Λ les termes proportionnels aux facteurs $\lambda_1, \lambda_2, \ldots, \lambda_m$. On trouvera ainsi, en premier lieu,

$$\text{(7)} \qquad \Lambda = \alpha + \alpha_1 \lambda_1 + \alpha_2 \lambda_2 + \ldots + \alpha_n \lambda_n,$$

la valeur de α_l étant

$$\text{(8)} \qquad \alpha_l = \frac{\lambda_l}{\sqrt{\lambda_l^2}} - a_l \alpha - b_l \beta - \ldots - h_l \eta,$$

puis ensuite

$$\text{(9)} \qquad \Lambda = \alpha + \alpha_{m+1} \lambda_{m+1} + \alpha_{m+2} \lambda_{m+2} + \ldots + \alpha_n \lambda_n,$$

les coefficients $\alpha, \beta, \ldots, \eta$ étant déterminés par le système des formules

$$\text{(10)} \qquad \alpha_1 = 0, \qquad \alpha_2 = 0, \qquad \ldots, \qquad \alpha_m = 0.$$

D'ailleurs, sauf le cas exceptionnel où la condition (6) serait vérifiée, les formules (10) fourniront toujours des valeurs finies et déterminées de $\alpha, \beta, \ldots, \eta$. Ces valeurs toutefois dépendront des signes attribués aux facteurs $\lambda_1, \lambda_2, \ldots, \lambda_n$, attendu que le rapport

$$\frac{\lambda_l}{\sqrt{\lambda_l^2}}$$

se réduira ou à $+1$, ou à -1, suivant que le facteur λ_l sera positif ou négatif.

Remarquons encore que, parmi les facteurs $\lambda_1, \lambda_2, \ldots, \lambda_n$, le nombre de ceux qui se réduiront à zéro ne pourra généralement être supérieur à $n-m$. Car, $n-m$ facteurs étant supposés nuls, les m facteurs restants se trouveront, pour l'ordinaire, complètement déterminés par les formules (2) qui fourniront pour ces m facteurs des valeurs généralement distinctes de zéro.

§ II. — *Sur le système de facteurs pour lequel la plus grande erreur à craindre dans la valeur d'une inconnue devient la plus petite possible.*

On peut demander quel est le système de facteurs pour lequel l'erreur ε, c'est-à-dire la plus grande erreur à craindre dans la valeur de l'inconnue x, devient la plus petite possible.

Lorsque les équations linéaires données renferment une seule inconnue x, la question se résout immédiatement à l'aide des formules (5), (6) des pages 111, 112. En vertu de ces formules, pour que la plus grande erreur à craindre sur la valeur de x soit la plus petite possible, il sera nécessaire, comme on l'a dit, que les signes des facteurs $\lambda_1, \lambda_2, \ldots, \lambda_n$ soient précisément les signes des coefficients a_1, $a_2, \ldots, a_n$; et, si l'on nomme ε la plus grande erreur à craindre, l'erreur ε, en devenant la plus petite possible, se réduira, au signe près, au plus petit des rapports $\frac{\text{x}}{a_1}, \frac{\text{x}}{a_2}, \ldots, \frac{\text{x}}{a_n}$. En conséquence, la plus petite valeur de ε sera

$$\varepsilon = \frac{\text{x}}{\sqrt{a_1^2}}, \tag{1}$$

si a_1 est celui des coefficients $a_1, a_2, \ldots, a_n$ qui offre la plus grande valeur numérique; et, d'ailleurs, pour obtenir cette valeur de ε, on devra supposer

$$(2)\qquad \lambda_1 = \frac{1}{a_1}, \qquad \lambda_2 = 0, \qquad \ldots, \qquad \lambda_n = 0.$$

Ces conclusions cesseraient d'être légitimes, si les équations proposées renfermaient plusieurs inconnues. Mais, quel que soit le nombre m de ces inconnues, on peut, à l'aide des principes établis dans le § I, déterminer la plus petite valeur de ε et le système de facteurs correspondants. En effet, dans ce système, sauf des cas exceptionnels où les coefficients a_l, b_l, ..., h_l satisferaient à certaines conditions, m facteurs au moins

$$\lambda_1, \quad \lambda_2, \quad \ldots, \quad \lambda_m$$

acquerront des valeurs distinctes de zéro, et, pour éliminer ces mêmes facteurs de la somme Λ, il suffira d'assujettir les coefficients α, β, ..., η aux conditions (10) du § I, c'est-à-dire aux formules

$$(3)\qquad \alpha_1 = 0, \qquad \alpha_2 = 0, \qquad \ldots, \qquad \alpha_m = 0,$$

puis de remplacer la formule (5) par la formule (9). Alors aussi, sauf des cas exceptionnels, les quantités

$$\alpha_{m+1}, \quad \alpha_{m+2}, \quad \ldots, \quad \alpha_n$$

seront généralement distinctes de zéro, et, par suite, il sera nécessaire que les facteurs λ_{m+1}, λ_{m+2}, ..., λ_n se réduisent tous à zéro. Car si l'on n'avait pas

$$(4)\qquad \lambda_{m+1} = 0, \qquad \lambda_{m+2} = 0, \qquad \ldots, \qquad \lambda_n = 0,$$

si, par exemple, λ_n différait de zéro, il suffirait d'attribuer à λ_n un accroissement infiniment petit, mais affecté d'un signe contraire au signe de α_n, pour faire décroître la quantité Λ et par suite l'erreur ε. Donc alors l'erreur ε ne serait pas, comme on le suppose, la plus petite possible. D'ailleurs, quand les formules (4) seront vérifiées, les valeurs de λ_1, λ_2, ..., λ_m seront immédiatement fournies par les équations

$$(5)\qquad \mathrm{S}a_l\lambda_l = 1, \qquad \mathrm{S}b_l\lambda_l = 0, \qquad \ldots, \qquad \mathrm{S}h_l\lambda_l = 0,$$

et les formules (5), (9), (4) du § I donneront

$$\Lambda = \sqrt{\lambda_1^2} + \sqrt{\lambda_2^2} + \ldots + \sqrt{\lambda_m^2} = \alpha, \tag{6}$$

$$8 = \varkappa\alpha. \tag{7}$$

Donc la plus petite valeur de 8 sera généralement de la forme $\varkappa\alpha$, α étant une quantité positive, déterminée par le système de m équations analogues aux formules (3), c'est-à-dire par m équations de la forme

$$a_l\alpha + b_l6 + \ldots + h_l\eta = \frac{\sqrt{\lambda_l^2}}{\lambda_l}, \tag{8}$$

et généralement aussi les facteurs $\lambda_1, \lambda_2, \ldots, \lambda_m$, propres à fournir cette plus petite valeur, s'évanouiront, hormis les facteurs correspondants aux valeurs de l écrites comme indices au bas des lettres a, $b, \ldots, h, \lambda$, dans les équations desquelles on tirera les valeurs de α.

Ajoutons que, parmi les valeurs de α déterminées comme on vient de le dire, on devra choisir la plus petite de toutes. En substituant celle-ci dans l'équation (7), on obtiendra précisément la valeur cherchée de 8.

Appliquée au cas où les équations linéaires données renferment une seule inconnue x, la méthode que nous venons d'exposer reproduit les formules (1) et (2).

Lorsque les équations linéaires données renferment deux inconnues x, y, on a, en vertu des formules (4) et (5),

$$a_1\lambda_1 + a_2\lambda_2 = 1, \qquad b_1\lambda_1 + b_2\lambda_2 = 0, \qquad \lambda_3 = 0, \qquad \lambda_4 = 0, \qquad \ldots, \qquad \lambda_n = 0,$$

et de ces équations, jointes aux formules (6) et (7), on tire

$$\lambda_1 = \frac{\frac{1}{b_1}}{\frac{a_1}{b_1} - \frac{a_2}{b_2}}, \qquad \lambda_2 = \frac{\frac{1}{b_2}}{\frac{a_2}{b_2} - \frac{a_1}{b_1}}, \qquad \lambda_3 = 0, \qquad \ldots, \qquad \lambda_n = 0, \tag{9}$$

$$8 = \varkappa \frac{\frac{1}{\sqrt{b_1^2}} + \frac{1}{\sqrt{b_2^2}}}{\sqrt{\left(\frac{a_1}{b_1} - \frac{a_2}{b_2}\right)^2}}. \tag{10}$$

Donc alors, pour trouver la plus petite valeur de ε, il suffit d'écrire, l'une au-dessus de l'autre, les deux suites

$$(11)\qquad \begin{cases} \dfrac{1}{b_1}, & \dfrac{1}{b_2}, & \ldots, & \dfrac{1}{b_n}, \\ \dfrac{a_1}{b_1}, & \dfrac{a_2}{b_2}, & \ldots, & \dfrac{a_n}{b_n}, \end{cases}$$

puis de multiplier par $\varkappa$ le plus petit des rapports qu'on obtient quand on divise la somme des valeurs numériques de deux termes de la première suite par la différence entre les valeurs numériques des termes correspondants de la seconde suite. Si le plus petit de ces rapports est formé avec les premiers termes des deux suites, la plus petite valeur de ε sera fournie, avec les valeurs correspondantes des facteurs λ_1, $\lambda_2, \ldots, \lambda_n$, par les formules (9) et (10).

Il est bon d'observer qu'on tire des formules (9)

$$(12)\qquad a_1\lambda_1 = \frac{1}{1-\rho}, \qquad a_2\lambda_2 = \frac{1}{1-\rho^{-1}},$$

la valeur de ρ étant

$$\rho = \frac{a_2 b_1}{a_1 b_2}.$$

Par suite, les produits $a_1\lambda_1$, $a_2\lambda_2$ seront tous deux positifs, si le rapport ρ est négatif. Mais, si ce rapport est positif, alors l'unité étant comprise entre les limites ρ et ρ^{-1}, les produits $a_1\lambda_1$, $a_2\lambda_2$ seront, l'un positif, l'autre négatif.

On devrait évidemment, dans les formules (9), (10), etc., échanger entre elles les lettres a et b, s'il s'agissait de faire en sorte que la plus grande erreur à craindre, non plus sur la valeur de x, mais sur la valeur de y, devînt la plus petite possible.

Nous avons, dans ce qui précède, fait abstraction des cas exceptionnels où les coefficients a_l, b_l, ..., h_l vérifient certaines conditions, par exemple la condition (6) du § I. Pour résoudre le problème dans ces cas exceptionnels, il suffira ordinairement de substituer aux coefficients a_l, b_l, ..., h_l d'autres coefficients qui en diffèrent infiniment peu et cessent de remplir les conditions dont il s'agit. De plus, il sera généralement facile de voir comment doivent être modifiées, dans les cas exceptionnels, les formules ci-dessus établies.

Considérons, pour fixer les idées, le cas où, les inconnues étant réduites à une seule x, plusieurs des coefficients $a_1, a_2, \ldots, a_n$, par exemple les l coefficients $a_1, a_2, \ldots, a_l$, offrent des valeurs numériques égales, mais supérieures à celles de tous les autres. Alors la plus petite valeur de ε sera toujours déterminée par la formule (1). Mais les valeurs correspondantes de $\lambda_1, \lambda_2, \ldots, \lambda_n$ ne seront pas nécessairement celles que fournissent les équations (2) et pourront être encore toutes celles qu'on déduit de la formule

$$(13)\qquad a_1\lambda_1 + a_2\lambda_2 + \ldots + a_l\lambda_l = 1,$$

en attribuant aux produits $a_1\lambda_1, a_2\lambda_2, \ldots, a_l\lambda_l$ des valeurs positives ou, en d'autres termes, en attribuant respectivement aux facteurs λ_1, $\lambda_2, \ldots, \lambda_l$ les signes des coefficients $a_1, a_2, \ldots, a_l$, par conséquent toutes celles qui vérifient la condition

$$(14)\qquad \sqrt{\lambda_1^2} + \sqrt{\lambda_2^2} + \ldots + \sqrt{\lambda_l^2} = \frac{1}{\sqrt{a_1^2}}.$$

§ III. — *Conclusions.*

Soient, comme dans le § I, ξ l'erreur de l'inconnue x, et ε la plus grande valeur que cette erreur puisse acquérir pour un système donné de facteurs. Soient, en outre, $-\upsilon$, υ les limites inférieure et supérieure entre lesquelles on veut renfermer l'erreur ξ, et P la probabilité de coïncidence de cette erreur avec une quantité comprise entre les limites $-\upsilon$, υ. Si, en attribuant aux facteurs λ_1, $\lambda_2, \ldots, \lambda_n$ des valeurs telles, que la plus grande erreur ε devienne la plus petite possible, on pose précisément $\upsilon = \varepsilon$, la probabilité P se changera en certitude et acquerra ainsi la plus grande valeur possible. Par suite, si l'on attribue à υ une valeur qui soit inférieure à la valeur de ε, déterminée dans le § II, mais qui en diffère très peu, le système de facteurs qui fournira la plus grande valeur de P différera très peu du système qui correspond à cette valeur de ε.

Ainsi, par exemple, si, en supposant les inconnues réduites à une seule x, et en désignant par a_1 celui des coefficients a_1, a_2, ..., a_n qui offre la plus grande valeur numérique, on attribue à υ une valeur inférieure au rapport $\frac{\text{x}}{\sqrt{a_1^2}}$, mais très peu différente de ce rapport, le système de facteurs qui fournira la plus grande valeur de P différera très peu du système déterminé par les formules

$$(1) \qquad \lambda_1 = \frac{1}{a_1}, \quad \lambda_2 = 0, \quad \lambda_3 = 0, \quad \ldots, \quad \lambda_n = 0.$$

D'ailleurs, ce dernier système sera, en général, très différent de celui que fournirait la méthode des moindres carrés. Donc, pour des valeurs de υ suffisamment grandes, la méthode des moindres carrés sera loin de fournir la valeur x de x, correspondante à la plus grande valeur de P. Cette conclusion, qui subsiste, quels que soient la limite $\varkappa$ et le nombre n des équations données, s'étend évidemment au cas où, ces équations renfermant plusieurs inconnues, on remplace le système de facteurs que déterminent les formules (1) par celui qui rend alors la valeur de ε la plus petite possible. En conséquence, on peut énoncer généralement la proposition suivante :

Si l'on nomme υ la limite au-dessous de laquelle on veut abaisser l'erreur ξ de l'inconnue x, et P *la probabilité de la coïncidence de cette erreur avec une quantité comprise entre les limites $-\upsilon$, $+\upsilon$, le système de facteurs correspondant à la plus grande valeur de* P *sera ordinairement, pour des valeurs de υ suffisamment grandes, très différent de celui que donnerait la méthode des moindres carrés, quel que soit d'ailleurs le nombre n des quantités fournies par l'observation, et quelle que soit la limite $\varkappa$ assignée aux erreurs que comportent ces mêmes quantités.*

Il semblerait au premier abord que, dans le cas où le nombre n devient très grand, on pourrait tirer des conclusions différentes ou même opposées d'une formule établie dans le § I du précédent

Mémoire. Il semble, en effet, que, pour de grandes valeurs de n, les produits $a_1\lambda_1$, $a_2\lambda_2$, $a_n\lambda_n$ assujettis à vérifier la condition

$$(2) \qquad a_1\lambda_1 + a_2\lambda_2 + \ldots + a_n\lambda_n = 1,$$

et par suite les facteurs $\lambda_1, \lambda_2, \ldots, \lambda_n$, doivent généralement se réduire à des quantités très petites de l'ordre $\frac{1}{n}$; et si cette réduction a lieu, si d'ailleurs, en attribuant au nombre Θ une valeur très grande d'un ordre supérieur à celui de $\sqrt{n}$, mais inférieur à l'ordre de n, on néglige l'intégrale (23) de la page 109 vis-à-vis de l'intégrale (22), alors la valeur de P paraît devoir être sensiblement celle que donne la formule (33) de la page 110, c'est-à-dire celle dont le maximum est fourni par la méthode des moindres carrés. Mais la formule (33), établie comme on vient de le dire, repose évidemment sur des hypothèses qui peuvent ne pas se réaliser.

En premier lieu, de ce qu'on attribue au nombre n une très grande valeur, il n'en résulte pas nécessairement que les facteurs $\lambda_1, \lambda_2, \ldots, \lambda_n$ soient tous très petits. Le contraire arrivera si l'on attribue à la plupart d'entre eux des valeurs nulles, comme dans le § II du présent Mémoire. Il y a plus : parmi les facteurs $\lambda_1, \lambda_2, \ldots, \lambda_n$ plusieurs pourront conserver des valeurs finies dans le cas même où l'on supposera ces facteurs déterminés par la méthode des moindres carrés.

En effet, considérons spécialement le cas où, les inconnues étant réduites à une seule x, les coefficients $a_1, a_2, \ldots, a_n$ de cette inconnue, dans les équations linéaires données, forment une progression géométrique dont le premier terme est a et la raison r. Alors on aura

$$(3) \qquad a_l = ar^l;$$

et, en supposant les facteurs $\lambda_1, \lambda_2, \ldots, \lambda_n$ respectivement proportionnels aux coefficients $a_1, a_2, \ldots, a_n$, conformément à la règle fournie par la méthode des moindres carrés, on aura encore, en égard à l'équation (2),

$$(4)\qquad \frac{\lambda_1}{1} = \frac{\lambda_2}{r} = \ldots = \frac{\lambda_n}{r^{n-1}} = \frac{1}{a}\,\frac{1-r}{1-r^n}.$$

Or, si, la valeur de a n'étant pas très grande, on attribue à r une valeur comprise entre les valeurs 0, 1, mais sensiblement distincte de ces limites, les termes de la suite

$$\lambda_1,\quad \lambda_2,\quad \ldots,\quad \lambda_n,$$

déterminés par la formule (4), ne seront pas tous très petits, pour de grandes valeurs de n. Les premiers termes, par exemple, conserveront des valeurs finies, en se réduisant à très peu près aux termes correspondants de la progression géométrique

$$\frac{1}{2},\quad \frac{1}{4},\quad \frac{1}{8},\quad \ldots,$$

si, n étant un très grand nombre, on suppose $a = 1$, $r = \frac{1}{2}$.

En second lieu, l'intégrale (23) du § I du précédent Mémoire ne peut pas toujours être négligée vis-à-vis de l'intégrale (22); et, de plus, pour que la formule (9) du même paragraphe puisse être réduite à la formule (33), il est nécessaire que la valeur de υ ne dépasse pas une certaine limite. C'est ce que prouve l'analyse déjà ci-dessus exposée, et ce que montrent aussi les formules relatives au cas spécial où le nombre n acquiert une très grande valeur, comme nous l'expliquerons dans un prochain article.

M. Augustin Cauchy présente encore à l'Académie un *Mémoire sur les résultats moyens d'un très grand nombre d'observations.*

530.

CALCUL DES PROBABILITÉS. — *Mémoire sur les résultats moyens d'un très grand nombre d'observations.*

Le règlement ne permettant pas d'insérer ce Mémoire dans les *Comptes rendus*, nous nous bornerons à en indiquer sommairement les principaux résultats.

L'auteur, adoptant les notations de la page 104, commence par rappeler la formule

$$P = \frac{2}{\pi}\int_0^\infty \Phi(\theta)\frac{\sin\theta v}{\theta}\,d\theta, \tag{1}$$

dans laquelle on a

$$\Phi(\theta) = \varphi(\lambda_1\theta)\,\varphi(\lambda_2\theta)\ldots\varphi(\lambda_n\theta), \tag{2}$$

$$\varphi(\theta) = 2\int_0^x f(\varepsilon)\cos\theta\varepsilon\,d\varepsilon. \tag{3}$$

La fonction $f(\varepsilon)$, qui représente l'*indice de probabilité* de l'erreur ε, est assujettie à la condition

$$2\int_0^x f(\varepsilon)\,d\varepsilon = 1, \tag{4}$$

à laquelle on satisfera, si l'on pose

$$f(\varepsilon) = K\varpi(\varepsilon), \tag{5}$$

$\varpi(\varepsilon)$ étant une fonction arbitraire, mais toujours positive, de ε, et K une constante positive déterminée par la formule

$$K = \frac{1}{2\int_0^x \varpi(\varepsilon)\,d\varepsilon}. \tag{6}$$

La *fonction auxiliaire* $\varphi(\theta)$, déterminée par la formule (3), jouit de propriétés remarquables. Elle se réduit à l'unité pour une valeur nulle de θ; pour toute autre valeur de θ, elle s'abaisse numériquement au-dessous de l'unité; et, si l'on pose

$$[\varphi(\theta)]^2 = \frac{1}{1+\rho\theta^2}, \tag{7}$$

la fonction ρ de θ offrira une valeur positive, quel que soit θ. On aura, en particulier, pour $\theta = 0$,

$$\rho = 2c, \tag{8}$$

la valeur de c étant

$$c = \int_0^{x} \varepsilon^2 f(\varepsilon)\, d\varepsilon, \tag{9}$$

et pour $\theta = \infty$

$$\rho \geqq \left[\frac{1}{2 f(x)}\right]^2. \tag{10}$$

Cela posé, soit r la plus petite des valeurs de ρ; r sera toujours une quantité positive, et l'on aura constamment

$$[\varphi(\theta)]^2 \leqq \frac{1}{1+r\theta^2}. \tag{11}$$

Lorsque θ et θx sont très petits, on a

$$\varphi(\theta) = e^{-\varsigma\theta^2}, \tag{12}$$

ς étant le produit de la constante c par un facteur renfermé entre les limites (18) de la page 108, et à plus forte raison entre les limites

$$1 - \left(\frac{\theta x}{2}\right)^2, \quad \frac{1}{1 - c\theta^2}. \tag{13}$$

Pour que la fonction auxiliaire $\varphi(\theta)$ s'exprime en termes finis, il suffit que la fonction $\varpi(\varepsilon)$ se réduise à une fonction entière de ε, et d'exponentielles dont les exposants, réels ou imaginaires, soient proportionnels à ε. Le cas où la fonction $\varpi(\varepsilon)$ est linéaire et de la forme

$$\varpi(\varepsilon) = a - b\varepsilon, \tag{14}$$

a, b étant deux constantes positives, mérite une attention spéciale. Dans ce même cas, on trouve, en supposant $b = 0$,

$$(15) \qquad f(\varepsilon) = \frac{1}{2\varkappa}, \qquad \varphi(\theta) = \frac{\sin\theta\varkappa}{\theta\varkappa}, \qquad c = \tfrac{1}{6}\varkappa^2;$$

et, en supposant $a = b\varkappa$,

$$(16) \qquad f(\varepsilon) = \frac{\varkappa - e}{\varkappa^2}, \qquad \varphi(\theta) = \left(\frac{\sin\frac{\theta\varkappa}{2}}{\frac{1}{2}\theta\varkappa}\right)^2, \qquad c = \tfrac{1}{12}\varkappa^2.$$

Ajoutons que, dans l'une et l'autre supposition, la valeur de r est donnée par la formule

$$(17) \qquad r = 2c.$$

Cette dernière formule se déduit immédiatement de la suivante :

$$(18) \qquad \frac{1}{\sin^2\theta} - \frac{1}{\theta^2} \overset{=}{>} \frac{1}{3},$$

à laquelle on parvient en observant que, pour des valeurs de θ positives, mais inférieures à $\frac{\pi}{2}$, la dérivée de la fonction $\sin\theta\cos^{-\frac{1}{3}}\theta - \theta$, ou, en d'autres termes, la fonction $\frac{1}{3}\left(\cos^{-\frac{2}{3}} - 1\right)^2\left(1 + 2\cos^{\frac{2}{3}}\theta\right)$, offre une valeur toujours positive.

Après avoir établi, comme on vient de le dire, les principales propriétés de la fonction auxiliaire $\varphi(\theta)$, l'auteur recherche ce que devient la *probabilité* P dans le cas spécial où le nombre n des observations devient très grand, et où, les facteurs $\lambda_1, \lambda_2, \ldots, \lambda_n$ étant tous très petits de l'ordre de $\frac{1}{n}$, ou d'un ordre inférieur, la somme de leurs carrés

$$(19) \qquad \Lambda = \lambda_1^2 + \lambda_2^2 + \ldots + \lambda_n^2$$

est une quantité très petite de l'ordre de $\frac{1}{n}$. Dans ce cas, à la formule (1) on peut, sans erreur sensible, substituer d'autres formules qui fournissent des valeurs très approchées de la probabilité P. Ainsi, par exemple, si l'on nomme Θ un très grand nombre d'un ordre supérieur à celui de $\sqrt{n}$, mais inférieur à l'ordre de n, on aura sensiblement, pour de très grandes valeurs de n,

$$\text{(20)} \qquad P = \frac{2}{\pi} \int_0^{\Theta} \Phi(\theta) \frac{\sin \theta \upsilon}{\theta} d\theta;$$

et, si l'on nomme λ le plus grand des facteurs $\lambda_1, \lambda_2, \ldots, \lambda_n$, la différence entre les valeurs de P fournies par les équations (1) et (20) sera inférieure, abstraction faite du signe, au produit

$$\text{(21)} \qquad \frac{1}{\pi \mathfrak{M}} e^{-\mathfrak{M}},$$

$\mathfrak{M}$ étant un nombre déterminé par la formule

$$\text{(22)} \qquad \mathfrak{M} = \frac{1}{2} \frac{r\Lambda\Theta^2}{1 + r\lambda^2\Theta^2},$$

et, par conséquent, un très grand nombre, puisque des deux produits $\Lambda\Theta^2$, $\lambda\Theta$, le premier sera très grand et le second très petit.

De plus, si Θ est un très grand nombre dont l'ordre soit inférieur non seulement à celui de n, mais aussi à l'ordre de $n^{\frac{3}{4}}$, on aura encore, sensiblement, pour de très grandes valeurs de n,

$$\text{(23)} \qquad P = \frac{2}{\pi} \int_0^{\Theta} e^{-s\theta^2} \frac{\sin \theta \upsilon}{\theta} d\theta,$$

la valeur de s étant

$$\text{(24)} \qquad s = c\Lambda;$$

et la différence entre les valeurs de P fournies par les équations (20) et (23) sera inférieure, abstraction faite du signe, au produit

$$\text{(25)} \qquad \frac{2h\sqrt{3}}{\pi} \, \mathrm{l}\left(\frac{\Theta\upsilon}{\sqrt{3}} + \sqrt{1 + \frac{\Theta^2\upsilon^2}{3}}\right),$$

h étant la plus grande des deux différences

$$\text{(26)} \qquad e^{\frac{1}{4} s\lambda^2\Theta^4\chi^2} - 1, \quad 1 - e^{-\frac{cs\lambda^2\Theta^4}{1 + c\lambda^3\Theta^2}}.$$

Cela posé, si l'on attribue à la limite $\varkappa$ une valeur finie, le produit (25) sera, pour de très grandes valeurs de n, du même ordre que la quantité $\Lambda\lambda^2\Theta^4 \,\mathrm{l}\Theta$, par conséquent du même ordre que les deux quantités $\frac{\Theta^4 \,\mathrm{l}\Theta}{n^3}$, $\frac{\Theta^4}{n^3}$, qui deviendront très petites quand l'ordre de Θ sera inférieur à celui de $n^{\frac{3}{4}}$.

Enfin l'on aura sensiblement, pour de très grandes valeurs de n,

$$(27) \qquad \mathrm{P} = \frac{2}{\pi}\int_0^\infty e^{-s\theta^2}\frac{\sin\theta\upsilon}{\theta}\,d\theta = \frac{2}{\sqrt{\pi}}\int_0^{\frac{\upsilon}{2\sqrt{s}}} e^{-\theta^2}\,d\theta,$$

et la différence entre les valeurs de P fournies par les formules (23), (27) sera inférieure, abstraction faite du signe, au rapport

$$(28) \qquad \frac{1-e^{-s\Theta^2}}{\pi s\Theta^2},$$

qui sera de l'ordre de $\frac{n}{\Theta^2}$, et par conséquent très petit quand l'ordre de Θ sera inférieur à celui de $n^{\frac{1}{2}}$.

Donc, en définitive, si, la valeur de la limite $\varkappa$ étant finie, on attribue aux facteurs $\lambda_1, \lambda_2, \ldots, \lambda_n$ des valeurs numériques de l'ordre de $\frac{1}{n}$, ou d'un ordre inférieur, mais telles, que la somme Λ de leurs carrés soit de l'ordre de $\frac{1}{n}$, alors, pour de très grandes valeurs de n, la probabilité P sera généralement déterminée avec une grande approximation par la formule (27). Si d'ailleurs on assigne à la fonction $f(\varepsilon)$, qui représente l'indice de probabilité de l'erreur ε, une forme déterminée, on pourra trouver une limite supérieure à l'erreur que l'on commettra, quand à la formule (1) on substituera la formule (27). On pourra, par exemple, prendre pour cette limite la somme des expressions (21), (25), (28), Θ étant un très grand nombre, dont l'ordre supérieur à celui de $n^{\frac{1}{2}}$ soit inférieur à l'ordre de $n^{\frac{3}{4}}$.

Observons maintenant qu'on tire des formules (3), (9) et (24)

$$c = \frac{1}{2}\eta \varkappa^2, \tag{29}$$

$$\frac{\upsilon}{2\sqrt{s}} = \frac{1}{\sqrt{2\eta\Lambda}}\frac{\upsilon}{\varkappa}, \tag{30}$$

η étant un nombre inférieur à l'unité. Or il suit de la formule (30) que, si l'on attribue à la limite υ une valeur comparable à la limite $\varkappa$, en posant, par exemple, $\upsilon = \varkappa$, ou $\upsilon = \frac{1}{2}\varkappa$, ou $\upsilon = \frac{1}{3}\varkappa$, ..., la limite supérieure $\frac{\upsilon}{2\sqrt{s}}$ de l'intégrale comprise dans le dernier membre de la formule (27) sera, pour de très grandes valeurs de n, un très grand nombre d'un ordre au moins égal à l'ordre de $\sqrt{n}$. Donc alors la probabilité P sera très voisine de la certitude 1. Cette conséquence subsiste d'ailleurs quelle que soit la forme attribuée à la fonction $f(\varepsilon)$.

Les diverses formules que nous venons de transcrire permettent encore d'apprécier, en les réduisant à leur juste valeur, les avantages qu'on peut retirer de l'emploi de tel ou tel système de facteurs, par conséquent de telle ou telle méthode. Mais, forcés de nous arrêter ici, nous renverrons ce que nous aurions à dire sur ce point à un autre article.

531.

C. R., T. XXXVII, p. 526 (10 octobre 1853).

M. Augustin Cauchy présente à l'Académie des considérations nouvelles *sur les mouvements infiniment petits des corps considérés comme des systèmes d'atomes, et sur la réflexion et la réfraction des mouvements simples.*

Les résultats auxquels l'auteur est parvenu seront développés dans un prochain article.

532.

GÉOMÉTRIE ANALYTIQUE. — *Sur les rayons vecteurs associés et sur les avantages que présente l'emploi de ces rayons vecteurs dans la Physique mathématique.*

C. R., T. XXVIII, p. 67 (16 janvier 1854).

La théorie de la lumière, comme la théorie des corps élastiques, présente deux cas distincts, et il peut arriver de deux choses l'une : ou la propagation du mouvement s'effectue en tous sens, suivant les mêmes lois, et alors le corps transparent devient ce que j'ai nommé un corps *isophane*, et le corps élastique ce que j'ai nommé un corps *isotrope*, ou cette condition n'est pas remplie. Ajoutons qu'un corps peut être isophane ou isotrope, non autour d'un point, mais seulement autour d'un axe dont la direction est donnée. D'ailleurs on peut établir les équations d'équilibre ou de mouvement que présente la Mécanique moléculaire, à l'aide de deux méthodes différentes. Celle de ces deux méthodes qui paraît la plus rigoureuse consiste à considérer les corps comme des systèmes de points matériels sollicités par des forces d'attraction ou de répulsion mutuelle. Lorsqu'on la suit, les formules auxquelles on parvient sont celles que j'ai données dans le Mémoire du 1er octobre 1827 (1). L'autre méthode opère comme si les corps étaient des masses continues; elle s'appuie sur la notion fondamentale de la *tension* ou *pression* dans un corps solide. Cette pression ou tension, dont il m'a semblé utile d'introduire la considération dans la Mécanique moléculaire, et dont j'ai indiqué les propriétés principales dans le Mémoire du 30 septembre 1822, diffère de la pression telle qu'on l'envisageait dans l'Hydrostatique, en ce qu'elle est généralement, non plus normale, mais oblique aux faces qui la supportent. Elle n'est pas distincte de la force récemment appelée par M. Lamé *force élastique*. Il suffit d'établir des relations

(1) *Œuvres de Cauchy*, S. II, T. XV.

linéaires entre les projections algébriques des pressions ou tensions supportées en un point donné d'un corps élastique par trois plans rectangulaires, et les six coefficients que renferme la condensation ou dilatation linéaire, supposée infiniment petite, pour obtenir les équations homogènes que l'on a considérées comme propres à représenter l'équilibre ou le mouvement intérieur des corps élastiques.

Nous joindrons ici une remarque qui n'est pas sans importance. Le mot *axes d'élasticité*, employé par les auteurs des divers Ouvrages ou Mémoires publiés sur la théorie des corps élastiques, n'a pas toujours été bien défini, et on lui a donné des acceptions diverses. Pour éviter toute confusion, nous adopterons les définitions que je vais indiquer.

Rapportons les positions des divers points d'un corps à trois axes rectangulaires des x, y, z. L'un de ces axes, l'axe des x par exemple, sera un *axe d'élasticité*, si le système est isotrope autour de cet axe, ou, ce qui revient au même, si l'on n'altère pas les équations d'équilibre ou de mouvement, en faisant tourner le plan des yz autour de l'axe des x.

D'autre part, le plan des yz, perpendiculaire à l'axe des x, sera un *plan principal d'élasticité* si l'on n'altère pas les équations d'équilibre ou de mouvement, en changeant le signe de x, ou, ce qui revient au même, en échangeant entre eux le demi-axe des x positives et le demi-axe des x négatives.

Ces définitions étant admises, si chacun des trois plans coordonnés est un plan principal d'élasticité, les trois axes coordonnés pourront ne pas être des axes d'élasticité.

Étant données les équations générales d'équilibre ou de mouvement d'un système de points matériels, on peut demander les conditions que doivent remplir, dans ces équations supposées linéaires, les coefficients supposés constants pour que le système offre un ou plusieurs plans principaux, ou bien un ou plusieurs axes d'élasticité, et par suite les conditions à remplir pour que le système soit isotrope autour d'un point quelconque, ou autour d'un axe donné.

J'ai indiqué dans d'autres Mémoires un moyen facile d'effectuer cette recherche. J'ajouterai, aujourd'hui, qu'on peut encore résoudre très simplement les problèmes de ce genre, en s'appuyant, comme je vais le dire, sur la considération des *points associés* et des *rayons vecteurs associés*.

Les positions de deux points mobiles étant rapportées à trois axes coordonnés rectangulaires ou obliques, ces deux points mobiles seront nommés *points associés* lorsque les coordonnées rectilignes de l'un seront des fonctions linéaires et homogènes des coordonnées de l'autre. Alors aussi les rayons vecteurs menés de l'origine à ces deux points seront nommés *rayons vecteurs associés*.

Les coefficients constants des coordonnées de l'un des points dans les expressions des coordonnées de l'autre changeront généralement de valeurs, non seulement si l'on échange les deux points mobiles entre eux, mais encore si l'on fait tourner les axes autour de l'origine, ou si l'on échange entre elles deux parties d'un même axe, par exemple le demi-axe des abscisses positives et le demi-axe des abscisses négatives. Ces changements de valeurs peuvent d'ailleurs se déduire des formules générales qui servent à la transformation des coordonnées; mais, sans recourir à ces formules, j'ai reconnu qu'on peut établir directement plusieurs théorèmes dignes de remarque, spécialement relatifs au cas où les axes coordonnés sont rectangulaires. Parmi ces théorèmes je citerai les deux suivants :

Théorème I. — *Si l'on fait tourner autour de l'origine les trois axes coordonnés supposés rectangulaires, la somme des trois coefficients qui affecteront les coordonnées d'un point mobile, dans les expressions des coordonnées de même espèce d'un point associé, demeurera invariable.*

Théorème II. — *Les trois axes coordonnés étant supposés rectangulaires, si l'on fait tourner autour du premier le plan des deux autres, de manière qu'il décrive, avec un mouvement de rotation direct, un certain angle φ, non seulement le coefficient de la coordonnée d'un point mesuré sur le premier axe dans l'expression de la coordonnée de même espèce d'un point associé restera invariable, mais, de plus, les huit autres* *coefficients qui affecteront les coordonnées du premier point dans les expressions des coordonnées du point associé vérifieront quatre conditions très simples en vertu desquelles, de quatre fonctions linéaires, mais imaginaires, de ces coordonnées, la première restera invariable, tandis que les deux suivantes varieront dans le rapport de* 1 *à* $1_{-\varphi}$, *et la dernière dans le rapport de* 1 *à* $1_{-2\varphi}$.

Si, pour plus de commodité, on nomme x, y, z les coordonnées d'un premier point, $\mathrm{x}, \mathrm{y}, \mathrm{z}$ les coordonnées du point associé, et

$$(\mathrm{x}, x), \quad (\mathrm{x}, y), \quad (\mathrm{x}, z)$$

les coefficients de x, y, z dans l'expression de x; si, d'ailleurs, dans les trois symboles qui précèdent, on remplace x par y ou par z, quand les coefficients sont pris dans l'expression de y ou de z, les quatre fonctions linéaires mentionnées dans le second théorème seront

$$(\mathrm{y}, y) + (\mathrm{z}, z) - i[(\mathrm{y}, z) - (\mathrm{z}, y)],$$
$$(\mathrm{x}, y) + i(\mathrm{x}, z), \qquad (\mathrm{y}, x) + i(\mathrm{z}, x),$$
$$(\mathrm{y}, y) - (\mathrm{z}, z) + i[(\mathrm{y}, z) + (\mathrm{z}, y)],$$

quand l'axe de rotation sera l'axe des x. Alors aussi la première de ces fonctions devant rester invariable, sa partie réelle $(\mathrm{y}, y) + (\mathrm{z}, z)$ devra être invariable elle-même ainsi que la différence $(\mathrm{y}, z) - (\mathrm{z}, y)$; et, comme (x, x) devra encore rester invariable, on pourra en dire autant de la somme

$$(\mathrm{x}, x) + (\mathrm{y}, y) + (\mathrm{z}, z).$$

Il y a plus : cette dernière somme devra rester encore invariable, si l'on fait tourner successivement autour de chaque axe le plan des deux autres, et par suite si l'on fait tourner les trois axes d'une manière quelconque autour de l'origine. Donc le premier théorème est une conséquence du second.

D'ailleurs, le second théorème se déduit très aisément de cette seule remarque, que, dans le cas où l'on fait tourner autour de l'axe des x le point dont les coordonnées sont x, y, z, la distance de l'origine à ce point projeté sur le plan des yz est représentée, en grandeur et en direction : 1° avant la rotation, par la quantité géométrique $y + z\mathrm{i}$; 2° après la rotation, par le produit de cette quantité géométrique et du facteur

$$1_{-\varphi} = e^{-\varphi \mathrm{i}},$$

φ étant l'angle décrit avec un mouvement de rotation direct par le plan des yz.

Concevons maintenant que l'on construise une sphère qui ait pour centre un point donné d'un corps homogène, et que l'on détermine en grandeur comme en direction la pression supportée au point dont il s'agit par une petite face perpendiculaire à un rayon de la sphère. Ce rayon, que nous supposerons infiniment petit, venant à changer de direction, la pression variera elle-même, conformément au théorème que j'ai donné en 1822; et pour énoncer ce théorème, il suffira de dire que, le rayon de la sphère venant à se mouvoir, la pression sera représentée par un rayon vecteur associé.

Il y a plus : le même théorème continuera de subsister si, à la pression supportée par une face perpendiculaire au rayon de la sphère, on substitue le déplacement apparent de l'extrémité de ce même rayon dans une déformation infiniment petite du corps solide, mesurée par un observateur placé au centre de la sphère. Donc ce déplacement pourra encore être représenté par un rayon vecteur associé au rayon de la sphère.

Enfin, comme deux rayons vecteurs associés à un troisième sont nécessairement associés entre eux, il est clair que la pression ou tension, et le déplacement apparent dont il s'agit, seront encore deux quantités représentées par deux rayons vecteurs associés.

De cette seule considération, jointe au second des deux théorèmes généraux énoncés ci-dessus, on déduit immédiatement, et avec la plus grande facilité, les équations qui expriment les projections algébriques des pressions ou tensions en fonctions linéaires des projections algébriques des déplacements apparents dans un corps isotrope autour d'un axe donné.

Lorsque les conditions d'isotropie sont remplies par rapport à deux axes rectangulaires, elles le sont encore par rapport à un troisième axe perpendiculaire aux deux autres, et alors on retrouve les conditions d'isotropie du corps autour d'un point quelconque, telles qu'on les obtient en faisant usage ou de la méthode que j'ai donnée en 1829, ou de celles qui ont été proposées plus tard par moi-même, ou par d'autres géomètres.

Je remarquerai, en finissant, que la théorie des points associés peut être employée avec succès dans un grand nombre de problèmes de Physique mathématique. Ainsi, par exemple, dans un cristal à un axe optique, les rayons vecteurs menés à des points correspondants de la surface de l'onde et de la surface caractéristique sont des rayons vecteurs associés.

533.

C. R., T. XXXVIII, p. 238 (6 février 1854).

M. Cauchy présente à l'Académie des *Recherches nouvelles sur la torsion des prismes.*

L'auteur se propose de développer, dans une prochaine séance, les résultats auxquels il a été conduit.

534.

Mécanique analytique. — *Sur la torsion des prismes.*

C. R., T. XXXVIII, p. 326 (20 février 1854).

La torsion des prismes ou cylindres à base rectangulaire, ou même à base quelconque, le changement de forme des prismes tordus et la détermination des points de leur surface où la rupture est le plus à craindre, sont, dans la théorie des corps élastiques, des questions capitales, dont la solution intéresse au plus haut degré les ingénieurs, les constructeurs, et généralement tous ceux qui veulent déduire de cette théorie des résultats utiles pour la pratique. Je me suis déjà occupé, dans le quatrième Volume des *Exercices de Mathématiques* (1), de la torsion des prismes à base rectangulaire. Mais les résultats que j'ai obtenus, en négligeant certains termes des séries introduites dans le calcul, ne peuvent être considérés que comme approximatifs, et subsistant sous certaines conditions. M. de Saint-Venant, ayant reporté son attention sur cet objet, est parvenu, dans un Mémoire approuvé par l'Académie, à des formules dignes de remarque. Il suit de ces formules que, contrairement à l'opinion admise jusqu'à ce jour, le danger de rupture est le plus grand, non pas dans les points de la surface les plus éloignés de l'axe de torsion, mais dans les points les plus rapprochés de cet axe. L'analyse de M. de Saint-Venant met cette conclusion en évidence, pour des prismes ou cylindres de diverses formes, spécialement pour ceux dont les bases sont rectangulaires ou elliptiques; et elle l'explique en faisant voir que ces bases, loin de rester planes, sont gauchies par la torsion. Grâce à ce gauchissement, les arêtes d'un prisme ou d'un cylindre droit, transformées en hélices par la torsion, peuvent rester à très peu près normales aux éléments des bases. D'ailleurs leur inclinaison sur ces éléments, par conséquent le danger de rupture, est généralement plus faible pour les arêtes éloignées de l'axe de torsion que pour les arêtes rapprochées de cet axe, attendu que, dans un prisme ou dans un cylindre droit, les parties saillantes et proéminentes sont, par cela même, plus indépendantes du reste de la masse, et plus libres d'obéir séparément, sans se déformer, à l'action des pressions extérieures.

Une lecture attentive du beau travail de M. de Saint-Venant m'a conduit à faire, sur la torsion des prismes ou cylindres droits, des réflexions nouvelles qui ne sont pas sans importance. M. de Saint-

(1) *Œuvres de Cauchy*, S. II, T. IX.

Venant s'est borné à considérer le cas où l'angle de torsion θ, relatif à l'unité de longueur mesurée sur l'axe de torsion, est une quantité constante. Or on peut démontrer que l'équation indéfinie, dans laquelle l'inconnue est un très petit déplacement parallèle à cet axe, ne changera pas de forme et coincidera encore avec celle qui représente l'équilibre des températures dans un prisme ou cylindre droit, si, l'axe de torsion étant un axe d'élasticité, l'angle de torsion, supposé très petit, devient fonction de la distance à l'axe. De plus, on peut déduire immédiatement du calcul des résidus, non seulement les formules remarquables trouvées par M. de Saint-Venant pour la torsion d'un prisme à base rectangulaire, mais encore des formules analogues relatives au cas où l'angle de torsion θ varierait avec la distance à l'axe du prisme et serait représenté par une fonction entière du carré de cette distance.

Analyse.

§ I. — *Préliminaires.*

Considérons un corps élastique homogène dont les molécules s'écartent très peu des positions qu'elles occuperaient si les pressions extérieures et intérieures se réduisaient à zéro. Nommons x, y, z les coordonnées primitives d'une molécule m rapportées à trois axes rectangulaires. Soient ξ, η, ζ les déplacements très petits de cette molécule, produits par des pressions extérieures, et mesurés parallèlement aux axes. Enfin soient

$$p_x, \quad p_y, \quad p_z$$

les pressions ou tensions exercées au point (x, y, z), du côté des coordonnées positives, contre trois plans perpendiculaires aux axes des x, y, z, et représentons par

$$p_{xx}, \quad p_{xy}, \quad p_{xz},$$

ou par

$$p_{yx}, \quad p_{yy}, \quad p_{yz},$$

ou par

$$p_{zx}, \quad p_{zy}, \quad p_{zz}$$

les projections algébriques de la force p_x ou p_y ou p_z sur les axes des x, y et z. On aura, comme nous l'avons montré dans les *Exercices mathématiques*,

$$(1) \qquad p_{yz} = p_{zy}, \qquad p_{zx} = p_{xz}, \qquad p_{xy} = p_{yx},$$

et les équations d'équilibre du corps élastique seront

$$(2) \qquad \begin{cases} D_x p_{xx} + D_y p_{xy} + D_z p_{xz} = 0, \\ D_x p_{yx} + D_y p_{yy} + D_z p_{yz} = 0, \\ D_x p_{zx} + D_y p_{zy} + D_z p_{zz} = 0. \end{cases}$$

De plus, si les déplacements ξ, η, ζ sont infiniment petits, les six pressions

$$p_{xx}, \quad p_{yy}, \quad p_{zz},$$
$$p_{yz}, \quad p_{zx}, \quad p_{xy}$$

se réduiront à des fonctions linéaires des diverses dérivées des déplacements

$$\xi, \quad \eta, \quad \zeta$$

différentiés par rapport à x, y, z. Donc elles se réduiront, si les termes qui renferment les dérivées des ordres supérieurs peuvent être négligés, vis-à-vis de ceux qui renferment les dérivées du premier ordre, à des fonctions linéaires des neuf quantités

$$D_x\xi, \quad D_y\xi, \quad D_z\xi,$$
$$D_x\eta, \quad D_y\eta, \quad D_z\eta,$$
$$D_x\zeta, \quad D_y\zeta, \quad D_z\zeta.$$

D'autre part, si l'on nomme p la pression ou tension exercée au point (x, y, z) contre un plan perpendiculaire à la droite qui forme avec les axes des x, y, z des angles dont les cosinus sont a, b, c, et δ l'angle formé par la direction de la force p avec celle de la droite, on aura

$$(3) \qquad p\cos\delta = a^2 p_{xx} + b^2 p_{yy} + c^2 p_{zz} + 2bc p_{yz} + 2ca p_{zx} + 2ab p_{xy}.$$

Enfin, si l'on désigne par r la distance primitive de la molécule m à une molécule très voisine, située sur la droite dont il s'agit, et par $r(1+\varepsilon)$ ce que devient cette distance après le déplacement des molécules, ε sera ce que j'ai nommé la *dilatation* ou *condensation linéaire* mesurée suivant la nouvelle direction de cette droite, et l'on aura, en supposant ξ, η, ζ infiniment petits,

$$\varepsilon = (a\mathrm{D}_x + b\mathrm{D}_y + c\mathrm{D}_z)(a\xi + b\eta + c\zeta) \tag{4}$$

ou, ce qui revient au même,

$$\varepsilon = a^2\varepsilon_{xx} + b^2\varepsilon_{yy} + c^2\varepsilon_{zz} + 2bc\,\varepsilon_{yz} + 2ca\,\varepsilon_{zx} + 2ab\,\varepsilon_{xy}, \tag{5}$$

les valeurs de ε_{xx}, ε_{yy}, ε_{zz}, $2\varepsilon_{yz}$, $2\varepsilon_{zx}$, $2\varepsilon_{xy}$ étant

$$\left\{\begin{array}{lll} \varepsilon_{xx} = \mathrm{D}_x\xi, & \varepsilon_{yy} = \mathrm{D}_y\eta, & \varepsilon_{zz} = \mathrm{D}_y\zeta, \\ 2\varepsilon_{yz} = \mathrm{D}_y\zeta + \mathrm{D}_z\eta, & 2\varepsilon_{zx} = \mathrm{D}_z\xi + \mathrm{D}_x\zeta, & 2\varepsilon_{xy} = \mathrm{D}_x\eta + \mathrm{D}_y\xi; \end{array}\right. \tag{6}$$

en sorte que ε_{xx}, ε_{yy}, ε_{zz} représenteront les dilatations ou condensations suivant les axes des x, y et z. Cela posé, si les pressions ou tensions au point (x, y, z) dépendent uniquement des diverses dilatations ou condensations mesurées suivant les diverses directions des droites qui passent par ce même point, les six pressions

$$\left\{\begin{array}{lll} p_{xx}, & p_{yy}, & p_{zz}, \\ p_{yz}, & p_{zx}, & p_{xy} \end{array}\right. \tag{7}$$

devront se réduire, ainsi qu'on l'admet ordinairement, à des fonctions linéaires des six quantités

$$\left\{\begin{array}{lll} \varepsilon_{xx}, & \varepsilon_{yy}, & \varepsilon_{zz}, \\ \varepsilon_{yz}, & \varepsilon_{zx}, & \varepsilon_{xy}. \end{array}\right. \tag{8}$$

Si le plan des yz, perpendiculaire à l'axe des x, est un plan principal d'élasticité, alors, x venant à changer de signe, les quantités (7) et (8) conserveront, aux signes près, les mêmes valeurs; seulement, parmi ces quantités, quatre changeront de signe, savoir :

$$p_{zx},\ p_{xy} \quad \text{et} \quad \varepsilon_{zx},\ \varepsilon_{xy}.$$

Pareillement, si le plan des yz, perpendiculaire à l'axe des y, est un plan principal d'élasticité, alors parmi les quantités (7), (8), quatre seulement changent de signe, savoir :

$$p_{xy}, \quad p_{yz} \quad \text{et} \quad \varepsilon_{xy}, \quad \varepsilon_{yz}.$$

Par suite, si les plans des yz et des zx sont des plans principaux d'élasticité, chacune des pressions

$$p_{xx}, \quad p_{yy}, \quad p_{zz}$$

devra se réduire à une fonction linéaire des quantités

$$\varepsilon_{xx}, \quad \varepsilon_{yy}, \quad \varepsilon_{zz},$$

et les trois pressions

$$p_{yz}, \quad p_{zx}, \quad p_{xy}$$

deviendront respectivement proportionnelles aux trois quantités

$$\varepsilon_{yz}, \quad \varepsilon_{zx}, \quad \varepsilon_{xy}.$$

On aura donc alors

$$(9) \qquad \begin{cases} p_{xx} = \mathfrak{a}\,\varepsilon_{xx} + \mathfrak{f}'\,\varepsilon_{yy} + \mathfrak{e}''\,\varepsilon_{zz}, \\ p_{yy} = \mathfrak{f}''\,\varepsilon_{xx} + \mathfrak{b}\,\varepsilon_{yy} + \mathfrak{d}'\,\varepsilon_{zz}, \\ p_{zz} = \mathfrak{e}'\,\varepsilon_{xx} + \mathfrak{d}''\,\varepsilon_{yy} + \mathfrak{c}\,\varepsilon_{zz} \end{cases}$$

et

$$(10) \qquad p_{yz} = 2\mathfrak{d}\,\varepsilon_{yz}, \qquad p_{zx} = 2\mathfrak{e}\,\varepsilon_{zx}, \qquad p_{xy} = 2\mathfrak{f}\,\varepsilon_{xy},$$

les coefficients $\mathfrak{a}$, $\mathfrak{b}$, $\mathfrak{c}$; $\mathfrak{d}$, $\mathfrak{e}$, $\mathfrak{f}$; $\mathfrak{d}'$, $\mathfrak{e}'$, $\mathfrak{f}'$; $\mathfrak{d}''$, $\mathfrak{e}''$, $\mathfrak{f}''$ étant des quantités constantes. Alors aussi le plan des xy, perpendiculaire à l'axe des z, sera encore un plan principal d'élasticité.

Si l'axe des x est un axe d'élasticité, alors, en échangeant l'un contre l'autre les axes des y et z, on n'altérera point les valeurs de p_{xx} ni de p_{yz}, mais on transformera p_{yy}, p_{xy} en p_{zz}, p_{xz}, et réciproquement. Donc alors on aura

$$\mathfrak{b} = \mathfrak{c}, \qquad \mathfrak{d}' = \mathfrak{d}'', \qquad \mathfrak{f} = \mathfrak{e}, \qquad \mathfrak{f}'' = \mathfrak{e}',$$

et les formules (9), (10) donneront

$$(11)\quad \begin{cases} p_{xx} = \mathfrak{a}\,\varepsilon_{xx} + \mathfrak{c}''(\varepsilon_{yy} + \varepsilon_{zz}), \\ p_{yy} = \mathfrak{c}'\varepsilon_{xx} + \mathfrak{b}\,\varepsilon_{yy} + \mathfrak{d}'\varepsilon_{zz}, \\ p_{zz} = \mathfrak{c}'\varepsilon_{xx} + \mathfrak{d}'\,\varepsilon_{yy} + \mathfrak{b}\,\varepsilon_{zz}, \end{cases}$$

$$(12)\quad p_{yz} = 2\mathfrak{d}\,\varepsilon_{xx}, \qquad p_{zx} = 2\mathfrak{c}\,\varepsilon_{zx}, \qquad p_{xy} = 2\mathfrak{f}\,\varepsilon_{xy}.$$

Cela posé, les équations (2), jointes aux formules (6), (11), (12), donneront

$$(13)\quad \begin{cases} [\mathfrak{a}D_x^2 + \mathfrak{c}(D_y^2 + D_z^2)]\xi + (\mathfrak{c} + \mathfrak{c}'')D_x(D_y\eta + D_z\zeta) = 0, \\ [\mathfrak{c}D_x^2 + \mathfrak{b}\,D_y^2 + \mathfrak{d}D_z^2\,]\eta + (\mathfrak{d} + \mathfrak{d}')D_y D_z\zeta + (\mathfrak{c} + \mathfrak{c}')D_x D_y\xi = 0, \\ [\mathfrak{c}D_x^2 + \mathfrak{d}\,D_y^2 + \mathfrak{b}D_z^2\,]\zeta + (\mathfrak{c} + \mathfrak{c}')D_z D_x\xi + (\mathfrak{d} + \mathfrak{d}')D_y D_z\eta = 0. \end{cases}$$

§ II. — *Torsion des prismes ou cylindres droits.*

Supposons que, dans un plan perpendiculaire à l'axe des x, on mène de cet axe une droite au point (x, y, z). Soient r la longueur de cette droite, et p l'angle qu'elle forme avec le plan des xy. Elle pourra être représentée en grandeur et en direction par la quantité géométrique

$$(1)\quad y + z\mathrm{i} = r_p.$$

Si le point (x, y, z) appartient à un prisme ou cylindre droit auquel on imprime un mouvement de torsion autour de l'axe des x, alors, en nommant ϖ l'angle de torsion, et ξ, η, ζ les accroissements supposés infiniment petits des coordonnées x, y, z, on aura

$$(2)\quad y + \eta + (z + \zeta)\mathrm{i} = r_{p-\varpi}.$$

Si, d'ailleurs, le point (x, y, z) venant à se déplacer sur une droite parallèle à l'axe des x, la variation de ϖ est proportionnelle à la variation de x, en sorte qu'on ait

$$D_x\varpi = \theta,$$

θ étant indépendant de x; alors de l'équation (2) différentiée par rapport à x, et jointe à la formule

$$D_p r_p = i r_p,$$

on tirera

$$D_x(\eta + \zeta i) = -i\theta r_{p-\varpi},$$

ou à très peu près, en supposant ϖ très petit,

$$D_x(\eta + \zeta i) = -i\theta r_p = -\theta(y + zi)i;$$

puis on en conclura

$$(3) \qquad D_x\eta = \theta z, \qquad D_x\zeta = -\theta y.$$

Telles sont les équations qui caractérisent un mouvement de torsion infiniment petit d'un prisme ou d'un cylindre autour de l'axe des x. D'ailleurs, on tire de ces équations, en supposant θ indépendant de y et z,

$$(4) \qquad D_x D_y \eta = 0, \qquad D_x D_z \zeta = 0,$$

$$(5) \qquad D_x(D_y\eta + D_z\zeta) = 0,$$

et alors, si la dilatation $D_x\xi$, mesurée suivant l'axe des x, est indépendante de x, ou, ce qui revient au même, si l'on suppose

$$(6) \qquad D_x^2\xi = 0,$$

la première des équations (13) du § I donnera, comme l'a observé M. de Saint-Venant,

$$(7) \qquad (D_y^2 + D_z^2)\xi = 0.$$

Mais il est clair que, pour arriver à l'équation (7), il n'est pas absolument nécessaire de supposer θ indépendant de y et z; il suffit que l'équation (5) puisse être jointe à l'équation (6). Or, si θ devient fonction de r, la formule

$$\frac{D_y r}{y} = \frac{D_z r}{z}$$

entraînera la suivante

$$\frac{D_y\theta}{y} = \frac{D_z\theta}{z},$$

et des formules (3) différentiées, la première par rapport à y, la seconde par rapport à z, on déduira encore la formule (5). Donc alors aussi l'équation indéfinie à laquelle satisfera l'inconnue ξ, sera encore l'équation (7).

Il reste à montrer comment, à l'aide du Calcul des résidus, on pourra obtenir immédiatement l'intégrale donnée par M. de Saint-Venant, et l'intégrale du même genre relative au cas où θ est facteur de r; c'est ce que je me propose d'expliquer dans un prochain article.

535.

Calcul intégral. — *Rapport sur un Mémoire de* M. Marie, *relatif aux périodes des intégrales.*

C. R., T. XXXVIII, p. 821 (8 mai 1854).

L'Académie nous a chargés, M. Sturm et moi, d'examiner un Mémoire de M. Marie, relatif aux périodes des intégrales simples et doubles. Les intégrales simples considérées par l'auteur sont celles qui peuvent être présentées sous la forme

$$\int y\, D_s x\, ds,$$

s désignant un arc de courbe, et x, y des fonctions réelles ou imaginaires de s, liées entre elles par une équation caractéristique, algébrique ou transcendante,

$$\text{(1)} \qquad f(x, y) = 0.$$

Considérons spécialement le cas où l'équation caractéristique est algébrique et de forme réelle; alors, pour chaque valeur réelle de x, l'équation (1), résolue par rapport à y, fournira une ou plusieurs valeurs réelles ou imaginaires, par conséquent de la forme

$$y = u$$

ou de la forme

$$y = v + w\mathrm{i},$$

u, v, w étant des fonctions réelles de x. Cela posé, concevons que, la variable x représentant une abscisse, on construise : 1° la courbe dont l'ordonnée serait représentée par la fonction u; 2° la courbe dont l'ordonnée serait représentée par la somme $v + w$, les axes coordonnés étant ou rectangulaires ou obliques. Ces deux courbes seront celles que M. Marie nomme la *courbe réelle* et la *conjuguée* de la courbe réelle. Si, avant de résoudre l'équation (1), on opère une transformation de coordonnées, en assignant une direction nouvelle à l'axe des y, on substituera ainsi aux variables x, y deux nouvelles variables $x_{,}$, $y_{,,}$, qui offriront toutes deux, pour une valeur réelle de x et pour une valeur imaginaire de y, des valeurs correspondantes imaginaires dans lesquelles le rapport entre les coefficients de i sera constant. Réciproquement, si l'on attribue à $x_{,}$ une valeur réelle, et à $y_{,}$ une valeur imaginaire qui satisfasse avec $x_{,}$ à l'équation caractéristique transformée, les valeurs correspondantes de x, y seront généralement imaginaires; mais le rapport entre le coefficient de i dans ces diverses valeurs sera constant. De cette observation il résulte qu'à une même courbe réelle, représentée par l'équation (1), correspondent, en nombre infini, des *courbes conjuguées* dont chacune a pour coordonnées variables des valeurs réelles de x, y que l'on obtient, en remplaçant i par 1, dans des valeurs imaginaires de x, y assujetties à la double condition de vérifier l'équation (1), et d'offrir pour coefficients de i des quantités dont le rapport demeure constant.

Les courbes conjuguées, définies comme on vient de le dire, jouissent de propriétés remarquables, qui sont exposées et démontrées dans le Mémoire de M. Marie. Citons-en quelques-unes.

Chacune des courbes conjuguées est généralement tangente à la courbe réelle aux points où elle la rencontre; par suite, la courbe réelle est une enveloppe des diverses conjuguées.

Si une des conjuguées présente un anneau fermé, si d'ailleurs on nomme S l'aire comprise dans cet anneau, et s l'arc décrit sur le périmètre de cet anneau par un point qui se meut avec un mouvement de rotation direct autour de l'aire S, le produit de cette aire par i sera généralement la valeur de l'intégrale

$$\int_0^c y\,D_s x\,ds,$$

c étant le périmètre entier de l'aire S, ou ce qu'on peut nommer la *période imaginaire* de l'intégrale

$$\int y\,D_s x\,ds.$$

Si l'on fait varier, par degrés insensibles, la forme d'un anneau fermé, appartenant à une courbe conjuguée, en faisant varier l'inclinaison de l'axe des y, l'aire S comprise dans cet anneau restera ordinairement invariable. Cette dernière proposition, dont la démonstration se déduit d'un théorème donné par l'un de nous et relatif aux intégrales curvilignes, suppose toutefois que, l'axe des y venant à changer de direction par degrés insensibles, la valeur de y tirée de l'équation (1) n'atteint pas une valeur pour laquelle la dérivée de $f(x, y)$ relative à y s'évanouisse avec $f(x, y)$.

Dans la dernière partie de son Mémoire, M. Marie considère non plus une fonction de y de x déterminée par la fonction (1), mais une fonction z de deux variables x, y, déterminée par une *équation caractéristique* de la forme

$$f(x, y, z) = 0.$$

A des valeurs réelles de x, y correspondent, en vertu de cette équation, des valeurs de z réelles ou imaginaires, par conséquent de la forme

$$z = u$$

ou de la forme

$$z = v + wi,$$

u, v, w étant des fonctions réelles de x, y, z. Cela posé, concevons que les variables x, y représentant deux coordonnées réelles, on construise : 1° la surface courbe dont l'ordonnée serait représentée par la fonction u; 2° la surface courbe dont l'ordonnée serait représentée par la somme $v + w$, les axes coordonnés étant ou rectangulaires ou obliques. Ces deux surfaces seront celles que M. Marie nomme la *surface réelle* et la *conjuguée de la surface réelle*. Si, avant de résoudre l'équation caractéristique, on opère une transformation de coordonnées, en assignant une direction nouvelle à l'axe des z, on substituera ainsi aux variables x, y, z trois nouvelles variables $x_{,}$, $y_{,}$, $z_{,}$ qui offriront toutes trois, pour des valeurs réelles de x, y et pour une valeur imaginaire de z, des valeurs correspondantes imaginaires, dans lesquelles les rapports entre les coefficients de i seront constants. Réciproquement, si l'on attribue à $x_{,}$, $y_{,}$ des valeurs réelles, et à $z_{,}$ une valeur imaginaire qui satisfasse, avec $x_{,}$, $y_{,}$, à l'équation caractéristique transformée, les valeurs correspondantes de x, y, z seront généralement imaginaires, mais les rapports entre les coefficients de i dans ces dernières valeurs seront constants. De cette observation il résulte qu'à une même surface réelle correspondent, en nombre infini, des *surfaces conjuguées*, dont chacune a pour coordonnées variables des valeurs réelles de x, y, z que l'on obtient en remplaçant i par 1, dans des valeurs imaginaires de x, y, z assujetties à la double condition de vérifier l'équation caractéristique et d'offrir pour coefficients de i des quantités dont les rapports demeurent constants.

Les surfaces conjuguées, définies comme on vient de le dire, jouissent de propriétés remarquables, analogues à celles des courbes conjuguées. Ainsi, en particulier, comme l'observe M. Marie, lorsqu'une surface conjuguée est fermée et limitée en tous sens, le volume V compris dans cette surface et représenté par une intégrale double reste généralement invariable, tandis que l'on fait varier par degrés insensibles, ou entre des limites quelconques, ou du moins entre certaines limites, l'inclinaison de l'axe des z sur l'axe des x ou sur l'axe des y. D'ailleurs, le produit de ce volume V par i est ce qu'on peut nommer la *période imaginaire* d'une certaine intégrale double.

En résumé, les Commissaires jugent que le Mémoire de M. Marie présente, sur les périodes des intégrales simples et doubles, des recherches intéressantes qui ont conduit l'auteur à des résultats nouveaux, et qu'en conséquence ce Mémoire mérite d'être approuvé par l'Académie.

536.

Analyse mathématique. — *Sur la transformation des fonctions implicites en moyennes isotropiques, et sur leurs développements en séries trigonométriques.*

C. R., T. XXXVIII, p. 910 (22 mai 1854).

J'appelle *série trigonométrique* une série ordonnée suivant les puissances entières, ascendantes et descendantes d'une exponentielle trigonométrique. Dans le développement d'une fonction implicite en une série de cette espèce, le coefficient d'une puissance entière de l'exponentielle peut être souvent exprimé par une intégrale définie, dans laquelle on trouve, sous le signe $\int$, une fonction non plus implicite, mais explicite, d'une autre exponentielle trigonométrique, ou même par la moyenne isotropique entre les diverses valeurs d'une fonction qui dépend de l'argument d'une variable substituée à la nouvelle exponentielle, mais douée d'un module inférieur ou supérieur à l'unité. J'indique dans le présent Mémoire un moyen très simple d'obtenir le développement dont il s'agit, en le déduisant de la transformation de la fonction implicite donnée en une moyenne isotropique de même nature que celles qui expriment les divers coefficients. Cette transformation permet d'ailleurs non seulement de déterminer sans peine les deux modules de la série qui représente le développement, mais encore de réduire, dans beaucoup de cas, chaque coefficient au résidu intégral d'une certaine fonction rationnelle. On trouve ainsi, par exemple, avec la plus grande facilité, et sous une forme très simple, les divers termes du développement d'une fonction rationnelle des sinus et cosinus de l'anomalie excentrique d'une planète en une série ordonnée suivant les puissances entières de l'exponentielle trigonométrique qui a pour argument l'anomalie moyenne, et les deux modules, ordinairement égaux entre eux, de la série qui représente ce même développement.

ANALYSE.

Supposons deux angles θ et ψ liés entre eux par une équation algébrique ou transcendante, en vertu de laquelle l'angle ψ soit une fonction implicite de θ. Si l'on pose

$$s = e^{\theta i}, \qquad u = e^{\psi i},$$

l'élimination de θ et ψ réduira l'équation donnée à une *équation caractéristique* entre les variables u et s, en vertu de laquelle u sera une fonction implicite de s.

Concevons maintenant que, en vertu de l'équation donnée, ψ et θ se réduisent simultanément à un multiple quelconque de la demi-circonférence π. Soit encore

$$\Omega = F(u)$$

une fonction monodrome et monogène de la variable u. Si l'équation caractéristique entre les variables s, u a pour premier membre une fonction monodrome et monogène de chacune de ces variables, Ω envisagé comme fonction de s pourra être généralement transformé en une moyenne isotropique relative à l'argument moyen de deux variables nouvelles v, w, dont u sera considéré comme représentant une valeur particulière, mais dont les modules seront, le premier inférieur, le second supérieur à l'unité. D'ailleurs cette moyenne isotropique sera généralement développable en une série ordonnée suivant les puissances entières ascendantes et descendantes de s, et dans le développement ainsi obtenu le coefficient Ω_n de s^n sera lui-même une moyenne isotropique que l'on pourra supposer relative à l'argument ψ de la moyenne u. Enfin l'on pourra ordinairement déterminer avec une grande facilité le coefficient Ω à l'aide du Calcul des résidus, et les deux modules de la série qui représente le développement de Ω à l'aide de l'équation caractéristique. En effet, chacun de ces deux modules sera généralement inverse d'un volume de s, qui vérifiera l'équation caractéristique, jointe à cette équation différentiée par rapport à u.

Supposons, pour fixer les idées, que l'équation caractéristique entre s et u soit de la forme

$$s = \mathrm{f}(u), \tag{1}$$

$\mathrm{f}(u)$ étant une fonction monodrome et monogène de u. Nommons d'ailleurs φ l'argument commun de deux variables v, w, dont les modules soient, le premier inférieur, le second supérieur à l'unité, et posons

$$V = \mathrm{f}(v), \qquad W = \mathrm{f}(w). \tag{2}$$

Enfin, concevons que, le module de s venant à croître ou à décroître à partir de l'unité, on puisse en dire autant du module de u. En désignant à l'aide de la lettre $\mathfrak{M}$ une moyenne isotropique relative à l'argument commun φ de v et de w, on aura, pour des modules de v et w très voisins de l'unité,

$$\Omega = \mathfrak{M}\left[\frac{w\,\mathrm{F}(w)}{W - s}\mathrm{D}_w W\right] + \mathfrak{M}\left[\frac{v\,\mathrm{F}(v)}{s - V}\mathrm{D}_v V\right], \tag{3}$$

puis on en conclura

$$\Omega = \mathop{\mathrm{S}}_{n=-\infty}^{n=\infty} \Omega_n s^n, \tag{4}$$

la valeur de Ω étant

$$\Omega_n = \mathfrak{M}\left[\frac{u\,\mathrm{F}(u)}{s^{n+1}}\mathrm{D}_u s\right], \tag{5}$$

et la moyenne isotropique étant relative à l'argument ψ de la variable u. Si d'ailleurs s et $\mathrm{F}(u)$ peuvent être considérées comme des fonctions rationnelles de u, composées d'un nombre fini ou même infini de termes, l'équation (5) pourra encore s'écrire comme il suit :

$$\Omega_n = \mathop{\overset{(1)}{\underset{(0)}{\mathcal{E}}}}_{(-\pi)}^{(\pi)} \left(\frac{\mathrm{F}(u)}{s^{n+1}}\mathrm{D}_u s\right)_u. \tag{6}$$

Pour montrer une application des formules précédentes, supposons que l'angle θ se réduise à l'anomalie moyenne T d'une planète, et que l'angle ψ désigne l'anomalie excentrique liée à l'anomalie moyenne par l'équation

$$(7)\qquad \psi - \varepsilon \sin\psi = T,$$

dans laquelle ε est l'excentricité de l'orbite. Dans ce cas, l'élimination de ψ et T entre l'équation (7) et les deux suivantes

$$s = e^{T i}, \qquad u = e^{\psi i}$$

produira l'équation caractéristique

$$s = u\, e^{-\frac{\varepsilon}{2}\left(u - \frac{1}{u}\right)},$$

et l'on aura par suite, dans la formule (3),

$$V = v\, e^{-\frac{\varepsilon}{2}\left(v - \frac{1}{v}\right)}, \qquad W = w\, e^{-\frac{\varepsilon}{2}\left(w - \frac{1}{w}\right)}.$$

Alors aussi l'équation (4) donnera

$$(8)\qquad \Omega = \mathop{\mathrm{S}}_{n=-\infty}^{n=\infty} \Omega_n\, e^{n T i},$$

les valeurs de Ω_n et de Ω_{-n} étant déterminées par les formules

$$(9)\qquad \Omega_n = {}_{(0)}^{(1)}\mathcal{E}_{(-\pi)}^{(\pi)}\left(\frac{\Pi(u)}{u s^n}\right)_u, \qquad \Omega_{-n} = {}_{(0)}^{(1)}\mathcal{E}_{(-\pi)}^{(\pi)}\left(\frac{\Pi(u^{-1})}{u s^n}\right)_u,$$

dans lesquelles on pourra supposer

$$(10)\qquad \Pi(u) = \Omega\, D_\psi T,$$

ou bien

$$(11)\qquad \Pi(u) = \frac{1}{n i} D_\psi \Omega,$$

ou enfin

$$(12)\qquad \Pi(u) = \frac{1}{n \varepsilon i}\left(1 + \frac{i}{n} D_\psi\right) \frac{D_\psi \Omega}{\cos\psi}.$$

537.

ANALYSE MATHÉMATIQUE. — *Formules générales pour la transformation des fonctions implicites en fonctions explicites.*

C. R., T. XXXVIII, p. 945 (29 mai 1854).

La solution d'un grand nombre de problèmes exige la transformation de fonctions implicites d'une ou de plusieurs variables en fonctions explicites. C'est ainsi que, pour résoudre les problèmes astronomiques, on doit d'abord transformer la fonction perturbatrice en une fonction explicite du temps; mais cette opération et les transformations de même nature, effectuées à l'aide des méthodes connues, substituent généralement aux fonctions données des séries composées d'un nombre infini de termes; et ce n'est qu'avec peine que l'on parvient soit à démontrer la convergence de ces séries, soit à déterminer leurs modules et les valeurs approchées des termes de rang élevé. Or ces démonstrations et ces déterminations deviennent faciles, lorsque, en s'appuyant sur les formules générales que j'ai proposées en 1831 (1) et en 1846 (2), on commence par transformer les fonctions implicites en intégrales curvilignes étendues aux périmètres entiers de certaines courbes fermées. Ces intégrales, une fois obtenues, on peut les développer en séries de diverses manières. Il y a plus : les courbes fermées auxquelles se rapportent les intégrales curvilignes peuvent, au gré du calculateur, s'étendre ou se rétrécir, du moins entre certaines limites, ce qui permet d'assigner à ces intégrales une infinité de formes diverses. En opérant comme on vient de le dire, on pourra transformer, par exemple, une fonction implicite en une somme d'intégrales, dont les unes étant circulaires, c'est-à-dire étendues aux circonférences de certains cercles, se réduiront à des moyennes isotropiques; tandis que les autres, réduites à des

(1) *OEuvres de Cauchy,* S. II, T. XV.

(2) *Ibid.,* S. I, T. X.

intégrales singulières du premier ou du second ordre, pourront être, dans le premier cas, représentées par des résidus d'une même fonction.

Concevons, pour fixer les idées, que deux variables s et Ω soient représentées par deux fonctions explicites d'une troisième variable u, et que ces deux fonctions restent monodromes et monogènes entre des limites quelconques. Ω sera une fonction implicite de la variable s; et, après avoir transformé cette fonction implicite Ω, ou une puissance quelconque de Ω, en une fonction explicite de s, représentée par une somme d'intégrales définies, on pourra aisément développer cette somme en une série ordonnée suivant les puissances entières, ascendantes et descendantes de s. Pour y parvenir, il suffira de développer en une progression géométrique ordonnée ou suivant les puissances ascendantes, ou suivant les puissances descendantes de s, l'un des facteurs renfermés sous le signe $\int$ dans chacune des intégrales que comprend la somme dont il s'agit; ou bien, sous le signe $\mathfrak{M}$ ou $\mathcal{E}$, dans les moyennes isotropiques, ou dans les résidus substitués à ces intégrales. Chacun des deux modules d'une série ainsi obtenue sera généralement inverse du module d'une valeur imaginaire de s, pour laquelle l'un des facteurs renfermés sous le signe $\int$, ou $\mathfrak{M}$, ou $\mathcal{E}$ deviendra infini. D'ailleurs, ces modules étant déterminés, il deviendra facile de calculer avec une grande approximation, dans le développement de chaque intégrale, le coefficient d'une puissance très élevée de s ou de $\frac{1}{s}$, et, pour effectuer ce calcul, il suffira de recourir aux considérations dont j'ai fait usage dans mes Mémoires sur les approximations des fonctions de très grands nombres.

Dans un prochain article, j'appliquerai spécialement les formules générales ici établies à la solution des problèmes astronomiques, et j'obtiendrai ainsi de nouvelles méthodes très expéditives propres à fournir, par exemple, le module et l'argument de la grande inégalité découverte par M. Le Verrier dans le moyen mouvement de la planète Pallas.

ANALYSE.

Soient s et u deux quantités géométriques qui soient considérées comme les affixes de deux points situés dans un certain plan. Soient encore

$$U = \mathrm{f}(u) \quad \text{et} \quad \Pi(u)$$

deux fonctions de u, qui restent monodromes, monogènes et finies, dans le voisinage d'un point P dont l'affixe u est déterminée par l'équation

$$U - s = 0, \tag{1}$$

et même dans l'intérieur d'une courbe fermée, servant de contour à une certaine aire S qui renferme le point P. On aura, en supposant le résidu qu'indique le signe $\mathcal{E}$ relatif au seul point P compris dans l'aire S,

$$\mathcal{E}\left(\frac{\Pi(u)}{U - s}\right)_u = \frac{\Pi(u)}{\mathrm{D}_u U}, \tag{2}$$

pourvu que, dans le second membre de la formule, on réduise la valeur de u à celle qui représente l'affixe du point P; et, si l'on veut que ce second membre soit une certaine fonction

$$\Omega = \mathrm{F}(u) \tag{3}$$

de cette même affixe, qui reste monodrome, monogène et finie dans le voisinage du point P, il suffira de prendre

$$\Pi(u) = \mathrm{F}(u)\mathrm{D}_u U.$$

Sous cette condition, l'équation (2) donnera

$$\Omega = \mathcal{E}\left(\frac{\mathrm{F}(u)}{U - s}\mathrm{D}_u U\right)_u. \tag{4}$$

Soit maintenant ω l'arc décrit à partir d'une origine fixe sur le contour entier de l'aire S, par un point qui se meut en tournant autour de cette aire avec un mouvement de rotation direct; nommons c le contour entier de cette aire, et posons, pour abréger,

$$\mathcal{F}(u) = \frac{F(u)}{U - s} D_u U. \tag{5}$$

On aura, en regardant, sous le signe $\int$, u comme fonction de ω,

$$\mathcal{E}(\mathcal{F}(u))_u = \frac{1}{2\pi i} \int_0^c \mathcal{F}(u) D_\omega u \, d\omega. \tag{6}$$

Donc la formule (4) entraînera la suivante :

$$\Omega = \frac{1}{2\pi i} \int_0^c \frac{F(u)}{U - s} D_\omega U \, d\omega. \tag{7}$$

Chacune de ces équations (4), (7) transforme immédiatement, en fonction explicite de la variable s, la fonction implicite de s, déterminée par le système des équations (1) et (3).

Si, en nommant $\mathcal{F}(u)$ une fonction de u qui reste monodrome, monogène et finie dans le voisinage du contour de l'aire S, on pose généralement

$$(S) = \frac{1}{2\pi i} \int_0^c \mathcal{F}(u) D_\omega u \, d\omega, \tag{8}$$

ou, en d'autres termes, si l'on désigne, à l'aide de la notation (S), l'intégrale curviligne

$$\frac{1}{2\pi i} \int \mathcal{F}(u) \, du \tag{9}$$

étendue au contour entier de l'aire S, la formule (7) donnera simplement

$$\Omega = (S), \tag{10}$$

la fonction $\mathcal{F}(u)$ étant déterminée par l'équation (5).

Si le contour de l'aire S se réduisait à un cercle dont le rayon fût r, alors, en posant

$$\psi = \frac{\omega}{r},$$

on aurait

$$u = re^{\psi i}, \qquad du = i u \, d\psi,$$

et l'intégrale (9) serait réduite à

$$\frac{1}{2\pi}\int_0^{2\pi} u\,\mathfrak{F}(u)\,d\psi = \frac{1}{2\pi}\int_{-\pi}^{\pi} u\,\mathfrak{F}(u)\,d\psi = \mathfrak{M}[u\,\mathfrak{F}(u)],$$

la moyenne isotropique indiquée par le signe $\mathfrak{M}$ étant relative à l'argument ψ de u. Donc alors l'équation (7) donnerait

$$(11) \qquad \Omega = \mathfrak{M}\left[\frac{u\,\mathrm{F}(u)}{U-s}\mathrm{D}_u U\right].$$

Considérons maintenant deux courbes fermées dont l'une enveloppe l'autre, le point P étant situé entre elles. Soient d'ailleurs A l'aire comprise dans la courbe enveloppée, B l'aire comprise dans la courbe enveloppante, et v, w les affixes variables des points situés sur ces deux courbes; enfin, partageons l'aire B — A comprise entre les deux courbes en éléments finis S, $S_{\prime}$, $S_{\prime\prime}$, ..., dont l'un soit précisément l'aire S, et supposons que la fonction $\mathfrak{F}(u)$ demeure monodrome, monogène et finie dans le voisinage des points situés sur les deux courbes et sur les contours des éléments S, $S_{\prime}$, $S_{\prime\prime}$, ... En désignant, à l'aide des notations

$$(\mathrm{A}),\quad (\mathrm{B}),\quad (\mathrm{S}_{\prime}),\quad (\mathrm{S}_{\prime\prime}),\quad \ldots,$$

les valeurs qu'acquiert l'intégrale (S) quand on substitue à l'aire S les aires

$$\mathrm{A},\quad \mathrm{B},\quad \mathrm{S}_{\prime},\quad \mathrm{S}_{\prime\prime},\quad \ldots,$$

on aura

$$(\mathrm{B}) = (\mathrm{A}) + (\mathrm{S}) + (\mathrm{S}_{\prime}) + (\mathrm{S}_{\prime\prime}) + \ldots,$$

par conséquent

$$(12) \qquad (\mathrm{S}) = (\mathrm{B}) - (\mathrm{A}) - (\mathrm{S}_{\prime}) - (\mathrm{S}_{\prime\prime}) - \ldots.$$

Si la fonction $\mathfrak{F}(u)$ reste monodrome, monogène et finie en chaque point de chacune des aires

$$\mathrm{S}_{\prime},\quad \mathrm{S}_{\prime\prime},\quad \ldots,$$

les intégrales curvilignes

$$(\mathrm{S}_{\prime}),\quad (\mathrm{S}_{\prime\prime}),\quad \ldots$$

s'évanouiront, et la formule (12) donnera simplement

$$(S) = (B) - (A). \tag{13}$$

Si d'ailleurs les aires A, B se réduisent à deux cercles dont les rayons soient r, R, alors, les contours de ces deux aires étant deux circonférences de cercle, les affixes v, w de deux points de ces circonférences situés sur un même rayon vecteur, par conséquent de deux points correspondants au même argument ou angle polaire φ, seront de la forme

$$v = re^{\varphi i}, \qquad w = Re^{\varphi i},$$

et l'on aura

$$(A) = \mathfrak{M}[v\,\mathcal{F}(v)], \qquad (B) = \mathfrak{M}[w\,\mathcal{F}(w)],$$

en sorte que la formule (13) donnera

$$(S) = \mathfrak{M}[w\,\mathcal{F}(w)] - \mathfrak{M}[v\,\mathcal{F}(v)]. \tag{14}$$

Observons maintenant que la valeur de l'intégrale (S) restera invariable, si la courbe fermée qui lui sert de contour varie et change de forme par degrés insensibles, sans que la fonction $\mathcal{F}(u)$ cesse d'être monodrome, monogène et finie en chaque point de cette courbe. La même remarque est applicable à chacune des intégrales

$$(S_{\prime}), \quad (S_{\prime\prime}), \quad \ldots.$$

Cela posé, concevons que la fonction $\mathcal{F}(u)$ reste généralement monodrome, monogène et finie en chaque point de chacune des aires $S_{\prime}$, $S_{\prime\prime}$, ... et ne cesse de l'être que pour certains *points singuliers,* séparés les uns des autres, ou pour les points situés sur certaines *lignes singulières.* Supposons encore les aires finies

$$S_{\prime}, \quad S_{\prime\prime}, \quad \ldots,$$

qui représentent les éléments finis de l'aire

$$B - A - S,$$

choisis de manière que chacune d'elles renferme ou un seul *point singulier* ou une seule *ligne singulière*. On pourra, sans altérer les valeurs des intégrales

$$(S_{\prime}),\quad (S_{\prime\prime}),\quad \ldots,$$

réduire les aires finies

$$S_{\prime},\quad S_{\prime\prime},\quad \ldots$$

à des aires

$$a,\quad b,\quad \ldots,$$

dont chacune offrira une ou deux dimensions infiniment petites, et alors les intégrales

$$(S_{\prime}),\quad (S_{\prime\prime}),\quad \ldots$$

se trouveront réduites aux intégrales

$$(a),\quad (b),\quad \ldots,$$

dont chacune sera une intégrale *singulière du premier ordre* dans le premier cas, *du second ordre* dans le second cas. Alors aussi la formule (12) donnera

$$(S) = (B) - (A) - (a) - (b) - \ldots. \tag{15}$$

Si d'ailleurs l'aire B — A — S ne renferme pas de lignes singulières, mais seulement des points singuliers, les intégrales singulières (a), (b), ... seront toutes du premier ordre, et leur somme

$$(a) + (b) + \ldots$$

se réduira au résidu intégral

$$\mathcal{E}\,((\mathcal{F}(u)))_u,$$

étendu aux diverses valeurs de u, qui, étant racines de l'équation

$$\frac{1}{\mathcal{F}(u)} = 0,$$

représenteront des affixes de points situés dans l'aire B — A — S. Dans cette même hypothèse, l'équation

$$(a) + (b) + \ldots = \mathcal{E}\,((\mathcal{F}(u)))_u$$

réduira la formule (15) à la suivante :

$$(16)\qquad (S) = (B) - (A) - \mathcal{E}\,(\mathcal{F}(u))_u.$$

Revenons maintenant au cas spécial où la fonction $\mathcal{F}(u)$ est déterminée par la formule (5), et supposons les contours des aires A, B choisis de manière que l'aire B — A comprise entre ces contours renferme un seul point P dont l'affixe u vérifie l'équation (1). Alors de l'équation (10), jointe à la formule (15), on tirera

$$(17)\qquad \Omega = (B) - (A) - (a) - (b) - \ldots.$$

Cette dernière équation suppose que les deux fonctions

$$U = f(u) \qquad \text{et} \qquad \Omega = F(u)$$

restent généralement monodromes, monogènes et finies en chaque point de l'aire

$$B - A - S,$$

et ne cessent de l'être que pour quelques-uns de ces points, savoir pour certains points singuliers, ou pour ceux qui sont situés sur certaines lignes singulières. Si l'aire B — A — S ne renferme pas de lignes singulières, la formule (17) sera réduite à

$$(18)\qquad \Omega = (B) - (A) - \mathcal{E}\,(\mathcal{F}(u))_u,$$

le signe $\mathcal{E}$ s'étendant seulement à des valeurs de u qui représenteront les affixes des points renfermés dans l'aire B — A — S; et, si cette aire ne renferme pas de lignes singulières, ni de points singuliers, on aura simplement

$$(19)\qquad \Omega = (B) - (A).$$

Enfin, si, dans la dernière hypothèse, les aires A et B sont celles de deux cercles qui aient pour centre l'origine des coordonnées, on aura, en nommant v, w les affixes de points situés sur les circonférences de ces deux cercles,

$$(20)\qquad \Omega = \mathfrak{M}[\mathcal{F}(w)] - \mathfrak{M}[\mathcal{F}(v)];$$

et comme, en posant, pour abréger,

$$V = \mathrm{f}(v), \qquad W = \mathrm{f}(w),$$

on trouvera

$$\mathcal{F}(v) = \frac{v\,\mathrm{F}(v)}{V-s}\mathrm{D}_v V, \qquad \mathcal{F}(w) = \frac{w\,\mathrm{F}(w)}{W-s}\mathrm{D}_w W,$$

l'équation (20) donnera

$$(21) \qquad \Omega = \mathfrak{M}\left[\frac{w\,\mathrm{F}(w)}{W-s}\mathrm{D}_w W\right] - \mathfrak{M}\left[\frac{v\,\mathrm{F}(v)}{V-s}\mathrm{D}_v V\right].$$

On sera donc ainsi ramené à l'équation (3) de la page 150.

538.

Analyse mathématique. — *Application des formules établies dans le précédent Mémoire à la solution des problèmes astronomiques.*

C. R., T. XXXVIII, p. 952 (29 mai 1854).

Les résultats obtenus dans ce Mémoire seront exposés dans un prochain article.

539.

Analyse mathématique. — *Sur la transformation des variables qui déterminent les mouvements d'une planète ou même d'une comète en fonction explicite du temps, et sur le développement de ces fonctions en séries convergentes.*

C. R., T. XXXVIII, p. 990 (5 juin 1854).

Les formules établies dans le précédent Mémoire transforment des fonctions implicites en fonctions explicites représentées par des intégrales curvilignes; et, pour développer ces intégrales en séries convergentes ordonnées suivant les puissances entières ascendantes et descendantes des variables, il suffit de développer un des facteurs compris dans chaque intégrale en progression géométrique. D'ailleurs, les courbes auxquelles se rapportent les intégrales curvilignes peuvent changer de forme, par conséquent s'étendre ou se rétrécir du moins entre certaines limites; et, en choisissant convenablement les formes de ces courbes, on peut déterminer avec une grande facilité non seulement les deux modules, ordinairement égaux entre eux, de chacune des séries obtenues, mais encore des valeurs très approchées des termes d'un rang élevé. Parmi les résultats importants auxquels on parvient de cette manière, je me bornerai aujourd'hui à citer ceux qui sont relatifs à l'Astronomie.

Comme l'a remarqué M. Le Verrier, les séries qui se présentent au calculateur dans la détermination des mouvements d'une planète, doivent, pour demeurer convergentes, lorsque l'inclinaison et l'excentricité ne sont pas très petites, s'ordonner non plus suivant les puissances entières de ces éléments, mais suivant les sinus et cosinus des multiples de l'anomalie moyenne. Alors les séries peuvent encore être supposées ordonnées suivant les puissances entières ascendantes et descendantes de l'exponentielle trigonométrique s qui a pour argument cette anomalie moyenne. Or, en s'appuyant sur les formules que j'ai données dans le précédent Mémoire, on peut aisément développer en une semblable série une fonction rationnelle et même souvent une fonction irrationnelle de l'exponentielle trigonométrique u qui a pour argument l'anomalie excentrique. Considérons, pour fixer les idées, le cas où la fonction développée Ω est une fonction entière de u et de $\frac{1}{u}$; alors, en égalant la sécante de l'anomalie excentrique à l'excentricité, on obtiendra pour cette anomalie une infinité de valeurs imaginaires auxquelles correspondront seulement deux valeurs, toutes deux réelles, de la variable s, et la plus petite de ces deux valeurs sera précisément la valeur commune des deux modules du développement de Ω. De plus, le module du $n^{\text{ième}}$ terme sera sensiblement proportionnel, lorsque n sera très grand, à la $n^{\text{ième}}$ puissance du module divisée par la racine carrée de n.

Ces conclusions subsistent et permettent d'effectuer aisément les calculs, quelle que soit la grandeur de l'excentricité, pourvu qu'elle reste sensiblement inférieure à l'unité; elles permettent donc d'établir encore avec facilité la théorie des petites planètes. Lorsque l'excentricité se réduit à l'unité, le module de chaque série étant lui-même l'unité, l'inspection de ce module ne suffit plus à constater la convergence de la série. Mais alors, en suivant la méthode ici exposée, j'obtiens encore une valeur très approchée du terme dont le rang est n et, en supposant, pour fixer les idées, la fonction Ω réduite au sinus de l'anomalie excentrique, je prouve que, pour de grandes valeurs de n, le module de ce terme est sensiblement proportionnel à l'unité divisée par n et par la racine cubique de n. Ajoutons que, dans la valeur approchée de ce module, l'intégrale eulérienne $\Gamma\left(\frac{1}{2}\right) = \sqrt{\pi}$ se trouve remplacée par une autre intégrale eulérienne de même espèce, savoir, par $\Gamma\left(\frac{1}{3}\right)$, qui se trouve ainsi substituée à la première, quand on passe de la théorie des planètes à la théorie des comètes.

Lorsque l'excentricité diffère très peu de l'unité, la méthode exposée est encore applicable et permet de trouver aisément les développements en séries avec les valeurs très approchées des termes de rang élevé. Elle permet donc d'établir directement, dans un grand nombre de cas, et sans recourir aux quadratures, la théorie des comètes périodiques. Ce résultat paraîtra sans doute digne de quelque attention.

J'observerai, en finissant, que les calculs se simplifient lorsqu'on détermine la position d'un point situé dans le plan des affixes, non plus à l'aide de l'affixe de ce point, ou, ce qui revient au même, à l'aide d'un rayon vecteur et d'un angle polaire, mais à l'aide du logarithme de l'affixe ou, ce qui revient au même, à l'aide de l'angle polaire et du logarithme du rayon vecteur, et lorsqu'on prend pour variables indépendantes ces deux dernières quantités.

J'observerai aussi que les formules obtenues dans le cas où l'excentricité se réduit à l'unité résolvent le problème relatif aux projections homolographiques de M. Babinet, savoir le problème qui consiste à couper la sphère par des plans parallèles à l'équateur et un méridien par des droites parallèles à la trace de l'équateur, de telle sorte que les zones interceptées sur le méridien soient proportionnelles aux zones interceptées sur la surface de la sphère. Soient alors λ la latitude d'un des points de la sphère situés sur l'un des plans sécants, et $\frac{1}{2}\psi$ la distance au pôle du point où le méridien est coupé par la sécante correspondante à ce plan. Le rapport de la zone sphérique à la surface de la sphère sera

$$\frac{1}{2}\sin\lambda,$$

et le rapport de la zone plane, interceptée entre la sécante et la surface du méridien, sera

$$\frac{1}{2} - \frac{\psi - \sin\psi}{2\pi}.$$

Pour que ces deux rapports soient égaux, il faudra que l'on ait

$$\psi - \sin\psi = T, \tag{1}$$

la valeur de T étant

$$T = \pi(1 - \sin\lambda).$$

Or la valeur de ψ, tirée de l'équation (1), sera

$$(2)\quad \left\{ \begin{aligned} \psi &= A_1 \sin T + A_2 \sin 2T + A_3 \sin 3T + A_4 \sin 4T + \ldots \\ &= \mathop{S}_{n=-\infty}^{n=\infty} A_4 \sin nT, \end{aligned} \right.$$

les valeurs de A_1, A_2, A_3, A_4, ... étant

$$A_1 = 0,88010, \quad A_2 = 0,35284, \quad A_3 = 0,20604, \quad A_4 = 0,14055, \quad \ldots;$$

en d'autres termes, on aura

$$A_n = \frac{a_n}{n^{\frac{4}{3}}},$$

les valeurs de $a_1, a_2, a_3, a_4, \ldots$ étant

$$a_1 = 0,88010, \quad a_2 = 0,88910, \quad a_3 = 0,89148, \quad a_4 = 0,89244, \quad \ldots,$$

et convergeant, pour des valeurs croissantes de n, vers la limite

$$a = 6^{\frac{1}{3}} \frac{\Gamma\left(\frac{1}{3}\right)}{\pi\sqrt{3}} = 0,89461.$$

540.

ASTRONOMIE. — *Sur les services que la spirale logarithmique peut rendre à l'Astronomie.*

C. R., T. XXXVIII, p. 1033 (12 juin 1854).

Lorsque les géomètres grecs se livraient à l'étude spéculative des sections coniques, ils ne se doutaient guère qu'un jour Kepler et ses successeurs reconnaîtraient l'ellipse et la parabole dans les orbites décrites par les planètes et par les comètes. Lorsqu'en passant des sections coniques aux courbes transcendantes et des courbes fermées aux courbes non fermées Jacques Bernoulli découvrait les belles propriétés de la spirale logarithmique, il ne se doutait pas non plus des services éminents que cette spirale pouvait rendre aux astronomes, en facilitant la détermination de ces orbites : tel est pourtant le fait étrange que je viens constater aujourd'hui.

Si, en considérant le mouvement elliptique d'une planète, on nomme s et u les exponentielles trigonométriques qui ont pour arguments l'anomalie moyenne et l'anomalie excentrique, une fonction entière Ω de u et de $\frac{1}{u}$ pourra toujours être développée en une série convergente ordonnée suivant les puissances entières ascendantes et descendantes de la variable s. D'ailleurs, comme je l'ai dit, les deux modules de cette série, égaux entre eux, se confondront avec la plus petite des deux valeurs qu'acquiert la variable s quand on égale la sécante de l'anomalie excentrique à l'excentricité; et le coefficient d'une puissance entière de s dans la même série pourra être représenté par une intégrale curviligne relative à une courbe fermée qui aura pour affixe la variable u et qui enveloppera de toutes parts, dans le plan des affixes, le point pris pour origine. La courbe à laquelle correspond la forme généralement attribuée à cette intégrale est celle qui se rapporte au module 1 de l'affixe u, c'est-à-dire la circonférence du cercle qui a pour centre l'origine, autrement appelée *pôle* et pour rayon l'unité. Mais, en nommant η la plus petite des valeurs qu'acquiert la variable u, quand on égale l'anomalie excentrique à l'excentricité, et en désignant par n un nombre très considérable, on pourra, dans la détermination du coefficient qui affecte la puissance du degré $-n$, ou du degré n, substituer avec avantage à la circonférence dont il s'agit celle qui a pour rayon η ou $\frac{1}{\eta}$. Alors le coefficient Ω_n de s^n et le coefficient Ω_{-n} de s^{-n} se trouveront représentés par de nouvelles intégrales curvilignes, qui se développeront sans peine en séries très convergentes, dont il suffira de calculer quelques termes pour obtenir des valeurs très approchées de Ω_n et de Ω_{-n}.

Si l'on considère, au lieu d'une planète qui décrive une ellipse, une comète qui décrive une parabole, ou bien encore s'il s'agit de résoudre le problème relatif aux projections homolographiques, le module η de la série, qui représente le développement de la fonction Ω, deviendra équivalent à l'unité. Alors aussi les développements de Ω_n et de Ω_{-n} en séries changeront de forme; et, pour obtenir, avec une grande facilité, les nouveaux développements, il conviendra de faire correspondre les intégrales curvilignes qui les représenteront non plus à deux circonférences de cercles, mais à deux courbes formées chacune par la réunion de deux portions de spirales logarithmiques. Concevons, pour fixer les idées, que l'on cherche le coefficient Ω_n de la puissance de s du degré n. Ce qu'il y aura de mieux à faire, ce sera de construire deux spirales logarithmiques qui partent simultanément du point situé sur l'axe polaire à la distance 1 du pôle, en formant avec cet axe un angle égal aux deux tiers d'un angle droit et qui s'arrêtent au moment où elles rencontreront pour la première fois le prolongement de l'axe polaire. Le système de ces deux spirales composera une sorte de courbe fermée en forme de cœur, et l'intégrale curviligne correspondante à cette courbe pourra être aisément développée en une série qui deviendra très convergente pour de très grandes valeurs de n. Ce qui paraîtra, sans doute, digne de remarque, c'est que le nouveau développement, réduit à ses deux premiers termes, pourra fournir une valeur très approchée du coefficient Ω_n, non seulement pour de très grandes valeurs de n, mais encore pour des valeurs de n peu considérables; par exemple pour $n = 2$, et même pour $n = 1$. Supposons, en particulier, que l'on veuille déterminer le sinus de l'anomalie excentrique d'une comète ou bien encore résoudre le problème énoncé dans la séance précédente et relatif aux projections homolographiques. Alors les valeurs de Ω_n, Ω_{-n} seront égales aux signes près, et, si l'on réduit le développement du coefficient Ω_n à ses deux premiers termes, l'erreur commise sur le nombre qui exprimera le module de ce coefficient sera d'environ un cent-millième pour $n = 4$; elle restera inférieure à un dix-millième pour $n = 2$, et à un quart de millième pour $n = 1$.

Une spirale logarithmique se change en une circonférence de cercle quand le rayon vecteur, mené du pôle à un point de cette spirale, la coupe à angle droit. On peut donc dire que, pour faciliter dans le développement de Ω la détermination des coefficients Ω_n et Ω_{-n}, il convient de représenter ces coefficients par des intégrales curvilignes, dont chacune corresponde au système de deux spirales logarithmiques, tracées de manière à former, avec l'axe polaire, un angle qui se réduit pour les planètes à un angle droit, et pour les comètes aux deux tiers d'un droit.

541.

ANALYSE MATHÉMATIQUE. — *Sur la résolution des équations et sur le développement de leurs racines en séries convergentes.*

C. R., T. XXXVIII, p. 1104 (26 juin 1854).

Les formules que j'ai données, dans les précédentes séances, pour la transformation des fonctions implicites en fonctions explicites, permettent de résoudre aisément, dans un grand nombre de cas, des équations algébriques ou même transcendantes; mais, pour déduire de ces formules tous les résultats qu'elles peuvent fournir, il convient de joindre aux principes déjà établis quelques propositions qui paraissent dignes de remarque et que je vais indiquer.

Concevons, pour fixer les idées, que, X étant, du moins entre certaines limites, une fonction monodrome et monogène de la variable x, on égale cette fonction X à un certain paramètre t. Concevons, d'ailleurs, que l'on sache résoudre l'équation ainsi obtenue dans le cas où le paramètre t s'évanouit; nommons a une racine simple de cette dernière équation, et α la racine correspondante de l'équation donnée. Le module de t venant à croître, α sera développable en une série convergente, ordonnée suivant les puissances ascendantes de t, tant que la racine α ne cessera pas d'être une racine simple pour un argument quelconque de t. La série trouvée deviendra divergente, à partir de l'instant où le paramètre t acquerra un module tel, que, pour ce module et pour une valeur convenablement choisie de l'argument de t, la racine α cesse d'être simple. Soit θ le module dont il s'agit. Quand le paramètre t offrira un module inférieur à θ, on pourra développer, suivant les puissances entières et ascendantes de t, non seulement la racine α, mais encore toute fonction monodrome, monogène et finie de cette racine, par exemple une puissance entière de α; et le module de chaque série sera généralement le module du rapport $\frac{t}{\theta}$. Si le module de t devient supérieur à θ, on ne pourra plus développer, suivant les puissances ascendantes de t, ni la racine α, ni aucune de celles qui pourront cesser d'être, en même temps qu'elle, des racines simples, mais seulement la somme de ces diverses racines ou de fonctions semblables de ces racines, par exemple la somme de leurs carrés, de leurs cubes, etc.; ce qui permettra, si m est le nombre de ces mêmes racines, de faire dépendre leur détermination de la résolution d'une équation du degré m.

Considérons maintenant le cas où, pour une valeur nulle du paramètre t, l'équation donnée offre non plus une seule racine, mais m racines égales dont la valeur est a. Alors, d'après ce qui vient d'être dit, on pourra faire dépendre la détermination de ces racines de la résolution d'une équation du degré m, dont les coefficients seront développables en séries convergentes ordonnées suivant les puissances ascendantes de t; mais on peut aller plus loin, et je suis en effet parvenu à établir les deux propositions suivantes :

Dans le cas dont il s'agit, on peut encore, pour des valeurs suffisamment petites du module de t, développer chacune des racines qui acquièrent la valeur a pour une valeur nulle de t, en une série convergente ordonnée suivant les puissances ascendantes de t; seulement ces puissances ont pour degrés les divers multiples du rapport $\frac{1}{m}$.

Dans le même cas, si, le module de t venant à croître, on nomme θ la valeur qu'acquiert ce module au moment où l'une des racines développées peut cesser d'être une racine simple, le développement de chaque racine sera représenté par une série qui sera convergente jusqu'à ce moment, et qui aura pour module le module de $\left(\frac{t}{\theta}\right)^{\frac{1}{m}}$.

D'ailleurs, à l'aide des formules établies dans les précédents Mémoires, je détermine sans peine, dans tous les cas, les valeurs approchées des termes qui occupent dans chaque série un rang très élevé.

Les diverses valeurs de θ, correspondantes aux diverses valeurs de a, sont évidemment les modules des valeurs de t correspondantes aux valeurs de x, que fournit non plus l'équation donnée, mais la dérivée de cette équation. Par conséquent les divers nombres auxquels θ peut se réduire sont tous connus, quand on sait résoudre l'équation dérivée.

Ajoutons que, au lieu de développer les diverses racines de l'équation donnée suivant les puissances ascendantes du paramètre t, on peut les développer suivant les puissances ascendantes du paramètre $t-\tau$, τ étant une valeur particulière de t. On peut ainsi obtenir un grand nombre de solutions diverses d'une même équation.

Veut-on, par exemple, résoudre le problème aux Cartes homolographiques de M. Babinet? Alors on pourra déterminer la racine ψ de l'équation

$$\psi - \sin\psi = T \tag{1}$$

non seulement à l'aide de la formule

$$\left\{\begin{aligned} \sin\psi &= \mathrm{A}_1 \sin T + \mathrm{A}_2 \sin 2T + \mathrm{A}_3 \sin 3T + \mathrm{A}_4 \sin 4T + \ldots \\ &= \sum_{n=0}^{n=\infty} \mathrm{A}_n \sin nT, \end{aligned}\right. \tag{2}$$

les valeurs de A_1, A_2, A_3, A_4, ... étant

$$0{,}88010\ldots,\quad 0{,}35284\ldots,\quad 0{,}20604\ldots,\quad 0{,}14055\ldots,$$

et la valeur de A_n étant sensiblement, pour de grandes valeurs de n,

$$\mathrm{A}_n = \frac{0{,}89461\ldots}{n^{\frac{4}{3}}} - \frac{0{,}01500}{n^{\frac{8}{3}}},$$

mais encore, à l'aide de la formule

$$\psi = t + \frac{t^3}{60} + \frac{t^5}{1400} + \frac{t^7}{252000} + \frac{43t^9}{17248000} + \ldots, \tag{3}$$

la valeur de t étant

$$t = (6T)^{\frac{1}{3}},$$

ou, ce qui revient au même, à l'aide de la formule

$$(4)\qquad \psi = a_1 T^{\frac{1}{3}} + a_3 T + a_5 T^{\frac{5}{3}} + a_7 T^{\frac{7}{3}} + a_9 T^3 + \ldots = \mathop{\mathrm{S}}_{n=0}^{n=\infty} a_{2n+1} T^{\frac{2n+1}{3}},$$

les valeurs de a_1, a_3, a_5, a_7, a_9, ... étant

$$1,81712,\quad 0,1,\quad 0,01415,\quad 0,00260,\quad 0,00054,\quad \ldots,$$

et la valeur de a_n étant sensiblement, pour de très grandes valeurs de n,

$$a_n = \frac{2,38087}{n^{\frac{4}{3}}}\left(\frac{1}{2\pi}\right)^{\frac{n}{3}}.$$

On pourrait aussi développer la racine ψ de l'équation (1) suivant les puissances étendues de $\pi - T$ ou, ce qui revient au même, développer la racine ψ de l'équation

$$(5)\qquad \psi + \sin\psi = T$$

suivant les puissances ascendantes de T. On trouverait, dans ce dernier cas,

$$(6)\qquad \psi = \frac{T}{2} + \frac{1}{12}\left(\frac{T}{2}\right)^3 + \frac{1}{60}\left(\frac{T}{2}\right)^5 + \frac{10080}{43}\left(\frac{T}{2}\right)^7 + \ldots,$$

le coefficient de $\left(\frac{T}{2}\right)^n$ étant sensiblement, pour de très grandes valeurs impaires du nombre n,

$$\frac{1,310245}{n^{\frac{4}{3}}}\left(\frac{2}{\pi}\right)^n.$$

Si, dans la formule (6), on pose

$$T = \frac{\pi}{4},$$

elle donnera

$$\psi = 22^\circ 47' 54'';$$

et cette valeur de ψ, substituée dans l'équation (5), reproduira effectivement le nombre

$$T = 0,78539\ldots = \frac{\pi}{4}.$$

542.

Calcul intégral. — *Sur une formule de M.* Anger *et sur d'autres formules analogues.*

C. R., T. XXXIX, p. 129 (17 juillet 1854).

J'ai reçu de M. Anger, président de la Société des naturalistes à Dantzick, une Lettre où l'auteur dit :

« Occupé depuis longtemps de l'examen des fonctions que les astronomes allemands désignent par I, savoir de l'intégrale

$$\int_0^{2\pi} \cos(h\alpha - k\sin\alpha)\,d\alpha = 2\pi \mathrm{I}_k^h,$$

j'ai réussi à en tirer un développement en forme de série, frappant par sa simplicité. Je ne sais s'il a été donné ailleurs. Je trouve

$$\frac{h}{\sin 2h\pi}\int_0^{2\pi} \cos(h\alpha - k\sin\alpha)\,d\alpha = 1 + \frac{k^2}{h^2 - 2^2} + \frac{k^4}{(h^2-2^2)(h^2-4^2)} + \dots$$
$$+ h\left[\frac{k}{h^2-1} + \frac{k^3}{(h^2-1)(h^2-3^2)} + \dots\right].$$

Si h est un nombre entier, on obtient comme corollaire le développement connu et donné par Bessel,

$$\mathrm{I}_k^h = \frac{\left(\frac{k}{2}\right)^h}{1.2.3\ldots h}\left[1 - \frac{1}{h+1}\left(\frac{k}{2}\right)^2 + \frac{1}{1.2(h+1)(h+2)}\left(\frac{k}{2}\right)^4 + \dots\right]. \text{ »}$$

En examinant attentivement la formule de M. Anger, j'ai reconnu qu'elle était comprise comme cas particulier, avec d'autres du même genre, dans quelques formules générales qu'on peut démontrer comme il suit.

On a

$$(1)\qquad \Delta^n \frac{1}{x} = \frac{1.2\ldots n}{x(x+\Delta x)\ldots(x+n\Delta x)}(-\Delta x)^n,$$

et l'on en tire : 1° en supposant $\Delta x = 1$,

$$\Delta^n \frac{1}{x} = (-1)^n \frac{1.2\ldots n}{x(x+1)\ldots(x+n)}; \tag{2}$$

2° en supposant $\Delta x = 2$,

$$\Delta^n \frac{1}{x-n} = (-2)^n \frac{1.2\ldots n}{(x-n)(x-n+1)\ldots(x+n-1)(x+n)}. \tag{3}$$

D'autre part, on peut, de diverses manières, transformer la fonction $\frac{1}{x}$ en intégrales dont les différences finies se déterminent aisément. On a, par exemple,

$$\frac{1}{x} = \int_0^\infty e^{-tx}\,dt, \tag{4}$$

et l'on en conclut, en prenant $\Delta x = 1$,

$$\Delta^n \frac{1}{x} = \int_0^\infty (e^{-t}-1)^n e^{-tx}\,dt;$$

par conséquent

$$\frac{1}{x(x+1)\ldots(x+n)} = \int_0^\infty \frac{(1-e^{-t})^n}{1.2\ldots n} e^{-tx}\,dt. \tag{5}$$

On a encore

$$\frac{1}{x} = \frac{\mathrm{i}}{e^{2\pi x \mathrm{i}}-1} \int_0^{2\pi} e^{\alpha x \mathrm{i}}\,d\alpha, \tag{6}$$

et l'on en conclut, en prenant $\Delta x = 2$,

$$\Delta^n \frac{1}{x} = \frac{\mathrm{i}}{e^{2\pi x \mathrm{i}}-1} \int_0^{2\pi} (2\mathrm{i}\sin\alpha)^n e^{\alpha x \mathrm{i}}\,d\alpha;$$

par conséquent

$$\left\{\begin{aligned} &\frac{1}{(x-n)(x-n+1)\ldots(x+n-1)(x+n)} \\ &\quad = \frac{\mathrm{i}}{e^{2\pi x \mathrm{i}}-1} \int_0^{2\pi} \frac{(-\mathrm{i}\sin\alpha)^n}{1.2\ldots n} e^{\alpha x \mathrm{i}}\,d\alpha. \end{aligned}\right. \tag{7}$$

Soit maintenant $f(z)$ une fonction de z qui reste monodrome, monogène et finie pour un module de z inférieur à c, et désignons par a_0, a_1, a_2, ... les valeurs de $f(z)$, $f'(z)$, $f''(z)$, ..., correspondantes à une valeur nulle de z. En nommant k une constante arbitraire tellement choisie, que le module du produit kz reste inférieur à c, on aura

$$f(kz) = a_0 + a_1 \frac{kz}{1} + a_2 \frac{k^2 z^2}{1.2} + \ldots. \tag{8}$$

Par suite, en supposant le module de k inférieur à c, on tirera de la formule (5)

$$\int_0^\infty e^{-tx} f[k(1-e^{-t})]\, dt = \frac{a_0}{x} + \frac{a_1 k}{x(x+1)} + \frac{a^2 k^2}{x(x+1)(x+2)} + \ldots \tag{9}$$

et de la formule (7)

$$\int_0^{2\pi} e^{\alpha x i} f(-ik \sin\alpha)\, d\alpha = X \frac{e^{2\pi x i} - 1}{i}, \tag{10}$$

la valeur de X étant

$$X = a_0 \frac{1}{x} + a_1 \frac{k}{(x-1)(x+1)} + a_2 \frac{k^2}{(x-2)x(x+2)} + \ldots. \tag{11}$$

Si, pour abréger, on pose

$$e^{\alpha x i} f(-ik\sin\alpha) = A + Bi, \tag{12}$$

la formule (10) donnera

$$\begin{cases} \int_0^{2\pi} A\, d\alpha = X \sin 2\pi x, \\ \int_0^{2\pi} B\, d\alpha = X(1 - \cos 2\pi x); \end{cases} \tag{13}$$

par conséquent

$$\frac{\int_0^{2\pi} B\, d\alpha}{\int_0^{2\pi} A\, d\alpha} = \operatorname{tang} \pi x. \tag{14}$$

Si l'on prend

$$f(z) = \frac{1}{1-z},$$

la formule (9) donnera, pour un module de k inférieur à l'unité,

$$(15)\qquad \frac{1}{x} + \frac{1}{x(x+1)}k + \frac{1.2}{x(x+1)(x+2)}k^2 + \ldots = \int_0^\infty \frac{e^{-tx}}{1-k+ke^{-t}}\,dt.$$

Si l'on suppose non seulement le module de k, mais aussi le module de $\frac{k}{1-k}$ inférieur à l'unité, ce qui arrivera, par exemple, quand la constante k sera positive, mais inférieure à $\frac{1}{2}$, l'équation (15) donnera

$$(16)\qquad \left\{\begin{aligned} &\frac{1}{x} + \frac{1}{x(x+1)}k + \frac{1.2}{x(x+1)(x+2)}k^2 + \frac{1.2.3}{x(x+1)(x+2)(x+3)}k^3 + \ldots \\ &= \frac{1}{1-k}\frac{1}{x} - \frac{k}{(1-k)^2}\frac{1}{x+1} + \frac{k^2}{(1-k)^3}\frac{1}{x+2} - \frac{k^3}{(1-k)^4}\frac{1}{x+3} + \ldots.\end{aligned}\right.$$

Si l'on supposait précisément $k = 1$, le module de $x+1$ étant supérieur à l'unité, la formule (15) donnerait

$$(17)\qquad \frac{1}{x} + \frac{1}{x(x+1)} + \frac{1.2}{x(x+1)(x+2)} + \ldots = \frac{1}{x-1};$$

par conséquent

$$(18)\qquad 1 + \frac{1}{1+x} + \frac{1.2}{(1+x)(2+x)} + \ldots = \frac{x}{x-1},$$

et l'on serait ainsi ramené à une formule de Stirling.

Si l'on prend

$$f(z) = e^{z\mathrm{i}},$$

la formule (10) donnera

$$(19)\qquad \int_0^{2\pi} e^{(\alpha x - k\sin\alpha)\mathrm{i}}\,d\alpha = X\,\frac{e^{2\pi x\mathrm{i}}-1}{\mathrm{i}}$$

et, par suite,

$$(20)\qquad \begin{cases} \displaystyle\int_0^{2\pi} \cos(\alpha x - k\sin\alpha)\,d\alpha = X\sin 2\pi x, \\ \displaystyle\int_0^{2\pi} \sin(\alpha x - k\sin\alpha)\,d\alpha = X(1-\cos 2\pi x), \end{cases}$$

la valeur de X étant

$$(21)\qquad X = \frac{1}{x} + \frac{k}{(x-1)(x+1)} + \frac{k^2}{(x-2)x(x+2)} + \ldots.$$

La première des équations (20) coïncide avec la formule de M. Anger.

Si l'on divise la seconde des intégrales (20) par la première, on trouvera

$$(22)\qquad \frac{\displaystyle\int_0^{2\pi} \sin(\alpha x - k\sin\alpha)\,d\alpha}{\displaystyle\int_0^{2\pi} \cos(\alpha x - k\sin\alpha)\,d\alpha} = \operatorname{tang}\pi x,$$

ce que donnerait aussi la formule (14). Le rapport de ces deux intégrales est donc indépendant de la constante k renfermée dans chacune d'elles.

On pourrait remarquer encore diverses formules que l'on déduit des précédentes, en attribuant aux quantités x, k des valeurs imaginaires. Si, pour fixer les idées, on remplace x par xi et k par ki, on tirera de la formule (7) :

1° Pour des valeurs impaires de n,

$$(23)\qquad \int_0^{2\pi} e^{-\alpha x}\sin^n\alpha\,d\alpha = \frac{1.2.3\ldots n}{(x^2+1)(x^2+3^2)\ldots(x^2+n^2)}(1-e^{-2\pi x}),$$

2° Pour des valeurs paires de n,

$$(24)\qquad \int_0^{2\pi} e^{-\alpha x}\sin^n\alpha\,d\alpha = \frac{1.2.3\ldots n}{x(x^2+2^2)(x^2+4^2)\ldots(x^2+n^2)}(1-e^{-2\pi x}).$$

Alors aussi la formule (19) donnera

$$\int_0^{2\pi} e^{-\alpha x + k\sin\alpha}\,d\alpha = X(1 - e^{-2\pi x}), \tag{25}$$

la valeur de X étant

$$X = \frac{1}{x} + \frac{k}{x^2+1} + \frac{k^3}{x(x^2+2^2)} + \frac{k^3}{(x^2+1)(x^2+3^2)} + \ldots; \tag{26}$$

et, comme le produit

$$X(1 - e^{-2\pi x})$$

variera dans le rapport de 1 à $e^{2\pi x}$, quand on changera simultanément x en $-x$ et k en $-k$, on aura encore

$$\frac{\int_0^{2\pi} e^{-\alpha x + k\sin\alpha}\,d\alpha}{\int_0^{2\pi} e^{-\alpha x + k\sin\alpha}\,d\alpha} = e^{-2\pi x}. \tag{27}$$

Nous observerons, en finissant, que l'équation (14) peut être présentée sous la forme symbolique

$$\int_0^\infty e^{-tx}\,\mathrm{f}[k(1 - e^{-t})]\,dt = \mathrm{f}(-k\Delta_x)\,\frac{1}{x}. \tag{28}$$

Comme on aura d'ailleurs identiquement

$$e^{-t} = 1 - (1 - e^{-t}),$$

on trouvera encore

$$\int_0^\infty e^{-tx}\,\mathrm{f}[k(1 - e^{-t})]\,dt = \frac{\mathrm{f}(-k\Delta_x)}{1+\Delta_x}\,\frac{1}{x+1} \tag{29}$$

et, plus généralement,

$$\int_0^\infty e^{-tx}\,\mathrm{f}[k(1 - e^{-t})]\,dt = \frac{\mathrm{f}(-k\Delta_x)}{(1+\Delta_x)^y}\,\frac{1}{x+y}. \tag{30}$$

Si, dans les équations (28), (29), on prend successivement pour f(z) les fonctions

$$\frac{1}{z}+\frac{1}{\mathrm{l}(1-z)}$$

et

$$\left[\frac{1}{z}+\frac{1}{\mathrm{l}(1-z)}-\frac{1}{2}\right]\frac{1}{\mathrm{l}(1-z)},$$

et si l'on a égard à la formule

$$(31)\qquad \frac{1}{z}+\frac{1}{\mathrm{l}(1-z)}=\frac{1}{2}+\frac{1}{12}z+\frac{1}{24}z^2+\frac{19}{720}z^3+\ldots=\mathrm{S}_{n=1}^{n=\infty} c_n z^{n-1},$$

dans laquelle la valeur de c_n est

$$(32)\qquad c_n=\mathrm{S}(-1)^{1+f+g+h+\ldots}\frac{1.2.3\ldots(f+g+h+\ldots)}{(1.2\ldots f)(1.2\ldots g)(1.2\ldots h)\ldots}\left(\frac{1}{2}\right)^f\left(\frac{1}{3}\right)^{2g}\left(\frac{1}{4}\right)^{3h}\ldots,$$

le signe S s'étendant à toutes les valeurs entières, nulles ou positives, de f, g, h, ..., qui vérifient la condition

$$f+2g+3h+\ldots=n,$$

on obtiendra des équations qui subsisteront pour des modules de k inférieurs à l'unité; puis, en posant

$$k=1,$$

on retrouvera les formules que M. Binet a données dans les pages 111 et 114 de son *Mémoire sur les intégrales eulériennes.*

543.

ANALYSE MATHÉMATIQUE. — *Sur l'induction en Analyse et sur l'emploi des formules symboliques.*

C. R., T. XXXIX, p. 169 (24 janvier 1854).

L'induction peut être utilement employée en Analyse comme un moyen de découvertes. Mais les formules générales ainsi obtenues doivent être ensuite vérifiées à l'aide de démonstrations rigoureuses et propres à faire connaître les conditions sous lesquelles subsistent ces mêmes formules. Donnons à cette réflexion quelques développements.

Parmi les fonctions qui reparaissent souvent dans le calcul, on doit surtout remarquer les exponentielles qui se reproduisent par différentiation, et dont les différences finies se déterminent encore avec la plus grande facilité.

On a, en effet,

$$D_x e^x = e^x$$

et, en supposant $\Delta x = \alpha$,

$$(1 + \Delta_x) e^x = e^\alpha e^x, \qquad \Delta_x e^x = (e^\alpha - 1) e^x.$$

On a plus généralement, en désignant par a un coefficient constant,

$$D_x e^{ax} = a e^{ax}, \qquad (1 + \Delta_x) e^{ax} = e^{a\alpha} e^{ax},$$

par conséquent

$$D_x^n e^{ax} = a^n e^{ax},$$

et de ces formules, jointes à l'équation

$$e^{a\alpha} = 1 + \frac{a\alpha}{1} + \frac{a^2\alpha^2}{1.2} + \ldots,$$

on déduit immédiatement la formule symbolique

$$(1 + \Delta_x) e^{ax} = e^{\alpha D_x} e^{ax}.$$

Il y a plus : cette formule subsistant, quelle que soit la constante a, on pourra évidemment y remplacer l'exponentielle e^{ax} par une somme de termes proportionnels à de semblables exponentielles, et, en posant

$$f(x) = A e^{ax} + B e^{bx} + C e^{cx} + \ldots,$$

on aura encore

$$(1) \qquad (1 + \Delta_x) f(x) = e^{\alpha D_x} f(x)$$

ou, ce qui revient au même,

$$(2)\qquad f(x+\alpha)=\left(1+\frac{\alpha}{1}D_x+\frac{\alpha^2}{1.2}D_x^2+\ldots\right)f(x).$$

Or on pourra, par induction, étendre les formules (1) et (2) au cas où $f(x)$ est une fonction quelconque de la variable x. Mais la formule de Taylor ainsi obtenue n'est pas toujours exacte; elle subsiste seulement sous la condition que la fonction $f(x)$ reste monodrome, monogène et finie, pour le module attribué à la variable x et pour un module plus petit.

Des observations semblables s'appliquent aux diverses formules générales qui peuvent se déduire par induction de l'équation (1), et parmi lesquelles on doit surtout remarquer celles que je vais indiquer.

Si, dans les deux membres de l'équation (1), on conserve seulement les facteurs symboliques, en se dispensant d'y écrire la fonction $f(x)$, on obtiendra la formule symbolique

$$(3)\qquad 1+\Delta_x=e^{\alpha D_x};$$

et de cette formule on déduira par induction les trois suivantes :

$$(4)\qquad D_x=\frac{1}{\alpha}\,l(1+\Delta_x),$$

$$(5)\qquad \frac{1}{\Delta_x}=\frac{1}{e^{\alpha D_x}-1},$$

$$(6)\qquad \frac{1}{\alpha D_x}=\frac{1}{l(1+\Delta_x)}.$$

Or il suffira de développer les seconds membres des équations (4), (5), (6) en séries ordonnées suivant les puissances ascendantes des lettres caractéristiques Δ_x ou D_x, puis d'appliquer les deux membres de chaque équation considérés comme facteurs symboliques à une fonction déterminée $f(x)$, pour obtenir trois formules générales dont la première, déjà connue, fournira le développement de la fonction dérivée

$$D_x f(x)$$

en une série de termes proportionnels aux différences finies des divers ordres de la fonction $f(x)$. Les deux autres formules générales fourniront deux développements distincts de la différence

$$(7) \qquad \frac{f(x)}{\Delta_x} - \frac{f(x)}{\alpha D_x} = \Sigma f(x) - \frac{1}{\alpha}\int f(x)\,dx.$$

Le premier de ces développements, trouvé par Maclaurin, sera composé de termes proportionnels à la fonction $f(x)$ et à ses dérivées des divers ordres. Mais, dans le second développement, les diverses dérivées de la fonction $f(x)$ seront remplacées par ses différences finies.

Il importe d'observer que, si l'on nomme r le module de la variable z, le développement de la fonction

$$\frac{1}{e^z - 1}$$

suivant les puissances ascendantes de z fournira une série dont le module sera

$$\frac{r}{2\pi}.$$

D'autre part, si, en attribuant au module r de z des valeurs croissantes, on nomme $\mathfrak{r}$ la plus petite valeur de r pour laquelle la fonction $f(x+z)$ cesse d'être monodrome, monogène et finie, le rapport $\frac{r}{\mathfrak{r}}$ sera le module de la série qui aura pour terme général l'expression

$$\frac{z^n}{1.2\ldots n} D_x^n f(x).$$

Donc le terme général de la fonction de Maclaurin sera le produit de la quantité

$$1.2.3\ldots n = \Gamma(n+1)$$

par le terme général d'une autre série dont le module sera celui de

$$\frac{\alpha}{2\pi\mathfrak{r}}.$$

Donc la série de Maclaurin, comme celle dont le terme général est le produit $1.2.3\ldots n$, offrira un module infini et sera divergente, à moins que l'on n'ait

$$\frac{1}{\text{t}} = 0, \qquad \text{t} = \infty.$$

Donc, pour que la formule de Maclaurin subsiste, il sera nécessaire que la fonction $f(x)$ ne cesse jamais d'être monodrome, monogène et finie, ce qui arrivera, par exemple, si $f(x)$ est une fonction entière de x, ou d'exponentielles réelles ou imaginaires de la forme e^{ax}.

D'autre part, comme les développements des expressions

$$l(1+z) \quad \text{et} \quad \frac{1}{l(1+z)}$$

suivant les puissances ascendantes de z fournissent deux séries dont le module est l'unité, les deux formules générales déduites des équations (4) et (6) ne subsisteront que si la série

$$(8) \qquad f(x), \quad \Delta f(x), \quad \Delta^2 f(x), \quad \ldots,$$

dont le terme général est $\Delta^n f(x)$, est convergente, par conséquent si elle offre un module inférieur, ou tout au plus égal à l'unité. C'est ce qui arrivera, par exemple, si l'on suppose

$$f(x) = \frac{1}{x};$$

et alors l'équation (4) reproduira, pour des valeurs positives du rapport $\frac{\alpha}{x}$, la formule connue

$$\frac{x+\alpha}{\alpha} = 1 + \frac{1}{x+2\alpha}\alpha + \frac{1.2}{(x+2\alpha)(x+3\alpha)}\alpha^2 + \ldots,$$

qui se réduit à l'équation (18) de la page 174, quand on y remplace x par $\alpha(x-1)$.

Arrêtons-nous maintenant au développement de l'expression (7) en une série de termes proportionnels à la fonction $f(x)$ et à ses différences finies des divers ordres. On aura

$$\frac{1}{l(1+z)} = \frac{1}{z} + \frac{1}{2} - \frac{1}{12}z + \frac{1}{24}z^2 - \frac{19}{720}z^3 + \frac{3}{160}z^4 - \ldots$$
$$= \frac{1}{z} + \mathop{\mathrm{S}}_{n=0}^{n=\infty} c_{n+1}(-z)^n,$$

les valeurs de c_1 et de c_n étant déterminées par les formules

$$c_1 = \frac{1}{2}, \qquad c_n = \frac{1}{n+1} - \frac{1}{n}c_1 - \frac{1}{n-1}c_2 - \ldots - \frac{1}{3}c_{n-2} - \frac{1}{2}c_{n-1}.$$

Donc, en posant, pour abréger,

$$(9) \qquad \varphi(x) = \left[\frac{1}{l(1+\Delta_x)} - \frac{1}{\Delta_x}\right] f(x) = \mathop{\mathrm{S}}_{n=0}^{n=\infty} c_{n+1}(-\Delta_x)^n f(x),$$

on tirera de l'équation (6)

$$(10) \qquad \sum f(x) = \frac{1}{\alpha}\int f(x)\,dx - \varphi(x) + \varpi(x),$$

les intégrales qu'indiquent les signes $\sum$, $\int$ étant prises à partir d'une même origine que nous désignerons par la lettre x, et $\varpi(x)$ désignant une fonction périodique, mais arbitraire, dont la valeur ne changera pas quand x recevra pour accroissement un multiple de la quantité $\Delta x = \alpha$. Si d'ailleurs on suppose la différence $x - \mathrm{x}$ réduite à un multiple de α, on aura simplement

$$\varpi(x) = -\varphi(\mathrm{x}),$$

et par suite la formule (10), dans laquelle les intégrales sont prises à partir de l'origine $x = \mathrm{x}$, donnera

$$(11) \qquad \sum f(x) = \frac{1}{\alpha}\int f(x)\,dx - \varphi(x) + \varphi(\mathrm{x}).$$

Si, pour fixer les idées, on pose $\mathrm{x} = 1$, et de plus

$$\alpha = 1, \qquad f(x) = \frac{1}{x},$$

la formule (11) donnera

$$(12)\qquad \sum \frac{1}{x} = 1 + \frac{1}{2} + \frac{1}{3} + \ldots + \frac{1}{x-1} = \mathrm{l}x - \varphi(x) + \varphi(1),$$

la valeur de $\varphi(x)$ étant donnée par l'équation

$$(13)\qquad \varphi(x) = \left[\frac{1}{\mathrm{l}(1+\Delta_x)} - \frac{1}{\Delta_x}\right]\frac{1}{x},$$

ou, ce qui revient au même, par la suivante

$$(14)\qquad \varphi(x) = \mathop{\mathrm{S}}_{n=0}^{n=\infty} c_{n+1}\frac{1.2.3\ldots n}{x(x+1)\ldots(x+n)},$$

en sorte qu'on aura

$$(15)\qquad \left\{\begin{aligned} \varphi(x) = \frac{1}{2}\frac{1}{x} &+ \frac{1}{12}\frac{1}{x(x+1)} + \frac{1}{12}\frac{1}{x(x+1)(x+2)} \\ &+ \frac{19}{60}\frac{1}{x(x+1)(x+2)(x+3)} \\ &+ \frac{9}{120}\frac{1}{x(x+1)(x+2)(x+3)(x+4)} \\ &+ \ldots\ldots\ldots\ldots\ldots\ldots\ldots\ldots \end{aligned}\right.$$

et

$$(16)\qquad \varphi(1) = \frac{1}{2} + \frac{1}{24} + \frac{1}{72} + \frac{19}{2880} + \frac{3}{800} + \ldots = 0,57721566\ldots.$$

Si, en supposant $x = 1$ et $\alpha = 1$, on prenait

$$\mathrm{f}(x) = \mathrm{l}x,$$

la formule (11) donnerait

$$(17)\qquad \sum \mathrm{l}x = \mathrm{l}1 + \mathrm{l}2 + \ldots + \mathrm{l}(x-1) = x\,\mathrm{l}x - x + \varphi(x) - \varphi(1),$$

la valeur de $\varphi(x)$ étant

$$(18)\qquad \varphi(x) = \left[\frac{1}{\mathrm{l}(1+\Delta_x)} - \frac{1}{\Delta_x}\right]\mathrm{l}x.$$

D'ailleurs, eu égard aux formules

$$D_x = \mathrm{l}(1 + \Delta_x),$$

$$D_x \mathrm{l}x = \frac{1}{x},$$

on pourrait encore présenter l'équation (18) sous la forme

$$(19) \qquad \varphi(x) - \frac{1}{2}\mathrm{l}x = \left[\frac{1}{\mathrm{l}(1+\Delta_x)} - \frac{1}{\Delta_x} - \frac{1}{2}\right]\frac{1}{\mathrm{l}(1+\Delta_x)}\,\frac{1}{x}.$$

Les formules (11), (12), (17) s'accordent avec celles que j'ai données dans la précédente séance, et avec les formules données par M. Binet, pour des valeurs spéciales de $f(x)$, dans le Mémoire sur les intégrales eulériennes. Pour établir ces formules en toute rigueur, et même pour déterminer la valeur de la constante $\varphi(1)$ qu'elles renferment, on peut recourir à la transformation des fonctions en intégrales définies. Ainsi, par exemple, pour obtenir la valeur de la fonction

$$\mathrm{l}\Gamma(x) = \sum \mathrm{l}x,$$

telle que la donne la formule (17) jointe à l'équation (19), et même pour étendre la formule ainsi obtenue au cas où la variable x admet des valeurs positives quelconques, entières ou non, il suffit d'établir généralement l'équation

$$(20) \quad \mathrm{l}\Gamma(x) = \left(x - \frac{1}{2}\right)\mathrm{l}x - x + \frac{1}{2}\mathrm{l}(2\pi) + \int_0^\infty \left(\frac{1}{2}\,\frac{1+e^{-t}}{1-e^{-t}} - \frac{1}{t}\right) e^{-tx}\frac{dt}{t}.$$

Or on peut établir très simplement cette équation et une multitude d'autres équations de même genre, en s'appuyant sur la théorie des intégrales singulières, comme on va le faire voir.

Soient u, v deux fonctions de t, qui, demeurant finies pour des valeurs finies et positives de t, s'évanouissent pour $t = 0$; soit encore $f(z)$ une fonction qui devienne infinie pour $z = 0$, mais reste finie pour toute valeur finie et positive de z, et supposons que le produit $z f(z)$ se réduise, pour $z = 0$, à une constante finie k, et, pour $z = \infty$, à zéro; soient enfin μ et ν les valeurs de $D_t u$, $D_t v$ correspondantes à une valeur nulle de t. La théorie des intégrales singulières donnera

$$(21)\qquad \int_0^\infty [f(u)\,\mathrm{D}_t u - f(v)\,\mathrm{D}_t v]\,dt = k\,\mathrm{l}\frac{\nu}{\mu}.$$

Si, pour fixer les idées, on pose

$$u = t,\qquad v = tx,\qquad f(z) = \frac{e^{-z}}{z},$$

x étant positif, la formule (20) donnera

$$(22)\qquad \int_0^\infty \frac{e^{-t} - e^{-tx}}{t}\,dt = \mathrm{l}x.$$

Si l'on pose, au contraire,

$$u = t,\qquad v = e^t - 1,\qquad f(z) = \frac{(1+z)^{-x}}{z},$$

on trouvera

$$(23)\qquad \int_0^\infty \left[\frac{(1+t)^{-x}}{t} - \frac{e^{-tx}}{1-e^{-t}}\right] dt = 0;$$

mais, d'autre part, on aura

$$(24)\qquad \Gamma(x) = \int_0^\infty \theta^{x-1} e^{-\theta}\,d\theta,$$

par conséquent

$$(25)\qquad \Gamma'(x) = \int_0^\infty \theta^{x-1} e^{-\theta}\,\mathrm{l}\theta\,d\theta;$$

et, de cette dernière formule, jointe aux équations (21), (22), on tirera

$$(26)\qquad \frac{\Gamma'(x)}{\Gamma(x)} = \mathrm{l}x - \int_0^\infty \left(\frac{1}{1-e^{-t}} - \frac{1}{t}\right) e^{-tx}\,dt.$$

Or il suffit d'intégrer, par rapport à x, les deux membres de l'équation (26), à partir de l'origine $x = \frac{1}{2}$, et ayant égard à la formule

$$(27)\qquad \int_{-\infty}^\infty \left(\frac{1}{t} - \frac{1}{e^{\frac{1}{2}t} - e^{-\frac{1}{2}t}}\right)\frac{dt}{t} = -2\pi i \;{}_\infty^\infty\mathcal{E}_0^\infty \frac{1}{t\left(e^{\frac{1}{2}t} - e^{-\frac{1}{2}t}\right)} = \mathrm{l}2,$$

pour retrouver immédiatement la formule (20).

Au reste, l'équation (20) et les formules analogues qui serviraient à transformer la somme $\sum f(x)$ en intégrale définie, et par suite à établir rigoureusement les résultats qui se déduisent de l'équation (6), peuvent être fournies elles-mêmes par la méthode d'induction. Ainsi, en particulier, pour obtenir l'équation (20), il suffit de joindre à l'équation (19) les deux formules

$$1+\Delta_x = e^{D_x}, \qquad \frac{1}{x} = \int_0^\infty e^{-tx}\,dt,$$

et d'avoir égard à la formule (27).

Généralement, pour obtenir ainsi des formules analogues à l'équation (20), il suffira de transformer la fonction $f(x)$ en une intégrale définie simple ou double qui offre sous le signe $\int$ la variable x dans un seul facteur de la forme e^{-tx} ou $e^{\pm tx i}$. On y parviendra, par exemple, à l'aide de la formule

$$f(x) = \frac{1}{2\pi}\int_{-\infty}^{\infty}\int_{-\infty}^{\infty} e^{\lambda(x-\mu)i}\, f(\mu)\,d\mu\,d\lambda,$$

à laquelle on pourrait substituer encore les formules du même genre, dans lesquelles un des signes $\int$ est remplacé par le signe $\sum$

544.

Analyse mathématique. — *Sur les intégrales aux différences finies.*

C. R., T. XXXIX, p. 214 (31 juillet 1854).

Soit $f(x)$ une fonction donnée de la variable x. L'intégrale aux différences infiniment petites $\int f(x)\,dx$ ne sera autre chose qu'une nouvelle fonction $F(x)$ propre à vérifier la formule

$$(1) \qquad D_x F(x) = f(x),$$

et pareillement l'intégrale aux différences finies $\sum f(x)$ ne sera autre chose qu'une fonction $\mathcal{F}(x)$ propre à vérifier l'équation

$$\Delta_x \mathcal{F}(x) = f(x). \tag{2}$$

Par suite, ces deux intégrales pourront être présentées sous les formes symboliques

$$F(x) = \frac{f(x)}{D_x}, \tag{3}$$

$$\mathcal{F}(x) = \frac{f(x)}{\Delta_x}, \tag{4}$$

et des équations (3), (4), jointes à l'équation symbolique

$$1 + \Delta_x = e^{\alpha D_x},$$

dans laquelle on suppose $\alpha = \Delta x$, on tirera

$$\mathcal{F}(x) = \frac{1}{\alpha} F(x) - \varphi(x), \tag{5}$$

la valeur de $\varphi(x)$ étant déterminée par la formule symbolique

$$\varphi(x) = \left(\frac{1}{\alpha D_x} - \frac{1}{\Delta_x}\right) f(x), \tag{6}$$

ou, ce qui revient au même, par l'une des deux suivantes :

$$\varphi(x) = \left(\frac{1}{\alpha D_x} - \frac{1}{e^{\alpha D_x} - 1}\right) f(x), \tag{7}$$

$$\varphi(x) = \left[\frac{1}{l(1 + \Delta_x)} - \frac{1}{\Delta_x}\right] f(x). \tag{8}$$

Il y a plus : à la formule (8), que l'on peut écrire comme il suit,

$$\varphi(x) = \frac{1}{2} f(x) + \left[\frac{1}{l(1 + \Delta_x)} - \frac{1}{\Delta_x} - \frac{1}{2}\right] f(x), \tag{9}$$

on pourra substituer encore d'autres formules analogues. Ainsi, en particulier, de l'équation (9), combinée avec la formule symbolique

$$\alpha D_x = l(1 + \Delta_x),$$

on déduira immédiatement la suivante :

$$\varphi(x) = \frac{1}{2} f(x) + \left[\frac{1}{l(1+\Delta_x)} - \frac{1}{\Delta_x} - \frac{1}{2}\right] \frac{\alpha D_x f(x)}{l(1+\Delta_x)}. \tag{10}$$

Pour réduire les formules symboliques (7), (8), (10) à des équations qui déterminent avec précision la valeur de $\varphi(x)$, il suffira généralement de transformer la fonction $f(x)$ en une somme de termes proportionnels à des exponentielles de la forme e^{ax}. Supposons, en effet,

$$f(x) = S\, A\, e^{ax}, \tag{11}$$

a, A désignant des coefficients réels ou imaginaires dont le second change de valeur avec le premier, et la somme qu'indique le signe S pouvant se transformer en une intégrale définie. L'équation (7) donnera

$$\varphi(x) = S\left(\frac{1}{a\alpha} - \frac{1}{e^{a\alpha} - 1}\right) A\, e^{ax} \tag{12}$$

et

$$\varphi(x) = \frac{1}{2} f(x) + S\left(\frac{1}{a\alpha} - \frac{1}{e^{a\alpha} - 1} - \frac{1}{2}\right) A\, e^{ax}. \tag{13}$$

Remarquons d'ailleurs que la formule (11) continuera de subsister, si l'on suppose la valeur de $f(x)$ donnée par une équation de la forme

$$f(x) = S(A\, e^{ax} + B), \tag{14}$$

A et B étant des fonctions de a.

Revenons maintenant à l'équation (5). On en tirera

$$\mathcal{F}(x) = \frac{1}{\alpha} \int f(x)\, dx - \varphi(x). \tag{15}$$

Dans cette dernière formule, l'intégrale

$$\int f(x)\, dx$$

peut être censée renfermer une constante arbitraire. En déterminant cette constante de manière que $\mathcal{F}(x)$ s'évanouisse pour $x = \text{x}$, on aura

$$(16)\qquad \mathcal{F}(x) = \frac{1}{\alpha}\int_{\text{x}}^{x} \text{f}(z)\,dz - \varphi(x) + \varphi(\text{x}).$$

Lorsque, dans l'équation (16), on substituera pour $\varphi(x)$ sa valeur tirée de la formule (12) ou (13), on obtiendra pour $\mathcal{F}(x)$ une fonction complètement déterminée, et cette fonction sera certainement une valeur de l'intégrale $\sum \text{f}(x)$, ou, ce qui revient au même, une valeur de $\mathcal{F}(x)$ propre à vérifier l'équation (2); car on tire de l'équation (16)

$$(17)\qquad \Delta_x \mathcal{F}(x) = \frac{1}{\alpha}\int_{x}^{x+\alpha} \text{f}(z)\,dz - \Delta_x \varphi(x),$$

et, en vertu de la formule (9), jointe à l'équation (12) ou (13), le second membre de l'équation (17) se réduira précisément à $\text{f}(x)$.

Au lieu de tirer de la formule (12) ou (13) la valeur de $\varphi(x)$, on pourrait développer $\varphi(x)$ en une série de termes proportionnels à la fonction $\text{f}(x)$ et à ses différences finies des divers ordres; et, pour y parvenir, il suffirait de développer, dans le second membre de la formule (8), l'expression symbolique

$$\frac{1}{\text{l}(1+\Delta_x)} - \frac{1}{\Delta_x}$$

suivant la puissance ascendante de Δ_x. On pourrait aussi, en partant de la formule (10), développer $\varphi(x)$ en une série de termes proportionnels à la fonction dérivée $\text{D}_x\text{f}(x)$ et à ses différences finies des divers ordres. Mais les valeurs de $\varphi(x)$, ainsi déduites des formules (8) et (13), ne subsisteraient que dans le cas où les séries obtenues seraient convergentes, et cette convergence exige que la série formée avec les différences finies de la fonction $\text{f}(x)$ ou $\text{D}_x\text{f}(x)$ ait pour module un nombre inférieur ou tout au plus égal à l'unité.

Pour montrer une application très simple des formules que nous venons d'établir, supposons

$$\text{f}(x) = \frac{1}{x^m},$$

m étant un nombre quelconque. Dans cette hypothèse, la formule (11) pourra être réduite à

$$\frac{1}{x^m} = \frac{1}{\Gamma(m)} \int_0^\infty t^{m-1} e^{-tx}\, dt, \tag{18}$$

et la formule (12) donnera

$$\varphi(x) = \frac{1}{\Gamma(m)} \int_0^\infty \left(\frac{1}{1-e^{-\alpha t}} - \frac{1}{\alpha t} \right) t^{m-1} e^{-tx}\, dt, \tag{19}$$

tandis que l'on aura

$$\int_{\mathrm{x}}^{x} \frac{dx}{x^m} = \frac{1}{m-1} \left(\frac{1}{\mathrm{x}^{m-1}} - \frac{1}{x^{m-1}} \right). \tag{20}$$

Donc, pour obtenir une valeur de $\sum \frac{1}{x^m}$ qui ait la propriété de s'évanouir avec la différence $x - \mathrm{x}$, il suffira de prendre

$$\sum \frac{1}{x^m} = \frac{1}{m-1} \left(\frac{1}{\mathrm{x}^{m-1}} - \frac{1}{x^{m-1}} \right) - \varphi(x) + \varphi(\mathrm{x}), \tag{21}$$

la fonction $\varphi(x)$ étant déterminée par la formule (19).

Si l'on supposait

$$\mathrm{f}(x) = \mathrm{l}x,$$

la formule (14) serait réduite à

$$\mathrm{l}x = \int_0^\infty \frac{e^{-t} - e^{-tx}}{t}\, dt, \tag{22}$$

et la formule (13) donnerait

$$\varphi(x) = \frac{1}{2} \mathrm{l}x + \int_0^\infty \left(\frac{1}{1-e^{-\alpha t}} - \frac{1}{\alpha t} - \frac{1}{2} \right) e^{-tx} \frac{dt}{t}, \tag{23}$$

tandis que l'on aurait

$$\int_{\mathrm{x}}^{x} \mathrm{l}x\, dx = x(\mathrm{l}x - 1) - \mathrm{x}(\mathrm{l}\mathrm{x} - 1). \tag{24}$$

Donc, pour obtenir une valeur de $\Sigma\, \mathrm{l}x$ qui ait la propriété de s'évanouir avec la différence $x - \mathrm{x}$, il suffit de prendre

$$(25) \qquad \sum \mathrm{l}x = x(\mathrm{l}x - 1) - \mathrm{x}(\mathrm{l}\mathrm{x} - 1) - \varphi(x) + \varphi(\mathrm{x}),$$

la fonction $\varphi(x)$ étant déterminée par la formule (23).

Si à la formule (13) on substituait la formule (10), on en déduirait immédiatement la valeur de $\Sigma \mathrm{l}x$ développée en une série de termes proportionnels à la fonction $\frac{1}{x}$ et à ses différences finies des divers ordres.

545.

Analyse mathématique. — *Sur un théorème général qui fournit immédiatement, dans un grand nombre de cas, des limites entre lesquelles une série simple ou multiple demeure convergente.*

C. R., T. XL, p. 162 (22 janvier 1855).

Le Mémoire lithographié que j'ai présenté le 11 octobre 1831 [1] à l'Académie de Turin renferme un théorème qui, eu égard aux remarques faites dans les *Comptes rendus* de 1851 et 1852, peut s'énoncer comme il suit :

Théorème I. — *Soit*

$$u = f(x, y, z, \ldots)$$

une fonction des variables

$$x, \quad y, \quad z, \quad \ldots,$$

qui demeure finie, monodrome et monogène pour des modules de ces variables respectivement inférieurs à

$$\mathrm{x}, \quad \mathrm{y}, \quad \mathrm{z}, \quad \ldots.$$

Soit d'ailleurs R *la plus grande valeur que puisse acquérir le module de*

[1] *Œuvres de Cauchy*, S. II, T. XV.

la fonction u, quand on attribue aux variables x, y, z, ... les modules x, y, z, ... *La fonction u sera développable en une série convergente ordonnée suivant les puissances ascendantes des variables x, y, z, ... tant que les modules de ces variables demeureront respectivement inférieurs à* x, y, z, ... *De plus, si l'on pose*

$$\omega = \left(1 - \frac{x}{\mathrm{x}}\right)^{-1} \left(1 - \frac{y}{\mathrm{y}}\right)^{-1} \left(1 - \frac{z}{\mathrm{z}}\right)^{-1} \cdots, \tag{1}$$

les modules du terme général et du reste de la série en question seront respectivement inférieurs aux modules du terme général et du reste de la série qui a pour somme le produit

$$\mathrm{R}\omega.$$

Corollaire. — Comme le coefficient du produit

$$x^l y^m z^n \ldots,$$

dans le développement de chacune des fonctions

$$u, \quad \mathrm{R}\omega,$$

est précisément le rapport qu'on obtient quand on divise par le nombre

$$\mathrm{N} = (1.2\ldots l)(1.2\ldots m)(1.2\ldots n)\ldots$$

la valeur qu'acquiert pour des valeurs nulles de x, y, z, ... la dérivée

$$\mathrm{D}_x^l \mathrm{D}_y^m \mathrm{D}_z^n \ldots u \quad \text{ou} \quad \mathrm{D}_x^l \mathrm{D}_y^m \mathrm{D}_z^n \ldots (\mathrm{R}\omega),$$

il est clair que le théorème I comprend la proposition suivante :

Théorème II. — *Les mêmes choses étant posées que dans le théorème I, la fonction u et ses dérivées partielles des divers ordres offriront, pour des valeurs nulles de x, y, z, ..., des modules respectivement inférieurs aux valeurs correspondantes de la fonction* Rω *et de ses dérivées partielles des mêmes ordres.*

Si l'on substitue aux variables

$$x, \quad y, \quad z, \quad \ldots,$$

les différences

$$x-\xi,\quad y-\eta,\quad z-\zeta,\quad \ldots,$$

$\xi, \eta, \zeta, \ldots$ désignant des valeurs particulières attribuées aux variables $x, y, z, \ldots$, alors, à la place du théorème II, on obtiendra la proposition suivante :

Théorème III. — *Soit*

$$u=\mathrm{f}(x, y, z, \ldots)$$

une fonction des variables

$$x,\quad y,\quad z,\quad \ldots,$$

qui demeure finie, monodrome et monogène, dans le voisinage des valeurs particulières

$$x=\xi,\qquad y=\eta,\qquad z=\zeta,\qquad \ldots,$$

et tant que l'on attribue aux différences

$$x-\xi,\quad y-\eta,\quad z-\zeta,\quad \ldots$$

des modules respectivement inférieurs aux quantités positives

$$\mathrm{x},\quad \mathrm{y},\quad \mathrm{z},\quad \ldots.$$

Soit d'ailleurs, dans le cas où ces différences acquièrent ces modules, R *la plus grande des valeurs que puisse acquérir le module de u, et posons*

$$\omega=\left(1-\frac{x-\xi}{\mathrm{x}}\right)^{-1}\left(1-\frac{y-\eta}{\mathrm{y}}\right)^{-1}\left(1-\frac{z-\zeta}{\mathrm{z}}\right)^{-1}\cdots. \tag{2}$$

La fonction u et ses dérivées partielles des divers ordres offriront, pour

$$x=\xi,\qquad y=\eta,\qquad z=\zeta,\qquad \ldots,$$

des modules respectivement inférieurs aux valeurs correspondantes de la fonction $\mathrm{R}\omega$ *et de ses dérivées partielles des mêmes ordres.*

Le théorème II entraîne évidemment avec lui un théorème général que l'on peut énoncer comme il suit :

Théorème IV. — *Soient*

$$\mathfrak{X},\quad \mathfrak{Y},\quad \mathfrak{Z},\quad \ldots$$

diverses fonctions des variables

$$x, \quad y, \quad z, \quad \ldots,$$

dont chacune demeure finie, monodrome et monogène dans le voisinage des valeurs particulières

$$x = \xi, \qquad y = \eta, \qquad z = \zeta, \qquad \ldots,$$

et tant que l'on attribue aux différences

$$x - \xi, \quad y - \eta, \quad z - \zeta, \quad \ldots,$$

des modules respectivement inférieurs aux quantités positives

$$\mathrm{x}, \quad \mathrm{y}, \quad \mathrm{z}, \quad \ldots$$

Soient d'ailleurs, dans le cas où ces différences acquièrent ces modules,

$$\mathrm{A}, \quad \mathrm{B}, \quad \mathrm{C}, \quad \ldots$$

les plus grandes des valeurs que puissent acquérir les modules des fonctions

$$\mathfrak{X}, \quad \mathfrak{Y}, \quad \mathfrak{Z}, \quad \ldots,$$

et posons

$$(2) \qquad \omega = \left(1 - \frac{x-\xi}{\mathrm{x}}\right)^{-1}\left(1 - \frac{y-\eta}{\mathrm{y}}\right)^{-1}\left(1 - \frac{z-\zeta}{\mathrm{z}}\right)^{-1}, \quad \ldots.$$

Enfin, soit Ω *une fonction développable, pour de très petits modules des différences*

$$x - \xi, \quad y - \eta, \quad z - \zeta, \quad \ldots,$$

en une série simple ou multiple dont chaque terme soit le produit d'un facteur variable par d'autres facteurs respectivement égaux aux valeurs que prennent les fonctions

$$\mathfrak{X}, \quad \mathfrak{Y}, \quad \mathfrak{Z}, \quad \ldots,$$

ou leurs dérivées partielles des divers ordres, à l'instant où l'on pose

$$x = \xi, \qquad y = \eta, \qquad z = \zeta, \qquad \ldots.$$

Le développement de Ω *restera convergent, si l'on obtient une série con-*

vergente en remplaçant dans chaque terme de ce développement le facteur variable par son module, et les fonctions

$$\mathcal{X},\quad \mathcal{Y},\quad \mathcal{Z},\quad \ldots$$

par les produits

$$A\omega,\quad B\omega,\quad C\omega,\quad \ldots.$$

Ce théorème général fournit immédiatement des limites entre lesquelles demeurent convergentes les séries qui représentent les développements de fonctions explicites ou même implicites.

Concevons, pour fixer les idées, que,

$$\mathcal{X} = \mathrm{f}(x)$$

étant une fonction finie, monodrome et monogène de la variable x, pour un module de $x - \xi$ inférieur à une certaine quantité positive x, on développe, en une série ordonnée suivant les puissances entières et ascendantes de t, celle des racines de l'équation

(3) $$x = \xi + t\mathcal{X},$$

qui se réduit à ξ pour $t = 0$. En attribuant à t un module suffisamment petit, on aura

(4) $$x = \xi + t\mathcal{X} + \frac{t^2}{1.2}\mathrm{D}_x\mathcal{X}^2 + \frac{t^3}{1.2.3}\mathrm{D}_x^2\mathcal{X}^3 + \ldots,$$

x devant être réduit à ξ dans le second membre de la formule (4), après qu'on aura effectué les différentiations indiquées par la lettre caractéristique D_x; et la valeur de x, ainsi déterminée, vérifiera l'équation (3), tant que la série comprise dans la formule (4) sera convergente. Soit d'ailleurs A le plus grand module que puisse acquérir la fonction $\mathcal{X}$ quand la différence $x - \xi$ acquiert le module x. En vertu du théorème IV, le développement de x fourni par la formule (4) sera convergent, si l'on obtient une série convergente en supposant, dans le second membre de cette formule, t positif, en y remplaçant la fonction $\mathcal{X}$ par le produit

$$A\omega = A\left(1 - \frac{x - \xi}{\mathrm{x}}\right)^{-1},$$

et en posant $x = \xi$ après les différentiations relatives à x. Or on aura, sous cette condition,

$$D_x^{n-1}\left(1 - \frac{x-\xi}{X}\right)^n = \frac{1.2.3\ldots(2n-2)}{1.2\ldots(n-1)}\frac{1}{X^{n-2}};$$

et par suite, en remplaçant $\mathfrak{x}$ par le produit $A\omega$ dans la formule (4), on trouvera

$$(5) \qquad x = \xi + At + \frac{A^2t^2}{X} + 2\frac{A^3t^3}{X^2} + \ldots + \frac{1.3\ldots(2n-3)}{1.2\ldots n}\frac{2^{n-1}A^nt^n}{X^{n-1}} + \ldots.$$

Mais, d'autre part, on a identiquement

$$t + \frac{1}{2}t^2 + \frac{1}{2}t^3 + \ldots + \frac{1.3\ldots(2n-3)}{1.2\ldots n}t^n + \ldots = 1 - \sqrt{1-2t};$$

donc la formule (5) donnera

$$(6) \qquad x = \xi + \frac{X}{2}\left(1 - \sqrt{1 - \frac{4At}{X}}\right).$$

Comme on devait s'y attendre, cette dernière valeur de x est précisément celle que fournit l'équation (3), lorsqu'on la réduit à la formule

$$(7) \qquad x = \xi + \frac{At}{1 - \frac{x-\xi}{X}},$$

en remplaçant, dans le second membre, la fonction $\mathfrak{x}$ par le produit $A\omega$. D'ailleurs la valeur de x, donnée par la formule (6), se développe en série convergente, ordonnée suivant les puissances ascendantes de t, quand on suppose le module de t inférieur à $\frac{X}{4A}$. Donc, dans cette même hypothèse, la série comprise dans le second membre de la formule (4) sera convergente, et, si t est positif, la valeur de $x - \xi$, donnée par la formule (4), offrira certainement une valeur numérique inférieure à celle que déterminera la formule (6).

Le théorème IV fournirait encore immédiatement des limites entre lesquelles demeurent convergentes les séries qui représentent les intégrales d'équations différentielles ou aux dérivées partielles. On se trouve ainsi ramené, comme je l'expliquerai dans un autre article, aux résultats énoncés dans mon Mémoire lithographié de 1835 ([1]) et à ceux que viennent d'obtenir MM. Briot et Bouquet.

546.

C. R., T. XL, p. 205 (29 janvier 1855).

Calcul des variations. — M. Augustin Cauchy présente à l'Académie une Note sur l'*Application du Calcul des variations à l'intégration d'un système d'équations différentielles*. Les résultats auxquels l'auteur est parvenu seront développés dans un prochain article.

547.

Analyse infinitésimale. — *Sur les avantages que présente l'introduction d'un paramètre variable et des notations propres au Calcul des variations dans quelques-unes des principales formules de l'Analyse infinitésimale.*

C. R., T. XL, p. 261 (5 février 1855).

Ce qui distingue le Calcul des variations du Calcul différentiel, c'est que dans celui-ci on se borne à faire varier des quantités supposées dépendantes, ou, en d'autres termes, fonctions les unes des autres, tandis que, dans le Calcul des variations, on fait varier les formes des fonctions elles-mêmes. Mais, pour réduire le Calcul des variations au Calcul différentiel, il suffit de faire correspondre les changements de forme des fonctions aux changements de valeur d'un paramètre variable qui ne paraissait pas dans les formules. Réciproquement, il suffit d'introduire dans plusieurs des principales formules de l'Ana-

([1]) *Sur l'intégration des équations différentielles* (*Œuvres de Cauchy*, S. II, T. XI).

lyse infinitésimale un paramètre variable α, pour les transformer en d'autres qui s'expriment aisément à l'aide des notations propres au Calcul des variations. Rendons cette vérité sensible par quelques exemples.

Soit d'abord

$$u = \mathrm{f}(x, y, z, \ldots) \tag{1}$$

une fonction des variables x, y, z, ... qui demeure, du moins entre certaines limites, finie, monodrome et monogène. Si, dans cette fonction, on attribue aux variables x, y, z, ... certains accroissements h, k, l, ..., on obtiendra une nouvelle fonction de x, y, z, ..., savoir

$$U = \mathrm{f}(x+h, y+k, z+l, \ldots), \tag{2}$$

et les fonctions (1), (2) seront comprises, comme cas particuliers, dans l'expression analytique

$$v = \mathrm{f}(x+\alpha h, y+\alpha k, z+\alpha l, \ldots), \tag{3}$$

qui renfermera un paramètre variable α, et de laquelle on déduira la fonction u en posant $\alpha = 0$, la fonction U en posant $\alpha = 1$. Or, le paramètre α venant à varier, l'expression (3), considérée comme fonction de x, y, z, ..., changera de forme, et le rapport

$$\frac{\delta v}{\delta \alpha},$$

entre la variation δv de la fonction v, et la variation $\delta\alpha$ du paramètre α, ne sera autre chose que la dérivée $\mathrm{D}_\alpha v$ de la fonction v par rapport au paramètre α. Si l'on pose, pour plus de simplicité, $\delta\alpha = 1$, on aura précisément

$$\delta v = \mathrm{D}_\alpha v, \tag{4}$$

puis on en conclura, en remplaçant v par δv, plusieurs fois de suite,

$$\delta^2 v = \mathrm{D}_\alpha \delta v = \mathrm{D}_\alpha^2 v,$$
$$\delta^3 v = \mathrm{D}_\alpha^2 \delta v = \mathrm{D}_\alpha^3 v,$$
$$\ldots\ldots\ldots\ldots\ldots\ldots,$$

et généralement

$$\delta^n v = D_\alpha^n v. \tag{5}$$

Si dans les formules (4) et (5) on pose $\alpha = 0$, elles donneront

$$(6)\quad \begin{cases} \delta u \;\;= \overset{\alpha=0}{\mathrm{l}}\, D_\alpha v \\ \text{et} \\ \delta^n u = \overset{\alpha=0}{\mathrm{l}}\, D_\alpha^n v. \end{cases}$$

D'ailleurs la formule de Maclaurin donnera, pour des valeurs suffisamment petites de α,

$$v = \overset{\alpha=0}{\mathrm{l}}\, v + \frac{\alpha}{1} \overset{\alpha=0}{\mathrm{l}}\, D_\alpha v + \frac{\alpha^2}{1.2} \overset{\alpha=0}{\mathrm{l}}\, D_\alpha^2 v + \ldots. \tag{7}$$

On aura donc, eu égard aux équations (6),

$$v = u + \frac{\alpha}{1}\delta u + \frac{\alpha^2}{1.2}\delta^2 u + \ldots, \tag{8}$$

puis on en conclura, en posant $\alpha = 1$,

$$U = u + \frac{\delta u}{1} + \frac{\delta^2 u}{1.2} + \ldots. \tag{9}$$

D'autre part, la formule (4) donnera

$$\delta v = h D_x v + k D_y v + l D_z v + \ldots \tag{10}$$

ou, ce qui revient au même,

$$\delta v = (h D_x + k D_y + l D_z + \ldots) v, \tag{11}$$

et l'on en conclura, en remplaçant plusieurs fois de suite v par δv,

$$\delta^n v = (h D_x + k D_y + l D_z + \ldots)^n v. \tag{12}$$

Enfin, on tirera de l'équation (12), en posant $\alpha = 0$,

$$\delta^n u = (h D_x + k D_y + l D_z + \ldots)^n u. \tag{13}$$

La formule (9), jointe à l'équation (13), reproduit ce qu'on nomme le *théorème de Taylor*, étendu à une fonction de plusieurs variables x, y, z, ... Comme on le voit, et comme je l'avais déjà remarqué dans mes Leçons données à l'École Polytechnique, cette extension se déduit sans peine de l'introduction du paramètre variable α sous le signe $\int$. Ajoutons que l'expression la plus simple du théorème ainsi étendu est la formule (9), dans laquelle les valeurs de

$$\delta u, \quad \delta^2 u, \quad \ldots$$

peuvent être déduites ou de l'équation (13), ou, ce qui revient au même, des formules

$$(14) \qquad \delta x = h, \quad \delta y = k, \quad \delta z = l, \quad \ldots,$$

jointes aux règles établies pour la détermination des variations des divers ordres d'une fonction quelconque des variables $x, y, z, \ldots$.

Considérons maintenant un système d'équations différentielles de la forme

$$(15) \qquad D_t x = X, \quad D_t y = Y, \quad D_t z = Z, \quad \ldots,$$

x, y, z, ... étant des fonctions inconnues de t, et X, Y, Z, ... des fonctions de x, y, z, ..., t, qui demeurent, du moins entre certaines limites, finies, monodromes et monogènes. Supposons les inconnues x, y, z, ... assujetties non seulement à vérifier ces équations différentielles, mais encore à prendre, pour une certaine valeur de t, par exemple pour $t = \tau$, les valeurs particulières

$$(16) \qquad x = \xi, \quad y = \eta, \quad z = \zeta, \quad \ldots.$$

Les fonctions de t représentées par x, y, z, ... changeront de forme si, en introduisant un paramètre variable α dans les équations (15), on leur substitue les suivantes

$$(17) \qquad D_t x = \alpha X, \quad D_t y = \alpha Y, \quad D_t z = \alpha Z, \quad \ldots;$$

et comme, pour $\alpha = 0$, les équations (17) donnent

$$(18) \qquad D_t x = 0, \quad D_t y = 0, \quad D_t z = 0, \quad \ldots,$$

il est clair que les inconnues x, y, z, ..., assujetties à vérifier, pour une valeur variable de t, les formules (17), et pour $t = \tau$ les conditions (15), deviendront indépendantes de t si α s'évanouit, et acquerront alors, quel que soit t, les valeurs constantes ξ, η, ζ, ...

Cela posé, soit

$$u = f(x, y, z, \ldots) \tag{19}$$

une fonction de x, y, z, ... qui demeure, du moins entre certaines limites, finie, monodrome et monogène. Le paramètre α venant à varier, x, y, z, ..., et par suite u, considérées comme fonctions de t, changeront de forme, et leurs variations, que nous indiquerons, suivant l'usage, à l'aide de la lettre caractéristique δ, seront les produits de $\delta\alpha$ par leurs dérivées relatives au paramètre α. Ces variations se réduiront donc à ces dérivées si l'on pose $\delta\alpha = 1$, et alors on aura, par exemple,

$$\delta u = D_\alpha u, \tag{20}$$

$$\delta^n u = D_\alpha^n u. \tag{21}$$

Soit d'ailleurs υ la valeur que prendra la fonction u pour une valeur nulle de α. On aura

$$\upsilon = f(\xi, \eta, \zeta, \ldots), \tag{22}$$

et la formule de Maclaurin donnera, pour des valeurs suffisamment petites du paramètre α,

$$u = \upsilon + \frac{\alpha}{1}\delta\upsilon + \frac{\alpha^2}{1.2}\delta^2\upsilon + \ldots. \tag{23}$$

Il reste à exprimer, dans cette formule, les variations

$$\delta\upsilon, \quad \delta^2\upsilon, \quad \ldots$$

en fonctions de ξ, η, ζ, ... et t. On y parviendra sans peine de la manière suivante.

On aura généralement

$$D_t u = D_t x \, D_x u + D_t y \, D_y u + D_t z \, D_z u + \ldots;$$

par conséquent, eu égard aux formules (17),

$$D_t u = \alpha \nabla u, \tag{24}$$

la valeur de ∇u étant définie et déterminée par la formule

$$\nabla u = X D_x u + Y D_y u + Z D_z u + \ldots. \tag{25}$$

Si, dans l'équation (24), on remplace u par ∇u plusieurs fois de suite, on tirera, en ordonnant le second membre suivant les puissances descendantes de α,

$$D_t^n u = \alpha^n \nabla^n u + \ldots. \tag{26}$$

Enfin, si l'on différentie n fois, par rapport à α, les deux membres de la formule (24), et si après les différentiations on pose $\alpha = 0$, par conséquent $u = \upsilon$, on trouvera

$$D_t^n \delta^n \upsilon = 1.2.3\ldots n \nabla^n \upsilon. \tag{27}$$

D'ailleurs il est aisé de voir que la variation $\delta^n u$ et ses dérivées relatives au temps, jusqu'à celle de l'ordre $n-1$, s'évanouissent toutes pour $t = \tau$. En conséquence et en posant, pour abréger,

$$\Box u = \int_\tau^t \nabla u \, dt, \tag{28}$$

on tirera de la formule (27)

$$\frac{\delta^n u}{1.2.3\ldots n} = \Box^n \upsilon. \tag{29}$$

Cela posé, la formule (23) donnera

$$u = \upsilon + \alpha \Box \upsilon + \alpha^2 \Box^2 \upsilon + \ldots. \tag{30}$$

En posant dans cette dernière $\alpha = 1$, on trouvera

$$u = \upsilon + \Box \upsilon + \Box^2 \upsilon + \ldots. \tag{31}$$

On est ainsi ramené à la formule (32) du second paragraphe du Mémoire de 1835 sur l'intégration des équations différentielles.

Lorsque, dans cette formule, qui peut être présentée sous la forme symbolique

$$(32) \qquad u = \frac{\upsilon}{1 - \square},$$

on prend successivement pour u les inconnues $x, y, z, \ldots$, elle fournit pour ces inconnues les valeurs qui satisfont, quand t varie, aux équations (15) et, pour $t = \tau$, aux conditions (16).

En résumé, pour obtenir, développées en séries, les intégrales générales des équations (15), il suffit d'introduire un paramètre variable α dans ces équations, en leur substituant les formules (17), puis de développer par la formule de Maclaurin, en se servant, pour plus de facilité, de la notation adoptée dans le Calcul des variations, les valeurs des inconnues en séries ordonnées suivant les puissances entières de α, et de poser ensuite $\alpha = 1$. Les développements ainsi trouvés, quand ils sont convergents, représentent précisément les intégrales demandées.

Supposons maintenant que les valeurs de $x, y, z, \ldots$, toujours assujetties à vérifier, pour $t = \tau$, les conditions (16), soient connues, lorsqu'elles doivent satisfaire aux équations (15), et qu'il s'agisse de les modifier de manière à vérifier, non plus les équations (15), mais les suivantes

$$(33) \qquad D_t x = X + \mathfrak{X}, \qquad D_t y = Y + \mathfrak{Y}, \qquad D_t z = Z + \mathfrak{Z}, \qquad \ldots,$$

$\mathfrak{X}, \mathfrak{Y}, \mathfrak{Z}, \ldots$ étant de nouvelles fonctions de $x, y, z, \ldots, t$ qui demeurent, du moins entre certaines limites, finies, monodromes et monogènes. Pour résoudre ce dernier problème, il suffira encore d'introduire un paramètre variable α dans les formules (30), en leur substituant les équations

$$(34) \qquad D_t x = X + \alpha\mathfrak{X}, \qquad D_t y = Y + \alpha\mathfrak{Y}, \qquad D_t z = Z + \alpha\mathfrak{Z}, \qquad \ldots,$$

puis de développer, à l'aide de la formule de Maclaurin, jointe aux équations (34), les inconnues $x, y, z, \ldots$ en séries ordonnées suivant les puissances entières du paramètre α, et de poser ensuite $\alpha = 1$. Les développements trouvés, quand ils seront convergents, fourniront précisément les valeurs cherchées de $x, y, z, \ldots$, comme nous l'expliquerons dans un autre article.

548.

Calcul intégral. — *Note sur les conditions de convergence des séries qui représentent les intégrales générales d'un système d'équations différentielles.*

C. R., T. XL, p. 330 (12 février 1855).

Le premier des théorèmes énoncés dans la séance du 22 janvier dernier entraîne la proposition suivante :

Théorème I. — *Soit* $\mathrm{f}(t)$ *une fonction donnée de la variable* t. *Supposons d'ailleurs que cette fonction reste finie, monodrome et monogène, dans le voisinage de la valeur particulière* τ *attribuée à* t, *et tant que le module de la différence* $t-\tau$ *n'atteint pas une certaine limite* t. *Pour tout module de* $t-\tau$ *inférieur à cette limite, la fonction* $\mathrm{f}(t)$ *sera développable, par la formule de Taylor, en une série ordonnée suivant les puissances ascendantes de* $t-\tau$.

D'autre part, mon Mémoire sur l'application du Calcul infinitésimal à la détermination des fonctions implicites (Tome XXXIV, année 1852, 1er semestre) renferme la proposition suivante :

Théorème II. — *Représentons par*

$$T, \quad X, \quad Y, \quad Z, \quad \ldots$$

des fonctions $t, x, y, z, \ldots$, *qui restent monodromes, monogènes et finies, dans le voisinage des valeurs* $\tau, \xi, \eta, \zeta, \ldots$ *attribuées à* $t, x, y, z, \ldots$; *et concevons que l'on assujettisse* $x, y, z, \ldots$ *à la double condition de vérifier, pour une valeur variable de* t, *les équations différentielles comprises dans la formule*

$$\frac{dt}{T}=\frac{dx}{X}=\frac{dy}{Y}=\frac{dz}{Z}=\ldots,$$

et de se réduire à $\xi, \eta, \zeta, \ldots$ *pour* $t=\tau$. *Si* T *ne s'évanouit pas, quand on prend*

$$t=\tau, \qquad x=\xi, \qquad y=\eta, \qquad z=\zeta, \qquad \ldots,$$

alors, à l'aide des formules établies dans mon Mémoire de 1835 *sur l'intégration des équations différentielles, on prouvera qu'il est possible de satisfaire, au moins quand le module de la différence* $t-\tau$ *ne dépasse pas une certaine limite, aux deux conditions énoncées, par des valeurs de* $x, y, z, \ldots$ *qui seront développées en séries convergentes, et qui représenteront les intégrales générales des équations différentielles données. Il y a plus : on peut affirmer que, dans l'hypothèse admise, ces intégrales générales seront les seules valeurs de* $x, y, z, \ldots$ *qui, variant avec* t *par degrés insensibles, rempliront, pour un module suffisamment petit de* $t-\tau$, *les deux conditions énoncées. Enfin, comme les divers termes des séries obtenues seront des fonctions monodromes, monogènes et finies de la variable* t, *on pourra en dire autant des valeurs trouvées des variables* $x, y, z, \ldots,$ *ou même d'une fonction monodrome, monogène et finie de ces variables.*

Les théorèmes I et II entraînent avec eux, comme conséquence immédiate, la proposition suivante :

Théorème III. — *Les mêmes choses étant posées que dans le théorème II, les inconnues* $x, y, z, \ldots$ *pourront être développées, à l'aide des formules établies dans le Mémoire de* 1835, *en séries qui seront convergentes, tant que le module de la différence* $t-\tau$ *n'atteindra pas une limite pour laquelle se vérifie l'une des équations*

$$\frac{1}{x}=0, \qquad \frac{1}{y}=0, \qquad \frac{1}{z}=0, \qquad \ldots,$$

$$\frac{T}{X}=0, \qquad \frac{T}{Y}=0, \qquad \frac{T}{Z}=0, \qquad \ldots,$$

ou bien encore une limite pour laquelle un des rapports

$$\frac{X}{T}, \quad \frac{Y}{T}, \quad \frac{Z}{T}, \quad \ldots,$$

en conservant une valeur finie, cesse d'être une fonction monodrome et monogène des variables $T, X, Y, Z, \ldots$.

Si, pour plus de simplicité, on suppose $T = 1$, alors, à la place du théorème III, on obtiendra la proposition suivante :

Théorème IV. — *Représentons par*

$$X, \quad Y, \quad Z, \quad \ldots$$

des fonctions de $t, x, y, z, \ldots$ *qui restent monodromes, monogènes et finies dans le voisinage des valeurs* $\tau, \xi, \eta, \zeta, \ldots$ *attribuées à* $t, x, y, z, \ldots$; *et concevons que l'on assujettisse* $x, y, z, \ldots$ *à la double condition de vérifier, pour une valeur variable de* t, *les équations différentielles*

$$(1) \qquad D_t x = X, \quad D_t y = Y, \quad D_t z = Z, \quad \ldots,$$

et de se réduire à $\xi, \eta, \zeta, \ldots$, *pour* $t = \tau$. *Les inconnues* $x, y, z, \ldots$ *pourront être développées, à l'aide des formules établies dans le Mémoire de* 1835, *en séries qui seront convergentes tant que le module de la différence* $t - \tau$ *n'atteindra pas une limite pour laquelle se vérifie l'une des équations*

$$(2) \qquad \frac{1}{x} = 0, \quad \frac{1}{y} = 0, \quad \frac{1}{z} = 0, \quad \ldots,$$

$$(3) \qquad \frac{1}{X} = 0, \quad \frac{1}{Y} = 0, \quad \frac{1}{Z} = 0, \quad \ldots,$$

ou bien encore une limite pour laquelle une des fonctions $X, Y, Z, \ldots$, *en conservant une valeur finie, cesse d'être une fonction monodrome et monogène des variables* $t, x, y, z, \ldots$.

Lorsque les inconnues $x, y, z, \ldots$ se réduisent à une seule, alors le théorème II se réduit à la proposition suivante :

Théorème V. — *Soit* X *une fonction des variables* x *et* t, *qui reste monodrome, monogène et finie, dans le voisinage des valeurs* ξ *et* τ *attri-*

buées à ces variables; et concevons que l'on assujettisse l'inconnue x à la double condition de vérifier, pour une valeur variable de t, l'équation différentielle

$$\mathrm{D}_t x = X \tag{4}$$

et de se réduire à ξ pour $t = \tau$. L'inconnue x pourra être développée, à l'aide des formules établies dans le Mémoire de 1835, en une série qui sera convergente, tant que le module de la différence $t - \tau$ n'atteindra pas une limite pour laquelle se vérifie l'une des deux équations

$$\frac{1}{x} = 0, \tag{5}$$

$$\frac{1}{X} = 0, \tag{6}$$

ou bien encore une limite pour laquelle X, en conservant une valeur finie, cesse d'être une fonction monodrome et monogène de x et de t.

Étant donné entre la variable indépendante t, et x inconnues x, y, z, ... un système d'équations différentielles du premier ordre, avec les valeurs particulières ξ, η, ζ, ... de x, y, z, ..., correspondantes à une valeur particulière τ de la variable t, on peut demander de calculer numériquement d'autres valeurs particulières de x, y, z, ... correspondantes à une autre valeur particulière de t. Pour effectuer cette opération, que j'appellerai *intégration définie*, il n'est pas nécessaire de former d'abord les équations qui fournissent, pour une valeur variable de t, les valeurs de x, y, z, ... et représentent les intégrales générales des équations différentielles données; et l'on peut, sans rechercher ces intégrales, exécuter une intégration définie, en suivant la marche que j'ai tracée dans mes Leçons de seconde année à l'École Polytechnique, et que j'ai rappelée dans le § I du Mémoire de 1835. Cela posé, il est aisé de voir que l'intégration définie suffira généralement à la détermination de la limite au-dessous de laquelle le module de la différence $t - \tau$ devra s'abaisser pour que les développements propres à vérifier une ou plusieurs équations différentielles demeurent convergents. Concevons, pour fixer les idées, que les équations différentielles données se réduisent à l'équation (4), et que la fonction X ne cesse jamais d'être monodrome et monogène. Si d'ailleurs X ne se présente jamais sous une forme indéterminée, la limite cherchée sera le module d'une valeur de $t-\tau$ pour laquelle se vérifiera ou la formule (5) ou la formule (6). D'ailleurs, si l'on pose

$$u=\frac{1}{x}, \qquad \upsilon=\frac{1}{\xi},$$

et si l'on nomme T ce que devient le rapport $-\frac{x^2}{X}$ quand on y remplace x par $\frac{1}{u}$, il suffira, pour obtenir la valeur de $t-\tau$ propre à vérifier la formule (5), d'appliquer l'intégration définie à l'équation différentielle

$$\text{(7)} \qquad \mathrm{D}_u t = T$$

et de chercher la valeur de t correspondante à une valeur nulle de u, en supposant la variable t assujettie à prendre, pour $u=\upsilon$, la valeur particulière $t=\tau$. Pareillement, si l'on pose

$$\text{(8)} \qquad u=\frac{1}{X}, \qquad \upsilon=\frac{1}{\Xi},$$

Ξ étant la valeur de X qui correspond aux valeurs ξ, τ des variables x, t, et si l'on nomme T ce que devient le rapport $-\frac{X^2}{\mathrm{D}_t X + X\,\mathrm{D}_x X}$ quand on y remplace x par sa valeur tirée de la formule

$$X=\frac{1}{u},$$

il suffira, pour obtenir la valeur de $t-\tau$ propre à vérifier la formule (6), d'appliquer l'intégration définie à l'équation

$$\mathrm{D}_u t = T,$$

et de chercher encore la valeur de t correspondante à une valeur nulle de u, en supposant la variable t assujettie à prendre, pour $u=\upsilon$, la valeur particulière $t=\tau$.

On ramènerait de même à l'intégration définie la recherche des valeurs de t propres à fournir la limite au-dessous de laquelle devrait s'abaisser le module de la différence $t - \tau$, pour que les développements des intégrales d'un système d'équations différentielles du premier ordre demeurassent convergents. On pourrait même, dans ce calcul, supposer quelques-unes des équations différentielles remplacées par des équations finies, en vertu desquelles certaines variables deviendraient fonctions des autres; enfin on pourrait substituer avec avantage le système de ces diverses équations, les unes différentielles, les autres finies, à une équation différentielle ou à un système d'équations différentielles où se trouveraient des fonctions qui, tout en conservant des valeurs finies, cesseraient d'être monodromes et monogènes.

Nous venons d'expliquer comment l'intégration définie peut servir à déterminer les valeurs de t parmi lesquelles se trouve celle qui fournit la limite au-dessous de laquelle le module de la différence $t - \tau$ devra s'abaisser pour que les développements des intégrales $x, y, z, \ldots$ d'un système donné d'équations différentielles du premier ordre demeurent convergents.

Lorsque les diverses valeurs de t propres à fournir la limite dont il s'agit sont toutes infinies, les développements des inconnues x, y, z, ... sont toujours convergents. Donc alors ces inconnues sont des fonctions de t qui ne cessent jamais d'être finies, monodromes et monogènes; en d'autres termes, elles sont des fonctions *synectiques* de la variable t. D'ailleurs certains caractères qui distinguent certaines équations différentielles permettent d'affirmer que leurs intégrales sont des fonctions synectiques de t, comme nous le montrerons dans un prochain article.

549.

Calcul intégral. — *Addition à la Note insérée dans le dernier* Compte rendu.

C. R., T. XL, p. 373 (19 février 1855).

Supposons l'inconnue x assujettie : 1° à vérifier, pour une valeur variable de t, l'équation différentielle

$$D_t x = X, \tag{1}$$

X étant fonction de x et de t; 2° à prendre, pour $t = \tau$, la valeur particulière

$$x = \xi.$$

Supposons encore que la fonction X ne cesse jamais d'être monodrome et monogène et ne se présente jamais sous une forme indéterminée. La valeur de t correspondante au module de $t - \tau$, pour lequel le développement de l'intégrale x cessera d'être convergent, sera fournie par une intégration définie appliquée à l'équation (7) de la page 208, c'est-à-dire, à la formule

$$dt = T\,du, \tag{2}$$

u désignant l'un des rapports $\frac{1}{x}$, $\frac{1}{X}$; et cette valeur de t, que je désignerai par $\mathbf{t}$, devra correspondre à la valeur zéro de la variable u.

Si l'on attribue à u non plus une valeur nulle, mais une valeur infiniment petite, t devra très peu différer de $\mathbf{t}$; donc alors la différence $t - \mathbf{t}$ deviendra elle-même infiniment petite, si la valeur $\mathbf{t}$ de t reste finie. D'ailleurs, on tirera de l'équation (2)

$$t - \mathbf{t} = \int_0^u T\,du, \tag{3}$$

t étant considéré, sous le signe $\int$, comme fonction de la variable u, et par suite la différence $t - \mathbf{t}$, devenue infiniment petite, sera représentée par l'intégrale singulière

$$\int_0^{\varepsilon} T\, du, \tag{4}$$

dans laquelle ε et $t - \mathrm{t}$ seront infiniment petits, en sorte qu'on pourra généralement y poser, sans erreur sensible, $t = \mathrm{t}$. Donc, pour que la valeur t de t reste finie, il sera nécessaire que cette intégrale singulière offre une valeur infiniment petite. C'est ce qui arrivera, en général, quand on aura $u = \frac{1}{X}$. Mais, si l'on prend $u = \frac{1}{x}$, l'intégrale (4) deviendra

$$\int_{\frac{1}{0}}^{\frac{1}{\varepsilon}} \frac{dx}{X}.$$

En conséquence, on pourra énoncer la proposition suivante :

Théorème I. — *Si, la fonction X ne cessant jamais d'être monodrome ou monogène, l'intégrale singulière*

$$\int_{\frac{1}{0}}^{\frac{1}{\varepsilon}} \frac{dx}{X} \tag{5}$$

conserve une valeur finie, la valeur t *de* t, *pour laquelle le développement de l'intégrale* x *de l'équation* (1) *cessera d'être convergent, rendra la fonction* x *infinie ou indéterminée.*

Corollaire. — Comme l'intégrale singulière

$$\int_{\frac{1}{0}}^{\frac{1}{\varepsilon}} \frac{dx}{x},$$

loin d'acquérir une valeur infiniment petite, est équivalente à

$$1\frac{0}{\varepsilon},$$

par conséquent infinie, l'intégrale (5) ne pourra généralement devenir infiniment petite que dans le cas où la supposition $x = \frac{1}{0}$ entraînera la condition

$$\frac{x}{X} = 0. \tag{6}$$

Cela posé, on pourra énoncer la proposition suivante :

THÉORÈME II. — *Si l'on nomme X une fonction de x et de t, qui, toujours monodrome et monogène, ne devienne jamais ni indéterminée, ni infinie, pour des valeurs infinies de x et de t; si d'ailleurs, pour une valeur finie de t, le rapport* $\frac{x}{X}$ *ne s'évanouit pas avec* $\frac{1}{x}$, *l'intégrale x de l'équation*

$$D_t x = X$$

sera une fonction synectique *de t.*

Corollaire. — Si X est une fonction entière de x et t, cette fonction ne pourra devenir infinie qu'avec les deux variables x, t, ou du moins avec l'une d'entre elles. Donc alors, si, pour une valeur finie de la variable t, le développement de l'intégrale x de l'équation

$$D_t x = X$$

cesse d'être convergent, on aura tout à la fois, pour cette valeur finie de t,

$$\frac{1}{x} = 0, \qquad \frac{x}{X} = 0. \tag{7}$$

Mais ces deux dernières conditions s'excluront l'une l'autre, si X est indépendant de x, ou du premier degré en x, c'est-à-dire si l'équation proposée est linéaire et de la forme

$$D_t x = x\,\mathrm{f}(t) + \mathrm{F}(t), \tag{8}$$

$\mathrm{f}(t)$, $\mathrm{F}(t)$ désignant deux fonctions entières de t. Donc, en vertu du théorème II, l'intégrale générale de l'équation (8) sera une fonction synectique de t; ce qu'on reconnaît aisément à la seule inspection de cette intégrale représentée par la formule

$$(9)\qquad x = e^{\int_\tau^t f(t)\,dt}\left[\xi + \int_\tau^t e^{-\int_\tau^t f(t)\,dt} F(t)\,dt\right].$$

En général, si le rapport $\frac{x}{X}$ ne s'évanouit pas avec $\frac{1}{x}$, et si X ne cesse jamais d'être monodrome et monogène, le développement de x ne pourra cesser d'être convergent que pour un module de $t - \tau$ correspondant à une valeur de t qui rendra la fonction X infinie ou indéterminée. Ainsi, par exemple, le développement de l'intégrale x de l'équation

$$(10)\qquad D_t x = \frac{a}{x+t},$$

a étant un coefficient constant, ne pourra cesser d'être convergent que pour une valeur de t déterminée par la formule

$$(11)\qquad x + t = 0.$$

Il est aisé de vérifier cette conclusion, attendu que l'intégrale de l'équation (10) est

$$(12)\qquad t = (\xi + \tau + a)e^{\frac{x-\xi}{a}} - (x - a),$$

et que la valeur de x tirée de cette dernière formule se développe en série convergente jusqu'au moment où le module de la différence $t - \tau$ atteint la limite pour laquelle se vérifie la condition

$$\frac{1}{a}(\xi + \tau + a)e^{\frac{x-\xi}{a}} - 1 = \frac{x+t}{a} + 0.$$

550.

CALCUL INTÉGRAL. — *Sur la nature des intégrales d'un système d'équations différentielles du premier ordre.*

C. R., T. XL, p. 376 (19 février 1855).

Le second des théorèmes rappelés dans la précédente séance entraîne évidemment la proposition suivante :

THÉORÈME I. — *Soient, comme dans les précédents Mémoires,*

$$x, \quad y, \quad z, \quad \ldots$$

des inconnues assujetties : 1° *à vérifier, pour une valeur variable de* t, *des équations différentielles de la forme*

$$(1) \qquad D_t x = X, \quad D_t y = Y, \quad D_t z = Z, \quad \ldots,$$

X, Y, Z, ... *étant des fonctions données de* t, x, y, z, ...; 2° *à prendre, pour* $t = \tau$, *les valeurs particulières*

$$(2) \qquad x = \xi, \quad y = \eta, \quad z = \zeta, \quad \ldots;$$

et supposons que les fonctions

$$X, \quad Y, \quad Z, \quad \ldots$$

restent monodromes, monogènes et finies dans le voisinage des valeurs τ, ξ, η, ζ, ..., *attribuées aux variables* x, y, z, ... *On pourra satisfaire, pour un module suffisamment petit de la différence* $t - \tau$, *aux deux conditions énoncées, par des valeurs convenables de* x, y, z, ...; *et ces valeurs, qui représenteront les intégrales des équations* (1), *seront des fonctions monodromes, monogènes et finies de* t, *tant que la différence* $t - \tau$ *n'atteindra pas une limite pour laquelle se vérifie l'une des conditions*

$$(3) \qquad \frac{1}{x} = 0, \quad \frac{1}{y} = 0, \quad \frac{1}{z} = 0, \quad \ldots,$$

$$(4) \qquad \frac{1}{X} = 0, \quad \frac{1}{Y} = 0, \quad \frac{1}{Z} = 0, \quad \ldots,$$

ou bien encore une limite pour laquelle une des fonctions

$$X, \quad Y, \quad Z, \quad \ldots$$

offre une valeur indéterminée [1], *ou cesse d'être une fonction monodrome et monogène des variables* $t, x, y, z, \ldots$.

Le théorème I entraîne évidemment la proposition suivante :

Théorème II. — *Concevons que,* τ *étant l'affixe d'un point déterminé* A, *on nomme* S *une aire qui de toutes parts enveloppe le point* A, *et que l'on assujettisse le point mobile* P, *dont la variable réelle ou imaginaire* t *représente l'affixe, à demeurer compris dans l'aire* S. *L'aire* S *venant à croître et à s'étendre de plus en plus autour du point* A, *les valeurs de* $x, y, z, \ldots$, *assujetties à vérifier les équations* (1) *et les conditions* (2), *seront des fonctions monodromes, monogènes et finies de l'affixe* t, *jusqu'au moment où cette affixe vérifiera, pour un ou plusieurs points situés sur le contour de l'aire* S, *l'une des formules* (3) *ou* (4), *ou bien encore l'une des formules qu'on obtiendra en supposant indéterminée l'une des fonctions*

$$X, \quad Y, \quad Z, \quad \ldots,$$

ou enfin l'une des formules qui exprimeront que $X, Y, Z, \ldots$, *en conservant des valeurs finies, cessent d'être des fonctions monodromes et monogènes de* $t, x, y, z, \ldots$. *D'ailleurs, d'après ce qui a été dit dans la dernière séance, l'*intégration définie *suffira généralement à la détermination des divers points dont il s'agit, et des valeurs de* t *correspondantes à ces mêmes points.*

Corollaire I. — Si les fonctions

$$X, \quad Y, \quad Z, \quad \ldots$$

(1) Le cas où l'une des fonctions $X, Y, Z, \ldots$ offre une valeur indéterminée mérite une mention spéciale, cette indétermination pouvant se produire pour certaines valeurs des variables, sans que la fonction cesse d'être, pour des valeurs voisines, monodrome et monogène. Ainsi, par exemple, la fonction $\frac{x+t}{t}$ reste monodrome et monogène, dans le voisinage des valeurs $x = 0$, $t = 0$, qui la rendent indéterminée.

ne cessent jamais d'être monodromes et monogènes, les intégrales x, y, z, ... des équations (1) ne pourront cesser de l'être que pour des valeurs de t propres à rendre ces fonctions indéterminées, ou à vérifier les formules (3) ou (4). D'ailleurs, à ces valeurs de t correspondront des points isolés C, C′, C″, ..., complètement déterminés de position dans le plan des affixes. Soient $\mathfrak{t}$ la valeur finie de t relative à l'un de ces points, et

$$\mathfrak{x},\quad \mathfrak{y},\quad \mathfrak{z},\quad \ldots$$

les valeurs correspondantes de x, y, z, ... Pour savoir si les intégrales x, y, z, ... des équations (1) cessent d'être monodromes et monogènes dans le voisinage de la valeur $t = \mathfrak{t}$, il suffira de recourir à l'intégration par approximation des équations (1) et de chercher les valeurs x, y, z, ... correspondantes à des valeurs infiniment petites de $t - \mathfrak{t}$. On y parviendra sans peine, si les valeurs $\mathfrak{x}$, $\mathfrak{y}$, $\mathfrak{z}$, ... sont finies, en observant qu'à des valeurs infiniment petites de $t - \mathfrak{t}$ correspondront des valeurs infiniment petites des différences

$$x - \mathfrak{x},\quad y - \mathfrak{y},\quad z - \mathfrak{z},\quad \ldots,$$

et en négligeant les infiniment petits d'ordres supérieurs relativement à ceux qui seront d'un ordre moindre. Si une ou plusieurs des quantités $\mathfrak{x}$, $\mathfrak{y}$, $\mathfrak{z}$, ... sont infinies, on pourra résoudre la question en substituant aux quantités

$$\mathfrak{t},\quad \mathfrak{x},\quad \mathfrak{y},\quad \mathfrak{z},\quad \ldots$$

des quantités

$$\mathrm{t},\quad \mathrm{x},\quad \mathrm{y},\quad \mathrm{z},\quad \ldots$$

qui en soient très voisines ([1]), attendu qu'alors celles des quantités $\mathfrak{x}$, $\mathfrak{y}$, $\mathfrak{z}$, ... qui étaient infinies se trouveront remplacées par

([1]) On pourrait aussi, comme je l'ai fait dans plusieurs Mémoires, substituer à celles des variables

$$x,\quad y,\quad z,\quad \ldots$$

qui deviendront infinies pour $t = \mathfrak{t}$, les rapports qui correspondront à ces variables dans la suite

$$\frac{1}{x},\quad \frac{1}{y},\quad \frac{1}{z},\quad \ldots.$$

des quantités finies, mais dont les modules seront très considérables. Si, pour abréger, on pose

$$(5)\qquad t-\mathrm{t}=\theta,\qquad x-\mathrm{x}=\alpha,\qquad y-\mathrm{y}=\beta,\qquad z-\mathrm{z}=\gamma\qquad \ldots,$$

on pourra, dans tous les cas, substituer aux équations (1) des équations différentielles entre les variables

$$\theta,\quad \alpha,\quad \beta,\quad \gamma,\quad \ldots$$

et intégrer par approximation ces équations différentielles en supposant les nouvelles variables infiniment petites.

Ajoutons que, si quelques-unes des fonctions X, Y, Z, ..., étant implicites, cessent d'être monodromes et monogènes, on pourra souvent, avec avantage, comme je l'ai montré en 1846, substituer aux équations finies qui déterminent ces fonctions implicites de nouvelles équations différentielles.

Concevons, pour fixer les idées, qu'il s'agisse d'intégrer l'équation différentielle

$$(6)\qquad \mathrm{D}_t x = y,$$

y étant une fonction implicite de x déterminée par la formule

$$(7)\qquad \mathrm{f}(x,y)=0,$$

dans laquelle $\mathrm{f}(x,y)$ désigne une fonction toujours monodrome et monogène de x et de y. Supposons d'ailleurs que, pour $t=\tau$, on doive avoir $x=\xi$ et, en vertu de la formule (7), $y=\eta$. A l'intégration de l'équation (6) on pourra substituer avec avantage l'intégration simultanée de deux équations différentielles

$$(8)\qquad \mathrm{D}_t x = y,\qquad \mathrm{D}_t y = Y,$$

la valeur de Y étant

$$(9)\qquad Y=-y\frac{\mathrm{D}_x \mathrm{f}(x,y)}{\mathrm{D}_y \mathrm{f}(x,y)},$$

et les intégrales x, y étant assujetties à prendre, pour $t=\tau$, les valeurs particulières ξ, η. Cela posé, l'aire S venant à s'étendre, les valeurs de t, pour lesquelles les intégrales x, y pourront cesser d'être des fonctions monodromes et monogènes de t, seront celles pour lesquelles se vérifiera l'une des formules

$$x = \frac{1}{0}, \qquad y = \frac{1}{0}, \qquad D_y f(x, y) = 0, \tag{10}$$

ou bien encore la formule

$$\frac{y D_x f(x, y)}{D_y f(x, y)} = \frac{0}{0}. \tag{11}$$

Soient $\mathbf{t}$ l'une de ces valeurs de t, et t une autre valeur très voisine. Soient d'ailleurs x, y les valeurs de x et y correspondantes à $t = \mathrm{t}$, et posons, pour abréger,

$$t - \mathrm{t} = \theta, \qquad x - \mathrm{x} = \alpha, \qquad y - \mathrm{y} = \beta; \tag{12}$$

α, β deviendront infiniment petits en même temps que θ, et en vertu de l'équation (7), si α est un infiniment petit du premier ordre, β sera un autre infiniment petit dont l'ordre sera un nombre fractionnaire. Soit μ cet ordre. Pour que l'intégrale x ne cesse pas d'être une fonction monodrome et monogène de t, dans le voisinage de la valeur de t attribuée à t, il sera nécessaire et il suffira que μ soit de l'une des formes

$$1 - \frac{1}{n}, \quad 1, \quad 1 + \frac{1}{n},$$

n étant un nombre entier quelconque.

En appliquant ces principes au cas où $f(x,y)$ est une fonction entière des deux variables x, y, on déterminera généralement avec facilité les conditions sous lesquelles l'intégrale x de l'équation (6) est une fonction toujours monodrome et monogène de la variable t.

Si l'on suppose en particulier

$$f(x, y) = y^m - F(x),$$

F(x) étant une fonction entière de x, on retrouvera les résultats obtenus par MM. Briot et Bouquet.

Si l'on supposait

$$f(x, y) = y^4 - 2Py^2 + Q,$$

P, Q étant des fonctions entières de x, alors, pour que l'intégrale x ne cessât pas d'être monodrome et monogène avec la valeur de t correspondante à une valeur infinie de x, il serait nécessaire que le degré de la fonction P se réduisît à l'un des nombres

$$0, \quad 1, \quad 2, \quad 3, \quad 4,$$

et le degré de la fonction $P^2 - Q$ à l'un des nombres

$$0, \quad 2, \quad 3, \quad 4, \quad 5, \quad 6, \quad 8;$$

alors aussi, pour que l'intégrale x ne cessât pas d'être monodrome et monogène dans le voisinage d'une valeur de t correspondante à la dernière des formules (10), il serait nécessaire que l'équation

$$P^2 - Q = 0$$

n'admît pas de racines simples.

Nous venons de voir comment on peut ou démontrer que les intégrales $x, y, z, \ldots$ des équations (1) sont des fonctions toujours monodromes et homogènes de la variable t, ou déterminer les valeurs de t pour lesquelles ces intégrales cessent d'être monodromes et monogènes. Si, dans le dernier cas, on cherche, parmi les valeurs trouvées de t, celle qui fournit le plus petit module de $t - \tau$, celui-ci sera la limite au-dessous de laquelle il suffira d'abaisser le module de la différence $t - \tau$ pour obtenir des valeurs de $x, y, z, \ldots$, développables en séries ordonnées suivant les puissances ascendantes et entières de cette différence.

Nous remarquerons, en finissant, que les fonctions monodromes et monogènes sont précisément celles auxquelles s'appliquent les divers théorèmes que nous avons insérés dans le Tome XXXII des

Comptes rendus (année 1851, 1er semestre), spécialement le théorème énoncé à la page 212 (¹) et ceux qui s'en déduisent.

551.

ANALYSE MATHÉMATIQUE. — *Sur la distinction et la représentation des fonctions continues et discontinues.*

C. R., T. XL, p. 382 (19 février 1855).

Un moyen efficace d'accélérer les progrès des Sciences mathématiques est de perfectionner les notations. Il importe surtout que ces notations soient claires, précises, et n'exposent jamais le lecteur à confondre entre elles des quantités ou des fonctions complètement distinctes. Pour éviter cet inconvénient, j'ai cru devoir, dans mon *Analyse algébrique,* publiée en 1821, restreindre le sens des notations dont on se servait pour exprimer les logarithmes réels ou imaginaires, des puissances fractionnaires ou irrationnelles, et les arcs correspondants à des lignes trigonométriques données. Le parti que j'ai pris alors d'appliquer chacune de ces notations à une seule fonction dont la valeur dépendait uniquement de la valeur attribuée à la variable a été généralement adopté par les géomètres. J'ai moi-même constamment suivi cette règle depuis 1821. Seulement, dans mes derniers Ouvrages et Mémoires, j'ai, avec M. Bjœrling, étendu l'usage de chaque notation au cas même où la partie réelle de la variable dont une fonction dépend est une quantité négative.

Toutefois, il importe de le remarquer, entre les propriétés dont jouissent les diverses fonctions habituellement employées en Analyse, l'une des plus saillantes est la *continuité,* telle que je l'ai définie dans l'Ouvrage cité, en nommant *fonctions continues* celles qui acquièrent des accroissements infiniment petits pour des accroissements infini-

(¹) *Œuvres de Cauchy,* S. I, T. XI, p. 311.

ment petits des variables dont elles dépendent; et, pour ce motif, il semblerait utile, suivant une observation judicieuse de M. Hermite, d'appliquer les notations usitées, non plus à des fonctions qui, uniquement dépendantes de la valeur attribuée à une variable, deviennent discontinues quand cette variable dépasse certaines limites, mais à des fonctions assujetties à varier avec elle par degrés insensibles, par conséquent à des fonctions qui ne cesseraient jamais d'être continues.

J'ai cherché à réunir les avantages que présentent l'une et l'autre méthode, et j'ai reconnu qu'on pouvait y parvenir à l'aide d'un procédé très simple. Ce procédé, qui multiplie les ressources de l'Analyse, consiste à introduire simultanément dans le calcul deux espèces de fonctions, les unes toujours continues, les autres continues seulement entre certaines limites, mais uniquement dépendantes des valeurs attribuées aux variables. Je me sers, pour exprimer ces dernières fonctions, des notations usuelles; quant aux fonctions qui deviennent toujours continues, je les distingue à l'aide d'un trait horizontal, qu'il est naturel de prendre pour signe de cette continuité, et que je superpose aux notations dont il s'agit.

Ainsi, en particulier, r étant le module et p l'argument principal d'une variable imaginaire

$$z = r_p,$$

celui des logarithmes népériens de z, dans lequel le coefficient de i est renfermé entre les limites $-\pi$, $+\pi$, sera, suivant l'usage, représenté simplement par la notation $\mathrm{l}z$, en sorte qu'on aura

$$\mathrm{l}z = \mathrm{l}r + \mathrm{i}p;$$

mais, en superposant un trait horizontal à la lettre caractéristique l, nous représenterons par la notation

$$\bar{\mathrm{l}}z$$

un logarithme népérien de la variable z, assujetti à varier avec elle par degrés insensibles. D'ailleurs, il n'est pas sans intérêt de comparer entre eux des logarithmes de l'une et l'autre espèce, comme nous allons le faire voir en peu de mots.

Soit Z une fonction toujours monodrome, monogène et finie de la variable z; soit encore ζ une valeur particulière attribuée à z. Concevons d'ailleurs que, dans un plan donné, ζ soit l'affixe d'un point déterminé A, z l'affixe d'un point mobile P, et que le point P soit assujetti à se mouvoir, avec un mouvement de rotation direct, sur le contour d'une certaine aire S. Nommons s l'arc AP mesuré sur ce contour à partir du point A, et faisons

$$Z = X + Yi, \tag{1}$$

X, Y étant réels. Enfin, supposons que Z ne s'évanouisse en aucun des points situés sur le contour de l'aire S, et que, pour $z = \zeta$, ou, ce qui revient au même, pour $s = 0$, on ait précisément

$$\bar{\text{l}}Z = \text{l}Z. \tag{2}$$

s venant à croître, X, Y varieront avec s par degrés insensibles, et $\text{l}Z$ ne pourra cesser d'être fonction continue de s qu'à un instant où, X étant négatif, Y passera d'une valeur négative à une valeur positive, ou d'une valeur positive à une valeur négative. Or, à un tel instant, la fonction $\text{l}Z$, devenue discontinue, passera brusquement de la valeur $-\pi i$ à la valeur πi, ou de la valeur πi à la valeur $-\pi i$; et par suite, pour qu'elle redevienne continue, on devra lui ajouter dans le premier cas $-2\pi i$, dans le second cas $2\pi i$. Cela posé, concevons que, pour une valeur de s propre à vérifier la condition

$$Y = 0, \tag{3}$$

on nomme *indice* de la fonction

$$\frac{X}{Y}$$

une quantité qui se réduise à zéro quand ce rapport, en passant par l'infini, ne change pas de signe, et à $+1$ ou à -1 lorsque dans ce passage il change de signe, savoir à $+1$ quand il passe du négatif au positif, et à -1 dans le cas contraire. Il est clair qu'à partir du moment où, pour la première fois, la valeur de s vérifiera l'équation (3) avec la condition

$$(4) \qquad X < 0,$$

la formule (2) devra être remplacée par la suivante

$$(5) \qquad \bar{l}Z = lZ + 2\pi k i,$$

k étant l'indice correspondant à cette valeur de s. Par suite aussi, lorsque le point mobile P aura décrit, avec un mouvement de rotation direct, une portion quelconque du contour c de l'aire S, on aura

$$(6) \qquad \bar{l}Z = lZ + 2\pi K i,$$

K désignant la somme des indices de la fonction $\frac{X}{Y}$ correspondants aux diverses valeurs de s qui vérifieront l'équation (3) avec la condition (4). Enfin, si l'on désigne par la notation [S] la valeur qu'acquiert cette somme à l'instant où le point P revient à sa position initiale A après avoir décrit le contour entier c de l'aire S, on aura en cet instant, c'est-à-dire pour $s = c$,

$$(7) \qquad \bar{l}Z = lZ + 2\pi[S]i.$$

Par conséquent, le produit $2\pi[S]i$ représentera l'accroissement que prendra la fonction $\bar{l}Z$, tandis que l'arc s passera d'une valeur nulle à la valeur c. Pareillement, si l'on désigne par la notation (S) la somme des indices de la fonction $\frac{X}{Y}$ correspondants aux diverses valeurs de s qui, étant égales ou inférieures à c, vérifieront l'équation (3) avec la condition

$$(8) \qquad X > 0,$$

le produit $2\pi(S)i$ représentera l'accroissement que prendra la fonction $\bar{l}(-Z)$, tandis que l'arc s passera d'une valeur nulle à la valeur c; et par suite, si l'on suppose que, pour $s = 0$, on ait précisément

$$(9) \qquad \bar{l}(-Z) = -l(-Z),$$

on aura, pour $s = c$,

$$(10) \qquad \bar{l}(-Z) = l(-Z) + 2\pi(S)i,$$

la valeur de $l(-Z)$ étant la même dans les formules (9) et (10). Par suite aussi l'accroissement que prendra la différence

$$\bar{l}(-Z) - \bar{l}Z,$$

quand S passera d'une valeur nulle à la valeur c, sera le produit de $2\pi i$ par la différence

$$(S) - [S].$$

Mais, de ces deux différences, la première évidemment devra se réduire à l'accroissement que prendra

$$\bar{l}(-1),$$

quand le point mobile P aura décrit le contour entier de l'aire S, c'est-à-dire à zéro, puisque $\bar{l}(-1)$ sera indépendant de s. Donc la seconde différence devra elle-même s'évanouir, et l'on aura

$$(11) \qquad [S] = (S).$$

Ainsi, tandis que l'arc s passe d'une valeur nulle à la valeur c, la somme des indices de la fonction $\frac{X}{Y}$ correspondants à des valeurs négatives de X coïncide avec la somme des indices correspondants à des valeurs positives de X; chacune de ces deux sommes est donc la moitié de la somme totale des indices de la fonction $\frac{X}{Y}$, ou, en d'autres termes, la moitié de son *indice intégral*.

Lorsqu'en considérant non plus des logarithmes, mais des puissances fractionnaires ou irrationnelles, ou des arcs de cercle correspondants à des lignes trigonométriques données, nous assujettirons ces diverses fonctions à la loi de continuité, nous indiquerons encore cette circonstance à l'aide d'un trait horizontal superposé à ces fonctions, en écrivant par exemple :

$$\overline{z^{\mu}}, \quad \overline{\text{arc tang} z}, \quad \overline{\text{arc sin} z}, \quad \ldots.$$

D'ailleurs la comparaison de ces fonctions à celles qu'indiquent les notations usuelles fournira encore des équations analogues aux formules (5), (6), (7) et (10).

Dans un autre article, nous montrerons avec quelle facilité on déduit de ces formules le théorème sur le nombre des racines imaginaires d'une équation propres à représenter les affixes de points enveloppés par un contour donné, et d'autres propositions qui méritent d'être remarquées.

552.

Calcul infinitésimal. — *Sur les rapports différentiels des quantités géométriques, et sur les intégrales synectiques des équations différentielles.*

C. R., T. XL, p. 445 (26 février 1855).

§ I. — *Rapports différentiels des quantités géométriques.*

Soient x, y deux quantités géométriques, et ξ, η deux valeurs qu'acquièrent simultanément ces mêmes quantités. La valeur correspondante du rapport différentiel

$$\frac{dy}{dx} \tag{1}$$

ne sera autre chose que la limite vers laquelle convergera le rapport aux différences finies

$$\frac{y-\eta}{x-\xi}, \tag{2}$$

tandis que le module de la différence $x-\xi$ décroîtra indéfiniment. D'ailleurs cette limite, qui dépendra généralement de la valeur ξ attribuée à x, dépendra, en outre, si y n'est pas une fonction monogène de x, de l'argument de la différence $x-\xi$, ou, en d'autres termes, de la direction qu'aura la droite menée du point dont ξ est l'affixe, au point mobile dont l'affixe est représentée par la lettre x.

Si les variables x, y sont des fonctions données d'une autre variable t, on pourra dire encore que le rapport différentiel

$$\frac{dy}{dx} = \frac{D_t y}{D_t x} \tag{3}$$

est la limite vers laquelle converge le rapport aux différences finies

$$\frac{y - \eta}{x - \xi},$$

tandis que t s'approche indéfiniment de la limite τ pour laquelle on a $x = \xi$, $y = \eta$. D'ailleurs, si l'on nomme ρ le module et ϖ l'argument de la différence $t - \tau$, en sorte qu'on ait

$$t - \tau = \rho_\varpi,$$

la limite dont il s'agit pourra dépendre de l'argument ϖ.

Si, τ étant nul ou même infini, on pose simplement

$$t = \rho_\varpi,$$

la valeur commune des deux rapports

$$\frac{D_t y}{D_t x}, \quad \frac{y - \eta}{x - \xi},$$

correspondante à la valeur τ de t, dépendra encore généralement de l'argument ϖ de la variable t, ou, ce qui revient au même, de l'argument $-\varpi$ de

$$\frac{1}{t} = \rho_{-\varpi}.$$

Si ξ, η s'évanouissent, la valeur de

$$\frac{dy}{dx} = \frac{D_t y}{D_t x},$$

correspondante à $t = \tau$, ne sera autre chose que la limite vers laquelle convergera le rapport

(4) $$\frac{y}{x},$$

tandis que t s'approchera indéfiniment de τ.

Pour faire mieux saisir ce qui précède, supposons

(5) $$x = \cos t, \qquad y = \sin t;$$

la valeur du rapport

$$\frac{y}{x} = \operatorname{tang} t = -\mathrm{i}\frac{e^{t\mathrm{i}} - e^{-t\mathrm{i}}}{e^{t\mathrm{i}} + e^{-t\mathrm{i}}},$$

correspondante à une valeur infinie de t, sera $-\mathrm{i}$ ou i, suivant que le coefficient de i dans t sera négatif ou positif, ou, ce qui revient au même, suivant que $\sin\varpi$ sera négatif ou positif; et il est facile de s'assurer que la valeur de $\frac{dy}{dx}$, correspondante à $t = \frac{1}{0}$, sera elle-même égale à $-\mathrm{i}$ dans le premier cas, à i dans le second.

Si l'on posait

(6) $$x = \cos t^m, \qquad y = \sin t^m,$$

m étant un nombre entier, alors, pour $t = \frac{1}{0}$, la valeur commune des deux rapports

$$\frac{y}{x}, \quad \frac{dy}{dx}$$

passerait $2m$ fois de la valeur $-\mathrm{i}$ à la valeur i, ou réciproquement, tandis que l'on ferait varier l'argument ϖ entre les limites $-\pi$, $+\pi$.

Les rapports (1) ou (3), et (2) ou (4) ayant la même valeur pour $t = \tau$, leur valeur commune pourra se déduire de la considération de l'un quelconque de ces deux rapports. Cette remarque peut quelquefois être utile. Concevons, pour fixer les idées, que les variables x, y soient assujetties à vérifier les équations différentielles

(7) $$D_t y = x, \qquad D_t x = -y,$$

et que l'on demande la valeur du rapport $\frac{y}{x}$ pour une valeur infinie de la variable indépendante t. En nommant θ cette valeur, on aura, pour $t=\frac{1}{0}$,

$$\frac{y}{x}=\frac{D_t y}{D_t x}=\theta,$$

et par suite les formules (7), desquelles on tire

$$\frac{D_t y}{D_t x}=-\frac{x}{y},$$

donneront

$$\theta=-\frac{1}{\theta}, \qquad \theta^2=-1, \qquad \theta=\pm i.$$

Donc le rapport $\frac{y}{x}$ offrira, pour $t=\frac{1}{0}$, deux valeurs distinctes $-i$, $+i$, ce qui est exact.

§ II. — *Intégrales synectiques d'équations différentielles.*

J'appelle *synectique* une fonction qui, pour une valeur finie de la variable dont elle dépend, est toujours, non seulement monodrome et monogène, mais encore finie. Les fonctions entières d'une variable indépendante t, et celles qui se développent, suivant les puissances entières et ascendantes de t, en séries toujours convergentes, par exemple

$$e^t, \quad \cos t, \quad \sin t,$$

sont des fonctions synectiques de t.

Étant donné, entre la variable indépendante t et plusieurs inconnues x, y, z, ..., un système d'équations différentielles, on pourra souvent, à l'aide des principes exposés dans les séances précédentes, s'assurer que leurs intégrales sont des fonctions synectiques de t.

Concevons, pour fixer les idées, que x et y soient assujetties à vérifier les deux équations

$$D_t x=y, \qquad D_t y=-x.$$

Les seules valeurs de t pour lesquelles x, y pourront cesser d'être monodromes et monogènes seront celles qui correspondront à des valeurs infinies de x ou de y. D'ailleurs, à une valeur finie de l'une des variables x, y répondra, en vertu des formules (1), une valeur finie de l'autre. Donc elles deviendront simultanément infinies, et ne pourront cesser d'être monodromes et monogènes que pour une valeur t de t, qui rendra x et y infinies. D'ailleurs, si l'on nomme θ la valeur qu'acquerra le rapport $\frac{y}{x}$, pour des valeurs infinies de x et de y, on trouvera (*voir* le § I) $\theta = \pm\, \mathrm{i}$, et l'on aura sensiblement, pour de très grands modules de x et de y,

$$\frac{y}{x} = \theta.$$

Donc, pour une valeur de t voisine de t, la première des équations (1), que l'on peut écrire comme il suit,

$$dt = \frac{x}{y}\, d\,\mathrm{l}x$$

donnera sensiblement

$$dt = \frac{1}{\theta}\, d\,\mathrm{l}x,$$

et

$$t - \mathrm{t} = -\frac{1}{\theta}\,\mathrm{l}\frac{x}{0},$$

par conséquent

$$\mathrm{t} = t + \frac{1}{\theta}\,\mathrm{l}\frac{x}{0} = \frac{1}{0}.$$

Donc la valeur t de t correspondante à des valeurs infinies de x et de y sera elle-même infinie, et, pour des valeurs finies de t, les intégrales x, y des équations (1) seront toujours, non seulement monodromes et monogènes, mais encore finies; en d'autres termes, ces intégrales seront des fonctions synectiques de t. Cette conclusion est d'ailleurs facile à vérifier, puisque, en intégrant les équations (1), on trouve

$$x = r\cos(t - \tau), \qquad y = \sin(t - 1),$$

r, τ étant deux constantes arbitraires.

Lorsqu'une fonction z de t est toujours monodrome et monogène, on peut en dire autant du rapport

$$\frac{D_t z}{z} = D_t \,\mathrm{\bar{l}}\, z,$$

et même de la dérivée

$$D_t^n \,\mathrm{\bar{l}}\, z,$$

n étant un nombre entier quelconque. Si cette dérivée se décompose en deux parties u et v, toujours monodromes et monogènes, on pourra satisfaire à l'équation

$$(2) \qquad D_t^n \,\mathrm{\bar{l}}\, z = u + v,$$

en posant

$$(3) \qquad z = \frac{y}{x},$$

$$(4) \qquad D_t^n \,\mathrm{l}\, y = u, \qquad D_t^n \,\mathrm{\bar{l}}\, x = v,$$

et alors x, y seront encore monodromes et monogènes. Il y a plus : x, y seront toujours finies, pour des valeurs finies de t, et se réduiront en conséquence à des fonctions synectiques de t, si les fonctions u, v restent finies, la première quand on pose $z = \frac{1}{0}$, la seconde quand on pose $z = 0$. Ce principe fécond s'applique avec avantage à la discussion des intégrales des équations différentielles. Il met en évidence leurs diverses propriétés, et conduit, avec une grande facilité, à la représentation, sous forme fractionnaire, des fonctions circulaires, elliptiques et abéliennes. Pour donner une idée de ces applications, je me bornerai à deux exemples.

Considérons d'abord la fonction circulaire

$$(5) \qquad z = \mathrm{tang}(t - \tau).$$

Elle se confond avec l'intégrale z de l'équation différentielle

$$(6) \qquad D_t z = 1 + z^2,$$

cette intégrale étant assujettie à s'évanouir avec la différence $t - \tau$. D'ailleurs, en vertu de la formule (6), z sera une fonction toujours monodrome et homogène de t, sans être synectique, puisqu'à une valeur infinie de z correspondra une valeur finie de t. Mais pour satisfaire à l'équation (6), présentée sous la forme

$$(7) \qquad D_t \,\bar{1} z = \frac{1}{z} + z,$$

il suffira de poser

$$(3) \qquad z = \frac{y}{x},$$

$$(8) \qquad D_t \,\bar{1} y = \frac{1}{z}, \qquad D_t \,\bar{1} x = -z;$$

et alors x, y seront certainement synectiques, puisqu'ils seront, non seulement monodromes et monogènes, mais toujours finis pour des valeurs finies de t, y ne cessant pas de l'être pour $z = \frac{1}{0}$, ni x pour $z = 0$. On arriverait encore à cette conclusion en observant que les équations (8), eu égard à la formule (3), coïncident avec les équations (1).

Considérons en second lieu l'intégrale z de l'équation différentielle

$$(9) \qquad D_t z = Z,$$

la valeur de Z étant de la forme

$$(10) \qquad Z = h\overline{(1-az)^{\mu}}\;\overline{(1-bz)^{\mu'}}\;\overline{(1-cz)^{\mu''}}\ldots,$$

les lettres a, b, c, ..., h désignant d'ailleurs des paramètres quelconques réels ou imaginaires, et μ, μ', μ'', ... étant des fractions réduites à leurs plus simples expressions. Supposons que z doive se réduire à ζ pour $t = \tau$. Nommons m le nombre des exposants μ, μ', μ'', ..., que nous supposerons rangés dans leur ordre de grandeur, ou, ce qui revient au même, le nombre de facteurs variables de Z, dont chacun est réduit par le trait superposé à une fonction continue de z; et faisons, pour abréger,

$$(11) \qquad \mu + \mu' + \mu'' + \ldots = \nu.$$

Pour que l'intégrale z de l'équation (9) soit une fonction toujours monodrome et monogène de t, il sera nécessaire et il suffira (page 218) que chacun des nombres

$$\mu, \quad \mu', \quad \mu'', \quad \mu''', \quad \ldots, \quad \nu$$

soit de l'une des deux formes

$$(12) \qquad 1 - \frac{1}{n} \quad \text{et} \quad 1 + \frac{1}{n},$$

n étant un nombre entier; donc alors, si l'on n'a pas $\nu = 0$, ce qui réduirait Z à h et l'intégrale z à la fonction symétrique $\zeta + h(t - \tau)$, chacun des nombres

$$\mu, \quad \mu', \quad \mu'', \quad \mu''', \quad \ldots, \quad \nu$$

sera un des termes de la suite

$$(13) \qquad \frac{1}{2}, \quad \frac{2}{3}, \quad \frac{3}{4}, \quad \frac{4}{5}, \quad \frac{5}{6}, \quad \ldots, \quad 1, \quad \ldots, \quad \frac{7}{6}, \quad \frac{6}{5}, \quad \frac{5}{4}, \quad \frac{4}{3}, \quad \frac{3}{2}, \quad 2.$$

Cette condition étant supposée remplie, on aura nécessairement

$$(14) \qquad \frac{m}{2} < \nu < 2,$$

le signe $<$ étant censé comprendre le cas d'égalité. En conséquence, $\frac{m}{2}$ ne pouvant surpasser 2, m sera l'un des nombres 1, 2, 3, 4; et, si $\frac{m}{2} = 2$, on aura nécessairement

$$(15) \qquad \nu = 2, \qquad \mu' = \mu'' = \mu''' = \mu^{\text{IV}} = \frac{1}{2}.$$

En outre, le plus petit entre plusieurs nombres ne pouvant jamais surpasser leur moyenne arithmétique, on aura, dans tous les cas,

$$(16) \qquad \mu < \frac{\nu}{m} < \frac{2}{m}$$

et, en particulier, pour $m = 3$,

$$(17) \qquad \nu = \frac{3}{2} \text{ ou } 2, \qquad \mu < \frac{\nu}{3}, \qquad \mu' < \frac{\nu - \mu}{2}, \qquad \mu'' = \nu - \mu - \mu',$$

le signe $<$ comprenant toujours le cas d'égalité. Par suite, si $m = 3$, les valeurs de ν, μ, μ', μ'' seront celles que présente l'une des lignes horizontales du Tableau suivant :

$$(18)\qquad \left\{\begin{array}{cccc} \nu & \mu & \mu' & \mu'' \\ \frac{3}{2} & \frac{1}{2} & \frac{1}{2} & \frac{1}{2} \\ 2 & \frac{1}{2} & \frac{1}{2} & 1 \\ 2 & \frac{1}{2} & \frac{2}{3} & \frac{5}{6} \\ 2 & \frac{1}{2} & \frac{3}{4} & \frac{3}{4} \\ 2 & \frac{2}{3} & \frac{2}{3} & \frac{2}{3} \end{array}\right.$$

Si maintenant on suppose $\mu = 2$, la formule (14) donnera $\nu > 1$; donc ν sera de la forme $1 + \frac{1}{n}$, n pouvant être infini, et $2 - \nu$ sera de la forme $1 - \frac{1}{n}$. Donc alors, en posant $\nu' = 2 - \nu$, on réduira l'équation

$$(19)\qquad \mu' + \mu'' = \nu$$

à la forme

$$(20)\qquad \mu' + \mu'' + \nu' = 2,$$

μ', μ'', ν' étant trois termes de la série (13). Donc, si l'on n'a pas $\nu = 2$, et par suite $\nu' = 0$, les nombres μ, μ' propres à vérifier l'équation (19) seront deux quelconques des termes compris dans l'une des quatre dernières lignes horizontales du Tableau (18). Si l'on supposait $\nu = 2$, la formule (16) donnerait $\mu < 1$, et μ, μ' se réduiraient à deux nombres de la forme

$$1 - \frac{1}{n}, \quad 1 + \frac{1}{n},$$

n pouvant être infini.

Enfin, si l'on supposait $n = 1$, $\mu = \nu$ pourrait être l'un quelconque des termes de la série (13).

Ainsi, dans tous les cas, à l'aide des seules formules (14), (16), (17), (20), on peut déterminer immédiatement, avec la plus grande facilité, les divers systèmes de valeurs de μ, μ', μ'', ... pour lesquelles l'intégrale z de l'équation (9) est une fonction toujours monodrome et monogène de la variable t, et retrouver, de cette manière, les résultats obtenus par MM. Briot et Bouquet. D'ailleurs, en adoptant l'un quelconque de ces systèmes et en désignant par n le dénominateur de la fraction ν réduite à sa plus simple expression, on tirera de la formule (9)

$$(21) \qquad \mathrm{D}_t^n \,\bar{\mathrm{l}} z = \mathrm{D}_t^{n-1} \frac{Z}{z}.$$

D'autre part, chacune des fonctions μ, μ', μ'', ... ayant pour dénominateur un diviseur de n, la valeur de $\mathrm{D}_t^{n-1}\frac{Z}{z}$, tirée des formules (9) et (10), se réduira évidemment à une fonction entière de z et de $\frac{1}{z}$. Donc l'équation (21) sera de la même forme que l'équation (2), et l'intégrale z de l'équation (9) pourra être présentée sous la forme

$$z = \frac{y}{x},$$

y et x étant deux fonctions synectiques de t, déterminées par deux équations semblables aux formules (4).

Si l'on suppose, en particulier,

$$(22) \qquad Z = \overline{(1 - z^2)^{\frac{1}{2}}}\, \overline{(1 - k^2 z^2)^{\frac{1}{2}}},$$

k désignant une constante réelle ou imaginaire, on aura

$$k = 2, \qquad \mathrm{D}_t \frac{Z}{z} = \frac{z}{2} \mathrm{D}_z \frac{Z^2}{z^2}, \qquad \frac{Z^2}{z^2} = \frac{1}{z^2} - (1 + k^2) + k^2 z^2;$$

par suite, l'équation (21) sera réduite à la formule

$$(23) \qquad \mathrm{D}_t^2 \,\bar{\mathrm{l}} z = -\frac{1}{z^2} + k^2 z^2,$$

et les équations (4) aux deux formules

$$(24) \qquad D_t^2 \bar{l}y = -\frac{1}{z^2}, \qquad D_t^2 \bar{l}x = -k^2 z^2,$$

en vertu desquelles y, x seront deux fonctions synectiques de t, dont le rapport représentera l'intégrale z de l'équation (9). Si d'ailleurs z s'évanouit avec t, cette intégrale sera la fonction elliptique $\sin \operatorname{am} t$, dont l'une des plus belles propriétés est celle que nous venons d'énoncer, et que manifestent les formules (24).

La conclusion à laquelle nous sommes parvenu pour l'intégrale de l'équation (9) est précisément celle à laquelle M. Weierstrass est arrivé, non seulement pour les fonctions elliptiques, mais aussi pour les fonctions abéliennes, dans un Mémoire que renferme le Tome XIX du Journal de M. Liouville. Dans ce beau travail, l'Auteur, rappelant deux autres Mémoires composés par lui sur le même sujet, en 1840 et 1847, énonce le principe général sur lequel s'appuie la décomposition de l'équation (3) en deux autres de la forme (4), puis il indique la marche qu'il a suivie pour obtenir, sous forme fractionnaire, les fonctions abéliennes. Il ajoute que sa méthode, appliquée aux fonctions elliptiques, réduit $\sin \operatorname{am} t$ à la forme $\frac{y}{x}$, y et x étant déterminés par les formules

$$(25) \qquad D_t^2 \, ly = +\frac{x^2}{y^2}, \qquad D_t^2 \, lx = -k^2 \frac{y^2}{x^2}.$$

Autant que j'en puis juger, d'après les indications que donne M. Weierstrass, la principale différence entre sa méthode et celle que je viens d'exposer consiste en ce que, dans l'une et dans l'autre, on arrive, par des considérations différentes, à prouver que les intégrales y, x des équations (23) ou (25) sont des fonctions synectiques de la variable t.

553.

Calcul intégral. — *Sur la recherche des intégrales monodromes et monogènes d'un système d'équations différentielles.*

C. R., T. XL, p. 511 (5 mars 1855).

Soient $x, y, z, \ldots$ des inconnues assujetties : 1° à vérifier, pour une valeur variable de t, les équations différentielles

$$(1) \qquad D_t x = X, \quad D_t y = Y, \quad D_t z = Z, \quad \ldots,$$

$X, Y, Z, \ldots$ étant des fonctions données de $x, y, z, \ldots$; 2° à prendre, pour une valeur particulière τ de t, les valeurs correspondantes $\xi, \eta, \zeta, \ldots$. Soit encore $\mathbf{t}$ une valeur finie de t, pour laquelle se vérifie l'une des conditions

$$(2) \qquad \frac{1}{x} = 0, \quad \frac{1}{y} = 0, \quad \frac{1}{z} = 0, \quad \ldots,$$

$$(3) \qquad \frac{1}{X} = 0, \quad \frac{1}{Y} = 0, \quad \frac{1}{Z} = 0, \quad \ldots,$$

ou pour laquelle une des fonctions $X, Y, Z, \ldots$ cesse d'être monodrome et monogène. Il y aura lieu de rechercher si les intégrales $x, y, z, \ldots$ des équations (1) ne cessent pas elles-mêmes d'être monodromes et monogènes dans le voisinage de la valeur $\mathbf{t}$ de la variable t, et un moyen de résoudre cette question sera d'intégrer par approximation les équations (1). J'ajoute que, dans beaucoup de cas, on pourra se dispenser de recourir à cette intégration, et parvenir à la solution cherchée en s'appuyant sur les considérations suivantes.

Nommons

$$\mathfrak{x}, \quad \mathfrak{y}, \quad \mathfrak{z}, \quad \ldots$$

les valeurs particulières de $x, y, z, \ldots$ correspondantes à la valeur $\mathbf{t}$ de t, et supposons d'abord que ces valeurs soient des quantités finies.

Pour savoir si, dans le voisinage de la valeur $\mathfrak{t}$ attribuée à t, les intégrales $x, y, z, \ldots$ des équations (1) cessent ou ne cessent pas d'être monodromes et monogènes, il faudra comparer à la différence $t - \mathfrak{t}$ les différences correspondantes

$$x - \mathfrak{x}, \quad y - \mathfrak{y}, \quad z - \mathfrak{z}, \quad \ldots,$$

qui devront être en même temps qu'elles infiniment petites, et chercher d'abord de quels ordres seront ces dernières quand on considérera $t - \mathfrak{t}$ comme un infiniment petit du même ordre. Or, ces différences étant généralement des mêmes ordres que les produits

$$(t - \mathfrak{t})\,\mathrm{D}_t x, \quad (t - \mathfrak{t})\,\mathrm{D}_t y, \quad (t - \mathfrak{t})\,\mathrm{D}_t z, \quad \ldots,$$

on pourra, dans la recherche de ces ordres, substituer habituellement aux équations (1) les formules

$$(4) \qquad \frac{x - \mathfrak{x}}{t - \mathfrak{t}} = X, \qquad \frac{y - \mathfrak{y}}{t - \mathfrak{t}} = Y, \qquad \frac{z - \mathfrak{z}}{t - \mathfrak{t}} = Z, \qquad \ldots.$$

Concevons qu'en opérant ainsi on trouve les ordres des différences

$$x - \mathfrak{x}, \quad y - \mathfrak{y}, \quad z - \mathfrak{z}, \quad \ldots$$

respectivement égaux à

$$\lambda, \quad \mu, \quad \nu, \quad \ldots.$$

Les intégrales $x, y, z, \ldots$ ne pourront rester monodromes et monogènes, dans le voisinage de la valeur $\mathfrak{t}$ de t pour laquelle on aura $x = \mathfrak{x}$, $y = \mathfrak{y}$, $z = \mathfrak{z}, \ldots$ que, dans le cas où les nombres $\lambda, \mu, \nu, \ldots$ seront tous positifs. Supposons cette condition remplie, et posons

$$(5) \qquad x - \mathfrak{x} = u\,\overline{(t - \mathfrak{t})^{\lambda}}, \qquad y - \mathfrak{y} = v\,\overline{(t - \mathfrak{t})^{\mu}}, \qquad z - \mathfrak{z} = w\,\overline{(t - \mathfrak{t})^{\nu}}, \qquad \ldots.$$

La substitution des inconnues $u, v, w, \ldots$ aux inconnues $x, y, z, \ldots$ transformera les équations (1) en d'autres équations de la forme

$$(6) \qquad \mathrm{D}_t u = U, \qquad \mathrm{D}_t v = V, \qquad \mathrm{D}_t w = W, \qquad \ldots,$$

$U, V, W, \ldots$ étant des fonctions de $t, u, v, w, \ldots$. Si, pour la valeur $\mathfrak{t}$

de t jointe aux valeurs correspondantes de $u, v, w, \ldots$, les fonctions $U, V, W, \ldots$ acquièrent des valeurs finies qui ne soient pas nulles, elles resteront pour l'ordinaire monodromes et monogènes dans le voisinage de ces valeurs, et alors les intégrales $u, v, w, \ldots$ des équations (6) seront elles-mêmes, pour des valeurs de t voisines de t, des fonctions monodromes et monogènes de t; alors aussi, en vertu des formules (5), les intégrales $x, y, z, \ldots$ des équations (1) seront, pour des valeurs de t voisines de t, des fonctions monodromes et monogènes de t, si les ordres

$$\lambda, \quad \mu, \quad \nu, \quad \ldots$$

se réduisent à des nombres entiers : elles cesseront d'être monodromes et monogènes dans le sens contraire.

Si à la valeur t de t correspond non plus une valeur finie, mais une valeur infinie de l'une des intégrales $x, y, z, \ldots$ de l'intégrale x par exemple, alors, dans les calculs précédents, la différence $x - \mathrm{x}$ devra être remplacée par le rapport $\frac{1}{x}$, qui deviendra infiniment petit avec la différence $t - \mathrm{t}$. D'ailleurs, si l'on considère cette différence comme infiniment petite du premier ordre, l'ordre de $\frac{1}{x}$ sera généralement l'ordre du produit

$$(t-\mathrm{t})\frac{D_t x}{x^2} = -(t-\mathrm{t})\,D_t \frac{1}{x},$$

et l'on pourra, dans la recherche de cet ordre, substituer habituellement à la première des équations (1) la formule

$$\frac{x}{t-\mathrm{t}} = X. \tag{7}$$

Concevons qu'en opérant ainsi on trouve l'ordre de $\frac{1}{x}$ égal à λ. L'intégrale x ne pourra rester monodrome et monogène dans le voisinage de la valeur t de t pour laquelle on aura $x = \frac{1}{0}$, que dans le cas où le nombre λ sera positif. Supposons cette condition remplie, et posons

$$\mathrm{x} = u(t-\mathrm{t})^{-\lambda}. \tag{8}$$

Après avoir à la première des formules (5) substitué l'équation (8), on pourra encore, à l'aide de ces formules, obtenir entre les variables inconnues u, v, w, ... des équations de la forme (6), puis en tirer des conclusions identiques avec celles que nous avons ci-dessus énoncées.

On arriverait encore à des conclusions semblables si, pour la valeur t de t, plusieurs des variables x, y, z, ... devenaient infinies. Seulement alors plusieurs des formules (4) devraient être remplacées par des équations correspondantes prises dans le système

$$(9) \qquad \frac{x}{t-\mathrm{t}} = X, \qquad \frac{y}{t-\mathrm{t}} = Y, \qquad \frac{z}{t-\mathrm{t}} = Z, \qquad \ldots,$$

et plusieurs des formules (5) par des équations correspondantes prises dans le système

$$(10) \qquad x = u\overline{(t-\mathrm{t})^{-\lambda}}, \qquad y = v\overline{(t-\mathrm{t})^{-\mu}}, \qquad z = w\overline{(t-\mathrm{t})^{-\nu}}, \qquad \ldots.$$

Le cas où, t étant fini, le nombre λ serait infini, mérite une attention spéciale. Dans ce cas, si à la première des formules (5) on substitue l'équation

$$(11) \qquad x = e^{u(t-\mathrm{t})},$$

les intégrales u, v, w, ... des formules (6) seront encore, sous les conditions énoncées, et pour des valeurs de t voisines de t, des fonctions monodromes et monogènes de t; mais on ne pourra pas en dire autant des intégrales x, y, z, ..., qui ne resteront monodromes et monogènes que si les exposants

$$\mu, \quad \nu, \quad \ldots$$

sont des nombres entiers.

Lorsque, en suivant la marche ici tracée, on aura constaté que les intégrales $x, y, z, \ldots$ des équations (1) sont, du moins entre certaines limites du module de $t - \tau$, des fonctions monodromes et monogènes de la variable t, on pourra évidemment appliquer à ces intégrales les théorèmes généraux que j'ai déduits du Calcul des résidus, spécialement le théorème énoncé à la page 212 du Tome XXXII des *Comptes rendus* ([1]); on pourra en conséquence développer ces intégrales en séries, les décomposer en fractions simples ou en facteurs simples, ...; et ces développements, ces décompositions pourront s'effectuer pour des valeurs quelconques de la variable t, si les intégrales $x, y, z, \ldots$ ne cessent jamais d'être monodromes et monogènes. Enfin les formes des développements resteront les mêmes, quelle que soit la valeur attribuée à t, si, pour toute valeur finie de t, les intégrales $x, y, z, \ldots$ sont non seulement monodromes et monogènes, mais encore finies, et par conséquent synectiques.

Lorsque les intégrales $x, y, z, \ldots$ ne restent pas toujours monodromes et monogènes, on peut chercher à établir entre ces intégrales et de nouvelles inconnues $u, v, w, \ldots$ des relations simples, mais telles que $u, v, w, \ldots$ soient des fonctions toujours monodromes et monogènes de la variable t. Montrons en peu de mots comment ce nouveau problème peut être résolu.

Concevons, pour fixer les idées, que les équations (1) soient remplacées par celles qui se déduisent des deux formules

$$(12)\qquad \left\{\begin{aligned} X^{-1}\,\mathrm{D}_t x + Y^{-1}\,\mathrm{D}_t y &= h,\\ x X^{-1}\,\mathrm{D}_t x + y Y^{-1}\,\mathrm{D}_t y &= k,\end{aligned}\right.$$

et que l'on ait, en conséquence,

$$(13)\qquad \left\{\begin{aligned} \mathrm{D}_t x &= \frac{hy-k}{y-x}X,\\ \mathrm{D}_t y &= \frac{k-hx}{y-x}Y,\end{aligned}\right.$$

les lettres h, k désignant deux constantes réelles ou imaginaires, X étant une fonction de x, et Y étant ce que devient X quand on y remplace x par y. Concevons encore que, dans ces équations, X soit de la forme

$$(14)\qquad X = \overline{(1-ax)^{\alpha}}\,\overline{(1-bx)^{\beta}}\,\overline{(1-cx)^{\gamma}}, \qquad \ldots,$$

([1]) *Œuvres de Cauchy*, S. I, T. XI, p. 311.

$a, b, c, \ldots$ étant des constantes réelles ou imaginaires, et $\alpha, \beta, \gamma; \ldots$ des exposants entiers ou fractionnaires. Les intégrales x, y ne pourront cesser d'être monodromes et monogènes dans le voisinage d'une valeur particulière t attribuée à la variable t, que dans le cas où à cette valeur répondra une valeur infinie de x ou de y, ou une valeur nulle ou infinie de X ou de Y, ou enfin une valeur nulle de $y - x$, c'est-à-dire dans le cas où se vérifiera l'une des conditions

$$(15) \qquad x = \frac{1}{0}, \qquad y = \frac{1}{0},$$

$$(16) \qquad x = \frac{1}{a}, \quad x = \frac{1}{b}, \quad x = \frac{1}{c}, \quad \ldots, \quad y = \frac{1}{a}, \quad y = \frac{1}{b}, \quad y = \frac{1}{c}, \quad \ldots,$$

$$(17) \qquad y = x.$$

D'ailleurs, dans le voisinage d'une valeur de t, pour laquelle se vérifiera l'une des conditions (16), les intégrales x, y ne cesseront pas d'être des fonctions monodromes et monogènes de t, si chacun des exposants

$$\alpha, \quad \beta, \quad \gamma, \quad \ldots$$

est de l'une des trois formes

$$1 - \frac{1}{n}, \quad 1, \quad 1 + \frac{1}{n},$$

la lettre n désignant un nombre entier. Supposons cette condition remplie, et faisons

$$\alpha + \beta + \gamma + \ldots = \iota.$$

Dans le voisinage d'une valeur de t, pour laquelle se vérifiera l'une des conditions (15), les intégrales x, y ne cesseront pas d'être des fonctions monodromes et monogènes de t, si la différence

$$\iota - 1$$

est elle-même de l'une des trois formes $1 - \frac{1}{n}$, 1, $1 + \frac{1}{n}$. Supposons encore cette dernière condition remplie. Alors les intégrales x, y ne pourront cesser d'être monodromes et monogènes que dans le voisinage d'une valeur de t, pour laquelle se vérifiera l'équation (17);

ajoutons que, pour une telle valeur de t, la fonction $(y-x)^2$, dont la dérivée vérifiera la formule

$$\frac{1}{2}\mathrm{D}_t(y-x)^2 = k(X+Y) - h(yX+xY),$$

ne cessera pas d'être monodrome et monogène, et que la racine carrée d'une fonction monodrome et monogène cesse généralement de l'être quand on attribue à la variable indépendante des valeurs voisines de l'une de celles pour laquelle la fonction s'évanouit. Cela posé, il est clair que dans l'hypothèse admise la racine carrée $x-y$ de $(y-x)^2$, et par suite les inconnues x, y, cesseront d'être monodromes et monogènes pour des valeurs de t voisines de celles qui vérifieront la formule (17); quant à la fonction de x et de y, représentée par $(y-x)^2$, elle restera toujours, et pour une valeur quelconque de t, monodrome et monogène avec les deux fonctions

$$x+y \quad \text{et} \quad xy,$$

dont les dérivées, déterminées par les formules

$$\mathrm{D}_t(y+x) = \frac{h(yX-xY)-k(X-Y)}{y-x},$$

$$\mathrm{D}_t(xy) \quad = \frac{h(y^2X-x^2Y)-k(yX-xY)}{y-x},$$

conserveront des valeurs finies quand on posera $y=x$.

On arriverait à des résultats analogues, en considérant, non plus les équations (12), mais un système de n équations du même genre entre n variables $x, y, z, \ldots$, par exemple les trois équations

$$(18)\quad \begin{cases} X^{-1}\mathrm{D}_t x + Y^{-1}\mathrm{D}_t y + Z^{-1}\mathrm{D}_t z = h, \\ x\,X^{-1}\mathrm{D}_t x + y\,Y^{-1}\mathrm{D}t y + z\,Z^{-1}\mathrm{D}_t z = k, \\ x^2X^{-1}\mathrm{D}_t x + y^2Y^{-1}\mathrm{D}_t y + z^2Z^{-1}\mathrm{D}_t z = l, \end{cases}$$

h, k, l étant des constantes réelles ou imaginaires, et X, Y, Z des fonctions semblables, mais irrationnelles, qui dépendraient la première de la variable x, la deuxième de la variable y, la troisième de la variable z.

Remarquons d'ailleurs que l'intégration des équations (12), (18), etc., et la détermination des fonctions abéliennes sont deux opérations identiques. Ainsi, en particulier, intégrer les équations (12), en assujettissant les intégrales x, y à prendre pour une valeur nulle de t les valeurs ξ, η, c'est, en d'autres termes, calculer les valeurs des fonctions abéliennes x, y déterminées par les deux équations

$$\int_\xi^x X^{-1}\,dx + \int_\eta^y Y^{-1}\,dy = ht,$$

$$\int_\xi^x x X^{-1}\,dx + \int_\eta^y y Y^{-1}\,dy = kt.$$

554.

Analyse infinitésimale. — *Rapport sur un Mémoire présenté à l'Académie par MM.* Briot *et* Bouquet, *et intitulé :* Recherches sur les fonctions définies par les équations différentielles.

C. R., T. XL, p. 557 (12 mars 1855).

Les recherches de MM. Briot et Bouquet, dans le travail soumis à notre examen, concernent les fonctions définies par les équations différentielles. D'ailleurs, comme le reconnaissent les auteurs eux-mêmes, ces recherches se trouvent intimement liées à celles que l'un de nous a publiées à diverses époques, savoir : en 1835, dans le Mémoire sur l'intégration des équations différentielles; en 1846, dans plusieurs Mémoires que renferment les *Comptes rendus hebdomadaires des séances de l'Académie des Sciences*, et, en 1852, dans le Mémoire sur l'application du Calcul infinitésimal à la détermination des fonctions implicites [1]. Nous serons donc obligés de rappeler d'abord

[1] *Œuvres de Cauchy*, S. II, T. XI; S. I, T. X; et S. I, T. XI, p. 406.

quelques-uns des résultats obtenus dans ces Mémoires. On pourra ainsi mieux apprécier le caractère et l'importance des résultats nouveaux auxquels MM. Briot et Bouquet sont parvenus.

Le nombre des équations différentielles que l'on peut intégrer en termes finis étant très peu considérable, on a essayé, depuis longtemps, de les intégrer par séries. Ainsi, par exemple, étant donnée une équation différentielle du premier ordre entre la variable t et une fonction inconnue de t représentée par x, avec la valeur particulière ξ de la fonction x, correspondante à la valeur particulière τ de la variable t, on a supposé la fonction x développée par la formule de Taylor en une série ordonnée suivant les puissances ascendantes et entières de $t-\tau$; et, comme on parvient facilement à déterminer les coefficients des diverses puissances dans cette série, en les déduisant des valeurs connues de τ, ξ à l'aide de l'équation donnée et de ses dérivées des divers ordres, et en laissant d'ailleurs arbitraire la constante ξ, on en a conclu que toute équation différentielle du premier ordre entre x et t admettait une intégrale générale, et que cette intégrale se trouvait représentée par la série de Taylor, c'est-à-dire par la somme de cette série, les coefficients étant déterminés, comme on vient de l'expliquer, en fonction de τ et de la constante arbitraire ξ. Toutefois, les considérations précédentes ne donnaient pas la certitude que l'on eût effectivement intégré l'équation proposée, ni même que cette équation admît une intégrale; car, d'une part, on ne démontrait pas généralement que la série obtenue fût convergente, et l'on sait que les séries divergentes n'ont pas de sommes; d'autre part, une série même convergente qui provient du développement d'une fonction, effectué à l'aide de la formule de Taylor, ne représente pas toujours la fonction dont il s'agit. L'intégration par série pouvait donc être illusoire. Pour transformer cette intégration en une méthode exacte et rigoureuse, il était nécessaire d'examiner sous quelles conditions et en quelles limites les séries trouvées étaient convergentes. Ces deux questions ont été traitées dans les Mémoires ci-dessus rappelés; et, dans le dernier de ces Mémoires, les conclusions auxquelles l'auteur est parvenu, se trouvent exprimées comme il suit :

Représentons par

$$\mathfrak{T}, \quad \mathfrak{X}, \quad \mathfrak{Y}, \quad \mathfrak{Z}, \quad \ldots$$

des fonctions de

$$t, \quad x, \quad y, \quad z, \quad \ldots,$$

qui restent finies, monodromes et monogènes dans le voisinage des valeurs

$$\tau, \quad \xi, \quad \eta, \quad \zeta, \quad \ldots$$

attribuées à

$$t, \quad x, \quad y, \quad z, \quad \ldots;$$

et concevons que l'on assujettisse x, y, z, ... à la double condition de vérifier, quel que soit t, les équations différentielles comprises dans la formule

$$\frac{dt}{\mathfrak{T}} = \frac{dx}{\mathfrak{X}} = \frac{dy}{\mathfrak{Y}} = \frac{dz}{\mathfrak{Z}} = \ldots, \tag{1}$$

et de se réduire à ξ, η, ζ, ... pour $t = \tau$. Si $\mathfrak{T}$ ne s'évanouit pas quand on prend

$$t = \tau, \qquad x = \xi, \qquad y = \eta, \qquad z = \zeta, \qquad \ldots,$$

alors, à l'aide des théorèmes établis dans le Mémoire de 1835 sur l'intégration des équations différentielles, on prouvera qu'il est possible de satisfaire, au moins quand le module de la différence $t - \tau$ ne dépasse pas une certaine limite, aux deux conditions énoncées, par des valeurs de x, y, z, ... qui seront développées en séries convergentes, et qui représenteront les intégrales générales des équations différentielles données. Il y a plus : on peut affirmer que, dans l'hypothèse admise, ces intégrales générales seront les seules valeurs de x, y, z, ... qui, variant avec t par degrés insensibles, rempliront, pour un module suffisamment petit de $t - \tau$, les deux conditions énoncées. Enfin, comme les divers termes des séries obtenues seront des fonctions monodromes, monogènes et finies de la variable t, on pourra en dire autant des valeurs trouvées des variables x, y, z, ..., ou même d'une fonction monodrome, monogène et finie de ces variables.

Ajoutons que les séries dont il est ici question ne se réduisent à des séries ordonnées suivant les puissances ascendantes de la différence $t - \tau$ que dans le cas particulier où les fonctions $\mathfrak{T}, \mathfrak{X}, \mathfrak{Y}, \mathfrak{Z}, \ldots$ deviennent indépendantes de la variable t. Dans le cas où ces fonctions renferment la variable t, les divers termes des séries obtenues, cessant d'être proportionnels aux diverses puissances de $t - \tau$, sont fournis par des intégrations successives, et, par suite, ils peuvent revêtir des formes mieux appropriées à la solution des problèmes. Ainsi, par exemple, en Astronomie, on obtient le plus ordinairement des séries ordonnées, non suivant les puissances ascendantes du temps, mais, ce qui est bien préférable, suivant les sinus et cosinus des multiples de certains arcs proportionnels au temps.

Enfin, l'auteur du Mémoire de 1835 ne s'est pas borné à établir, dans l'hypothèse admise, l'existence des intégrales générales d'un système d'équations différentielles : il a encore fixé des limites entre lesquelles le module de la différence $t - \tau$ peut varier, sans que les séries obtenues cessent d'être convergentes, et des limites au-dessous desquelles s'abaissent nécessairement les erreurs que l'on commet quand on arrête chacune des séries obtenues après un certain terme.

Le théorème sur lequel se sont appuyés MM. Briot et Bouquet, pour établir, dans l'hypothèse admise, l'existence des intégrales générales d'un système d'équations différentielles, est précisément celui qu'a donné l'auteur du Mémoire de 1835. Mais à ce théorème et à quelques autres qui pourraient se déduire de propositions déjà connues, MM. Briot et Bouquet ont joint les résultats qui leur sont propres et qui méritent d'être cités. Entrons à ce sujet dans quelques détails.

La recherche de fonctions de t qui, représentées par $x, y, z, \ldots$, aient la double propriété de vérifier un système d'équations différentielles et d'acquérir des valeurs données $\xi, \eta, \zeta, \ldots$ pour une valeur donnée τ de la variable t, peut être généralement réduite au cas où les valeurs données $\tau, \xi, \eta, \zeta, \ldots$ de $t, x, y, z, \ldots$ s'évanouissent. Il suffit, en effet, pour opérer cette réduction, de substituer aux variables t, x, y, z, ... d'autres variables $t_{,}$, $x_{,}$, $y_{,}$, $z_{,}$, ... liées aux premières par des équations de la forme

$$t = \tau + t_{,}, \qquad x = \xi + x_{,}, \qquad y = \eta + y_{,}, \qquad \ldots$$

Cela posé, soient t, x deux variables dont la seconde, considérée comme fonction de t, doive s'évanouir pour une valeur nulle de t, et satisfaire, quand t varie, à l'équation différentielle

$$\frac{dt}{\mathfrak{T}} = \frac{dx}{\mathfrak{X}}, \tag{2}$$

$\mathfrak{T}$, $\mathfrak{X}$ désignant deux fonctions finies, monodromes et monogènes des variables t, x. Si $\mathfrak{T}$ ne s'évanouit pas avec t, d'après ce qui a été dit ci-dessus, l'équation (2) admettra, pour des valeurs de t suffisamment petites, une seule intégrale monodrome et monogène propre à remplir les deux conditions énoncées. Il y a plus : le développement de cette intégrale en série ordonnée suivant les puissances ascendantes de t sera précisément celui auquel on sera conduit par la formule de Taylor, jointe à l'équation (2). Mais il en sera autrement, si $\mathfrak{T}$ s'évanouit avec t. Supposons, pour fixer les idées, que l'on ait précisément

$$\mathfrak{T} = t.$$

L'équation (2) sera réduite à

$$t\,\mathrm{D}_t x = \mathfrak{X}, \tag{3}$$

et, puisque x doit s'évanouir avec t, la fonction $\mathfrak{X}$ devra s'évanouir avec les deux variables t, x. D'ailleurs, étant monodrome et monogène, elle sera développable en une série ordonnée suivant les puissances ascendantes et entières de ces variables, en sorte qu'on aura

$$\mathfrak{X} = ax + bt + \varphi(x, t), \tag{4}$$

a, b désignant les valeurs des dérivées $\mathrm{D}_x\mathfrak{X}$, $\mathrm{D}_t\mathfrak{X}$ pour des valeurs nulles des variables t, x, et $\varphi(x, t)$ une fonction dont le développement se composera de termes qui seront tous, par rapport à ces variables, d'un degré supérieur au premier. Si la fonction $\varphi(x, t)$ s'évanouit, on aura simplement

$$\mathfrak{X} = ax + bt, \tag{5}$$

et l'équation (3), réduite à la formule

$$t\,\mathrm{D}_t x = ax + bt, \tag{6}$$

sera vérifiée quand on posera

$$x = \frac{bt}{1-a} + ct^a, \tag{7}$$

c désignant une constante arbitraire. La valeur de x, fournie par l'équation (7), est l'intégrale générale de l'équation (6), et la constante c qu'elle renferme peut toujours être déterminée, quand on donne une valeur particulière ξ de x correspondante à une valeur particulière τ de la variable t, à moins que la valeur τ de t ne s'évanouisse. Dans cette dernière supposition, qui est précisément celle que nous avons adoptée, on doit prêter une attention spéciale au signe qui affecte la partie réelle du paramètre a. Lorsque cette partie réelle est négative, t^a devient infini pour une valeur nulle de t, et la seule valeur de x qui remplisse la double condition de vérifier l'équation (6) et de s'évanouir avec t est celle qu'on obtient en posant dans la formule (7) $c = 0$, c'est-à-dire la fonction monodrome et monogène de t, donnée par la formule

$$x = \frac{bt}{1-a}. \tag{8}$$

Au contraire, lorsque la partie réelle de a est positive, t^a s'évanouit toujours avec t, et par suite on satisfait aux deux conditions énoncées, en supposant la valeur de x donnée ou par la formule (8) ou même généralement par la formule (7). Ainsi, dans ce cas, la seconde condition, par laquelle x est assujetti à s'évanouir avec x, ne détermine plus la constante arbitraire, et cette constante ne cesse pas d'être arbitraire dans l'intégrale particulière, qui se confond alors avec l'intégrale générale.

Dans le cas spécial où le coefficient a se réduit à l'unité, le rapport $\frac{b}{1-a}$ devient infini, et pour conserver à x une valeur finie, il faut attribuer une valeur infinie à la constante c. Pour savoir ce que devient alors l'intégrale de l'équation (6), posons d'abord $a = 1 + \alpha$, α étant une quantité infiniment petite; l'équation (7) deviendra

$$x = \frac{c\alpha - b}{\alpha} t + c\alpha t \frac{t^{\alpha} - 1}{\alpha}.$$

Or, pour que cette dernière valeur de x conserve une valeur finie, tandis que α s'approchera indéfiniment de la limite zéro, il faudra faire converger le produit $c\alpha$ vers la limite b, et le rapport $\frac{c\alpha - b}{\alpha}$ vers une limite finie C. On trouvera ainsi

$$(9) \qquad x = Ct + bt\,\mathrm{l}\,t;$$

par conséquent l'équation

$$(10) \qquad t\,\mathrm{D}_t x = x + bt$$

admettra une intégrale générale, qui ne sera ni monodrome ni monogène, à moins que b ne se réduise à zéro, et qui, dans tous les cas, aura la propriété de s'évanouir avec la variable t. Si b se réduisait à zéro, l'équation (10) se réduirait à

$$(11) \qquad \mathrm{D}_t x = x,$$

et son intégrale générale à

$$(12) \qquad x = Ct.$$

En choisissant, parmi les équations différentielles qu'ont traitées MM. Briot et Bouquet, l'une de celles dont l'intégrale générale est fournie avec la plus grande facilité par les méthodes connues, savoir l'équation (6), nous avons voulu faire bien comprendre comment il peut arriver, pour me servir de leurs propres expressions, qu'*une fonction ne soit pas complètement déterminée quand on l'assujettit à vérifier une équation différentielle du premier ordre, et à prendre une certaine valeur pour une valeur donnée de la variable indépendante.* Comme le remarquent MM. Briot et Bouquet, cela arrive généralement quand, *pour les valeurs données de la fonction et de la variable indépendante, le coefficient différentiel se présente sous la forme* $\frac{0}{0}$. *Alors l'équation différentielle admet en général plusieurs intégrales qui remplissent les deux conditions énoncées. Souvent même elle en admet une infinité, et alors il s'introduit une constante arbitraire dans l'intégration.* Nous ajouterons que, dans ce dernier cas, l'intégrale particulière correspondante aux valeurs données de la fonction et de la variable indépendante ne diffère pas de l'intégrale générale, et que les valeurs dont il s'agit sont précisément celles qui réduisent à la forme $\frac{0}{0}$ l'expression de la constante arbitraire tirée de l'intégrale générale. Ainsi, par exemple, si de la formule (7), qui représente l'intégrale générale de l'équation (6), on tire l'expression de la constante arbitraire c, on trouvera

$$c = \frac{x - \frac{bt}{1-a}}{t^a}, \tag{13}$$

et, pour que cette expression se réduise à la forme $\frac{0}{0}$, quand x et t acquerront des valeurs particulières, il faudra que ces valeurs particulières s'évanouissent et que la partie réelle du paramètre a soit positive.

Pareillement, si de la formule (9), qui représente l'intégrale générale de l'équation (10), on tire l'expression de la constante arbitraire C, on trouvera

$$C = \frac{x - bt\,\mathrm{l}\,t}{t}, \tag{14}$$

et pour que cette expression se réduise à la forme $\frac{0}{0}$, quand t et x acquerront des valeurs particulières, il faudra que ces valeurs particulières s'évanouissent.

Les diverses propriétés que nous a offertes celle des intégrales de l'équation (6) qui s'évanouit avec t continuent de subsister, comme l'observent MM. Briot et Bouquet, quand on revient de l'équation (6) à l'équation (3), $\mathfrak{x}$ étant une fonction monodrome et monogène qui s'évanouit avec les variables x et t dont elle dépend. Alors, a étant toujours la valeur qu'acquiert la dérivée $D_x\mathfrak{x}$ pour des valeurs nulles de t et x, l'intégrale particulière dont il s'agit renferme encore une constante arbitraire, et par suite elle se confond avec l'intégrale générale quand la partie réelle de a est positive ou nulle; mais elle redevient complètement déterminée quand la partie réelle de a est négative. Dans tous les cas, si le coefficient a ne se réduit pas à un nombre entier, l'intégrale particulière dont il s'agit ou l'une de ses valeurs sera une fonction monodrome et monogène de t, pour un module de t inférieur à une certaine limite. La marche qu'ont suivie MM. Briot et Bouquet pour démontrer cette assertion mérite d'être remarquée. Ils commencent par faire voir qu'on peut réduire l'équation (3) à une autre de même forme, mais dans laquelle le coefficient a, c'est-à-dire la valeur de $D_x\mathfrak{x}$ correspondante à des valeurs nulles de x et t se trouve diminuée d'autant d'unités que l'on voudra; puis, après avoir abaissé la partie réelle de a au-dessous de zéro, ils font servir la formule de Taylor, jointe aux dérivées de l'équation (3), au développement de x en une série ordonnée suivant les puissances ascendantes de t, et comparent la série ainsi obtenue à celle qui représente le développement de la racine x d'une certaine équation entre x et t. A l'aide de cette comparaison, ils prouvent la convergence du premier développement pour un module suffisamment petit de la variable t, assignent au module de t une valeur au-dessous de laquelle ce module peut varier d'une manière quelconque, sans que le développement cesse d'être convergent, et concluent sans peine qu'il représente alors une intégrale monodrome et monogène de l'équation (3).

Nous avons cru devoir fixer particulièrement l'attention des géomètres sur la partie du Mémoire de MM. Briot et Bouquet qui concerne l'intégrale monodrome et monogène de l'équation (3), parce que cette partie, qui ne laisse rien à désirer pour la rigueur des démonstrations, nous paraît la plus neuve et la plus importante. Toutefois nous ne saurions passer sous silence d'autres résultats obtenus par MM. Briot et Bouquet, résultats d'autant plus intéressants qu'ils se rapportent à l'équation générale

$$D_t x = \mathrm{f}(x, t), \tag{15}$$

qui renferme l'équation (3) comme cas particulier.

En supposant la variable x assujettie : 1° à vérifier l'équation (15); 2° à prendre une valeur donnée pour une valeur donnée de t, par exemple à s'évanouir avec t; en supposant d'ailleurs que la fonction $\mathrm{f}(x, t)$ reste monodrome et monogène dans le voisinage de valeurs très petites attribuées aux variables x, t, mais cesse de l'être quand ces valeurs s'évanouissent, MM. Briot et Bouquet recherchent les propriétés de l'intégrale x, d'abord dans le cas où la fonction $\mathrm{f}(x, t)$ devient infinie pour des valeurs nulles de x et t, puis dans le cas où ces valeurs réduisent la fonction $\mathrm{f}(x, t)$ à la forme $\frac{0}{0}$. Pour y parvenir, ils intègrent par approximation l'équation (14), à l'aide du procédé qui consiste à négliger avant l'intégration les quantités finies vis-à-vis des quantités infiniment grandes, et les quantités infiniment petites vis-à-vis des quantités finies. En opérant ainsi, ils établissent aisément un théorème que l'on peut réduire à la proposition suivante :

Lorsque, pour des valeurs nulles de x, t, la fonction $\mathrm{f}(x, t)$ devient infinie, la fonction inverse $\frac{1}{\mathrm{f}(x, t)}$ demeurant monodrome et monogène, du moins entre certaines limites, la variable x assujettie à s'évanouir avec t, se réduit sensiblement, pour de très petites valeurs de t, à la racine d'une équation binôme du degré $m + 1$, m étant le degré de la première des dérivées de $\frac{1}{\mathrm{f}(x, t)}$, relatives à x, qui ne s'évanouit pas quand on pose $x = 0$, $t = 0$.

Il résulte de ce théorème que, dans l'hypothèse admise, l'intégrale x ne sera point une fonction monodrome et monogène de la variable t.

Lorsque la fonction $f(x, t)$ est le rapport de deux fonctions qui restent, du moins entre certaines limites, finies, monodromes et monogènes, et se présente, pour des valeurs nulles de x et t, sous la forme $\frac{0}{0}$, la première question à résoudre est de trouver, pour des valeurs infiniment petites de t, l'ordre de l'intégrale x, devenue elle-même infiniment petite. Cette question, admettant plusieurs solutions, donne lieu à une discussion intéressante. Mais cette discussion même, ainsi que les formules et la construction géométrique, appliquées par MM. Briot et Bouquet à la recherche des solutions diverses, ont une analogie évidente avec la discussion, les formules et la construction géométrique que M. Puiseux avait, dans son beau Mémoire sur les fonctions algébriques, appliquées aux racines d'une équation dont le premier membre est une fonction de deux variables, dans le cas où la dérivée de ce premier membre s'évanouit avec lui pour des valeurs données de ces variables. Il y a plus : comme, t étant infiniment petit, la variable x, supposée elle-même infiniment petite et fonction de t, sera généralement du même ordre que le produit $t\,D_t x$, on peut affirmer qu'alors la dérivée $D_t x$ sera généralement de l'ordre du rapport

$$\frac{x}{t}.$$

Donc, trouver l'ordre de l'intégrale x assujettie à vérifier l'équation (15) et à s'évanouir avec t revient à trouver l'ordre de la racine x de l'équation

$$\frac{x}{t} = f(x, t), \tag{16}$$

et le problème ci-dessus mentionné peut être ainsi ramené à celui qu'a traité M. Puiseux.

Si l'on considère la variable t comme un infiniment petit du premier ordre, l'ordre de l'intégrale x de l'équation (15), calculé comme on vient de le dire, sera généralement un nombre fractionnaire. Après avoir déterminé cet ordre, MM. Briot et Bouquet prouvent qu'à l'aide d'une substitution convenable on peut réduire l'intégration de l'équation (15) à la recherche de l'intégrale x de l'équation (3). On doit toutefois excepter un cas particulier où après la réduction on obtient, à la place de l'équation (15), une équation de la forme

$$t^m \mathrm{D}_t x = \mathfrak{X}, \tag{17}$$

m étant un nombre entier, et $\mathfrak{X}$ s'évanouissant quand x et t s'évanouissent. D'ailleurs, comme le remarquent MM. Briot et Bouquet, la valeur de x assujettie à vérifier l'équation (17), et à s'évanouir avec t, n'admet pas en général, mais seulement sous certaines conditions, une intégrale monodrome et monogène.

A la fin de leur Mémoire, MM. Briot et Bouquet présentent quelques considérations générales sur l'intégration d'une équation différentielle entre deux variables t, x, dans le cas où le second membre est une fonction implicite de ces variables. Ici encore il peut arriver que le second membre soit ou ne soit pas, dans le voisinage des valeurs originairement attribuées à x et t, une fonction finie, monodrome et monogène. L'intégrale x sera toujours, dans la première hypothèse, monodrome, monogène et finie, et pourra ne l'être plus dans la seconde hypothèse. Le cas où le second membre de l'équation différentielle est une fonction implicite de la seule variable x mérite une attention spéciale. Au reste, ce cas, déjà traité dans les *Comptes rendus* de 1846, a été, comme le remarquent MM. Briot et Bouquet, étudié avec soin par M. Puiseux dans le Mémoire ci-dessus rappelé.

Au travail dont nous venons de rendre compte, MM. Briot et Bouquet ont récemment annexé une addition qui a pour titre : *Note sur un théorème de M. Cauchy relatif à l'intégration des équations différentielles.*

Le théorème dont il s'agit est précisément celui que nous avons rappelé au commencement de ce Rapport, en nous servant, pour l'énoncer, des termes mêmes employés dans le Mémoire sur l'application du Calcul infinitésimal à la détermination des fonctions implicites. Lorsque, pour établir ce théorème, on suit la marche tracée dans le Mémoire de 1835, en l'appliquant à une équation différentielle, entre t et x, la première des deux limites assignées au module du terme général du développement de l'intégrale x est, comme la seconde, le terme général d'une série connue, cette série étant, non plus une progression géométrique, mais le développement d'une certaine équation du second degré.

D'ailleurs cette remarque, qui n'était pas énoncée dans le Mémoire de 1835, subsiste dans le cas où le second membre de l'équation différentielle renferme non seulement la variable x, mais aussi la variable t.

Appliquée à une seule équation différentielle, la démonstration que MM. Briot et Bouquet donnent du théorème cité suppose l'intégrale x développée en une série ordonnée suivant les puissances ascendantes de la variable t, la valeur initiale de t étant réduite à zéro. Ils déterminent directement la fonction dont le développement a pour termes les limites des modules des termes compris dans le développement de l'intégrale; et, s'appuyant sur un théorème général, rappelé dans la séance du 22 janvier de cette année, ils substituent à l'équation différentielle proposée une autre équation différentielle dont cette fonction est l'intégrale. D'ailleurs cette fonction est la racine d'une équation finie du second degré. Mais cette équation finie, qui renferme un logarithme, diffère de celle dont il était ci-dessus question, et à laquelle on serait conduit encore, si l'on appliquait la démonstration de MM. Briot et Bouquet à la forme de développement adoptée dans le Mémoire de 1835.

La même démonstration, appliquée au système de n équations différentielles, entre n inconnues $x, y, z, \ldots$ et la variable t, conduit MM. Briot et Bouquet à une équation finie du degré $n+1$, qui renferme encore un logarithme, parce que les auteurs continuent de supposer les inconnues développées en séries ordonnées suivant les puissances ascendantes et entières de t. Le logarithme disparaîtrait, si l'on admettait la forme de développement adoptée dans le Mémoire de 1835, et alors on pourrait, de l'équation finie à laquelle on parviendrait, déduire immédiatement les conclusions énoncées dans le Mémoire, par rapport à la limite au-dessous de laquelle le module de t peut varier sans que les séries obtenues cessent d'être convergentes. Toutefois, l'équation finie a l'avantage de fournir une limite plus étendue.

En résumé, MM. Briot et Bouquet, dans le savant Mémoire soumis à notre examen et dans la Note jointe à ce Mémoire, ont ajouté des développements utiles et des perfectionnements nouveaux, dignes de remarque, à la théorie si importante de l'intégration par série des équations différentielles.

Pour ces motifs, vos Commissaires pensent que le Mémoire et la Note de MM. Briot et Bouquet doivent être approuvés par l'Académie et ils en proposent l'insertion dans le *Recueil des Savants étrangers*.

555.

Analyse et Physique mathématique. — *Rapport sur deux Mémoires de* M. Pierre-Alphonse Laurent, *chef de bataillon du Génie.*

C. R., T. XL, p. 632 (19 mars 1855).

Un homme d'un mérite supérieur, M. Pierre-Alphonse Laurent, chef de bataillon du Génie, a été enlevé, par une mort prématurée, à sa patrie qu'il servait avec ardeur, à la Science qu'il enrichissait de ses découvertes. Dès l'année 1843, il composait, sur le Calcul des variations, un Mémoire que l'Académie a jugé digne d'être approuvé par elle, et inséré dans le *Recueil des Savants étrangers;* la même année, au mois d'août, M. Laurent présentait à l'Académie un second Mémoire qu'il intitulait modestement : *Extension d'un théorème de M. Cauchy*. Mais, comme il est dit dans le Rapport, cette extension constitue un nouveau théorème, digne de remarque, qui peut être utilement employé dans les recherches de haute Analyse. Aussi l'Académie a-t-elle adopté les conclusions du Rapport qui signalait ce nouveau Mémoire comme très digne d'être approuvé par elle et inséré dans le *Recueil des Savants étrangers*. Depuis ce moment, M. Laurent, travailleur infatigable, a su, par de constants efforts, conserver dans l'estime des savants le rang si honorable où ses premiers travaux l'avaient placé, et chaque année il a fait parvenir à l'Académie un très grand nombre de Mémoires sur l'Analyse, sur la Physique mathématique et particulièrement sur la Théorie de la lumière. Enfin, deux importants Mémoires du même auteur, présentés, au nom de sa veuve, à l'Académie par M. le Maréchal Vaillant, ne peuvent qu'augmenter les regrets des amis de la Science, en leur faisant voir tout ce qu'on devait encore attendre d'un savant distingué, dont la vie a été certainement abrégée par ses nombreuses veilles. De ces deux Mémoires, le premier, comme l'indique son titre, concerne la *Théorie des imaginaires*. Il renferme des considérations générales sur l'équation aux dérivées partielles à laquelle satisfont, parmi les fonctions d'une variable imaginaire, celles dont la dérivée dépend uniquement de la variable, et divers théorèmes relatifs, les uns aux intégrales définies, les autres au développement de ces intégrales en séries, particulièrement le beau théorème déjà cité, puis des applications de ces théorèmes à l'intégration des équations aux dérivées partielles, spécialement de celles qui expriment l'équilibre de température et l'équilibre d'élasticité. Le second Mémoire a pour titre : *Examen de la théorie de la lumière dans le système des ondes*. L'auteur y passe en revue les explications données par les physiciens et les géomètres des divers phénomènes lumineux; il recherche jusqu'à quel point ces explications peuvent être admises, et ce qu'elles peuvent laisser encore à désirer.

Les deux nouveaux Mémoires, comme les précédents, témoignent de la science profonde et de la grande sagacité de M. Laurent. L'intérêt qui s'attache aux sujets traités dans ces Mémoires, l'importance des discussions auxquelles l'auteur s'y livre, les points de vue nouveaux que souvent il découvre, devaient naturellement inspirer aux physiciens et aux géomètres un vif désir de voir les œuvres de M. Laurent recueillies et publiées. Vos Commissaires sont d'avis que ce vœu doit être réalisé. En conséquence, ils proposent à l'Académie :

1° De décider que les divers Mémoires de M. Laurent, tous ceux du moins dont l'importance ne saurait être contestée, seront publiés dans le *Recueil des Savants étrangers;*

2° De confier à une Commission spéciale, prise dans le sein de l'Académie, le soin de recueillir ces Mémoires et d'en surveiller l'impression.

En terminant ce Rapport, les Commissaires n'hésitent pas à déclarer qu'ils s'associent pleinement au vœu émis par M. le Maréchal Vaillant et que partageront certainement tous les amis des Sciences. Comme l'a dit M. le Maréchal : « *le Corps du Génie a perdu en M. Laurent un de ses officiers les plus distingués, celui-là même que le Comité des Fortifications avait appelé à Paris pour examiner les nombreuses questions d'Art et de Science qui lui sont journellement adressées* ». Nous laisserons aux chefs du Corps dans lequel les talents et le zèle de M. Laurent étaient si bien appréciés, le soin de rappeler ses vingt-sept années de service, ses campagnes en Afrique, les travaux qu'il a exécutés comme ingénieur militaire, etc. Mais ce ne sont pas là les seuls titres qui honorent et recommandent sa mémoire. C'est à l'Institut surtout qu'il appartient de dire que les méditations auxquelles M. Laurent a consacré ses veilles ont contribué aux progrès de la Science, et vous n'avez pas oublié, Messieurs, qu'après le décès de l'illustre Jacobi, l'Académie elle-même voulut inscrire le nom de M. Laurent sur la liste des candidats pour la place de Correspondant de l'Institut. Nous croyons, avec M. le Maréchal, que tant d'honorables souvenirs, tant d'éminents services doivent, après la mort de M. Laurent, protéger encore sa famille, dont il était l'unique appui; nous croyons qu'ils seront, pour les Membres de l'Académie, un puissant motif d'appeler sur la veuve et les enfants de M. Laurent le bienveillant intérêt de M. le Ministre de l'Instruction publique.

556.

ANALYSE MATHÉMATIQUE. — *Mémoire sur les variations intégrales des fonctions.*

C. R., T. XL, p. 651 (26 mars 1855).

§ I. — *Formules générales.*

Soit z une quantité géométrique variable qui représente l'affixe d'un point mobile P, et Z une fonction de z qui ne cesse d'être monodrome et monogène que dans le voisinage de certaines valeurs

$$c, \quad c', \quad c'', \quad \ldots$$

de z, propres à représenter les affixes de certains points singuliers

$$C, \quad C', \quad C'', \quad \ldots.$$

Concevons d'ailleurs que, dans le plan des affixes, on joigne un certain point $P_{,}$ dont l'affixe est $z_{,}$ à un autre point $P_{,,}$ dont l'affixe est $z_{,,}$, par une courbe continue $P_{,}P_{,,}$ qui ne renferme aucun des points C, C′, C″, ... Enfin soit $Z_{,}$ la valeur ou l'une des valeurs de Z pour $z = z_{,}$, et $Z_{,,}$ ce que devient, dans le passage du point $P_{,}$ au point $P_{,,}$, la fonction Z quand on l'assujettit à varier avec z par degrés insensibles. La différence

$$Z_{,,} - Z_{,}$$

sera nommée la *variation intégrale* de Z, correspondante à l'arc de courbe $P_{,}P_{,,}$ que décrit le point mobile P en passant de la position $P_{,}$ à la position $P_{,,}$. Si le point mobile revenait de la position $P_{,,}$ à la position $P_{,}$, ou, ce qui revient au même, s'il décrivait la même courbe en sens contraire, alors à l'arc $P_{,,}P_{,}$, dont le point $P_{,,}$ serait l'origine, correspondrait une variation intégrale de Z représentée non plus par la différence $Z_{,,} - Z_{,}$, mais par la différence

$$Z_{,} - Z_{,,} = -(Z_{,,} - Z_{,}).$$

Concevons maintenant que, la courbe $P_{,}P_{,,}$ étant une courbe fermée, et se réduisant au contour HIKL qui enveloppe, dans le plan des affixes, une certaine aire S, les points $P_{,}$, $P_{,,}$ coïncident tous deux avec un certain point H de ce contour. La variation intégrale de Z relative au contour HIKL sera évidemment nulle, si l'aire S ne renferme aucun point singulier. Dans le cas contraire, cette variation intégrale offrira généralement une valeur distincte de zéro qui pourra dépendre de la position H qu'occupera au moment du départ le point mobile P, de la valeur $Z_{,}$ attribuée en ce moment à la fonction Z, et du sens dans lequel le point P se mouvra en tournant autour de l'aire S. Désignons par le symbole (S) la valeur que prendra cette variation intégrale, quand le point mobile P tournera autour de l'aire S avec un mouvement de rotation direct, en sorte qu'on ait

$$(S) = Z_{,,} - Z_{,}. \tag{1}$$

Si l'on fait varier par degrés insensibles et d'une manière continue la position initiale H du point mobile P, par conséquent l'affixe $z_{,}$ du point H, et avec cette affixe la valeur $Z_{,}$ de Z, la valeur $Z_{,,}$ variera elle-même d'une manière continue, et l'on pourra en dire autant de la valeur (S) qui, en vertu de la formule (1), variera encore par degrés insensibles, à moins qu'elle ne devienne invariable et ne se réduise à une constante fixe.

Joignons maintenant le point H à un autre point K du contour HIKL par une ligne droite ou courbe HK qui partage l'aire S en deux parties S′, S″. La variation intégrale que subira la fonction Z, quand le point mobile P décrira la ligne KH, en partant de la position K, sera égale, au signe près, mais opposée de signe à celle que subira Z, quand le point P reviendra en K, en décrivant la même ligne dans un sens contraire; et par suite, la variation intégrale (S) que subira Z, quand le point mobile P décrira, en partant de la position H, le contour HIKL, sera la somme de deux variations analogues (S′), (S″) que subira Z, quand le point mobile P décrira successivement avec un mouvement de rotation direct les deux contours

HIKH, HKLH

qui enveloppent le premier l'aire S′, le second l'aire S″, en sorte qu'on aura non seulement

(2) $$S = S' + S'',$$

mais encore

(3) $$(S) = (S') + (S'').$$

Observons d'ailleurs que, dans la variation intégrale (S″) réduite à la forme qu'indique l'équation (1), celle des valeurs particulières de Z qui sera précédée du signe — restera généralement distincte de la valeur Z, précédée de ce signe dans la variation intégrale (S) déterminée par la formule (1) et dans la variation intégrale (S′).

Concevons à présent que Z se réduise à une fonction toujours monodrome et monogène de la variable z. Alors on aura constamment, et quel que soit le contour de l'aire S,

(4) $$(S) = 0.$$

Mais la variation intégrale (S) pourra cesser de s'évanouir, si à la fonction Z on substitue son logarithme népérien représenté, quand il varie avec Z d'une manière continue, par la notation $\bar{l}Z$. Admettons cette substitution. La variation intégrale (S) de la fonction $\bar{l}Z$, correspondante à un contour fermé qui enveloppera de toutes parts une certaine aire S, deviendra indépendante de la position initiale du point mobile que décrira ce contour avec un mouvement de rotation direct, et de la valeur attribuée, au premier instant, à lZ, et dépendra uniquement du nombre et de la nature des points singuliers C, C′, C″, ... situés à l'intérieur de l'aire S. C'est, en effet, ce que l'on démontrera sans peine à l'aide des considérations suivantes.

Les affixes $c, c', c'', \ldots$ des points singuliers C, C′, C″, ... seront, dans le cas présent, les valeurs de z, pour lesquelles la fonction $\bar{l}Z$

deviendra infinie, par conséquent celles qui vérifieront l'une des formules

(5) $$Z = 0,$$

(6) $$\frac{1}{Z} = 0.$$

Si l'aire S ne renferme aucun de ces points singuliers, la variation
intégrale (S) sera nulle, et l'on aura encore

(7) $$(S) = 0.$$

Dans le cas contraire, (S) ne pourra être que la différence des deux
valeurs de $\bar{l}Z$ correspondantes à une même valeur de Z, par conséquent un des logarithmes népériens de l'unité. On aura donc

(8) $$(S) = 2\pi k i,$$

k désignant une quantité entière, positive ou négative. D'ailleurs,
tandis que l'on fera varier, par degrés insensibles, la position initiale H du point mobile P, par conséquent l'affixe z, du point H, et
avec elle la valeur initiale $\bar{l}Z$, de $\bar{l}Z$, la variation intégrale (S) devra
ou se réduire à une constante fixe ou varier par degrés insensibles.
On pourra donc en dire autant de la quantité entière désignée par k;
et, puisqu'une quantité entière ne peut varier par degrés insensibles,
k devra se réduire à une constante fixe indépendante de la position
initiale du point P. De plus, comme deux valeurs de $\bar{l}Z$ qui correspondent à une même valeur de Z se déduisent toujours l'une de
l'autre par l'addition d'un terme constant, elles croîtront simultanément de quantités égales, et par suite leurs variations intégrales
seront les mêmes. Donc la valeur de (S), et par suite celle de k, sera
encore indépendante de la valeur attribuée à $\bar{l}Z$, pour une position
donnée du point H. Donc, enfin, (S) dépendra uniquement de la
forme générale attribuée à la fonction monodrome et monogène Z,
et de la forme assignée au contour HIKL de l'aire S.

Ce n'est pas tout : si l'on partage l'aire S en deux parties S′, S″, la variation intégrale (S) se trouvera, en vertu de la formule (3), partagée en deux variations correspondantes (S′), (S″); et comme on pourra, de la même manière, partager (S′) ou (S″) en deux parties, puis chacune de ces parties en variations nouvelles, et ainsi de suite indéfiniment, il est clair que le partage de l'aire S en éléments a, b, c, ... entraînera le partage de la variation intégrale (S) en variations correspondantes. En d'autres termes, la formule

$$(9) \qquad \mathrm{S} = \mathrm{a} + \mathrm{b} + \mathrm{c} + \ldots$$

entraînera la formule

$$(10) \qquad (\mathrm{S}) = (\mathrm{a}) + (\mathrm{b}) + (\mathrm{c}) + \ldots,$$

les aires élémentaires étant choisies de telle sorte que jamais le contour de l'une d'elles ne passe par l'un des points singuliers C, C′, C″, ... D'ailleurs, ces aires peuvent devenir assez petites pour que chacune d'elles renferme un seul de ces points, ou n'en renferme aucun. Soient, dans cette hypothèse, s, s′, s″, ... les aires élémentaires qui renferment respectivement les points C, C′, C″, ... On verra s'évanouir, dans le second membre de la formule (10), les variations intégrales distinctes de (s), (s′), (s″), ..., et cette formule donnera simplement

$$(11) \qquad (\mathrm{S}) = (\mathrm{s}) + (\mathrm{s}') + (\mathrm{s}'') + \ldots.$$

On pourra même, dans la formule (11), supposer les aires s, s′, s″, ... réduites à celles de très petits cercles qui auraient pour centres les points C, C′, C″, ... Or, cette supposition étant admise, et c étant l'affixe du point C, Z sera de la forme

$$(12) \qquad Z = (z - c)^h u,$$

u étant une fonction de z qui, avec son logarithme népérien, restera monodrome et monogène dans l'intérieur de l'aire s, et h étant une quantité entière qui sera positive si c est racine de l'équation (5), négative si c est racine de l'équation (6). D'ailleurs on tirera de la formule (12)

$$(13) \qquad \bar{l}Z = h\,\bar{l}(z-c) + \bar{l}u,$$

et comme la variation intégrale de $\bar{l}u$ sera évidemment nulle, celle de $\bar{l}Z$ se réduira au produit de l'exposant h par la variation intégrale de $\bar{l}(z-c)$. Mais on aura

$$\bar{l}(z-c) = lr + pi,$$

r étant le module et p un argument de $z-c$; et comme la variation intégrale de l'angle polaire p sera la circonférence 2π, celle de $\bar{l}(z-c)$ sera $2\pi i$. On aura donc

$$(14) \qquad (S) = 2\pi h i.$$

En nommant h' ou h'', ... ce que deviendra h quand on passera du point C au point C′ ou C″, ..., on obtiendra des formules semblables à l'équation (14), en vertu desquelles les valeurs de (s′), (s″), ... seront précisément les produits $2\pi h' i$, $2\pi h'' i$, ... Cela posé, la formule (11) donnera

$$(15) \qquad (S) = 2\pi(h + h' + h'' + \ldots)i,$$

et de cette dernière comparée à la formule (8) on tirera

$$(16) \qquad k = h + h' + h'' + \ldots.$$

Si, pour tous les points renfermés dans l'aire S, la fonction Z est non seulement monodrome et monogène, mais encore finie, les racines c, c', c'', ... appartiendront toutes à l'équation (5); par suite, les exposants h, h', h'', ... seront tous positifs; et comme h désignera le nombre des racines égales à c, h' le nombre des racines égales à c', ..., la somme

$$h + h' + h'' + \ldots = k$$

exprimera le nombre total des racines égales ou inégales de l'équation (5), propres à représenter les affixes de points situés à l'intérieur de l'aire S. D'ailleurs on tirera de la formule (8)

$$(17) \qquad k = \frac{(S)}{2\pi i},$$

et $2\pi i$ est précisément la variation intégrale de $\bar{l}z$ correspondante à un mouvement direct de rotation du point mobile P autour d'un cercle qui aurait pour centre l'origine des affixes. En conséquence, on peut énoncer la proposition suivante :

THÉORÈME 1. — *Soit z l'affixe variable d'un point mobile P; soit encore Z une fonction de z qui reste monodrome, monogène et finie dans le voisinage de tout point situé à l'intérieur d'une certaine aire S ou sur le contour de cette aire, et qui ne s'évanouisse en aucun point de ce contour. Pour obtenir le nombre de celles des racines égales ou inégales de l'équation*

$$Z = o,$$

qui seront les affixes de points situés à l'intérieur de l'aire S, il suffira de faire décrire au point mobile P : 1° le contour de l'aire S; 2° la circonférence d'un cercle qui aura pour centre l'origine des affixes; et de chercher le rapport des variations intégrales que subiront, dans le premier cas, le logarithme $\bar{l}Z$ de la fonction Z, dans le second cas le logarithme $\bar{l}z$ de la variable z.

Il est bon d'observer que le théorème précédent continue de subsister quand on fait correspondre chaque variation intégrale, non plus à un mouvement de rotation direct, mais à un mouvement de rotation rétrograde du point mobile P autour de l'aire S ou du cercle qui a pour centre l'origine des affixes. Ajoutons que, si, s étant la surface du cercle qui a pour centre l'origine, on désigne les deux variations intégrales par les deux notations

$$\Delta_s \bar{l}Z, \quad \Delta_s \bar{l}z,$$

la formule (17) deviendra

$$(18) \qquad k = \frac{\Delta_s \bar{l}Z}{\Delta_s \bar{l}z}.$$

Lorsque la fonction Z devient infinie pour des points situés à l'intérieur de l'aire S, alors le premier théorème doit être évidemment remplacé par la proposition suivante :

Théorème II. — *Soit z l'affixe variable d'un point mobile* P; *soit encore Z une fonction de z, qui reste monodrome et monogène, dans le voisinage de tout point situé à l'intérieur d'une certaine aire* S *ou sur le contour de cette aire, et ne devienne ni nulle ni infinie pour aucun point de ce contour. Si l'on fait mouvoir un point mobile :* 1° *sur le contour de l'aire* S; 2° *sur la circonférence d'un cercle qui ait pour centre l'origine des affixes, le rapport entre les variations intégrales que subiront, dans le premier cas le logarithme népérien $\operatorname{l}Z$ de la fonction Z, dans le second cas le logarithme népérien $\operatorname{l}z$ de la variable z, sera la différence entre le nombre des racines de l'équation* (5) *et le nombre des racines de l'équation* (6) *quand on tiendra compte seulement de celles d'entre ces racines qui sont propres à représenter les affixes de points situés à l'intérieur de l'aire* S.

§ II. — *Application des principes établis dans le premier paragraphe aux équations algébriques.*

Soient z une quantité géométrique, r le module de z et

$$Z = az^n + bz^{n-1} + \ldots + gz + h \tag{1}$$

une fonction entière de z, du degré n. Pour des valeurs croissantes de r, le rapport

$$\frac{Z}{z^n} = a + bz^{-1} + cz^{-2} + \ldots + hz^{-n} \tag{2}$$

convergera vers la limite a, et ne pourra s'évanouir si l'on suppose $r > R$, R étant assez considérable pour que, dans le second membre de la formule (2), le module du premier terme surpasse, pour $r > R$, la somme des modules des termes suivants. Cette condition étant supposée remplie, nommons S l'aire du cercle qui a pour rayon R, et posons

$$\frac{Z}{z^n} = u.$$

Quand on fera décrire au point mobile P le contour de l'aire S, la variation intégrale du logarithme de u sera nulle, et celle du logarithme

$$\bar{l}Z = n\,\bar{l}z + \bar{l}u$$

se réduira au produit de n par la variation intégrale de $\bar{l}z$. Donc le rapport des variations intégrales des logarithmes $\bar{l}Z$ et $\bar{l}z$ se réduira au nombre n, et, en vertu du théorème I du § I, n sera précisément le nombre des racines égales ou inégales de l'équation

$$(3) \qquad Z = 0.$$

Ainsi les principes établis dans le § I fournissent une démonstration très simple et très directe de la proposition fondamentale, suivant laquelle *toute équation algébrique du degré n admet n racines algébriques ou géométriques, égales ou inégales.*

Ajoutons que, du théorème I (§ I), joint à la formule (7) de la page 223, on déduira immédiatement le théorème général que j'ai donné en 1831 sur le nombre des racines d'une équation qui satisfont à des conditions données, avec des théorèmes particuliers et relatifs aux racines réelles, établis par moi-même en 1813, ou par M. Sturm en 1829.

557.

ANALYSE MATHÉMATIQUE. — *Sur les variations intégrales des fonctions* (suite).

C. R., T. XL, p. 713 (2 avril 1855).

Quelques-unes des formules établies dans le précédent article sont évidemment applicables, non seulement aux fonctions qui sont à la fois monodromes et monogènes, mais encore à celles qui sont monodromes sans être monogènes. Telles sont, en particulier, les formules (10) et (11) de la page 263. En conséquence, on peut énoncer la proposition suivante :

THÉORÈME. — *Soit z l'affixe variable d'un point mobile; nommons Z une fonction de z qui reste monodrome dans le voisinage de tout point situé à l'intérieur d'une certaine aire* S *ou sur le contour de cette aire, et ne devienne ni nulle ni infinie pour aucun point de ce contour. Soient d'ailleurs*

$$C, \quad C', \quad C'', \quad \ldots$$

ceux des points de l'aire S *qui ont pour affixes des racines de l'une des équations*

$$Z = 0, \tag{1}$$

$$\frac{1}{Z} = 0, \tag{2}$$

et représentons par

$$s, \quad s', \quad s'', \quad \ldots$$

des éléments de l'aire S, *dont chacun renferme un seul des points singuliers*

$$C, \quad C', \quad C'', \quad \ldots.$$

Enfin soient

$$(S) = \Delta \,\mathrm{\bar{l}} Z \tag{3}$$

la variation intégrale de $\mathrm{\bar{l}}Z$, *dans le cas où le point mobile dont z est l'affixe décrit le contour entier de l'aire* S, *et*

$$(s), \quad (s'), \quad (s''), \quad \ldots$$

ce que devient (S), *quand à l'aire* S *on substitue les aires* s, s', s''', ... *On aura*

$$(S) = (s) + (s') + (s'') + \ldots. \tag{4}$$

On peut généralement, à l'aide de la formule (4), calculer avec facilité la variation intégrale (S) en réduisant les aires élémentaires (s), (s'), (s''), ... à celles de très petits cercles qui aient pour centres les points C, C′, C″, ... Alors, si la fonction Z est monogène, et si le point mobile tourne autour de l'aire S avec un mouvement de rotation direct, on trouvera

$$(5) \qquad (s) = 2\pi h i,$$

h etant le nombre des racines égales à c, prises avec le signe + ou avec le signe —, suivant que ces racines appartiennent à l'équation (1) ou à l'équation (2). Si l'on pose, pour abréger,

$$(6) \qquad I = 2\pi i,$$

c'est-à-dire si l'on représente par I la variation intégrale

$$\Delta \bar{I} z$$

correspondante à l'aire d'un très petit cercle dont le centre serait le pôle même, on aura simplement

$$(7) \qquad (s) = hI.$$

Concevons maintenant que la fonction Z cesse d'être monogène, mais reste monodrome. L'équation (4) continuera de subsister; et l'on pourra encore déterminer les variations intégrales (s), (s′), (s″), ... en opérant comme on va le dire.

Soit ρ le rayon du cercle infiniment petit qui a pour centre le point C. L'affixe variable z du point mobile, assujetti à parcourir la circonférence de ce cercle, sera de la forme

$$z = c + \rho_{\varpi},$$

et la valeur correspondante de Z sera de la forme

$$(8) \qquad Z = R_P,$$

P étant une fonction de ϖ, qui, pour une valeur nulle de ρ, vérifiera généralement une équation de la forme

$$(9) \qquad \Delta P = h\,\Delta\varpi,$$

h étant une quantité entière positive, nulle ou négative. Cela posé, on tirera de l'équation (8)

$$(s) = i\,\Delta P, \tag{10}$$

et, eu égard à la formule (9),

$$(s) = hI. \tag{11}$$

Si l'on suppose

$$z = x + yi, \qquad Z = X + Yi,$$

x, y, X, Y étant réels, et si d'ailleurs la fonction

$$U = D_x X\, D_y Y - D_y X\, D_x Y$$

ne se réduit pas à zéro, on aura généralement

$$h = \pm 1, \tag{12}$$

le double signe devant être réduit au signe + ou au signe −, suivant que U sera positif ou négatif.

Nous montrerons, dans un prochain article, comment les principes que nous venons d'exposer peuvent être appliqués à la détermination du nombre des systèmes de valeurs de x, y propres à vérifier deux équations simultanées

$$X = 0, \qquad Y = 0.$$

558.

Analyse mathématique. — *Sur les variations intégrales des fonctions* (suite).

C. R., T. XL, p. 804 (9 avril 1855).

J'ai, dans les précédentes séances, en considérant les variations intégrales des logarithmes des fonctions, établi divers théorèmes qui s'appliquent avec avantage à la résolution des équations algébriques ou transcendantes; mais à ces théorèmes on peut joindre encore un grand nombre de propositions qui paraissent dignes d'être remarquées. Je me bornerai à en indiquer ici quelques-unes.

Théorème I. — *Soit z l'affixe d'un point mobile; soient encore u et v deux fonctions de z, dont chacune reste monodrome dans le voisinage de tout point situé à l'intérieur d'une certaine aire* S, *ou sur le contour de cette aire, et ne devienne ni nulle ni infinie pour aucun point de ce contour. Enfin désignons à l'aide de la notation*

$$\Delta \overline{\mathrm{l}} Z$$

la variation intégrale que subit le logarithme d'une fonction Z de z, tandis que le point mobile dont l'affixe est z décrit, avec un mouvement direct, le contour entier de l'aire S. *Si, en chaque point de ce contour, le rapport $\frac{v}{u}$ offre un module inférieur à l'unité, on aura*

$$\Delta \overline{\mathrm{l}}(u+v) = \Delta \overline{\mathrm{l}} u. \tag{1}$$

Démonstration. — En effet, dans l'hypothèse admise, la différence

$$\Delta \overline{\mathrm{l}}\left(1+\frac{v}{u}\right)$$

entre le premier et le second membre de la formule (1) sera nulle, attendu que l'argument principal de la somme $1+\frac{v}{u}$ ne pourra devenir égal à $\pm\pi$.

Corollaire. — Soient

$$z = r_p$$

et z_0 une valeur particulière de z. Posons d'ailleurs, pour abréger, $\mathrm{I} = 2\pi i$; on aura, en vertu de la formule (1),

$$\Delta \overline{\mathrm{l}}(z-z_0) = \mathrm{I}, \tag{2}$$

si, en chaque point du contour de l'aire S, le module r de z surpasse constamment le module r_0 de z_0; et

$$\Delta \overline{\mathrm{l}}(z-z_0) = 0, \tag{3}$$

si, en chaque point du contour de l'aire S, le module r est constamment inférieur au module r_0 de z_0. Au reste, les formules (2) et (3) pourraient encore se déduire du théorème I de la page 265.

On déduit immédiatement du théorème I la proposition suivante :

THÉORÈME II. — *Soit z l'affixe d'un point mobile. Nommons Z une fonction de z qui s'évanouisse pour $z = c$, et reste monodrome dans le voisinage de la valeur c attribuée à la variable z. Soient d'ailleurs* s *l'aire et ρ le rayon d'un très petit cercle qui renferme le point* C, *dont l'affixe est c; calculons, pour*

$$z = c + \rho_{\varpi},$$

les valeurs des divers termes de la suite

$$Z, \quad \mathrm{D}_\rho Z, \quad \mathrm{D}_\rho^2 Z, \quad \ldots;$$

et soit, parmi ces termes,

$$\mathrm{D}_\rho^n Z$$

le premier de ceux qui ne s'évanouissent pas quand on pose $\rho = 0$. Enfin, représentons par P la valeur du produit

$$e^{n\varpi \mathrm{i}} \mathrm{D}_\rho^n Z$$

correspondante à une valeur nulle de ρ. Si, en résolvant par rapport à la clef

$$\omega = 1_{\varpi} = e^{\varpi \mathrm{i}},$$

l'équation

$$P = 0, \tag{4}$$

qui sera généralement du degré $2n$ en ω, on obtient pour valeurs de ω des quantités géométriques dont les modules soient tous distincts de l'unité, on aura, en nommant m le nombre de ceux qui surpasseront l'unité, et (s) *la variation intégrale de* $\mathrm{l}Z$ *correspondante au contour entier de l'aire* s,

$$(\mathrm{s}) = (n - m)\mathrm{I}. \tag{5}$$

Corollaire. — Si l'on a $n = 1$, et si d'ailleurs on pose

$$z = x + y\mathrm{i}, \qquad Z = X + Y\mathrm{i},$$

m, y, X, Y étant réels, on trouvera

$$P = e^{\varpi i}(\mathrm{D}_x Z \cos\varpi + i \mathrm{D}_y Z \sin\varpi) = \omega^2(\mathrm{D}_x Z - i \mathrm{D}_y Z) + \mathrm{D}_x Z + i \mathrm{D}_y Z.$$

Donc alors l'équation (4), réduite à

$$\omega^2 + \frac{\mathrm{D}_x Z + i \mathrm{D}_y Z}{\mathrm{D}_x Z - i \mathrm{D}_y Z} = 0,$$

offrira deux racines dont le module commun aura pour carré le module du rapport

$$\frac{\mathrm{D}_x Z + i \mathrm{D}_y Z}{\mathrm{D}_x Z - i \mathrm{D}_y Z} = \frac{\mathrm{D}_x X - \mathrm{D}_y Y + i(\mathrm{D}_y X + \mathrm{D}_x Y)}{\mathrm{D}_x X + \mathrm{D}_y Y - i(\mathrm{D}_y X - \mathrm{D}_x Y)},$$

et pour quatrième puissance le rapport

$$\frac{(\mathrm{D}_x X - \mathrm{D}_y Y)^2 + (\mathrm{D}_y X + \mathrm{D}_x Y)^2}{(\mathrm{D}_x X + \mathrm{D}_y Y)^2 + (\mathrm{D}_y X - \mathrm{D}_x Y)^2},$$

qui est inférieur ou supérieur à l'unité, suivant que la différence

$$\mathrm{D}_x X \, \mathrm{D}_y Y - \mathrm{D}_y X \, \mathrm{D}_x Y$$

est positive ou négative. Par suite on aura, en vertu de la formule (5), dans le premier cas, $m = 0$,

$$(6) \qquad\qquad (s) = I;$$

dans le second cas, $m = 2$,

$$(7) \qquad\qquad (s) = -I.$$

On sera donc ainsi ramené aux formules (11) et (12) de la page 270.

On déduit encore aisément du théorème I la proposition suivante :

Théorème III. — *Soit*

$$(8) \qquad\qquad \mathrm{f}(Z, z)$$

une fonction des deux variables Z, z, *qui reste, par rapport à chacune d'elles, non seulement monodrome, mais aussi monogène dans le voisinage des valeurs particulières et finies*

$$z = c, \qquad Z = C,$$

simultanément attribuées à ces variables. Supposons d'ailleurs que, pour ces mêmes valeurs, on ait

$$\text{(9)} \qquad \mathrm{D}_Z\, \mathrm{f}(Z, z) = K,$$

K désignant une constante finie. Si cette constante n'est pas nulle, alors, pour des valeurs infiniment petites de $z - c$, l'équation

$$\text{(10)} \qquad \mathrm{f}(Z, z) - \mathrm{f}(C, c) = 0$$

fournira une valeur de Z très voisine de C, qui sera une fonction monodrome et monogène de la variable z.

Démonstration. — Posons

$$u = \mathrm{f}(Z, z) - \mathrm{f}(C, z), \qquad v = \mathrm{f}(C, z) - \mathrm{f}(C, c),$$

ce qui permet de présenter l'équation (10) sous la forme

$$u + v = 0.$$

En considérant la différence $z - c$ comme une quantité infiniment petite du premier ordre, on obtiendra pour v une autre quantité infiniment petite dont l'ordre sera un nombre entier. Soit n cet ordre; tandis que $z - c$ convergera vers zéro, le rapport $\frac{v}{(z-c)^n}$ convergera vers une limite finie k distincte de zéro, et si l'on pose, pour abréger,

$$z - c = \rho_{\varpi}, \qquad Z - C = R_p,$$

$$\frac{v}{(z-c)^n} = \mathfrak{r}_{\mathfrak{p}}, \qquad \frac{u}{Z - C} = \mathfrak{R}_{\mathfrak{P}},$$

alors, pour des valeurs infiniment petites des différences

$$z - c, \qquad Z - C,$$

$\mathfrak{r}$ se réduira sensiblement au module de k et $\mathfrak{R}$ au module de K; par conséquent le module de $\frac{v}{u}$ se réduira à un produit de la forme

$$\text{(11)} \qquad \frac{\theta \rho^n}{R},$$

θ étant une constante positive sensiblement égale au module $\varkappa$ du rapport $\frac{k}{K}$. Cela posé, concevons que l'on attribue à z une valeur très voisine de c, par conséquent une valeur à laquelle corresponde une très petite valeur du module ρ, et qu'en prenant pour centre le point dont l'affixe est C on décrive autour de ce point un très petit cercle dont le rayon R soit au produit $\varkappa\rho^n$ dans un rapport supérieur à l'unité, par exemple dans le rapport de 2 à 1; enfin nommons s l'aire de ce même cercle. Pour de très petites valeurs de ρ, le rapport (11), c'est-à-dire le module de $\frac{v}{u}$, sera sensiblement égal au rapport

$$\frac{\varkappa\rho^n}{R} = \frac{1}{2};$$

il sera donc inférieur à l'unité, et par suite, en supposant les variations intégrales relatives au contour de l'aire s, on aura (théorème I)

$$\Delta\,\bar{\text{l}}(u+v) = \Delta\,\bar{\text{l}}u. \tag{12}$$

Mais, d'autre part, la valeur de u étant

$$u = (Z - C)\mathfrak{K}_{\mathfrak{P}},$$

et le module $\mathfrak{K}$ étant sensiblement égal au module de K qui, par hypothèse, diffère de zéro, on aura

$$\Delta\,\text{l}\mathfrak{K}_{\mathfrak{P}} = 0,$$

$$\Delta\,\bar{\text{l}}u = \Delta\,\bar{\text{l}}(Z - C) = \text{I}.$$

Donc la formule (12) donnera

$$\Delta\,\bar{\text{l}}(u+v) = \text{I}, \tag{13}$$

ou, ce qui revient au même,

$$\Delta\,\bar{\text{l}}[\text{f}(Z, z) - \text{f}(C, c)] = \text{I}. \tag{14}$$

Donc, eu égard au théorème I de la page 265, l'équation (10), résolue par rapport à Z, offrira, pour une valeur infiniment petite de $z - c$, une racine très voisine de C, et n'en offrira qu'une de cette espèce.

De plus, en vertu de la formule

$$R = 2\varkappa\rho^n, \tag{15}$$

R sera infiniment petit en même temps que ρ; pareillement, si z, $z_{,}$ sont très voisins de c, et Z, $Z_{,}$ de C, $Z_{,} - Z$ sera infiniment petit en même temps que $z_{,} - z$. Donc la racine Z de l'équation (10) sera, dans le voisinage de $z = c$, une fonction monodrome de z. Enfin, $f(Z, z)$ étant par hypothèse une fonction non seulement monodrome, mais aussi monogène des variables z, Z, et la dérivée $D_Z f(Z, z)$ se réduisant, pour les valeurs $z = c$, $Z = C$ de ces variables, à une constante finie K différente de zéro, la valeur de $D_z Z$, tirée de la formule (10), savoir

$$D_z Z = -\frac{D_z f(Z, z)}{D_Z f(Z, z)}, \tag{16}$$

sera elle-même, quand z différera très peu de c, et Z de C, une fonction monodrome de z. Donc, en définitive, et sous les conditions énoncées dans le théorème III, l'équation (10) fournira une valeur de Z, très voisine de C, qui sera une fonction monodrome et monogène de la variable z.

Corollaire. — Si les valeurs particulières c, C, attribuées aux variables z, Z, vérifient l'équation

$$f(Z, z) = 0,$$

la formule (10) sera réduite à cette équation même. Cela posé, le théorème I entraîne évidemment la proposition suivante :

Théorème IV. — *Si* $f(Z, z)$ *est une fonction toujours monodrome et monogène des variables* z, Z, *la valeur de* Z *tirée de l'équation*

$$f(Z, z) = 0, \tag{17}$$

et correspondante à une valeur de z, *qui, en demeurant finie, varierait par degrés insensibles, ne pourra cesser d'être une fonction monodrome et monogène de z qu'au moment où se vérifiera l'une des conditions*

$$(18) \qquad Z = \frac{1}{0},$$

$$(19) \qquad D_Z f(Z, z) = 0,$$

$$(20) \qquad D_Z f(Z, z) = \frac{1}{0}.$$

Alors aussi la valeur de z, tirée de l'équation (17), et correspondante à une valeur de Z qui, en demeurant finie, varierait par degrés insensibles, ne pourra cesser d'être une fonction monodrome et monogène de Z qu'au moment où se vérifiera l'une des conditions

$$(21) \qquad z = \frac{1}{0},$$

$$(22) \qquad D_z f(Z, z) = 0,$$

$$(23) \qquad D_z f(Z, z) = \frac{1}{0}.$$

Corollaire. — Lorsqu'une fonction Z de z se réduit pour $z = c$ à une constante finie C, et reste monodrome et monogène pour des valeurs de z voisines de c, elle est, pour ces mêmes valeurs, développable en une série convergente, ordonnée suivant les puissances ascendantes de $z - c$, en sorte qu'on a

$$(24) \qquad Z - C = a(z - c) + b(z - c)^2 + \ldots$$

ou, ce qui revient au même,

$$(25) \qquad Z - C - a(z - c) - b(z - c)^2 - \ldots = 0.$$

Or, si l'on réduit la fonction $f(Z, z)$ au premier membre de la formule (5), alors des conditions (21), (22), (23) la seconde sera la seule que l'on puisse vérifier en posant $z = c$, $Z = C$, et même, pour qu'elle se vérifie alors, il sera nécessaire que la constante a s'évanouisse, ou, en d'autres termes, que, $z - c$ étant une quantité infiniment petite du premier ordre, $Z - C$ soit une quantité infiniment petite d'un ordre supérieur. Cela posé, le théorème II entraînera évidemment la proposition suivante :

THÉORÈME V. — *Si une fonction Z de z se réduit pour $z = c$ à une constante finie C, et reste monodrome et monogène pour des valeurs de z voisines de c, réciproquement z considéré comme fonction de Z, et assujetti à prendre pour $Z = C$ la valeur finie c, sera, pour des valeurs de Z voisines de c, monodrome et monogène, pourvu que, $z - c$ étant un infiniment petit du premier ordre, $Z - C$ soit encore un infiniment petit de cet ordre.*

Lorsque dans l'équation (24) la constante finie C diffère de zéro, on peut développer en série convergente ordonnée suivant les puissances ascendantes de $z - c$, non seulement la fonction Z, mais aussi la fonction $\frac{1}{Z}$ et par suite l'intégrale

$$\int_c^z \frac{dz}{Z}.$$

En conséquence, on peut énoncer la proposition suivante :

THÉORÈME VI. — *Lorsqu'une fonction Z de z se réduit pour $z = c$ à une constante finie distincte de zéro, et reste monodrome et monogène pour des valeurs de z voisines de c, l'intégrale*

$$\int_c^z \frac{dz}{Z} \tag{26}$$

est elle-même, pour des valeurs de z voisines de c, une fonction monodrome et monogène de z.

Supposons maintenant la variable z liée à la variable t par une équation de la forme

$$D_t z = Z, \tag{27}$$

Z étant une fonction implicite de z déterminée par la formule (17). Si, τ étant une valeur particulière et finie de t, on nomme c la valeur correspondante de l'intégrale z de l'équation (27), on aura

$$\int_c^z \frac{dz}{Z} = t - \tau.$$

Cela posé, on déduira immédiatement des théorèmes IV et VI la proposition suivante :

Théorème VII. — *Si,* $f(Z, z)$ *étant une fonction toujours monodrome et monogène des variables* z, Z, *on suppose* Z *lié à* z *par la formule*

(17) $$f(Z, z) = 0,$$

l'intégrale z *de l'équation différentielle*

(27) $$D_t z = Z$$

ne pourra cesser d'être une fonction monodrome et monogène de t *qu'au moment où l'on aura*

(28) $$z = \frac{1}{0},$$

ou bien encore au moment où, des deux fonctions

(29) $$Z, \quad D_Z f(Z, z),$$

l'une acquerra soit une valeur nulle, soit une valeur infinie.

Corollaire I. — Si $f(Z, z)$ est une fonction entière de z et de Z, alors, en nommant m le degré de la plus haute puissance de z dans $f(Z, z)$, on aura

(30) $$f(Z, z) = PZ^m + QZ^{m-1} + \ldots + UZ^2 + VZ + W,$$

P, Q, ..., U, V, W étant des fonctions entières de la seule variable z. Alors aussi la dérivée $D_Z f(Z, z)$ étant elle-même une fonction entière des variables z, Z ne pourra devenir infinie que pour des valeurs infinies de ces variables ou de l'une d'entre elles; enfin la valeur de Z fournie par l'équation

$$f(Z, z) = 0$$

ne pourra devenir infinie, si z reste finie, qu'au moment où le coefficient P s'évanouira; et, quand Z sera nul, on aura nécessairement $W = 0$. Donc alors l'intégrale Z de l'équation (27) ne pourra cesser d'être une fonction monodrome et monogène de t qu'au moment où cette intégrale vérifiera l'une des trois conditions

(28) $$z = \frac{1}{0},$$

(31) $$P = 0,$$

(32) $$W = 0,$$

ou bien encore la condition fournie par le système des deux équations

(33) $$\mathrm{f}(Z, z) = 0, \qquad \mathrm{D}_Z \mathrm{f}(Z, z) = 0.$$

Remarquons d'ailleurs que le cas où le premier membre $\mathrm{f}(Z, z)$ de l'équation (17) serait une fonction rationnelle des variables Z, z peut toujours être ramené au cas où ce premier membre est une fonction entière, puisqu'on peut toujours passer du second cas au premier en faisant disparaître les dénominateurs.

Corollaire II. — Lorsque le coefficient P est indépendant de la variable z, on peut le supposer réduit à l'unité, et il n'est plus possible de satisfaire à la formule (31); il en serait encore de même si les coefficients

$$Q, \quad \ldots, \quad U, \quad V, \quad W$$

étaient tous divisibles algébriquement par P. Dans le cas contraire, Z deviendra infini pour des valeurs finies de z pour lesquelles on aura $P = 0$. Soit c l'une de ces valeurs. Quand $z - c$ deviendra infiniment petit, Z devenu infiniment grand se réduira au produit d'un facteur fini, mais distinct de zéro, par une expression de la forme

$$(z - c)^{\mu},$$

l'exposant μ étant négatif. Donc cet exposant ne sera point de l'une des formes

$$1 - \frac{1}{n}, \quad 1, \quad 1 + \frac{1}{n},$$

qu'il devrait revêtir (n étant entier), pour que la fonction z de t ne cessât pas d'être monodrome et monogène. Donc, si l'intégrale z de l'équation (27) ne cesse jamais d'être monodrome et monogène, le coefficient P de Z^m dans l'équation (17) pourra être supposé réduit à l'unité, et cette équation même a la forme

$$Z^m + QZ^{m-1} + \ldots + UZ^2 + VZ + W = 0, \tag{34}$$

$Q, \ldots, U, V, W$ étant des fonctions entières de z.

Il reste à joindre aux formules (28), (32), (33) les conditions qui expriment que l'intégrale z de l'équation (27) ne cesse pas d'être une fonction monodrome et monogène de t, quand on attribue à t une valeur finie voisine de l'une de celles pour lesquelles se vérifie ou l'une des formules (28), (32), ou le système des équations (33). C'est ce que nous ferons dans un prochain article.

559.

Analyse algébrique. — *Sur la transformation des fonctions implicites en fonctions monodromes et monogènes, et sur les développements de ces fonctions en séries convergentes.*

C. R., T. XL, p. 878 (16 avril 1855).

La formule de Lagrange permet de développer sous certaines conditions une fonction implicite d'une variable en une série ordonnée suivant les puissances ascendantes de cette variable. Mais elle suppose que la valeur de la fonction, correspondante à une valeur nulle de la variable, est la racine simple d'une équation linéaire. Quand, au contraire, cette valeur est une racine multiple d'une équation algébrique ou transcendante, la formule de Lagrange cesse d'être applicable. Toutefois on peut souvent, dans ce cas là même, développer encore la fonction en une série convergente, en suivant la méthode que M. Puiseux a exposée dans ses recherches sur les fonctions algébriques, et qui l'ont conduit à un théorème digne d'être remarqué. D'après ce beau théorème, *si, en égalant à zéro une fonction monodrome et monogène de z et Z, on obtient une équation qui, résolue par rapport à Z, offre, pour une certaine valeur c de z, n racines égales entre elles, chacune de ces racines pourra être développée suivant les puissances ascendantes d'une nouvelle variable dont une puissance entière sera précisément égale à $z - c$.* La méthode suivie par M. Puiseux fournit successivement les divers termes dont se composent les développements des racines, et embrasse, en raison de cette circonstance même, une série d'opérations dont le système, soumis à une discussion lumineuse, amène définitivement le théorème ci-dessus énoncé. Mais la grande utilité de ce théorème et les nombreuses applications qu'on en peut faire étaient un motif de désirer qu'on pût en donner une démonstration rapide et simple. D'autre part, toute fonction d'une variable indépendante qui reste monodrome, monogène et finie, quand on attribue à la variable un module inférieur à une certaine limite, est alors développable en une série convergente, ordonnée suivant les puissances ascendantes de la variable; et, réciproquement, la somme d'une série de ce genre est monodrome et monogène tant qu'elle demeure convergente. Donc, pour démontrer le théorème de M. Puiseux, il suffit d'établir, comme je vais le faire ici, la proposition suivante :

THÉORÈME. — *Soit* $\mathrm{f}(Z, z)$ *une fonction qui s'évanouisse quand on attribue aux variables z, Z les valeurs particulières c, C, et qui, pour des valeurs voisines, demeure monodrome et monogène. A celles des racines égales de l'équation*

$$\mathrm{f}(Z, c) = 0, \tag{1}$$

qui ont pour valeur commune la constante C, correspondront des racines de l'équation

$$\mathrm{f}(Z, z) = 0, \tag{2}$$

qui, pour une valeur infiniment petite de $z - c$, offriront des valeurs *de Z très voisines de C. Nommons Z_1 l'une de ces racines, et $Z_2, Z_3, \ldots, Z_n$ celles qui lui sont associées comme termes d'une même substitution circulaire du degré n, en sorte que l'accroissement 2π attribué à l'argument de la variable z transforme Z_1 en Z_2, Z_2 en Z_3, ..., Z_{n-1} en Z_n, et Z_n en Z_1. Si l'on pose*

$$(3) \qquad z - c = u^n,$$

chacune des racines

$$Z_1, \quad Z_2, \quad \ldots, \quad Z_n$$

sera une fonction monodrome et monogène de la variable u, dans le voisinage d'une valeur nulle de cette variable.

Démonstration. — Chacune des racines

$$Z_1, \quad Z_2, \quad Z_3, \quad \ldots, \quad Z_n$$

étant une fonction monodrome et monogène de z, et à plus forte raison de u, dans le voisinage de toute valeur de z très voisine de c, mais distincte de c, par conséquent dans le voisinage d'une valeur de u très voisine de zéro, mais distincte de zéro, il reste seulement à montrer que ces racines sont encore des fonctions monodromes et monogènes de u dans le voisinage d'une valeur nulle de u; et, pour le prouver, il suffit de faire voir que chacune d'elles et sa dérivée relative à z reprennent leurs valeurs primitives, quand l'argument p de u croît de la circonférence 2π. Or effectivement, en vertu de la formule (3), si l'on fait croître n fois de suite l'argument p de la quantité

$$\frac{2\pi}{n},$$

l'accroissement correspondant de $z - c$ sera chaque fois égal à 2π; donc la racine Z_1 sera successivement remplacée par Z_2, puis par $Z_3, \ldots,$ puis par Z_n, puis elle reprendra sa valeur primitive, quand l'accroissement définitif et total de p sera le produit de $\frac{2\pi}{n}$ par n, c'est-à-dire 2π. Ajoutons qu'on pourra en dire autant de la dérivée de Z_1, attendu que la dérivée de Z est généralement liée aux variables z, Z par la formule

$$(4) \qquad \mathrm{D}_z Z = -\frac{\mathrm{D}_z \mathrm{f}(Z, z)}{\mathrm{D}_Z \mathrm{f}(Z, z)},$$

dans laquelle le dénominateur $\mathrm{D}_Z \mathrm{f}(Z, z)$ diffère de zéro quand on attribue à $z - c$ et à $Z - C$, non plus des valeurs nulles, mais des valeurs infiniment petites.

Si, $z - c$ étant considéré comme infiniment petit du premier ordre, $Z - C$ est un infiniment petit de l'ordre fractionnaire

$$\mu = \frac{l}{m},$$

m étant premier à l, le nombre n sera évidemment égal à m ou à un multiple de m.

A cette remarque on peut joindre encore la suivante :

Si N représente le nombre des racines de l'équation (2) qui, associées les unes aux autres dans une ou plusieurs substitutions circulaires, se réduisent à C pour $z = c$, on pourra toujours réduire ces N racines à des fonctions d'une nouvelle variable u, qui, pour de très petites valeurs de u, restent monodromes et monogènes; et, pour y parvenir, il suffira de poser

$$(5) \qquad z - c = u^n,$$

en prenant pour n le produit des entiers inférieurs à N qui seront ou des nombres premiers ou des puissances de nombres premiers.

Je montrerai, dans un prochain article, comment, en s'appuyant sur les considérations précédentes, on peut résoudre la question posée à la fin du précédent Mémoire (page 281).

560.

ANALYSE MATHÉMATIQUE. — *Sur les compteurs logarithmiques.*

C. R., T. XL, p. 1009 (30 avril 1855).

Tandis que les logarithmes réels des nombres permettent de simplifier notablement les calculs numériques, on peut, dans la haute Analyse, tirer un parti avantageux des logarithmes imaginaires; et pour déterminer, dans une équation algébrique ou même transcendante, le nombre des racines réelles ou imaginaires qui satisfont à certaines conditions, il est très utile de recourir à ce que j'appellerai les *compteurs logarithmiques*. Je me propose ici d'en donner une idée en peu de mots.

Soient

$$z = x + yi \tag{1}$$

l'affixe d'un point mobile P; z', z'' deux valeurs particulières de z, qui représentent les affixes des extrémités M et N d'une certaine ligne droite ou courbe MN décrite par ce point mobile, et s l'arc mesuré sur cette ligne dans le sens du mouvement, à partir d'une origine fixe A; soient enfin s', s'' les valeurs de s correspondantes aux points M et N. Tandis que l'affixe z du point mobile P et les coordonnées rectangulaires x, y liées à z par l'équation (1) varieront, avec l'arc s, par degrés insensibles, le logarithme népérien $\mathrm{l}z$ variera lui-même, et ne pourra changer brusquement de valeur qu'à une époque où l'argument principal de z, ayant atteint l'une de ses deux limites π ou $-\pi$, passera de l'une à l'autre; par conséquent, à une époque où, x étant négatif, le rapport $\frac{x}{y}$ changera de signe en passant par l'infini. Cela posé, en considérant le rapport $\frac{x}{y}$ comme fonction de s, nommons K la somme des indices de ce rapport correspondants à des valeurs négatives de x, et indiquons, à l'aide de la lettre caractéristique Δ, placée devant les logarithmes népériens

$$\mathrm{l}z \quad \text{et} \quad \bar{\mathrm{l}}z,$$

dont le second varie avec z par degrés insensibles, les variations intégrales qu'acquièrent ces logarithmes, tandis que le point mobile P décrit la ligne MN. La variation logarithmique $\Delta \bar{\mathrm{l}} z$ sera évidemment liée à la variation

$$(2) \qquad \Delta\,\mathrm{l}z = \mathrm{l}z'' - \mathrm{l}z'$$

par la formule

$$(3) \qquad \Delta\,\bar{\mathrm{l}}z = \Delta\,\mathrm{l}z + K\mathrm{I},$$

la valeur de I étant

$$(4) \qquad \mathrm{I} = 2\pi i.$$

De plus, comme, en désignant par c un facteur constant, on aura généralement

$$(5) \qquad \Delta\,\bar{\mathrm{l}}(cz) = \Delta\,\bar{\mathrm{l}}z,$$

si dans la formule (3) on remplace z par $-z$, on trouvera

$$(6) \qquad \Delta\,\bar{\mathrm{l}}z = \Delta\,\mathrm{l}(-z) + K_{,}\mathrm{I},$$

$K_{,}$ étant la somme des indices du rapport $\frac{x}{y}$ correspondants à des valeurs positives de x; puis on tirera des formules (3) et (6)

$$(7) \qquad \Delta\,\bar{\mathrm{l}}z = \frac{\Delta\,\mathrm{l}z + \Delta\,\mathrm{l}(-z)}{2} + \frac{\mathrm{I}}{2}\mathop{\mathfrak{J}}_{s=s'}^{s=s''}\left(\frac{x}{y}\right),$$

la notation

$$\mathop{\mathfrak{J}}_{s=s'}^{s=s''}\left(\frac{x}{y}\right)$$

exprimant l'indice intégral de $\frac{x}{y}$ entre les limites $s = s'$, $s = s''$, c'est-à-dire la somme des indices du rapport $\frac{x}{y}$ correspondants aux divers points où la ligne MN rencontre l'axe des x. D'autre part, comme, en désignant par a, b deux quantités algébriques et supposant

$$c = a + bi, \tag{8}$$

on aura

$$cz = ax - by + (ay + bx)i,$$

on tirera encore des formules (5) et (7)

$$\Delta \bar{l} z = \frac{\Delta l(cz) + \Delta l(-cz)}{2} + \frac{1}{2} \mathcal{J}_{s=s'}^{s=s''} \left(\frac{ax - by}{ay + bx}\right); \tag{9}$$

puis on en conclura, en posant $c = i$,

$$\Delta \bar{l} z = \frac{\Delta l(iz) + \Delta l(-iz)}{2} - \frac{1}{2} \mathcal{J}_{s=s'}^{s=s''} \left(\frac{y}{x}\right). \tag{10}$$

Des formules (7) et (10), comparées l'une à l'autre, on déduit immédiatement l'équation

$$\mathcal{J}_{s=s'}^{s=s''} \left(\frac{x}{y}\right) + \mathcal{J}_{s=s'}^{s=s''} \left(\frac{y}{x}\right) = \frac{\Delta l(iz) + \Delta l(-iz) - \Delta l z - \Delta l(-z)}{1}, \tag{11}$$

dont le second membre dépend uniquement des affixes z', z'' des points M, N et conserve la même valeur, quelle que soit la nature de la ligne droite ou courbe décrite par le point mobile P. Le premier membre doit donc être lui-même indépendant de la nature de cette ligne. En effet, si l'on désigne par u ou le rapport $\frac{x}{y}$ ou une fonction réelle quelconque de l'arc s, assujettie à varier avec cet arc, tant qu'elle ne devient pas infinie, par degrés insensibles, et si l'on nomme u', u'' les valeurs de u correspondantes aux valeurs s', s'' de s, on aura généralement

$$\mathcal{J}_{s=s'}^{s=s''} (u) + \mathcal{J}_{s=s'}^{s=s''} \left(\frac{1}{u}\right) = \frac{1}{2}\left[\mathcal{J}\frac{u''}{(s)} - \mathcal{J}\frac{u'}{(s)}\right]; \tag{12}$$

de sorte qu'entre les limites $s = s'$, $s = s''$ l'indice intégral de u, joint à celui de $\frac{1}{u}$, donnera pour somme zéro, si u', u'' sont des quantités de même signe, et -1 ou $+1$ dans le cas contraire, savoir : $+1$ si, u' étant négatif, u'' est positif; -1 si, u' étant positif, u'' est négatif.

Ajoutons que, si U, V désignent deux fonctions entières de s, et W le reste qu'on obtient en divisant algébriquement U par V, on aura évidemment

$$\mathfrak{J}_{s=s'}^{s=s''}\left(\frac{U}{V}\right)=\mathfrak{J}_{s=s'}^{s=s''}\left(\frac{W}{V}\right). \tag{13}$$

Soit maintenant

$$Z=X+Yi \tag{14}$$

une fonction de z qui demeure monodrome dans le voisinage d'un point quelconque de la ligne MN décrite par le point mobile P. On tirera de la formule (7), en y remplaçant z par Z,

$$\Delta\bar{1}Z=\frac{\Delta 1 Z+\Delta 1(-Z)}{2}+\frac{1}{2}\mathfrak{J}_{s=s'}^{s=s''}\left(\frac{X}{Y}\right). \tag{15}$$

Si la ligne MN se transforme en un polygone ou en une courbe fermée qui serve de contour à une certaine aire S, alors, le point N se confondant avec le point M, les variations intégrales $\Delta 1 Z$, $\Delta 1(-Z)$ s'évanouiront, et l'équation (15) donnera

$$\frac{\Delta\bar{1}Z}{1}=\frac{1}{2}\mathfrak{J}_{s=s'}^{s=s''}\left(\frac{X}{Y}\right). \tag{16}$$

Enfin, si la fonction Z de z est non seulement monodrome, mais aussi monogène dans le voisinage d'un point quelconque de l'aire S ou de son contour MN, et si d'ailleurs, en décrivant ce contour, le point mobile P tourne autour de l'aire S avec un mouvement de rotation direct, chacun des membres de l'équation (16) représentera la différence qu'on obtient quand, après avoir déterminé, pour chacune des deux équations

$$Z=0, \tag{17}$$

$$\frac{1}{Z}=0, \tag{18}$$

le nombre des racines propres à exprimer les affixes de points renfermés dans l'aire S, on retranche du nombre de celles qui appartiennent à la première équation le nombre de celles qui appartiennent à la seconde.

Il est bon d'observer que, dans l'équation (16), I représente la variation intégrale $\Delta \bar{1} z$ correspondante au contour d'une aire qui renfermerait le pôle. En conséquence, si l'on nomme (S) la valeur commune des deux membres de l'équation (16), on aura non seulement

$$(19) \qquad (\mathrm{S}) = \frac{\Delta \bar{1} Z}{\mathrm{I}} = \frac{1}{2} \mathcal{J}_{s=s'}^{s=s''} \left(\frac{X}{Y} \right),$$

mais encore

$$(20) \qquad (\mathrm{S}) = \frac{\Delta \bar{1} Z}{\Delta \bar{1} z},$$

les variations intégrales $\Delta \bar{1} Z$, $\Delta \bar{1} z$ étant relatives, l'une au contour de l'aire S, l'autre au contour d'une aire qui renfermerait le pôle. Ajoutons que la formule (20) continuera de subsister si les mouvements de deux points mobiles assujettis à décrire les deux contours dont il s'agit, au lieu d'être l'un et l'autre directs, sont tous deux rétrogrades.

Dans le cas où la fonction Z reste monodrome, monogène et finie en chaque point de l'aire S, la quantité (S) déterminée par la formule (19) ou (20) est précisément le nombre de celles des racines de l'équation (17) qui sont propres à représenter les affixes de points renfermés dans l'aire S. Pour ce motif, nous désignerons la quantité (S) sous le nom de *compteur logarithmique*. Cela posé, on pourra énoncer les deux propositions suivantes :

THÉORÈME I. — *Lorsque la fonction de z, représentée par Z, reste monodrome, monogène et finie, dans le voisinage d'un point quelconque de l'aire* S, *le compteur logarithmique* (S), *déterminé par l'équation* (19) *ou* (20), *exprime le nombre de celles des racines de l'équation*

$$Z = 0,$$

qui sont les affixes de points renfermés dans l'aire S.

THÉORÈME II. — *Lorsque la fonction de* z, *représentée par* Z, *reste monodrome et monogène dans le voisinage d'un point quelconque de l'aire* S, *le compteur logarithmique, déterminé par l'équation* (19) *ou* (20), *est la différence des deux nombres qu'on obtient en cherchant combien de racines, représentées par des affixes de points renfermés dans l'aire* S, *appartiennent d'une part à l'équation* $Z = 0$, *d'autre part à l'équation* $\frac{1}{Z} = 0$.

Ajoutons que, si la fonction Z se décompose en deux facteurs U, V, dont le second ne devienne jamais nul ni infini en aucun point du contour de l'aire S, on pourra, dans la recherche du compteur logarithmique, substituer la fonction U à la fonction Z.

Ajoutons encore que, si, le contour de l'aire S étant composé de diverses parties, les parties correspondantes de la variation intégrale $\Delta \overline{\mathrm{l}} z$ sont deux à deux égales au signe près, mais affectées de signes contraires, le compteur logarithmique (S) se réduira simplement à zéro.

De la première remarque, jointe au premier théorème, on conclut immédiatement (*voir* la page 267) que *toute équation algébrique du degré n admet n racines réelles ou imaginaires, égales ou inégales.*

De la seconde remarque jointe au second théorème, on déduit immédiatement une proposition établie par M. Liouville, qui est relative aux fonctions doublement périodiques, et que l'on peut énoncer comme il suit :

THÉORÈME III. — *Soient* z *l'affixe d'un point mobile, et* x, y *deux coordonnées rectangulaires ou obliques mesurées sur deux axes qui, passant par le pôle, forment avec l'axe polaire les angles* φ *et* χ, *en sorte qu'on ait*

$$z = 1_{\varphi}\, x + 1_{\chi}\, y. \tag{21}$$

Soit, de plus, Z une fonction monodrome et monogène de z, qui ne varie pas quand on attribue à la variable x l'accroissement a, ou à la variable y l'accroissement b. Si l'on nomme S *l'aire d'un parallélogramme dont les côtés, représentés par a et b, soient respectivement parallèles aux axes des x et des y, et ne renferment aucun point dont l'affixe soit racine de l'une des équations*

$$Z = 0, \qquad \frac{1}{Z} = 0,$$

le nombre des points pour lesquels se vérifiera la première équation, sera, dans l'intérieur du parallélogramme, égal au nombre des points pour lesquels se vérifiera la seconde.

Je joindrai ici une dernière observation. Si Z est une fonction entière de z du degré n, on pourra, en opérant comme je l'ai fait dans le Mémoire de 1831, déduire de la formule (19), jointe aux équations (12) et (13), le nombre m des racines de l'équation $Z = 0$ correspondantes à des points renfermés dans l'aire S, lorsque le contour de cette aire se transformera en un polygone rectiligne ou curviligne dont chaque côté sera ou une ligne droite ou un arc de cercle. Toutefois, si l'on suit la marche indiquée dans le Mémoire cité, alors, dans chacune des fractions rationnelles dont les indices serviront à déterminer le nombre m, les deux termes, réduits à des fonctions entières d'une seule variable, seront généralement du degré n quand il s'agira d'un côté rectiligne du polygone, et du degré $2n$ quand un côté se transformera en un arc de cercle. Les principes ci-dessus exposés permettent de réduire, dans le second cas, le degré $2n$ au degré n. Pour montrer comment cette réduction s'opère, concevons que, Z étant une fonction entière de z du degré n, on demande le nombre m de celles des racines de l'équation $Z = 0$ qui correspondent à des points situés dans l'intérieur du cercle qui a pour rayon le module r, et pour centre le point dont l'affixe est c. Pour chacun des points situés sur la circonférence de ce cercle, l'affixe z sera de la forme

$$z = c + r_p = c + re^{pi},$$

et, en posant

$$t = \operatorname{tang} \frac{p}{2},$$

on aura

$$(22) \qquad z = c + r \frac{1 + t\mathrm{i}}{1 - t\mathrm{i}}.$$

Cela posé, si l'on prend

$$(23) \qquad T = (1 - t\mathrm{i})^n Z,$$

T sera évidemment une fonction entière de t du degré n. D'ailleurs on pourra aux limites $-\pi$, $+\pi$ de la variable p faire correspondre les limites $-\infty$, $+\infty$ de la variable t; par conséquent l'équation (19) jointe à l'équation (23) donnera

$$(24) \qquad m = \frac{\Delta \bar{\mathrm{l}} T - n \Delta \bar{\mathrm{l}}(1 - t\mathrm{i})}{\mathrm{I}},$$

chaque variation intégrale s'étendant à toutes les valeurs de t comprises entre les limites $t = -\infty$, $t = \infty$. Mais on aura entre ces limites

$$\Delta \bar{\mathrm{l}}(1 - t\mathrm{i}) = \Delta \mathrm{l}(1 - t\mathrm{i}) = -\pi\mathrm{i} = -\frac{\mathrm{I}}{2}.$$

Donc la formule (24) donnera

$$(25) \qquad m = \frac{n}{2} + \frac{\Delta \bar{\mathrm{l}} T}{\mathrm{I}}.$$

Si maintenant on pose

$$(26) \qquad T = U + V\mathrm{i},$$

U, V étant deux quantités algébriques, on tirera de la formule (25), jointe à l'équation (15),

$$(27) \qquad m = \frac{n}{2} + \frac{\Delta \mathrm{l}(T) + \Delta \mathrm{l}(-T)}{2\mathrm{I}} + \frac{1}{2} \mathop{\mathcal{J}}_{t=-\infty}^{t=\infty} \left(\frac{U}{V}\right),$$

et il est clair que, dans l'équation (27), U, V seront, ainsi que T, des fonctions de t entières et du degré n.

561.

ANALYSE ALGÉBRIQUE. — *Sur le dénombrement des racines qui, dans une équation algébrique ou transcendante, satisfont à des conditions données.*

C. R., T. XL, p. 1329 (25 juin 1855).

Comme je l'ai remarqué dans de précédents Mémoires, les diverses racines réelles ou imaginaires d'une équation algébrique ou transcendante peuvent être censées représenter les affixes de points situés dans un certain plan, et le nombre de celles qui correspondent à des points compris dans un contour donné est exprimé par le *compteur logarithmique*. D'ailleurs, ce compteur peut être déterminé à l'aide des indices des fonctions, et par conséquent le dénombrement des racines qui satisfont à des conditions données peut être réduit à la détermination de ces indices. Effectivement, le *calcul des indices* fournit un moyen simple d'aborder, pour une équation algébrique, les deux problèmes que j'ai résolus en 1813 et en 1831 (1), savoir : le dénombrement des racines positives, des racines négatives et des racines réelles ou imaginaires qui représentent les affixes de points renfermés dans un contour limité par des droites ou des arcs de cercle.

D'autre part, l'indice intégral d'une fraction rationnelle entre des limites données peut se déduire, ou de la considération des polynômes que fournit la recherche du plus grand commun diviseur algébrique entre les deux termes de la fraction et des propriétés que possèdent ces polynômes, spécialement de celles que M. Sturm a signalées le premier et appliquées au dénombrement des racines réelles, ou, comme l'a fait M. Hermite dans un Mémoire (2) qui m'a

(1) *Œuvres de Cauchy*, S. II, T. XV.

(2) Dans ce beau Mémoire, M. Hermite déterminait aussi le nombre des systèmes de valeurs réelles de x et de y qui, étant comprises entre des limites données, vérifient deux équations algébriques en x et y.

toujours paru digne d'être remarqué, de la considération de certaines équations d'une forme particulière et dont toutes les racines sont réelles.

La méthode suivie par M. Hermite, et appliquée par lui-même au dénombrement des racines réelles, évite les divisions. A la vérité, les résultats immédiatement fournis par elle diffèrent au premier abord des résultats plus simples que fournit la méthode de M. Sturm, quand, avec M. Sylvester, on débarrasse chaque polynôme du diviseur constant introduit par la division algébrique. Mais on peut revenir des uns aux autres, et un artifice de calcul dont la simplicité a frappé M. Hermite, auquel je le communiquais, peut être utilement mis en œuvre pour cette transition que M. Hermite m'a dit avoir effectuée de son côté. D'ailleurs les principes sur lesquels s'appuie la nouvelle méthode se déduisent avec facilité de plusieurs théorèmes déjà connus; on pourrait dire qu'elle consiste dans l'emploi de théorèmes nouveaux qui sont des conséquences directes des premiers. J'ai cru qu'il ne serait pas sans intérêt d'énoncer avec précision ces divers théorèmes, d'en simplifier, autant que possible, les démonstrations, enfin d'appeler l'attention des géomètres sur les rapports qui existent entre eux, sur l'extension qu'on peut leur donner, sur les nombreuses applications auxquelles ils se prêtent. Tel est l'objet spécial du Mémoire que j'ai l'honneur de présenter à l'Académie. Je me bornerai pour l'instant à le résumer en peu de mots.

D'après la *règle de Descartes,* dans une équation dont le premier membre est ordonné suivant les puissances descendantes de l'inconnue, le nombre des racines positives est tout au plus égal au nombre des variations de signe, et le nombre des racines négatives au nombre des permanences de signe entre les coefficients des diverses puissances pris consécutivement et deux à deux.

Si quelques coefficients s'évanouissent, chacun d'eux pouvant être à volonté considéré comme positif ou comme négatif, le nombre des permanences pourra dépendre des signes qui leur seront attribués, et admettre, en raison de cette dépendance, une valeur maximum ainsi qu'une valeur minimum. *La différence entre ces deux valeurs sera égale ou inférieure au nombre des racines imaginaires* [*voir* l'*Analyse algébrique*, p. 519 ([1])], pourvu toutefois que l'équation donnée n'ait pas des racines nulles.

De ce théorème fondamental on déduit immédiatement les deux propositions suivantes, dont la première était connue depuis longtemps :

THÉORÈME I. — *Dans une équation algébrique dont toutes les racines sont réelles et distinctes de zéro, les coefficients de deux puissances consécutives de l'inconnue ne peuvent disparaître simultanément, et quand un coefficient s'évanouit, les deux coefficients voisins sont affectés de signes contraires.*

THÉORÈME II. — *Représentons par*

$$X_1, \quad X_2, \quad \ldots, \quad X_{n-1}, \quad X_n$$

des fonctions réelles et entières de x, la dernière X_n étant telle, que les racines réelles de l'équation

$$X_n = 0, \tag{1}$$

comprises entre les limites $x = x'$, $x = x''$, soient des racines simples qui ne réduisent pas X_{n-1} à zéro. Soit encore Θ une fonction entière de x et θ déterminée par la formule

$$\Theta = \theta^n - X_1\theta^{n-1} + X_2\theta^{n-2} - \ldots + (-1)^{n-1}X_{n-1}\theta + (-1)^n X_n. \tag{2}$$

Si, pour toute valeur réelle de x comprise entre les limites x', x'', les n racines de l'équation

$$\Theta = 0, \tag{3}$$

résolue par rapport à l'inconnue θ, sont constamment réelles, l'accroissement que subira le nombre des permanences entre les termes de la suite

$$1, \quad X_1, \quad X_2, \quad \ldots, \quad X_{n-1}, \quad X_n, \tag{4}$$

([1]) *OEuvres de Cauchy*, S. II, T. III, p. 324.

quand on passera de la limite $x = x'$ à la limite $x = x''$, sera précisément la valeur de l'indice m déterminé par la formule

$$m = \underset{x=x'}{\overset{x=x''}{\mathfrak{J}}} \left(\frac{X_{n-1}}{X_n} \right). \tag{5}$$

Corollaire I. — Pour que l'équation (3) soit du nombre de celles dont les racines ne cessent jamais d'être réelles, il suffit que $\pm \Theta$ soit ce que devient la résultante algébrique de fonctions réelles et entières de x, représentées par les divers termes d'un tableau à double entrée dont chaque ligne horizontale ou verticale renferme n termes différents, quand on retranche l'inconnue θ de chacun des termes situés sur une diagonale, si d'ailleurs ce tableau n'est pas modifié quand on échange les lignes horizontales contre les lignes verticales; par conséquent, il suffit que $\pm \Theta$ soit la résultante d'un tableau de la forme

$$\left\{ \begin{array}{llll} s_{1,1} - \theta, & s_{1,2}, & \ldots, & s_{1,n}, \\ s_{2,1}, & s_{2,2} - \theta, & \ldots, & s_{2,n}, \\ \ldots, & \ldots\ldots, & \ldots, & \ldots, \\ s_{n,1}, & s_{n,2}, & \ldots, & s_{n,n} - \theta, \end{array} \right. \tag{6}$$

$s_{\mu,\nu}$ étant une fonction entière de x dont la forme dépende des nombres μ, ν et redevienne la même quand on échange entre eux les indices μ, ν. C'est ce qui aura lieu, par exemple, si, $s_{\mu,\nu}$ étant de la forme $s_{\mu+\nu-2}$, le tableau (6) se réduit au suivant :

$$\left\{ \begin{array}{llll} s_0 - \theta, & s_1, & \ldots, & s_{n-1}, \\ s_1, & s_2 - \theta, & \ldots, & s_n, \\ \ldots, & \ldots\ldots, & \ldots, & \ldots, \\ s_{n-1}, & s_n, & \ldots, & s_{2n-2} - \theta. \end{array} \right. \tag{7}$$

Corollaire II. — On doit remarquer le cas particulier où, dans le tableau (7), s_ν est une fonction linéaire de x, par conséquent de la forme

$$a_\nu + b_\nu x,$$

a_ν, b_ν étant deux coefficients réels. C'est ce qui aura lieu, par exemple, si, $x_1, x_2, \ldots, x_n$, étant les racines réelles ou imaginaires, supposées inégales, d'une certaine équation

$$(8) \qquad u = 0,$$

dont tous les coefficients sont réels, on pose

$$(9) \qquad \mathfrak{s}_\nu = k_1 x_1^{l+\nu}(x - x_1) + k_2 x_2^{l+\nu}(x - x_2) + \ldots + k_n x_n^{l+\nu}(x - x_n),$$

k_μ étant réel en même temps que x_μ, et k_μ, $k_{\mu'}$ étant deux quantités géométriques conjuguées en même temps que x_μ, $x_{\mu'}$. Supposons, pour plus de commodité, le coefficient de x_n dans u réduit à l'unité, en sorte qu'on ait

$$(10) \qquad u = x^n + a_1 x^{n-1} + a_2 x^{n-2} + \ldots + a_n.$$

Posons d'ailleurs

$$(11) \qquad s_\nu = k_1 x_1^\nu + k_2 x_2^\nu + \ldots + k_n x_n^\nu.$$

Désignons par S_ν la résultante du tableau

$$(12) \qquad \begin{cases} s_0, & s_1, & \ldots, & s_{\nu-1}, \\ s_1, & s_2, & \ldots, & s_\nu, \\ \ldots, & \ldots, & \ldots, & \ldots, \\ s_{\nu-1}, & s_\nu, & \ldots, & s_{2\nu-2}, \end{cases}$$

et par $\mathfrak{S}_\nu$ la résultante du tableau

$$(13) \qquad \begin{cases} \mathfrak{s}_0, & \mathfrak{s}_1, & \ldots, & \mathfrak{s}_{\nu-1}, \\ \mathfrak{s}_1, & \mathfrak{s}_2, & \ldots, & \mathfrak{s}_\nu, \\ \ldots, & \ldots, & \ldots, & \ldots, \\ \mathfrak{s}_{\nu-1}, & \mathfrak{s}_\nu, & \ldots, & \mathfrak{s}_{2\nu-2}; \end{cases}$$

on aura, en admettant pour valeur de $\mathfrak{s}_\nu$ celle que détermine la formule (9),

$$(14) \qquad X_n = \mathfrak{S}_n = S_n a_n^l u$$

et

$$(15) \qquad \frac{X_{n-1}}{X_n} = \frac{\mathrm{x}_1}{x - x_1} + \frac{\mathrm{x}_2}{x - x_2} + \ldots + \frac{\mathrm{x}_n}{x - x_n},$$

x_ν désignant une quantité qui, pour une valeur réelle de x_ν, sera réelle et affectée du même signe que $k_\nu x_\nu^l$, par conséquent du même signe que k_ν ou $k_\nu x_\nu$ suivant que l sera pair ou impair. Cela posé, si l'on nomme u_1 une fonction entière de x déterminée par la formule

$$(16)\qquad \frac{u_1}{u} = \frac{k_1}{x - x_1} + \frac{k_2}{x - x_2} + \ldots + \frac{k_n}{x - x_n},$$

et $\pm \Theta$ la résultante du tableau (7), l'équation (3) sera du nombre de celles auxquelles s'appliquera le théorème I, la valeur de l'indice m étant, pour des valeurs paires de l,

$$(17)\qquad m = \mathop{\mathfrak{I}}_{x=x'}^{x=x''} \left(\frac{u_1}{u}\right),$$

et, pour des valeurs impaires de l,

$$(18)\qquad m = \mathop{\mathfrak{I}}_{x=x'}^{x=x''} \left(\frac{x u_1}{u}\right).$$

Ajoutons qu'en vertu des équations (9) et (11) la valeur générale de $\mathfrak{s}_\nu$ dans le tableau (7) sera de la forme

$$(19)\qquad \mathfrak{s}_\nu = s_{l+\nu}\, x - s_{l+\nu+1}.$$

Pour tirer des formules qu'on vient d'établir le parti le plus avantageux, et en déduire, avec le moins de calcul possible, l'indice intégral

$$\mathop{\mathfrak{I}}_{x=x'}^{x=x''} \left(\frac{u_1}{u}\right),$$

il convient de joindre au théorème II la proposition suivante :

Théorème III. — *Les mêmes choses étant posées que dans le théorème II, et la valeur de $\mathfrak{s}_\nu$ étant déterminée par le système des formules* (9) *et* (11), *le théorème II continuera d'être applicable, quand on prendra pour $\pm \Theta$ la résultante du tableau* (7), *après avoir remplacé généralement dans ce tableau $\mathfrak{s}_\nu$ par $\alpha^\nu \mathfrak{s}_\nu$, α étant un coefficient réel.*

Corollaire. — Supposons, pour fixer les idées, que le coefficient α soit positif. Si les quantités de la forme

$$\mathfrak{S}_\nu$$

sont toutes distinctes de zéro, pour chacune des valeurs x', x'' attribuées à la variable x, alors, pour de très petites valeurs du coefficient α, on aura sensiblement

$$k_\nu^{-1} = \alpha^{2n-2} k_\nu x'_\nu (x'_\nu)^2, \tag{20}$$

u'_ν étant ce que devient $u' = \mathrm{D}_x u$ quand on y pose $x = x_\nu$, et

$$X_\nu = \alpha^{\nu(\nu-1)} \mathfrak{S}_\nu. \tag{21}$$

Cela posé, en attribuant au coefficient α des valeurs suffisamment petites, on conclura de la formule (20) que l'équation (5) peut être réduite à l'équation (17) ou (18), ce que l'on savait déjà, puis de la formule (21) que, dans la recherche de l'indice m déterminé par la formule (18), on peut à la suite (4) substituer la suivante :

$$1, \quad \mathfrak{S}_1, \quad \mathfrak{S}_2, \quad \ldots, \quad \mathfrak{S}_n. \tag{22}$$

En conséquence, l'indice m déterminé par l'équation (17) sera précisément l'accroissement que subira le nombre des permanences de signe dans la suite (22) quand x passera de la valeur x' à la valeur x''.

Si l'on suppose en particulier $x' = -\infty$, $x'' = \infty$, l'indice m sera la différence entre le nombre des permanences de signe et le nombre des variations de signe dans la suite

$$1, \quad \mathfrak{S}_1, \quad \mathfrak{S}_2, \quad \ldots, \quad \mathfrak{S}_n. \tag{23}$$

562.

CALCUL DES RÉSIDUS. — *Considérations nouvelles sur les résidus.*

C. R., T. XLI, p. 41 (9 juillet 1855).

Dans ce Mémoire, l'auteur considère sous un nouveau point de vue les résidus des fonctions et les définit comme il suit :

Lorsqu'une fonction $f(z)$ de l'affixe z devient infinie pour une valeur c de cette affixe, mais demeure monodrome et monogène pour des valeurs voisines de c, le *résidu partiel* de $f(z)$ relatif à la racine c de l'équation

$$\frac{1}{f(z)} = 0$$

est la moyenne isotropique entre les diverses valeurs du produit

$$(z - c)\,f(z)$$

correspondantes à un module constant et très petit, mais à des arguments divers de la différence $z - c$, de sorte qu'en représentant par ζ cette différence on a

$$\mathcal{E}\frac{(z-c)\,f(z)}{((z-c))} = \mathfrak{M}[\zeta\, f(c+\zeta)].$$

Cette définition étant admise, on établit aisément les diverses propositions et formules que fournit le Calcul des résidus, et qui peuvent être si utilement appliquées à un grand nombre de questions diverses, particulièrement le théorème suivant :

THÉORÈME. — *Soient*

z *l'affixe d'un point mobile;*

$f(z)$ *une fonction qui demeure monodrome et monogène pour tous les points de l'aire renfermée entre deux contours* FGH, KLM *dont le second enveloppe le premier de toutes parts;*

$c, c', c'', \ldots$ *les affixes des points singuliers compris dans cette aire et pour lesquels on a*

$$(1) \qquad \frac{1}{f(z)} = 0;$$

s *l'aire renfermée dans le contour* FGH;

S *l'aire renfermée dans le contour* KLM;

(s) *l'intégrale* $\int f(z)\,dz$ *étendue à tous les points du contour* FGH *qu'un point mobile est supposé décrire en tournant autour de l'aire* s *avec un mouvement de rotation direct;*

(S) *ce que devient la même intégrale quand on substitue le contour* KLM *au contour* FGH;

u *la valeur de* z *correspondante à un point quelconque du contour* FGH;

v *la valeur de* z *correspondante à un point quelconque du contour* KLM;

w *la valeur de* z *correspondante à un point situé entre les deux contours.*

Si l'on pose, pour abréger,

$$\mho = \frac{(s)}{I}, \qquad \wp = \frac{(S)}{I},$$

la valeur de I *étant*

$$I = 2\pi i,$$

on aura

$$(2) \qquad \wp - \mho = \mathop{\mathcal{E}}_{w=u}^{w=v} [f(w)].$$

Corollaire. — Si, dans l'équation (2), on remplace $f(w)$ par le rapport

$$\frac{f(w)}{w - z},$$

alors, en supposant le point dont l'affixe est z renfermé entre les deux contours FGH, KLM, et ayant égard à la formule

$$\mathcal{E}\left(\frac{f(w)}{w-z}\right) = f(z) + \mathcal{E}\frac{[f(w)]}{w-z},$$

on aura

$$(3) \qquad f(z) = \wp - \mho + \mathop{\mathcal{E}}_{w=u}^{w=v} \frac{[f(w)]}{z-w}.$$

563.

Analyse mathématique. — *Sur une formule très simple et très générale qui résout immédiatement un grand nombre de problèmes d'Analyse déterminée et d'Analyse indéterminée.*

C. R., T. XLII, p. 366 (25 février 1856).

La considération des fonctions linéaires et homogènes m'a conduit à divers théorèmes, puis à une formule très simple, qui, en raison des nombreuses applications qu'on en peut faire, m'a paru digne d'être remarquée, et que je vais établir.

Considérons d'une part m variables

$$x,\quad y,\quad z,\quad \ldots,\quad t,$$

d'autre part n fonctions linéaires et homogènes

$$u,\quad v,\quad w,\quad \ldots,\quad s$$

de ces mêmes variables. Les valeurs de ces fonctions seront fournies par n équations, desquelles on pourra tirer les valeurs de quelques-unes des variables

$$x,\quad y,\quad z,\quad \ldots,\quad t,$$

exprimées en fonctions des autres variables, et des termes de la suite

$$u,\quad v,\quad w,\quad \ldots,\quad s.$$

Pour y parvenir, on tirera de la première équation la valeur d'une variable x_1, puis on la substituera dans les autres équations. Si, par cette substitution, toutes les variables ne sont pas éliminées en même temps que x_1, on tirera d'une seconde équation la valeur d'une seconde variable x_2, ..., et en continuant de la sorte, on substituera aux équations données, d'une part, des équations qui détermineront certaines variables

$$x_1,\quad x_2,\quad \ldots,\quad x_\nu,$$

dont le nombre sera ν, en fonction de $m - \nu$ autres variables

$$x', \quad x'', \quad x''', \quad \ldots,$$

et des termes de la suite

$$u, \quad v, \quad w, \quad \ldots, \quad s;$$

d'autre part, si, ν étant inférieur à n, $n - \nu$ diffère de zéro, $n - \nu$ équations de condition linéaires et homogènes entre les fonctions

$$u, \quad v, \quad w, \quad \ldots, \quad s.$$

Dans ce dernier cas, les variables

$$x, \quad y, \quad z, \quad \ldots, \quad t$$

étant prises pour clefs anastrophiques, si l'on pose

$$\Omega = uvw\ldots s,$$

le produit symbolique $|\Omega|$ sera identiquement nul, quelles que soient d'ailleurs les valeurs attribuées, dans le développement de $|\Omega|$, aux produits symboliques partiels qui auront pour facteurs n termes de la suite

$$x, \quad y, \quad z, \quad \ldots, \quad t.$$

Dans le cas contraire, en laissant indéterminée la valeur de chacun de ces produits partiels, on obtiendra une valeur de $|\Omega|$ qui renfermera une ou plusieurs indéterminées, dont l'une sera précisément la valeur attribuée au produit symbolique

$$|x_1 x_2 \ldots x_n|.$$

Cela posé, on établira sans peine les propositions suivantes :

Théorème I. — *Étant données n équations qui expriment n quantités*

$$u, \quad v, \quad w, \quad \ldots, \quad s$$

en fonctions linéaires et homogènes de m variables

$$x, \quad y, \quad z, \quad \ldots, \quad t,$$

posons

$$\Omega = uvw\ldots s;$$

et concevons que, les variables x, y, z, ..., t étant prises pour clefs anastrophiques, on laisse indéterminée dans le produit $|\Omega|$ la valeur de chacun des produits partiels formés avec quelques-unes des clefs x, y, z, ..., t. Il arrivera de deux choses l'une : ou le coefficient de chaque produit partiel, par conséquent de chaque indéterminée, sera identiquement nul, et l'on trouvera ainsi

$$|\Omega| = 0;$$

ou la valeur générale de $|\Omega|$ ne sera pas nulle. Dans le premier cas, les fonctions

$$u, \quad v, \quad w, \quad \ldots, \quad s$$

vérifieront une ou plusieurs équations de condition linéaires et homogènes; et, si l'on nomme l le nombre de ces équations de condition, on pourra, des équations données, tirer les valeurs de plusieurs variables

$$x_1, \quad x_2, \quad \ldots, \quad x_\nu,$$

dont le nombre sera

$$\nu = n - l,$$

exprimées en fonctions linéaires et homogènes des autres variables

$$x', \quad x'', \quad x''', \quad \ldots$$

et des termes de la suite

$$u, \quad v, \quad w, \quad \ldots, \quad s.$$

Dans le second cas, les équations de condition dont nous venons de parler disparaîtront, et les n équations données détermineront les valeurs de n variables

$$x_1, \quad x_2, \quad \ldots, \quad x_n,$$

prises dans la suite

$$x, \quad y, \quad z, \quad \ldots, \quad t,$$

en fonctions linéaires et homogènes de $m - n$ autres variables

$$x', \quad x'', \quad x''', \quad \ldots,$$

et des termes de la suite

$$u, \quad v, \quad w, \quad \ldots, \quad s.$$

THÉORÈME II. — *Les mêmes choses étant posées que dans le premier* *théorème, concevons que l'on assujettisse les variables x, y, z, ..., t à vérifier les équations*

(1) $$u = 0, \quad v = 0, \quad w = 0, \quad \ldots, \quad s = 0.$$

Si l'on a $|\Omega| = 0$, *quelques-unes de ces équations se déduiront des autres, et par suite le nombre* ν *des variables*

$$x_1, \quad x_2, \quad \ldots, \quad x_\nu$$

qu'elles détermineront, sera inférieur à n. *Si, au contraire, le produit symbolique* $|\Omega|$ *n'est pas identiquement nul, les équations* (1) *détermineront* n *variables*

$$x_1, \quad x_2, \quad \ldots, \quad x_n$$

en fonctions linéaires et homogènes de $m - n$ *autres variables*

$$x', \quad x'', \quad x''', \quad \ldots,$$

dont chacune restera indéterminée; et, pour que des valeurs de

$$x, \quad y, \quad z, \quad \ldots, \quad t,$$

propres à vérifier les équations (1), *soient aussi générales qu'elles doivent l'être, il suffira qu'elles renferment des indéterminées distinctes dont le nombre ne puisse s'abaisser au-dessous de* $m - n$. *Or c'est précisément ce qui arrivera si l'on pose*

(2) $$x = |\Omega x|, \quad y = |\Omega y|, \quad \ldots, \quad t = |\Omega t|.$$

Donc les solutions les plus générales des équations (1) *seront données par les formules* (2). *Ajoutons que, si l'on nomme* r *une fonction linéaire et homogène des variables* x, y, z, ..., t, *on aura, en supposant ces variables déterminées par les équations* (1),

(3) $$r = |\Omega r|.$$

Cette dernière formule peut à elle seule remplacer les équations (2) *que l'on en déduit, en prenant successivement pour* r *chacune des variables* x, y, z, ..., t.

On peut appliquer utilement le deuxième théorème et la formule générale qu'il nous offre, c'est-à-dire la formule (3), à un grand nombre de questions diverses, spécialement à la résolution des équations linéaires homogènes ou non homogènes, déterminées ou indéterminées, à l'élimination des variables entre des équations algébriques de degrés quelconques, à la détermination des restes successifs que produit la recherche du plus grand commun diviseur de deux polynômes, etc. Entrons à ce sujet dans quelques détails.

Supposons d'abord que l'on donne à résoudre n équations linéaires, essentiellement distinctes et homogènes, entre $n+1$ variables

$$x,\quad y,\quad z,\quad \ldots,\quad t.$$

Ces équations seront de la forme

$$(1)\qquad u=0,\qquad v=0,\qquad w=0,\qquad \ldots,\qquad s=0,$$

u, v, w, ..., s désignant n fonctions linéaires et homogènes des $n+1$ variables

$$x,\quad y,\quad z,\quad \ldots,\quad t;$$

et, si l'on pose

$$\Omega = uvw\ldots s,$$

le produit symbolique $|\Omega|$ ne sera pas nul. Cela posé, si l'on nomme r une nouvelle fonction linéaire et homogène de x, y, z, ..., t, le produit symbolique

$$|\Omega r|$$

sera de la forme

$$k\,|xyz\ldots t|,$$

k désignant une constante déterminée; et si, en laissant indéterminée la valeur attribuée au produit symbolique

$$|xyz\ldots t|,$$

on désigne cette valeur par τ, la formule (3) donnera

$$(4)\qquad r = k\tau.$$

Ainsi, par exemple, si l'on suppose les équations (2) réduites aux suivantes

$$(5)\qquad \begin{cases} 3x + 2y + z = 0, \\ x + 3y + 2z = 0, \end{cases}$$

et si d'ailleurs on prend

$$r = \alpha x + 6y + \gamma z,$$

on aura

$$|\Omega| \;= |yz| - 5\,|zx| + 7\,|xy|,$$

$$|\Omega r| = (\alpha - 56 + 7\gamma)\,|xyz|;$$

puis, en laissant indéterminée la valeur du produit symbolique $|xyz|$, et désignant cette valeur par τ, on tirera de la formule (3)

$$(6)\qquad r = (\alpha - 56 + 7\gamma)\tau.$$

Si, dans l'équation (6), on suppose la fonction r successivement réduite à x, puis à y, puis à z, cette équation donnera

$$(7)\qquad x = \tau, \qquad y = -5\tau, \qquad z = 7\tau.$$

Telles sont les valeurs générales de x, y, z propres à résoudre les équations (5). Il suffira, d'ailleurs, d'attribuer à l'indéterminée τ une valeur entière pour obtenir les solutions en nombres entiers.

Si l'on attribue à l'une des variables x, y, z, ..., t une valeur déterminée, les équations données seront linéaires par rapport aux variables restantes, mais cesseront d'être homogènes, et les valeurs des variables restantes se déduiront immédiatement de la formule (3). Ainsi, cette formule sert encore à résoudre n équations linéaires, mais non homogènes, entre n variables.

Concevons, pour fixer les idées, que l'on donne, entre deux variables x, y, les équations

$$(8)\qquad \begin{cases} 3x + 2y = 1, \\ x + 3y = 2. \end{cases}$$

Il suffira, pour obtenir ces équations, de poser $z = -1$ dans les formules (5). D'ailleurs, en posant $z = -1$, on tirera des formules (7), $\tau = -\frac{1}{7}$, et, par suite,

$$x = -\frac{1}{7}, \quad y = \frac{5}{7}. \tag{9}$$

Telles sont effectivement les valeurs de x, y qui satisfont aux équations (8).

On déduirait pareillement de la formule (3) les valeurs de m inconnues $x, y, z, \ldots, t$ déterminées par m équations linéaires, mais non homogènes, et l'on retrouverait ainsi les formules générales qui fournissent ces valeurs.

Supposons maintenant que, les équations données étant linéaires et homogènes, la différence $n - m$ entre le nombre m des variables et le nombre n des équations surpasse l'unité. Alors le nombre des indéterminées, dans les valeurs générales des variables, ne pourra s'abaisser au-dessous de $m - n$. D'ailleurs,

$$N = \frac{m(m-1)\ldots(m-n+1)}{1.2\ldots n} \tag{10}$$

étant le nombre des produits que l'on peut former avec m facteurs pris n à n, les formules (2) et (3) pourront introduire dans les valeurs de

$$x, \quad y, \quad z, \quad \ldots, \quad t,$$

et dans la valeur de r, N indéterminées; mais, sans diminuer la généralité de ces valeurs, on pourra égaler à zéro plusieurs indéterminées et réduire ainsi leur nombre à $m - n$, pourvu toutefois qu'on ne demande pas de résoudre les équations linéaires données en nombres entiers.

Concevons maintenant que, les coefficients de $x, y, z, \ldots, t$ dans les fonctions $u, v, w, \ldots, s$ ayant des valeurs entières, on propose de résoudre en nombres entiers les équations (2), et supposons d'abord $m - n = 1$; alors, pour obtenir les valeurs générales de

$$x, \quad y, \quad z, \quad \ldots, \quad t,$$

il suffira de poser

$$|xyz\ldots t| = \tau,$$

si les coefficients numériques du produit symbolique $|xyz\ldots t|$ dans les valeurs de

$$|\Omega x|,\quad |\Omega y|,\quad |\Omega z|,\quad \ldots,\quad |\Omega t|$$

ne sont pas tous divisibles par un même nombre, et

$$\theta|xyz\ldots t| = \tau,$$

s'ils sont tous divisibles par un même nombre θ, puis d'attribuer à τ des valeurs entières quelconques.

Si l'on a $m - n > 1$, c'est-à-dire si le nombre des variables x, y, z, ..., t, surpasse de plus d'une unité le nombre des équations données, on devra encore, pour obtenir les solutions générales des équations (2) en nombres entiers, représenter par une lettre un certain multiple de chacun des produits symboliques partiels compris dans le développement de $|\Omega r|$, savoir le multiple qu'on obtient quand on multiplie ce produit partiel par le plus grand des entiers qui divisent les divers coefficients du même produit dans les développement des expressions

$$|\Omega x|,\quad |\Omega y|,\quad |\Omega z|,\quad \ldots,\quad |\Omega t|;$$

puis attribuer à la lettre qui représentera ce multiple une valeur entière, qui sera d'ailleurs indéterminée. Les valeurs de

$$x,\quad y,\quad z,\quad \ldots,\quad t$$

ainsi obtenues renfermeront en général N indéterminées, la valeur de N étant donnée par la formule (10); et il pourra se faire qu'on ne puisse égaler à zéro une ou plusieurs de ces indéterminées sans restreindre la généralité des solutions en nombres entiers.

Ainsi, par exemple, s'agit-il de résoudre en nombres entiers l'équation linéaire et homogène

$$2x + 3y + 5z = 0, \tag{11}$$

alors, en posant

$$|yz| = \xi, \qquad |zx| = \eta, \qquad |xy| = \zeta,$$

on tirera des formules (2)

$$(12) \qquad \begin{cases} x = 5\eta - 2\zeta, \\ y = 2\zeta - 5\xi, \\ z = 3\xi - 2\eta, \end{cases}$$

et ces valeurs de x, y, z résoudront en nombres entiers l'équation donnée, quelles que soient les valeurs entières attribuées aux trois indéterminées ξ, η, ζ. D'ailleurs, on ne pourra, sans restreindre la généralité de la solution, réduire l'une de ces indéterminées à zéro.

Au contraire, s'il s'agit de résoudre en nombres entiers l'équation

$$(13) \qquad 6x + 10y + 15z = 0,$$

alors, en posant

$$5|yz| = \xi, \qquad 3|zx| = y, \qquad 2|xy| = \zeta,$$

on tirera des formules (2)

$$(14) \qquad \begin{cases} x = 5(\eta - \zeta), \\ y = 3(\zeta - \xi), \\ z = 2(\xi - \eta); \end{cases}$$

et ces valeurs de x, y, z satisferont encore à l'équation (13), quelles que soient les valeurs entières attribuées aux trois indéterminées ξ, η, ζ; mais on pourra, sans diminuer la généralité de la solution trouvée, réduire à zéro l'une quelconque de ces trois indéterminées.

Enfin, s'il s'agit de résoudre les équations

$$(15) \qquad \begin{cases} x + 2y + 3z + 4t = 0, \\ 4x + 3y + 2z + t \; = 0, \end{cases}$$

alors, en posant

$$5|yzt| = \xi, \qquad 5|ztx| = \eta, \qquad 5|txy| = \zeta, \qquad 5|xyz| = \tau,$$

on tirera des formules (2),

$$(16)\qquad \begin{cases} x = -\ \eta - 2\zeta - \tau, \\ y = -\ \xi + 3\zeta + 2\tau, \\ z = \ 2\xi + 3\eta - \tau, \\ t = -\ \xi - 2\eta - \zeta; \end{cases}$$

et si l'on demande des solutions en nombres quelconques rationnels ou irrationnels, on pourra, sans diminuer la généralité des formules (16), y réduire à zéro deux quelconques des quatre indéterminées

$$\xi, \quad \eta, \quad \zeta, \quad \tau;$$

mais il ne sera plus de même si l'on demande les solutions en nombres entiers. Alors, à la vérité, on pourra, sans diminuer la généralité de la solution, poser

$$\xi = 0, \qquad \eta = 0$$

et réduire ainsi les formules (16) aux suivantes

$$x = -2\zeta - \tau, \qquad y = 3\zeta + 2\tau, \qquad z = -\tau, \qquad t = -\zeta$$

ou, ce qui revient au même, aux deux équations

$$x = z + 2t, \qquad y = -2z - 3t;$$

mais on restreindrait la généralité de la solution en supposant

$$\xi = 0, \qquad \zeta = 0$$

ou

$$\xi = 0, \qquad \tau = 0,$$

puisqu'on exclurait ainsi, dans le premier cas, les valeurs impaires des variables y et t, dans le second cas, les valeurs de y et de z non divisibles par 3.

Dans un autre article, je donnerai d'autres applications de la formule (3).

564.

THÉORIE DES FONCTIONS. — *Note sur un théorème de M. Puiseux.*

C. R., T. XLI, p. 663 (14 avril 1856).

Un Mémoire sur les fonctions continues, que j'ai publié dans les *Comptes rendus* de 1844 (1er semestre), renferme la proposition suivante (1) :

Désignons par z une variable imaginaire et par u une fonction implicite de z qui représente une racine simple de l'équation

$$\text{f}(u, z) = 0. \tag{1}$$

Concevons d'ailleurs que le premier membre de l'équation (1) renferme, avec les variables z et u, un ou plusieurs paramètres, et que, pour une certaine valeur, par exemple pour une valeur nulle du paramètre α, la racine simple u reste fonction continue de z, du moins tant que le module de z ne dépasse pas une certaine limite. En raisonnant comme dans le Volume II des *Exercices d'Analyse* (2), on prouvera que, si le paramètre α vient à varier, et si, tandis qu'il varie, le premier membre de l'équation (1) reste fonction continue de z, u et α, la racine simple u restera généralement fonction continue de z, jusqu'à l'instant où, une seconde racine devenant égale à la première, l'équation (1) acquerra des racines multiples.

Une remarque importante à faire, mais qui n'était pas énoncée dans mon Mémoire, c'est qu'on peut établir une relation entre le paramètre α et la variable imaginaire z. On peut supposer, par exemple, que cette variable représente l'affixe d'un point mobile qui décrit une courbe dont la forme change avec ce paramètre. On peut même supposer que le premier membre de l'équation (1) est fonction des seules variables z et u, z étant fonction de α.

(1) *OEuvres de Cauchy*, S. II, T. VIII, p. 151.
(2) *OEuvres de Cauchy*, S. II, T. XII.

En partant de cette remarque, on parvient à un autre théorème que M. Puiseux a énoncé dans les termes suivants :

Soit $f(u, z)$ une fonction imaginaire de u et de la variable imaginaire z. Le point Z (dont l'affixe est z) allant de C en K soit par le chemin CMK, soit par le chemin CNK, la fonction u, qui avait en C la valeur b, acquerra dans les deux cas la même valeur h, si l'on peut, en déformant la ligne CMK, la faire coïncider avec la ligne CNK, sans lui faire franchir aucun point pour lequel la fonction u devienne infinie ou égale à une autre racine de l'équation

$$f(u, z) = 0.$$

Les nouvelles recherches de divers géomètres, particulièrement de MM. Briot et Bouquet, ont fait ressortir toute l'importance de ce beau théorème, dont l'auteur lui-même avait déjà su tirer un parti si avantageux dans ses Mémoires. Pour ce motif, il m'a semblé qu'il ne serait pas inutile de donner du théorème de M. Puiseux une démonstration très simple qui se déduit de la considération des compteurs logarithmiques. Tel est l'objet de la présente Note, dans laquelle je montrerai d'ailleurs comment le même théorème peut être étendu à des fonctions implicites déterminées par un système d'équations simultanées.

Analyse.

Je commencerai par établir la proposition suivante :

Théorème I. — *Soient*

z *l'affixe d'un point mobile* P ;
c *l'affixe d'un point déterminé* C ;
r *le rayon d'une circonférence de cercle* KLM *tracée dans le plan des affixes, et ayant pour centre le point* C ;
u, v *deux fonctions de* z, *dont le rapport se réduise à l'unité pour* $z = c$.

Supposons d'ailleurs que les deux fonctions u, v *restent monodromes, quand le point* P *se meut dans l'intérieur du cercle* KLM, *et que sur la circonférence de ce cercle la différence*

$$\frac{u}{v} - 1$$

offre un module constamment inférieur à l'unité. Si l'on résout par rapport à z les deux équations

$$(1) \qquad u = 0,$$

$$(2) \qquad v = 0,$$

on trouvera, pour l'une et pour l'autre, le même nombre de racines correspondantes à des points renfermés dans le cercle KLM.

Démonstration. — Effectivement, si l'on pose

$$\mathrm{I} = 2\pi \mathrm{i},$$

le nombre des racines dont il s'agit sera représenté, pour l'équation (1), par le compteur logarithmique

$$\frac{\Delta \bar{\mathrm{l}} u}{\mathrm{I}},$$

pour l'équation (2) par le compteur logarithmique

$$\frac{\Delta \bar{\mathrm{l}} v}{\mathrm{I}},$$

et dans l'hypothèse admise ces deux compteurs seront évidemment égaux, puisqu'en posant

$$\frac{u}{v} - 1 = \omega$$

on obtiendra pour ω une quantité géométrique dont le module sera inférieur à l'unité, et que l'on aura par suite

$$\Delta \bar{\mathrm{l}} u - \Delta \bar{\mathrm{l}} v = \Delta \bar{\mathrm{l}} \frac{u}{v} = \Delta \bar{\mathrm{l}} (1 + \omega) = 0.$$

Le théorème I entraîne la proposition suivante :

Théorème II. — *Soit*

$$U = \mathrm{f}(u, z)$$

une fonction des variables z et u, qui s'évanouisse pour les valeurs

$$z = \mathrm{z}, \qquad u = \mathrm{u}$$

de ces deux variables, et qui, dans le voisinage de ces valeurs, soit monodrome par rapport à z, monodrome et monogène par rapport à u. Si la fonction dérivée

$$\mathrm{D}_u U$$

acquiert pour $z = \mathrm{z}$, $u = \mathrm{u}$ une valeur finie et distincte de zéro, on pourra satisfaire à l'équation

$$U = 0 \tag{3}$$

par une valeur de u qui, se réduisant à u pour $z = \mathrm{z}$, sera, pour une valeur de z voisine de z, fonction monodrome de z.

Démonstration. — U étant monodrome et monogène par rapport à u, quand z et u diffèrent très peu de z et u, sera, dans cette hypothèse, développable suivant les puissances ascendantes de $u - \mathrm{u}$, et, si l'on représente par V la somme des deux premiers termes du développement, on aura

$$V = \mathrm{f}(\mathrm{u}, z) + (u - \mathrm{u})\,\mathrm{F}(\mathrm{u}, z), \tag{4}$$

$\mathrm{F}(u, z)$ pouvant être ou la dérivée de $\mathrm{f}(u, z)$ relative à u, ou, ce qui revient au même, une fonction déterminée par la formule

$$\mathrm{F}(u, z) = \frac{\mathrm{f}(u, z) - \mathrm{f}(\mathrm{u}, z)}{u - \mathrm{u}}, \tag{5}$$

de laquelle on tire, pour $u = \mathrm{u}$,

$$\mathrm{F}(u, z) = \mathrm{D}_u U. \tag{6}$$

Si maintenant on pose

$$u = \mathrm{u} - \theta \frac{\mathrm{f}(\mathrm{u}, z)}{\mathrm{F}(\mathrm{u}, z)}, \tag{7}$$

la formule (4) donnera

$$V = (1 - \theta)\,\mathrm{f}(\mathrm{u}, z), \tag{8}$$

et, eu égard à la formule (5), on trouvera

$$(9)\qquad U = \mathrm{f}(u, z) = \mathrm{f}(\mathrm{u}, \mathrm{z}) + (u - \mathrm{u})\,\mathrm{F}(u, z) = \left[1 - \mathfrak{s}\frac{\mathrm{F}(u, z)}{\mathrm{F}(\mathrm{u}, z)}\right]\mathrm{f}(\mathrm{u}, z).$$

On aura par suite

$$\frac{U}{V} = \frac{1}{1 - \mathfrak{s}}\left[1 - \mathfrak{s}\frac{\mathrm{F}(u, z)}{\mathrm{F}(\mathrm{u}, z)}\right]$$

et

$$(10)\qquad \frac{U}{V} - 1 = \frac{1}{1 - \frac{1}{\mathfrak{s}}}\left[\frac{\mathrm{F}(u, z)}{\mathrm{F}(\mathrm{u}, z)} \leftarrow 1\right].$$

Or, si l'on considère la nouvelle variable $\mathfrak{s}$ comme l'affixe d'un point mobile, et si l'on attribue à cette variable un module $\mathfrak{r}$ supérieur à l'unité, par exemple le module 2, il suffira d'attribuer à la différence $z - \mathrm{z}$ un module infiniment petit et de faire converger z vers la limite z, pour faire converger $\mathrm{f}(\mathrm{u}, z)$ vers zéro, et, par suite, en vertu des formules (7) et (11), la variable u vers la limite u, et la différence

$$\frac{U}{V} - 1$$

vers la limite zéro. Donc alors, pour un module suffisamment petit de $z - \mathrm{z}$, les modules des différences

$$u - \mathrm{u}, \quad \frac{U}{V} - 1$$

deviendront aussi petits que l'on voudra; et le second de ces deux modules deviendra inférieur à l'unité. Alors aussi, en vertu du théorème II, si l'on résout, par rapport à $\mathfrak{s}$, l'équation (3) et la suivante

$$(11)\qquad V = 0,$$

on obtiendra, pour l'une et pour l'autre, le même nombre de racines correspondantes à des valeurs de $\mathfrak{s}$ dont le module sera inférieur à 2; et comme, en vertu de la formule (8), l'équation (11) offrira une seule racine de cette espèce, savoir la racine 1, l'équation (3) admettra elle-même une seule racine de la même espèce. Si, au lieu de résoudre les équations (3) et (4) par rapport à θ, on les résout par rapport à u, on pourra dire que chacune d'elles offre, pour un très petit module de $z - \mathrm{z}$, une seule racine très peu différente de u et de la forme

$$(7) \qquad u = \mathrm{u} - \theta \frac{\mathrm{f}(u, z)}{\mathrm{F}(\mathrm{u}, z)},$$

le module de θ étant inférieur à 2. D'ailleurs, de ces deux racines la seconde, qu'on obtiendra en posant $\theta = 1$, et qui sera en conséquence déterminée par la formule

$$(12) \qquad u = \mathrm{u} - \frac{\mathrm{f}(u, z)}{\mathrm{F}(\mathrm{u}, z)},$$

pourra être considérée comme une valeur approchée de la première, et sera précisément la valeur de u déduite de l'équation (3) par la méthode d'approximation linéaire ou newtonienne. Enfin la propriété qu'aura la racine u de l'équation (3) de varier infiniment peu quand z passera de la valeur z à une valeur infiniment voisine, subsistera encore, et pour les mêmes motifs, quand la nouvelle valeur de z recevra un accroissement infiniment petit $\Delta\mathrm{z}$. Donc la racine u de l'équation (3) sera, sous les conditions énoncées par le théorème II et pour des valeurs de z très voisines de z, une fonction monodrome de la variable z.

Corollaire. — Si la fonction

$$U = \mathrm{f}(u, z)$$

est non seulement monodrome, mais aussi monogène par rapport à z, et si d'ailleurs la fonction dérivée

$$\mathrm{D}_z U$$

conserve une valeur finie pour $z = \mathrm{z}$, $u = \mathrm{u}$, alors la fonction de z à laquelle se réduira la racine u de l'équation (3) aura pour dérivée une fonction monodrome et finie de z déterminée par la formule

$$(13) \qquad \mathrm{D}_z u = -\frac{\mathrm{D}_z U}{\mathrm{D}_u U},$$

et sera, par conséquent, une fonction non seulement monodrome, mais aussi monogène. On peut donc énoncer la proposition suivante :

THÉORÈME III. — *Soit*

$$U = \mathrm{f}(u, z)$$

une fonction des variables z *et* u, *qui s'évanouisse pour les valeurs*

$$z = \mathrm{z}, \qquad u = \mathrm{u}$$

de ces deux variables, et qui, dans le voisinage de ces valeurs, soit monodrome et monogène par rapport à chacune des variables z *et* u. *Si les fonctions dérivées*

$$\mathrm{D}_z U, \quad \mathrm{D}_u U$$

acquièrent, pour $z = \mathrm{z}$, $u = \mathrm{u}$, *des valeurs finies dont la seconde soit distincte de zéro, on pourra satisfaire à l'équation*

$$U = 0$$

par une valeur de u, *qui, se réduisant à* u *pour* $z = \mathrm{z}$, *sera, pour une valeur de* z *voisine de* z, *fonction monodrome et monogène de* z.

Lorsque la fonction

$$U = \mathrm{f}(u, z)$$

est une fonction entière ou même rationnelle des variables z et u, elle ne cesse jamais d'être monodrome et monogène par rapport à ces deux variables. Donc alors la racine u de l'équation (3) est, sous les conditions énoncées dans les théorèmes II et III, une fonction monodrome et monogène de z, ce qui entraîne évidemment le théorème de M. Puiseux.

Au reste, les théorèmes II et III sont compris, comme cas particulier, dans deux théorèmes généraux que l'on peut énoncer comme il suit :

THÉORÈME IV. — *Soient*

$$z, \quad u, \quad v, \quad w, \quad \ldots$$

$n+1$ *variables, dont l'une,* z, *reste indépendante, les* n *autres*

$$u, \quad v, \quad w, \quad \ldots,$$

étant liées à z par n équations

$$(14)\qquad U=0,\quad V=0,\quad W=0,\quad \ldots,$$

dont les premiers membres

$$U,\ V,\ W,\ \ldots$$

représentent des fonctions de

$$z,\ u,\ v,\ w,\ \ldots,$$

monodromes par rapport à z, monodromes et monogènes par rapport à u, v, ... Supposons d'ailleurs que, pour les valeurs particulières

$$\mathrm{z},\ \mathrm{u},\ \mathrm{v},\ \mathrm{w},\ \ldots$$

des variables

$$z,\ u,\ v,\ w,\ \ldots,$$

chacune des dérivées comprises dans le tableau

$$(15)\qquad \begin{cases} \mathrm{D}_u U, & \mathrm{D}_v U, & \mathrm{D}_w U, & \ldots, \\ \mathrm{D}_u V, & \mathrm{D}_v V, & \mathrm{D}_w V, & \ldots, \\ \mathrm{D}_u W, & \mathrm{D}_v W, & \mathrm{D}_w W, & \ldots, \\ \ldots, & \ldots, & \ldots, & \ldots \end{cases}$$

conserve une valeur finie, et que la valeur correspondante de la résultante algébrique Ω, formée avec les divers termes de ce même tableau, soit distincte de zéro. On pourra satisfaire aux équations (14) par des valeurs de

$$u,\ v,\ w,\ \ldots,$$

qui, se réduisant, pour $z=\mathrm{z}$, à

$$\mathrm{u},\ \mathrm{v},\ \mathrm{w},\ \ldots,$$

seront, dans le voisinage de $z=\mathrm{z}$, c'est-à-dire pour des valeurs suffisamment petites du module de $z-\mathrm{z}$, des fonctions monodromes de z.

Démonstration. — La résultante Ω des termes compris dans le tableau (15) est déterminée par la formule

$$(16)\qquad \Omega=\frac{|\,\mathrm{d}U\,\mathrm{d}V\,\mathrm{d}W\ldots|}{|\,\mathrm{d}u\,\mathrm{d}v\,\mathrm{d}w\ldots|},$$

dans le cas où les différentielles du, dv, dw, ... sont prises pour clefs anastrophiques; et puisque aux valeurs

$$\mathrm{z},\quad \mathrm{u},\quad \mathrm{v},\quad \mathrm{w},\quad \ldots$$

des variables

$$z,\quad u,\quad v,\quad w,\quad \ldots$$

correspond une valeur de Ω distincte de zéro, les valeurs correspondantes des termes compris dans une ligne horizontale de ce tableau, par exemple des dérivées

$$D_u U,\quad D_v U,\quad D_w U,\quad \ldots,$$

ne pourront s'évanouir toutes à la fois. Concevons, pour fixer les idées, qu'alors la dérivée

$$D_u U$$

offre effectivement une valeur finie distincte de zéro. En vertu des théorèmes II et III, l'équation

$$U = 0,$$

résolue par rapport à u, fournira pour u une fonction des variables

$$z,\quad v,\quad w,\quad \ldots,$$

qui sera monodrome par rapport à z, monodrome et monogène par rapport à chacune des autres variables

$$v,\quad w,\quad \ldots;$$

et si l'on substitue cette valeur de u dans les équations (14), on obtiendra $n-1$ équations

$$(17)\qquad \mathfrak{V} = 0,\quad \mathfrak{W} = 0,\quad \ldots,$$

dont les premiers membres seront des fonctions de

$$z,\quad v,\quad w,\quad \ldots,$$

monodromes par rapport à z, monodromes et monogènes par rapport à v, w, ... D'ailleurs la résultante algébrique Ω' des termes compris dans le tableau

$$(18)\qquad \left\{\begin{array}{lll} D_v\mathfrak{V}, & D_w\mathfrak{V}, & \ldots, \\ D_v\mathfrak{W}, & D_w\mathfrak{W}, & \ldots, \\ \ldots, & \ldots, & \ldots \end{array}\right.$$

sera déterminée par la formule

$$(19)\qquad \Omega' = \frac{|\,d\mathfrak{V}\, d\mathfrak{W}, \ldots |}{|\,dv\, dw, \ldots |},$$

si l'on y considère dv, dw, ... comme des clefs anastrophiques; et, comme il suffira de supposer u et du déterminés par les formules

$$U = 0,$$
$$dU = D_u U\, du + D_v U\, dv + D_w U\, dw + \ldots$$

pour réduire les différentielles

$$dV,\quad dW,\quad \ldots$$

aux différentielles

$$d\mathfrak{V},\quad d\mathfrak{W},\quad \ldots,$$

on aura nécessairement

$$(20)\qquad \Omega = \Omega' D_u \Omega,$$

$$(21)\qquad \Omega' = \frac{\Omega}{D_u \Omega}.$$

Donc, puisqu'aux valeurs

$$\mathrm{z},\quad \mathrm{u},\quad \mathrm{v},\quad \mathrm{w},\quad \ldots$$

de

$$z,\quad u,\quad v,\quad w,\quad \ldots,$$

correspondent par hypothèse des valeurs de

$$\Omega \quad \text{et} \quad D_u U,$$

finies et distinctes de zéro, la valeur correspondante de Ω' sera elle-même finie et distincte de zéro. Cela posé, il est clair que le théorème III subsistera pour n équations qui renfermeront, avec z, les

n variables $u, v, w, \ldots$, s'il subsiste pour $n-1$ équations renfermant, avec z, $n-1$ autres variables $u, v, w, \ldots$. Donc, puisque ce théorème subsiste pour $n=1$, il subsistera pour $n=2$, puis encore pour $n=3$, puis encore pour $n=4$, ... Donc il subsistera généralement quel que soit n.

Corollaire. — De même que le théorème II entraîne le théorème IV, de même le théorème III entraîne la proposition suivante :

THÉORÈME V. — *Les mêmes choses étant posées que dans le théorème IV, si pour les valeurs*

$$\mathrm{z},\quad \mathrm{u},\quad \mathrm{v},\quad \mathrm{w},\quad \ldots$$

des variables

$$z,\quad u,\quad v,\quad w,\quad \ldots,$$

les fonctions

$$U,\quad V,\quad W,\quad \ldots$$

sont monodromes et monogènes, non seulement par rapport à

$$u,\quad v,\quad w,\quad \ldots,$$

mais aussi par rapport à z, on pourra satisfaire aux équations (14) *par des valeurs de*

$$u,\quad v,\quad w,\quad \ldots,$$

qui, se réduisant, pour $z = \mathrm{z}$, à

$$\mathrm{u},\quad \mathrm{v},\quad \mathrm{w},\quad \ldots,$$

seront, dans le voisinage de $z = \mathrm{z}$, c'est-à-dire pour des valeurs suffisamment petites du module de $z - \mathrm{z}$, des fonctions monodromes et monogènes de z.

Corollaire. — Les valeurs de $u, v, w, \ldots$ dont il est ici question, étant des fonctions monodromes et monogènes de z, seront, pour cela même, développables en séries convergentes, ordonnées suivant les puissances ascendantes de $z - \mathrm{z}$.

565.

ANALYSE MATHÉMATIQUE. — *Sur les fonctions monodromes et monogènes.*

C. R., T. XLIII, p. 13 (7 juillet 1856).

Soient

$$z = r_p, \qquad z = \mathrm{r}_{\mathrm{p}}$$

les affixes de deux points mobiles, et

$$Z, \quad \mathfrak{Z}$$

les valeurs correspondantes d'une certaine fonction. Si cette fonction reste monodrome et monogène pour toute valeur de r inférieure à une valeur donnée et constante du module r, on aura, pour une telle valeur de r,

$$Z = \mathfrak{M} \frac{\mathfrak{Z}}{1 - \frac{z}{\mathrm{z}}}, \tag{1}$$

la moyenne isotropique qu'indique le signe $\mathfrak{M}$ étant relative à l'argument p de z. En développant dans la formule (1) le rapport

$$\frac{1}{1 - \frac{z}{\mathrm{z}}}$$

suivant les puissances ascendantes de z, on obtiendra le développement de Z suivant les mêmes puissances. Dans ce développement, la somme des n premiers termes sera une fonction entière de z, du degré n, et si l'on désigne cette somme par s_n, on aura

$$Z = s_n + z^{n+1} \mathfrak{M} \frac{\mathrm{z}^{-n-1} \mathfrak{Z}}{1 - \frac{z}{\mathrm{z}}}. \tag{2}$$

Si, dans la formule (2), on fait croître indéfiniment le nombre n, alors, z^{-n-1} convergera vers la limite zéro, et en posant

$$n = \infty,$$

on obtiendra l'équation

$$(3) \qquad Z = s_\infty,$$

qui sera précisément la formule de Taylor; et cette équation subsistera quel que soit z, si Z reste finie, monodrome et monogène pour toute valeur finie de z. Si, de plus, Z conserve une valeur finie pour une valeur infinie de z, par conséquent pour une valeur infiniment petite de $\frac{1}{z}$, ou si, $\frac{1}{z}$ étant infiniment petit du premier ordre, $\frac{1}{Z}$ est un infiniment petit d'un ordre fini ν, alors pour réduire à zéro le produit $z^{-n-1}\mathfrak{Z}$, et, par suite, la moyenne isotropique

$$\mathfrak{M}\frac{z^{-n-1}\mathfrak{Z}}{1-\frac{z}{z}},$$

il ne sera plus nécessaire de faire converger n vers la limite ∞ : il suffira de faire converger le module r de z vers la limite ∞, et de prendre

$$n \overline{\overline{>}} \nu.$$

Sous cette condition, la formule (2) donnera

$$(4) \qquad Z = s_n.$$

Donc alors la fonction Z sera une fonction entière de z du degré n.

Il est bon d'observer que, dans l'hypothèse admise, le nombre ν qui représente l'ordre de $\frac{1}{Z}$, quand $\frac{1}{z}$ est supposé infiniment petit du premier ordre, ne peut différer du nombre entier n qui représente le degré de Z, en sorte qu'on a nécessairement

$$\nu = n.$$

Si Z conservait une valeur finie pour une valeur infinie de z, on aurait

$$\nu = n = 0,$$

et l'équation (4) réduite à

(5) $$Z = s_0$$

donnerait pour Z une valeur constante. L'équation (5), comprise comme cas particulier dans une formule générale du Calcul des résidus, reproduit un théorème énoncé par M. Liouville.

Supposons maintenant que la fonction Z, toujours monodrome et monogène pour une valeur finie z, devienne infinie pour certaines valeurs particulières de la variable, et nommons c l'une quelconque de ces valeurs. Le rapport $\frac{1}{Z}$ deviendra infiniment petit, si c est fini, pour une valeur infiniment petite de $z - c$, et si c est infini, pour une valeur infiniment petite de $\frac{1}{z}$. Admettons que, dans l'une ou l'autre hypothèse, $z - c$ ou $\frac{1}{z}$ étant infiniment petit du premier ordre, $\frac{1}{Z}$ soit un infiniment petit d'un ordre fini μ ou ν, et que le nombre des valeurs finies de c soit encore un nombre fini. Enfin soient

$$c',\quad c'',\quad \ldots,\quad c^{(l)}$$

les valeurs finies de c;

$$\mu',\quad \mu'',\quad \ldots,\quad \mu^{(l)}$$

les valeurs correspondantes de μ;

$$m',\quad m'',\quad \ldots,\quad m^{(l)}$$

des entiers supérieurs aux nombres

$$\mu',\quad \mu'',\quad \ldots,\quad \mu^{(l)};$$

et posons

(6) $$\mathfrak{Z} = (z - c')^{m'}(z - c'')^{m''}\ldots(z - c^{(l)})^{m^{(l)}} Z,$$

$\mathfrak{Z}$ sera évidemment une fonction monodrome et monogène qui, toujours finie pour une valeur finie de z, fournira pour $\frac{1}{Z}$ une quantité infiniment petite dont l'ordre sera la quantité finie

(7) $$m' + m'' + \ldots + m^{(l)} + \nu,$$

quand $\frac{1}{z}$ sera du premier ordre. Donc $\mathfrak{z}$ sera, en vertu des propositions déjà démontrées, une fonction entière de z. Cela posé, l'équation (6) fournira évidemment pour Z une fonction rationnelle, et

$$\mu', \quad \mu'', \quad \mu''', \quad \ldots, \quad \mu^{(l)}, \quad \nu$$

ne pourront être que des nombres entiers. Ajoutons que l'équation (8) continuera de fournir pour $\mathfrak{z}$ une fonction entière de Z, si l'on prend pour

$$m', \quad m'', \quad m''', \quad \ldots, \quad m^{(l)}$$

ces mêmes nombres entiers; et que, si, pour une valeur infinie de z, Z conservait une valeur finie différente de zéro, ou devenait infiniment petit, on devrait, dans la somme (7), réduire ν à zéro, ou lui attribuer une valeur négative.

On peut donc énoncer généralement la proposition suivante :

THÉORÈME I. — *Si une fonction Z de z, toujours monodrome et monogène pour une valeur finie de z, devient infinie pour un nombre fini de valeurs de z; si, d'ailleurs, c étant l'une de ces valeurs, le rapport $\frac{1}{Z}$ est une quantité infiniment petite d'un ordre fini μ ou ν, quand on considère la différence $z - c$, c étant fini, ou le rapport $\frac{1}{z}$, c étant infini, comme un infiniment petit du premier ordre, alors μ, ν seront toujours des nombres entiers, et Z sera une fonction rationnelle de z, à laquelle on pourra donner pour dénominateur le produit des facteurs de la forme*

$$(z - c)^{\mu}.$$

Les conditions ici mentionnées seront évidemment remplies, si Z est une fonction monodrome et monogène qui vérifie une équation de la forme

$$\text{(8)} \qquad \mathrm{F}(z, Z) = 0,$$

$\mathrm{F}(z, Z)$ étant une fonction entière de z et Z. Alors le théorème I ne sera pas distinct du beau théorème énoncé par M. Puiseux dans le

Mémoire qui a pour titre : *Nouvelles recherches sur les fonctions algébriques*.

D'autre part, on établira sans peine la proposition suivante :

Théorème II. — *Nommons Z une fonction de z, qui, étant toujours monodrome et monogène pour une valeur finie de z, soit simplement périodique et demeure invariable, tandis que l'on fait croître z de la période ω. Si l'on pose*

$$u = e^{\frac{z}{\omega}\mathrm{I}}, \tag{9}$$

la valeur de I *étant*

$$\mathrm{I} = 2\pi i,$$

Z considéré comme fonction de u sera encore monodrome et monogène pour toute valeur finie de u.

Démonstration. — Soit en effet

$$Z = f(z), \tag{10}$$

et substituons, dans la formule (12), à la variable z sa valeur

$$z = \frac{\omega}{\mathrm{I}}\,\bar{l}u,$$

$\bar{l}u$ désignant un logarithme népérien assujetti à varier avec u par degrés insensibles. On aura

$$Z = f\left(\frac{\omega}{\mathrm{I}}\,\bar{l}u\right). \tag{11}$$

Or, $\bar{l}u$ étant monodrome et monogène dans le voisinage de toute valeur finie de u, autre que la valeur zéro, on pourra en dire autant de Z; et, si l'on fait décrire autour du pôle une courbe fermée au point dont l'affixe est u, le produit

$$\frac{\omega}{\mathrm{I}}\,\bar{l}u,$$

après une ou plusieurs révolutions du point, effectuées dans un sens ou dans un autre sur la courbe dont il s'agit, se trouvera augmenté ou diminué d'un multiple de la période ω; par conséquent Z ne changera pas de valeur, et l'on pourra en dire autant de la dérivée

$$D_u Z = \frac{\omega}{I} \frac{1}{u} D_z Z.$$

Du théorème I joint au théorème II, on déduit immédiatement la proposition suivante :

Théorème III. — *Soit Z une fonction de z, simplement périodique; représentons la période ω par un rayon mené d'un point donné à un autre point dans la direction qu'indique l'argument de cette période, et par les extrémités de ce rayon menons deux droites parallèles l'une à l'autre. Si la fonction Z, toujours monodrome et monogène pour une valeur finie de z, devient infinie pour un nombre infini de valeurs de z propres à représenter les affixes de points situés entre les deux parallèles; si d'ailleurs, c étant l'une de ces valeurs, et h la valeur correspondante de l'exponentielle*

$$u = e^{\frac{z}{\omega} I},$$

le rapport $\frac{1}{Z}$ est une quantité infiniment petite d'un ordre fini μ ou ν, quand on considère la différence $u - h$, h étant fini, ou le rapport $\frac{1}{u}$, h étant infini, comme un infiniment petit du premier ordre, alors μ, ν seront toujours des nombres entiers, et Z sera une fonction rationnelle de u à laquelle on pourra donner pour dénominateur le produit des facteurs de la forme

$$(u - h)^{\mu}.$$

Si, en nommant ω la période de la variable z dans la fonction périodique Z, supposée monodrome et monogène pour toute valeur finie de z, on substituait à l'équation (9) la suivante

$$u = \cos\frac{z}{\omega},$$

Z, considéré comme fonction de u, pourrait cesser d'être monodrome et monogène pour toute valeur finie de u. Mais il serait fonction monodrome et monogène de u et v si l'on supposait

$$u = \cos\frac{z}{\omega}, \qquad v = \sin\frac{z}{\omega}, \tag{12}$$

attendu qu'on aurait alors

$$z = \frac{\omega}{\mathrm{I}}\,\bar{\mathrm{l}}(u + v\mathrm{i}), \tag{13}$$

$$Z = \mathrm{f}\left[\frac{\omega}{\mathrm{I}}\,\bar{\mathrm{l}}(u + v\mathrm{i})\right], \tag{14}$$

et qu'on pourrait appliquer à la première formule (12) ce qui a été dit de la formule (11). Remarquons d'ailleurs que, en vertu des formules (12), on aurait

$$u^2 + v^2 = 1,$$

$$\bar{\mathrm{l}}(u + v\mathrm{i}) + \bar{\mathrm{l}}(u - v\mathrm{i}) = 0,$$

par conséquent

$$\mathrm{l}(u + v\mathrm{i}) = \frac{1}{2}\,\bar{\mathrm{l}}\,\frac{u + v\mathrm{i}}{u - v\mathrm{i}},$$

et que $\frac{u + v\mathrm{i}}{u - v\mathrm{i}}$ est simplement fonction de

$$\frac{v}{u} = \operatorname{tang}\frac{z}{\omega}.$$

On peut donc énoncer encore la proposition suivante :

Théorème IV. — *Une fonction Z de z, supposée monodrome, monogène et simplement périodique, sera encore une fonction monodrome et monogène des deux variables*

$$u = \cos\frac{z}{\omega}, \qquad v = \sin\frac{z}{\omega}$$

et de leur rapport; elle en sera même une fonction rationnelle sous les conditions énoncées dans le théorème III.

Un théorème semblable s'applique, sous de semblables conditions, aux fonctions doublement périodiques.

D'ailleurs les conditions dont il s'agit sont remplies quand la fonction Z se réduit à l'intégrale u de l'équation

$$D_z u = U, \tag{15}$$

U étant déterminé par la formule

$$F(u, U) = 0, \tag{16}$$

dans laquelle $F(u, U)$ désigne une fonction entière de u et U, et par suite, les derniers théorèmes ici énoncés et mentionnés ne sont pas distincts de ceux qui ont été donnés par MM. Briot et Bouquet dans leur important travail sur l'intégration des équations différentielles.

Dans un autre article, je montrerai comment on peut intégrer à l'aide de fonctions monodromes et monogènes des systèmes d'équations simultanées et résoudre ainsi complètement certains problèmes de Mécanique et d'Astronomie.

566.

Calcul intégral. — *Rapport sur un Mémoire de MM.* Briot *et* Bouquet.

C. R., T. XLIII, p. 26 (7 juillet 1856).

Jusqu'à présent les géomètres n'étaient parvenus à intégrer en termes finis qu'un très petit nombre d'équations différentielles, même du premier ordre. Il y a plus : les intégrales obtenues étaient souvent de peu d'utilité quand il s'agissait de résoudre le problème auquel se rapportait une équation différentielle. Ainsi, par exemple, à une équation dans laquelle deux variables étaient séparées, on substituait une équation entre deux intégrales définies. Mais on ne savait pas généralement tirer de cette équation nouvelle la valeur de l'une des variables considérée comme fonction de l'autre, ou du moins l'on n'y parvenait qu'en développant la fonction en une série composée d'un nombre infini de termes, et à l'aide de formules qui, pour l'ordinaire, ne subsistaient qu'entre certaines limites de la variable indépendante.

C'est donc un véritable progrès dans la haute Analyse et le Calcul infinitésimal que d'être parvenu, comme l'ont fait MM. Briot et Bouquet, à intégrer sous forme finie un grand nombre d'équations du genre de celles que nous venons de mentionner. Disons en peu de mots comment ils y ont réussi.

Dans son Mémoire sur les fonctions algébriques, c'est-à-dire sur les fonctions que déterminent des équations algébriques, M. Puiseux a démontré les deux théorèmes suivants, dont le second peut aussi se déduire d'une formule générale du Calcul des résidus.

Théorème I. — *Si une fonction algébrique de z cesse d'être monodrome pour une valeur c de cette variable, alors, pour une valeur de z très voisine de c, une racine quelconque de l'équation algébrique donnée sera développable en série convergente suivant les puissances ascendantes de $(z-c)^{\frac{1}{n}}$, n étant l'ordre de la substitution circulaire qui comprend la racine donnée, c'est-à-dire le nombre qu'on obtient en joignant à cette racine celles qui s'échangent avec elles quand on fait tourner le point dont l'affixe est z autour du point dont l'affixe est c.*

Théorème II. — *Une fonction algébrique monodrome est nécessairement rationnelle.*

En partant de ces deux théorèmes, MM. Briot et Bouquet en ont obtenu d'autres, et particulièrement ceux que nous allons rappeler.

Théorème I. — *u étant une fonction de z déterminée par l'équation différentielle*

$$\text{(1)} \qquad D_z u = U,$$

dans laquelle U *est une racine de l'équation algébrique*

$$\text{(2)} \qquad F(u, U) = 0,$$

si l'intégrale u admet un nombre limité de valeurs pour chaque valeur *de z, u, considérée comme fonction de z, sera non périodique, ou simplement périodique, ou doublement périodique, et de plus fonction algébrique dans le premier cas de z, dans le second cas de* $\operatorname{tang}\frac{\pi z}{\omega}$, *$\omega$ étant la période de la variable z, dans le troisième cas de la fonction elliptique $\lambda(z)$ correspondante aux deux périodes données.*

Théorème II. — *Si l'intégrale u est monodrome, elle sera une fonction rationnelle ou de z, ou de* $\operatorname{tang}\frac{\pi z}{\omega}$, *ou de $\lambda(z)$ et de $\lambda'(z)$.*

Théorème III. — *L'équation* (2) *étant du degré m par rapport à* U, *les conditions nécessaires pour que l'intégrale u de l'équation* (1) *ne cesse jamais d'être fonction monodrome de z sont les suivantes :* 1° *le coefficient de U^n dans* $F(u, U)$ *devra être une fonction entière de u, d'un degré égal ou inférieur au double de $m - n$;* 2° *quand, pour une valeur h de u, la fonction implicite* U *deviendra une racine multiple différente de zéro, elle devra rester dans le voisinage du point dont l'affixe est h, fonction monodrome de u;* 3° *quand la racine multiple sera nulle, l'exposant de $u - h$ dans le premier terme du développement de* U *suivant les puissances ascendantes de $(u - h)^{\frac{1}{n}}$ devra être de la forme* $1 - \frac{1}{n}$ *si cet exposant est plus petit que l'unité;* 4° *enfin l'équation transformée que l'on déduira de l'équation* (2) *en posant* $u = \frac{1}{v}$ *devra offrir les mêmes caractères pour* $v = 0$.

Théorème IV. — *Les conditions qui rendent monodrome l'intégrale de l'équation* (1) *étant remplies, cette intégrale sera doublement périodique si l'équation* (2), *pour une valeur finie h de u, et la transformée, pour* $v = 0$, *n'admettent pas de racines nulles et telles que, pour des valeurs infiniment petites de $u - h$ ou de v,* U *se développe en une série dont le premier terme offre un exposant égal ou supérieur à l'unité; l'intégrale sera rationnelle si l'équation* (2), *pour une valeur finie de h, ou la transformée pour* $v = 0$, *admet un groupe de n racines égales à zéro, dont le développement suivant les puissances ascendantes de $(u - h)^{\frac{1}{n}}$ ou de $v^{\frac{1}{n}}$ com-*

mence par un terme du degré $1+\frac{1}{n}$, *le terme suivant du degré* $1+\frac{2}{n}$ *étant nul; ces cas exceptés, la fonction u sera simplement périodique.*

Après avoir obtenu les remarquables théorèmes que nous venons de rappeler, MM. Briot et Bouquet ont voulu mettre encore en évidence le parti qu'on pouvait en tirer pour l'intégration des équations différentielles; ils ont montré comment on peut déterminer les constantes que renferme une intégrale reconnue rationnelle par rapport à z, ou à $\operatorname{tang}\frac{\pi z}{\omega}$, ou à $\lambda(z)$ et $\lambda'(z)$; et afin de ne laisser aucun doute à cet égard, ils ont effectivement pris pour exemples onze équations différentielles qu'il ont intégrées en termes finis. Ils ont ensuite vérifié l'exactitude de plusieurs des résultats, en faisant voir que les intégrales obtenues satisfaisaient aux équations différentielles proposées.

En résumé, les Commissaires pensent que les résultats obtenus par MM. Briot et Bouquet constituent un véritable progrès dans la haute Analyse; ils croient que le Mémoire soumis à leur examen est très digne d'être approuvé par l'Académie et inséré dans le *Recueil des travaux des Savants étrangers*.

567.

ANALYSE MATHÉMATIQUE. — *Sur la théorie des fonctions.*

C. R., T. XLIII, p. 69 (14 juillet 1856).

§ I. — *Considérations générales.*

Soient z, Z les affixes de deux points mobiles dans un plan. Si ces deux points se meuvent sur l'axe polaire, les variables z, Z seront réelles, et la seconde sera dite *fonction* de la première, quand le mouvement du premier point entraînera le mouvement du second. Il était naturel, il était convenable d'étendre cette définition au cas où le premier point se meut d'une manière quelconque dans le plan donné. Ce parti, que j'ai osé adopter, et qui a paru d'abord étonner quelques géomètres, est pourtant, je crois, l'unique moyen d'écarter les difficultés sans nombre qui se présentaient à l'esprit quand on méditait sur la nature et sur l'existence même de ce qu'on appelait des *fonctions de variables imaginaires*. D'ailleurs, à cette notion générale des fonctions, il importe de joindre, en l'étendant, la notion de *continuité*, telle que je l'ai donnée en 1821 dans mon *Analyse algébrique* (1), et de dire que l'affixe Z est *fonction continue* de la variable z, dans le voisinage d'une valeur finie attribuée à cette variable, quand une variation infiniment petite de z produit dans ce voisinage une variation infiniment petite de Z. La limite vers laquelle converge le rapport de la seconde variation à la première, tandis que chacune des variations s'approche indéfiniment de zéro, est précisément la *fonction dérivée*, et dépend en général tout à la fois de l'affixe z et de la direction suivant laquelle se meut, quand z varie, le point dont l'affixe est z. Mais, si la fonction dérivée reprend la même valeur pour deux directions distinctes, elle deviendra complètement indépendante de la direction, et sera une *fonction monogène*. Enfin une fonction continue de la variable z est *monodrome* lorsque, pour chaque valeur de z, la valeur de Z demeure unique tant qu'elle n'est pas infinie.

Une fonction *synectique* est une fonction monodrome et monogène qui ne devient pas infinie pour des valeurs particulières de la variable.

Une fonction peut être monodrome, monogène, ou synectique seulement entre certaines limites déterminées par le système des lignes droites ou courbes qui enveloppent une certaine aire, c'est-à-dire tant que la variable z représente l'affixe d'un point renfermé dans l'aire dont il s'agit.

Ces principes étant posés, on reconnaît sans peine que les fonc-

(1) *Œuvres de Cauchy*, S. II, T. III.

tions monodromes et monogènes sont précisément celles auxquelles s'appliquent les formules générales que j'ai déduites du Calcul des résidus, comme aussi celles que j'ai données pour la détermination des intégrales définies, pour l'énumération des racines réelles ou imaginaires des équations algébriques ou même transcendantes, et pour le développement des fonctions explicites ou implicites en séries convergentes et en produits convergents, les fonctions implicites pouvant d'ailleurs être déterminées, soit par des équations finies, soit par un système d'équations différentielles. Ainsi, par exemple, c'est à une fonction monodrome et monogène $f(z)$ que se rapporte la formule

$$\text{(1)}\qquad f(x) = \mathcal{E}\frac{(f(z))}{x-z} + \mathcal{E}\frac{f\left(\frac{1}{z}\right)}{(z)(1-zx)},$$

que j'ai donnée à la page 136 du Volume I des *Exercices de Mathématiques* [1], et qui détermine immédiatement les fractions simples et la fonction entière dont la somme reproduit une fonction rationnelle $f(x)$; c'est encore à une fonction monodrome et monogène $f(z)$ que s'applique l'équation (26) de mon Mémoire du 27 octobre 1831, c'est-à-dire la formule

$$\text{(2)}\qquad \int_0^c f(z)\, D_s z\, ds = 2\pi i\, \mathcal{E}(f(z)),$$

dans laquelle le signe $\mathcal{E}$ indique un résidu intégral relatif aux points renfermés dans une certaine aire qu'enveloppe un certain contour, s une longueur mesurée sur ce contour, depuis un point donné jusqu'à celui dont z est l'affixe, et c le contour entier. Remarquons d'ailleurs que la formule (2) comprend, comme cas particulier, des équations générales données dans les *Exercices de Mathématiques* et ailleurs, par exemple l'équation

$$\text{(3)}\qquad \int_{-\infty}^{\infty} f(x)\, dx = 2\pi i \,{}_{-\infty}^{\;\;\infty}\mathcal{E}_0^{\infty} (f(z)),$$

[1] *Œuvres de Cauchy*, S. II, T. VI, p. 172.

qui subsiste quand le produit $z\,\mathrm{f}(z)$ s'évanouit pour des points situés à une distance infinie du pôle au-dessus de l'axe polaire, et les formules

$$\mathrm{f}(0) = \mathfrak{M}\,\mathrm{f}(z), \tag{4}$$

$$\mathrm{f}(x) = \mathfrak{M}\,\frac{\mathrm{f}(z)}{1-\frac{x}{z}}, \tag{5}$$

qui supposent $\mathrm{f}(z)$ synectique pour le module attribué à z et pour un module plus petit, le module de x devant être, dans la formule (5), inférieur au module de z.

En m'appuyant sur les principes que je viens de rappeler, j'ai été conduit à de nouveaux théorèmes et à des formules nouvelles qui paraissent dignes de quelque attention, et qui se rapportent, soit aux fonctions explicites ou implicites, soit à l'intégration d'un système d'équations différentielles. Je me propose de développer successivement ces théorèmes et ces formules. Je me bornerai pour le moment à en donner une idée.

§ II. — *Sur les fonctions déterminées par des équations finies.*

En vertu de la formule (5) du § I, une fonction $Z = \mathrm{f}(z)$, qui reste synectique tant que la variable z conserve un module inférieur à une certaine limite r, est développable en série convergente ordonnée suivant les puissances ascendantes de z.

Lorsque la fonction $\mathrm{f}(z)$ est explicite, on peut aisément reconnaître avec facilité si elle est synectique, au moins dans le voisinage d'une valeur donnée de z. Il reste à examiner le cas où la fonction est implicite, par exemple le cas où elle est déterminée par une équation de la forme

$$\mathrm{F}(z, Z) = 0. \tag{1}$$

Alors, si C représente une valeur finie de Z correspondante à une valeur finie c de z, et si, dans le voisinage des valeurs c, C des deux variables z, Z, le premier membre de l'équation (1) reste fonction monodrome et monogène de ces variables, Z sera, pour des valeurs de z très voisines de c, fonction monodrome et monogène de z, à moins que $z = c$ ne soit une racine multiple de l'équation (1).

A ce théorème, énoncé par M. Puiseux, on peut joindre un théorème analogue relatif au cas où plusieurs fonctions d'une variable sont déterminées par le système de plusieurs équations finies, dont chacune exprime l'égalité de deux fonctions monodromes et monogènes des diverses variables.

Si l'une des quantités c, C, ... devenait infinie, alors à la variable z ou Z on substituerait le rapport variable $\frac{1}{z}$ ou $\frac{1}{Z}$....

Si, dans chacune des équations données, les deux membres n'étaient pas monodromes et monogènes, il suffirait ordinairement, pour les rendre tels, d'augmenter, comme je l'ai dit ailleurs, le nombre des variables.

Si, pour $z = c$, plusieurs racines z de l'équation (1) deviennent égales entre elles, et si l'on nomme m l'ordre de la substitution qui indique comment les racines s'échangent entre elles, quand, z différant très peu de c, on fait tourner autour du point dont l'affixe est c le point dont l'affixe est z, alors il suffira généralement de poser

$$z - c = u^m, \tag{2}$$

pourvu que chaque racine devienne une fonction monodrome et monogène de u.

Les théorèmes sur l'énumération des racines que j'ai donnés en 1831 [1] s'appliquent non seulement aux équations algébriques, mais aussi aux équations transcendantes, et peuvent servir à déterminer le nombre des racines de ces dernières, entre des limites données.

Concevons, pour fixer les idées, que,

$$Z = F(t, z) \tag{3}$$

[1] *Œuvres de Cauchy*, S. II, T. XV.

étant une fonction synectique de t et z, on pose

$$z = x + yi, \qquad Z = X + Yi,$$

x, y, X, Y étant réelles, et que l'on demande le nombre n des racines de l'équation

$$(4) \qquad F(t, z) = 0,$$

comprises entre des limites données, par exemple le nombre des points dont chacun, renfermé dans une certaine aire S, a pour affixe une racine z de l'équation (4). Le nombre n sera donné par la formule

$$(5) \qquad n = \frac{1}{2}\mathcal{J}\left(\frac{X}{Y}\right),$$

le résidu intégral qu'indique le signe $\mathcal{J}$ étant relatif au contour de l'aire S; et si, tandis que cette aire s'étend indéfiniment dans tous les sens autour du pôle, le second membre de la formule (5) devient infiniment grand, le nombre total des racines sera infini. D'ailleurs la détermination de n pourra devenir facile, si l'on a choisi convenablement le contour.

Ainsi, par exemple, si l'équation (4) se réduit à

$$(6) \qquad z - e^z = t,$$

ou bien à

$$(7) \qquad z - \varepsilon \sin z = t,$$

ε étant un nombre donné, on facilitera notablement la détermination de n en réduisant le contour de l'aire S au périmètre d'un rectangle dont les côtés soient les uns parallèles, les autres perpendiculaires à l'axe polaire. Quand ces côtés seront très éloignés du pôle, la valeur de n sera très grande, mais facile à calculer.

Le nombre des racines de l'équation (4) varie avec le nombre des racines de l'équation dérivée

$$(8) \qquad D_z F(t, z) = 0,$$

à laquelle deux racines z de l'équation (4) doivent satisfaire, quand ces deux racines deviennent égales entre elles. Quand la fonction synectique $F(t, z)$ est une fonction entière de z, le degré de cette fonction surpasse d'une unité le degré de sa dérivée. Je rechercherai dans un autre article comment se modifie l'énoncé de cette dernière proposition quand on l'applique à une équation transcendante.

§ III. — *Sur les fonctions implicites déterminées par des systèmes d'équations différentielles.*

Comme je l'ai remarqué depuis longtemps, quand on veut intégrer un système d'équations différentielles, on doit commencer par réduire ces équations au premier ordre, ce qu'on peut toujours faire lorsque les équations renferment des dérivées d'ordre supérieur, en considérant quelques-unes de ces dérivées comme de nouvelles inconnues. La réduction dont il s'agit étant effectuée, il sera nécessaire, pour que les inconnues soient complètement déterminées, que le nombre des équations soit précisément égal au nombre des inconnues, et que l'on connaisse les valeurs des inconnues correspondantes à une valeur donnée de la variable indépendante. Par conséquent, les intégrales générales serviront à déduire d'un système donné de valeurs de toutes les variables un autre système de valeurs de ces mêmes variables; et, si la question ne peut être résolue que d'une seule manière, comme il arrive généralement dans la Mécanique, il est clair qu'en la renversant on devra retrouver le premier système, si l'on part du second.

Un autre point capital, sur lequel les Mémoires que j'ai présentés à l'Académie en 1846 [1] ne laissent aucun doute, c'est que, pour bien connaître la nature des intégrales d'un système d'équations différentielles et la nature des fonctions qui représentent ces intégrales, il est nécessaire de considérer non seulement leurs intégrales rectilignes, mais encore et surtout leurs intégrales curvilignes. En effet, la considération de ces dernières permet de déterminer directement le nombre

[1] *Œuvres de Cauchy*, S. I, T. X.

et les valeurs des périodes qui peuvent s'ajouter à la variable indépendante, etc.

D'ailleurs la recherche des propriétés des intégrales devient plus simple et plus facile, quand on commence par réduire les équations données à des équations dont les deux membres sont des fonctions monodromes et monogènes des inconnues et de leurs dérivées. Or on peut généralement y parvenir en introduisant dans le calcul de nouvelles inconnues liées par des équations finies à celles qui entrent dans les équations différentielles.

Ainsi, par exemple, dans le mouvement d'une planète autour du Soleil, les équations différentielles pourront être réduites à sept équations monodromes et monogènes dont l'une sera finie, ces équations étant de la forme

$$\mathrm{D}_t x = u, \qquad \mathrm{D}_t y = v, \qquad \mathrm{D}_t z = w,$$

$$\mathrm{D}_t u = -\frac{k}{r^3}x, \qquad \mathrm{D}_t v = -\frac{k}{r^3}y, \qquad \mathrm{D}_t z = -\frac{k}{r^3}z,$$

$$x^2 + y^2 + z^2 = r^2.$$

Cela posé, concevons que l'on donne, entre une variable indépendante t et n fonctions inconnues

$$x, \quad y, \quad z, \quad \ldots, \quad u, \quad v, \quad w,$$

n équations différentielles de la forme

$$(1) \qquad \mathrm{D}_t x = X, \qquad \mathrm{D}_t y = Y, \qquad \ldots, \qquad \mathrm{D}_t w = W,$$

X, Y, ..., W étant des fonctions monodromes et monogènes des variables x, y, z, ..., u, v, w, t et d'autres variables r, s, ... liées aux premières par des équations finies. Le premier soin du calculateur devra être de rechercher la nature et les propriétés de chaque inconnue, par exemple de l'inconnue x, considérée comme fonction de t. On y parviendra surtout en recherchant pour quelles valeurs de t, x cesse d'être fonction monodrome et monogène de t. Or ces valeurs sont généralement celles qui rendent x infini, ou X nul, infini, ou indéterminé. Remarquons d'ailleurs que poser $\frac{1}{x} = 0$, ou bien

$$X = 0, \quad \text{ou} \quad \frac{0}{0}, \quad \text{ou} \quad \infty,$$

c'est établir entre les diverses variables une équation qui peut se vérifier pour une valeur particulière de t.

Soient $\mathfrak{t}$ cette valeur de t, et

$$\mathfrak{x}, \quad \mathfrak{y}, \quad \mathfrak{z}, \quad \ldots, \quad \mathfrak{u}, \quad \mathfrak{v}, \quad \mathfrak{w}$$

les valeurs correspondantes de

$$x, \quad y, \quad z, \quad \ldots, \quad u, \quad v, \quad w.$$

Elles ne devront pas, en général, vérifier aussi l'une des équations qu'on obtient en supposant l'une des quantités

$$Y, \quad \text{ou} \quad Z, \quad \ldots, \quad \text{ou} \quad W$$

nulle, ou infinie, ou indéterminée. Donc, pour une valeur très petite de $t - \mathfrak{t}$, les différences

$$y - \mathfrak{y}, \quad z - \mathfrak{z}, \quad \ldots, \quad w - \mathfrak{w}$$

seront, pour l'ordinaire, sensiblement proportionnelles à $t - \mathfrak{t}$ et seront même des fonctions monodromes, monogènes et finies de $t - \mathfrak{t}$. C'est sur ce principe que s'appuie une nouvelle méthode qui, très souvent, peut être employée avec succès pour l'intégration d'un système d'équations différentielles simultanées, ainsi que je l'expliquerai plus en détail dans un autre article.

568.

CALCUL INTÉGRAL. — *Méthode nouvelle pour l'intégration d'un système d'équations différentielles.*

C. R., T. XLIII, p. 127 (21 juillet 1856).

Parmi les résultats auxquels je suis parvenu en m'occupant des systèmes d'équations différentielles, il me paraît utile de citer une méthode d'intégration que je crois nouvelle, et qui, appliquée à un tel système, en fournit souvent avec facilité les diverses intégrales ou du moins plusieurs d'entre elles. Cette méthode est fondée sur un théorème général dont voici l'énoncé.

THÉORÈME. — *Soient données entre la variable t et n inconnues*

$$x, \quad y, \quad z, \quad \ldots$$

n équations différentielles du premier ordre

$$\mathrm{D}_t x = X, \qquad \mathrm{D}_t y = Y, \qquad \mathrm{D}_t z = Z, \qquad \ldots. \tag{1}$$

Soient encore

$$u, \quad v, \quad w, \quad \ldots$$

m fonctions linéaires des variables x, y, z, ..., et supposons que, les valeurs de

$$\mathrm{D}_t u, \quad \mathrm{D}_t v, \quad \mathrm{D}_t w, \quad \ldots,$$

étant tirées des formules (1), *on trouve*

$$\left\{\begin{array}{l} \mathrm{D}_t u = U_1 u_1 + U_2 u_2 + U_3 u_3 + \ldots, \\ \mathrm{D}_t v = V_1 v_1 + V_2 v_2 + V_3 v_3 + \ldots, \\ \mathrm{D}_t w = W_1 w_1 + W_2 w_2 + W_3 w_3 + \ldots, \\ \ldots\ldots\ldots\ldots\ldots\ldots\ldots\ldots\ldots, \end{array}\right. \tag{2}$$

$u_1, u_2, u_3, \ldots, v_1, v_2, v_3, \ldots, w_1, w_2, w_3, \ldots$ *étant de nouvelles fonctions linéaires de x, y, z, ... Si les coefficients*

$$\alpha, \quad \beta, \quad \gamma, \quad \ldots,$$

renfermés dans les fonctions

$$u, \quad v, \quad w, \quad \ldots,$$

peuvent être choisis de manière que

$$u_1, \quad u_2, \quad u_3, \quad \ldots, \quad v_1, \quad v_2, \quad v_3, \quad \ldots, \quad w_1, \quad w_2, \quad w_3, \quad \ldots$$

se réduisent à des fonctions linéaires de

$$u, \quad v, \quad w, \quad \ldots,$$

et si d'ailleurs, cette condition étant remplie, on ne peut, des formules

$$(3) \qquad u = 0, \qquad v = 0, \qquad w = 0, \qquad \ldots,$$

déduire aucune équation dans laquelle les coefficients

$$\alpha, \quad 6, \quad \gamma, \quad \ldots$$

disparaissent tous à la fois, les formules (3) *représenteront un système d'intégrales des équations données.*

Pour démontrer ce théorème, il suffit d'observer que, dans l'hypothèse admise, les valeurs générales de u, v, w, ... s'évanouiront, en vertu des équations (2), si elles s'évanouissent pour un système particulier de valeurs des variables y, x, z, ..., et que cette condition pourra être remplie par la fixation de valeurs convenables attribuées aux coefficients α, 6, γ, ...

La méthode qui repose sur le théorème que je viens d'énoncer offre de nouveaux avantages quand aux équations différentielles données on joint celles qui déterminent de nouvelles inconnues propres à représenter des quantités dont l'introduction dans le calcul est appelée par la nature même des questions que l'on se propose de résoudre.

Dans un prochain article, je montrerai, par des exemples spécialement choisis entre ceux que fournissent la Mécanique et l'Astronomie, les avantages que présente la méthode nouvelle pour l'intégration des systèmes d'équations différentielles.

569.

Fonctions symboliques. — *Sur les produits symboliques et les fonctions symboliques.*

C. R., T. XLIII, p. 169 (28 juillet 1856).

La lettre *s* désignant une fonction d'une ou de plusieurs variables indépendantes, concevons que l'on multiplie ses différences, ses différentielles ou ses dérivées des divers ordres par d'autres fonctions de ces mêmes variables, puis que l'on renferme entre deux parenthèses la somme des produits ainsi obtenus, et qu'après avoir effacé partout la lettre *s*, on se contente d'écrire cette lettre une seule fois à la suite de la dernière parenthèse, on obtiendra une expression qui se présentera sous la forme d'un produit, et qui sera effectivement appelée *produit symbolique*. Les deux *facteurs* de ce produit symbolique seront le multiplicande *s* et un *polynôme symbolique* dont chaque *terme* sera le produit d'une lettre caractéristique par une fonction des variables indépendantes. Si les termes disparaissent tous à l'exception d'un seul, on pourra omettre les parenthèses. Alors aussi le multiplicateur symbolique deviendra un monôme qui pourra se réduire, dans certains cas, à une lettre caractéristique indiquant une opération à laquelle on soumet la fonction *s*.

Comme on l'a fait quelquefois, nous n'hésiterons pas à simplifier souvent les formules à l'aide du procédé qui consiste à représenter un polynôme symbolique par une seule lettre ou par un seul caractère. Nous affecterons spécialement à cet usage les deux caractères ∇, $\Box$, que j'appellerai *trigone* et *tétragone*, parce que leurs formes sont celles d'un triangle et d'un carré.

La nature d'un facteur ou multiplicateur symbolique dépend de la nature des opérations indiquées par les lettres caractéristiques qu'il renferme. On peut dire qu'il est une fonction symbolique de ces lettres. On peut même dire généralement qu'il en est une fonction entière, attendu que, si aux divers signes d'opérations, c'est-à-dire aux diverses lettres caractéristiques, on substituait des quantités véritables, le multiplicateur symbolique deviendrait une fonction entière de ces quantités.

D'ailleurs rien n'empêche de faire croître indéfiniment le nombre des termes dont se compose un facteur symbolique. Mais alors, tandis que ce nombre devient de plus en plus grand, le produit d'une fonction donnée s par ce facteur symbolique peut converger ou ne pas converger vers une limite finie. Si la limite existe, le multiplicateur de s dans cette limite sera encore un facteur symbolique; mais ce facteur, composé d'un nombre infini de termes, sera la *somme d'une série symbolique* qui sera dite *convergente*. Toutefois, et il importe de le remarquer, la série pourra être convergente pour certaines valeurs ou formes de la fonction s, et cesser d'être convergente, par conséquent devenir divergente, pour d'autres valeurs ou formes de s. Ainsi, pour une série symbolique, la convergence peut dépendre, non seulement des valeurs attribuées aux variables comprises dans la série, mais en outre de la nature de la fonction qui doit être multipliée par la somme de cette série.

Supposons maintenant qu'une série symbolique soit convergente et que la somme de la série puisse être exprimée en termes finis par une certaine fonction algébrique ou transcendante, dans le cas où l'on remplace les lettres caractéristiques par des quantités variables. La somme de la série symbolique sera naturellement exprimée par la même fonction algébrique ou transcendante, si l'on substitue à ces quantités variables les lettres par lesquelles on les avait d'abord remplacées, et l'on obtiendra ainsi ce que nous appellerons une fonction symbolique *algébrique* ou *transcendante*. Toutefois, cette fonction ne pourra pas être appliquée sans restriction, comme facteur symbolique, à un multiplicande quelconque s, quelles que soient les valeurs attribuées aux variables indépendantes comprises dans ce multiplicande; et, le plus ordinairement, il faudra renfermer ces valeurs entre certaines limites, pour qu'il soit permis de multiplier s par la fonction symbolique.

Les fonctions symboliques, telles que je viens de les définir, ont déjà été introduites par les géomètres dans quelques formules de haute Analyse. L'usage habituel de ces fonctions dans les Calculs différentiel et intégral offrirait de grands avantages; mais ces avantages seraient contrebalancés par de graves inconvénients, si l'on ne commençait par déterminer les conditions de convergence des séries symboliques, ou, ce qui revient au même, par rechercher dans quel cas on peut à un multiplicande donné appliquer une fonction symbolique donnée algébrique ou transcendante.

J'ai déjà, dans le Mémoire lithographié de 1835 (1), traité cette question, en m'appuyant pour la résoudre sur une formule générale que j'avais donnée dans le Mémoire du 11 octobre 1831 (2). Mais il m'a semblé qu'on pouvait simplifier et perfectionner encore, même après les travaux récents de quelques géomètres sur des sujets analogues, les résultats auxquels j'avais été conduit. Comme, parmi les fonctions transcendantes, les exponentielles sont celles qui reparaissent le plus souvent dans l'Analyse, il était nécessaire de considérer spécialement les exponentielles symboliques, et de rechercher avec soin leur nature, leurs propriétés et les conditions de convergence des séries symboliques dont elles représentent les sommes. Ces motifs ont dû m'engager à fixer particulièrement sur ces exponentielles l'attention du lecteur.

Analyse.

§ I. — *Produits symboliques.*

Soit s une fonction donnée d'une ou de plusieurs variables indépendantes. Pour indiquer les différentielles totales et partielles de s, je joindrai à la notation de Leibnitz celle dont je me suis constamment

(1) *Œuvres de Cauchy,* S. II, T. XV.
(2) *Ibid.,* S. I, T. XI.

servi dans mes Leçons à l'École Polytechnique. En conséquence, j'indiquerai la *différentielle totale* par la lettre caractéristique d, et les *différentielles partielles* relatives aux variables x, y, z, ..., par cette même lettre au bas de laquelle j'écrirai comme indices ces mêmes variables. Alors, les différentielles partielles étant indiquées par les lettres caractéristiques

$$\mathrm{d}_x,\quad \mathrm{d}_y,\quad \mathrm{d}_z,\quad \ldots,$$

on aura généralement

$$\mathrm{d}s = \mathrm{d}_x s + \mathrm{d}_y s + \mathrm{d}_z s + \ldots. \tag{1}$$

De plus, en appelant *dérivée totale* et *dérivées partielles* ce que deviennent la différentielle totale et les différentielles partielles quand on réduit à l'unité la différentielle de chacune des variables indépendantes, je remplacerai la lettre d par la lettre D, quand il s'agira de représenter, non plus des différentielles, mais des dérivées. Cela posé, l'équation (1) entraînera évidemment la suivante :

$$\mathrm{D}s = \mathrm{D}_x s + \mathrm{D}_y s + \mathrm{D}_z s + \ldots. \tag{2}$$

Enfin je désignerai par

$$\Delta s$$

la différence ou variation finie de s, correspondante à des variations finies et simultanées

$$\Delta x,\quad \Delta y,\quad \Delta z,\quad \ldots$$

des variables

$$x,\quad y,\quad z,\quad \ldots;$$

et, quand il s'agira de représenter une variation finie de s correspondante à une variation finie Δx, ou Δy, ou Δz, etc., d'une seule variable x, ou y, ou z, etc., je placerai cette variable comme indice au bas de la lettre caractéristique Δ, en substituant à la notation Δs l'une des notations

$$\Delta_x s,\quad \Delta_y s,\quad \Delta_z s,\quad \ldots.$$

Quant aux différentielles, dérivées et différences des divers ordres, je suivrai, pour les représenter, le procédé universellement admis, et quand il s'agira d'indiquer une différentielle, une dérivée ou une différence de l'ordre n, relative à toutes les variables ou à l'une d'elles, je remplacerai la lettre caractéristique adoptée pour le premier ordre par la *puissance* $n^{\text{ième}}$ de cette lettre caractéristique. Ainsi, par exemple, la dérivée du sixième ordre de la fonction s différentiée une fois par rapport à x, deux fois par rapport à y, trois fois par rapport à z, sera représentée par la notation

$$\mathrm{D}_x \mathrm{D}_y^2 \mathrm{D}_z^3 s.$$

Ces conventions étant adoptées, concevons que les différentielles, dérivées et différences finies des divers ordres de la fonction s soient respectivement multipliées par de nouvelles fonctions X, Y, Z, ..., des variables indépendantes x, y, z, ..., puis qu'après avoir renfermé entre deux parenthèses la somme des produits ainsi obtenus, on enlève la lettre s à chacun de ces produits en la transportant à la suite de la seconde parenthèse et l'y écrivant une seule fois. On obtiendra une expression par laquelle nous représenterons encore la somme trouvée; et cette expression sera un *produit symbolique*. Ainsi, par exemple, en opérant comme on vient de le dire, on transformera la somme

$$X\,\mathrm{d}_x s + Y\,\mathrm{d}_y s + Z\,\mathrm{d}_z s + \ldots$$

en un produit symbolique, et dans ce produit, représenté par la notation

$$(X\,\mathrm{d}_x + Y\,\mathrm{d}_y + Z\,\mathrm{d}_z + \ldots)s,$$

le multiplicateur sera le polynôme symbolique

$$X\,\mathrm{d}_x + Y\,\mathrm{d}_y + Z\,\mathrm{d}_z + \ldots.$$

Si l'on représente ce multiplicateur par le trigone ∇, l'équation symbolique

$$(3) \qquad \nabla = X\,\mathrm{d}_x + Y\,\mathrm{d}_y + Z\,\mathrm{d}_z + \ldots$$

entraînera toujours avec elle la formule

$$(4) \qquad \nabla s = X\,\mathrm{d}_x s + Y\,\mathrm{d}_y s + Z\,\mathrm{d}_z s + \ldots.$$

Si la quantité variable ∇s que détermine l'équation (4) est à son tour soumise une ou plusieurs fois de suite au système d'opérations qu'indique le trigone ∇, alors, à la place de ∇s, on obtiendra successivement le troisième, le quatrième, ... terme de la série

(5) $$s,\quad \nabla s,\quad \nabla\nabla s,\quad \nabla\nabla\nabla s,\quad \ldots.$$

En suivant encore ici le procédé à l'aide duquel on exprime les différences, différentielles et dérivées des divers ordres, j'écrirai simplement

$$\nabla^2,\quad \nabla^3,\quad \ldots$$

au lieu de

$$\nabla\nabla,\quad \nabla\nabla\nabla,\quad \ldots.$$

Cela posé, les divers termes de la série (5), exprimés par les notations

(6) $$s,\quad \nabla s,\quad \nabla^2 s,\quad \nabla^3 s,\quad \ldots,$$

seront les produits symboliques de la fonction s par les diverses puissances entières, nulle et positives du facteur symbolique ∇, ou, ce qui revient au même, par les divers termes de la progression symbolique

(7) $$1,\quad \nabla,\quad \nabla^2,\quad \nabla^3,\quad \ldots.$$

Dans le cas particulier où l'on a

$$X=1,\qquad Y=1,\qquad Z=1,\qquad \ldots,$$

le trigone ∇ déterminé par la formule (3) se réduit à d, et le produit symbolique ∇s à la différentielle totale $\mathrm{d}s$. Alors aussi ∇^n et $\nabla^n s$ se réduisent à d^n et $\mathrm{d}^n s$.

Le cas où la fonction s est monodrome et monogène par rapport aux variables x, y, z, ... pour des valeurs quelconques attribuées à ces variables, ou du moins tant que ces valeurs restent comprises entre certaines limites, mérite une attention spéciale. On a, dans ce cas,

(8) $$\begin{cases} \mathrm{d}_x s = \mathrm{D}_x s\,\mathrm{d}x, & \mathrm{d}_y s = \mathrm{D}_y s\,\mathrm{d}y, \\ \mathrm{d}_x\ = \mathrm{d}x\,\mathrm{D}_x, & \mathrm{d}_y\ = \mathrm{d}y\,\mathrm{D}_y, \qquad \ldots, \end{cases}$$

et par suite, en nommant a, b, c, ... les valeurs attribuées aux différentielles dx, dy, dz, ..., on tire de l'équation (4)

$$(9) \qquad \nabla s = aX\,\mathrm{D}_x s + bY\,\mathrm{D}_y s + cZ\,\mathrm{D}_z s + \ldots.$$

Alors aussi la formule (3) donne

$$(10) \qquad \nabla = aX\,\mathrm{D}_x + bY\,\mathrm{D}_y + cZ\,\mathrm{D}_z + \ldots.$$

Si chacune des constantes a, b, c, ... se réduit à l'unité, on aura simplement

$$(11) \qquad \nabla = X\mathrm{D}_x + Y\mathrm{D}_y + Z\mathrm{D}_z, \quad \ldots.$$

Enfin, si chacune des fonctions X, Y, Z, ... se réduit aussi à l'unité, on aura

$$\nabla = \mathrm{D}_x + \mathrm{D}_y + \mathrm{D}_z + \ldots = \mathrm{D}.$$

Le facteur ∇, défini par l'une des équations symboliques (9), (10), (11), est une fonction symbolique, non seulement entière, mais linéaire et homogène des lettres caractéristiques d_x, d_y, d_z, ..., ou D_x, D_y, D_z, ... La $n^{\text{ième}}$ puissance du facteur où ∇^n est encore une fonction entière et homogène de ces lettres, non linéaire, mais du degré n.

Le produit de deux ou de plusieurs facteurs symboliques dépend généralement de l'ordre dans lequel les multiplications s'effectuent. Ainsi, par exemple, si l'on pose

$$\nabla = X\mathrm{D}_x, \qquad \Box = \mathrm{D}_y,$$

on aura, en vertu des règles de la différentiation,

$$\nabla\Box\, s = X\mathrm{D}_x\mathrm{D}_y s,$$

par conséquent

$$\nabla\Box = X\mathrm{D}_x\mathrm{D}_y;$$

et

$$\Box\nabla s = X\mathrm{D}_y\mathrm{D}_x s + \mathrm{D}_y X\mathrm{D}_x s,$$

par conséquent

$$\Box\nabla = X\mathrm{D}_y\mathrm{D}_x + \mathrm{D}_y X\mathrm{D}_x,$$

et

$$\Box\nabla = \nabla\Box + \mathrm{D}_y X\mathrm{D}_x.$$

Donc alors les produits $\square\nabla$, $\square\nabla$ ne deviendront égaux entre eux que si la fonction X cesse de renfermer la variable y.

Lorsqu'un facteur symbolique est la somme de plusieurs termes respectivement proportionnels aux lettres caractéristiques d_x, d_y, d_z, ... ou D_x, D_y, D_z, ..., les règles connues de la différentiation suffisent à la détermination des termes dont se compose une puissance quelconque de ce facteur. Les mêmes règles déterminent aussi les divers termes dont se compose le produit de plusieurs facteurs symboliques de l'espèce indiquée. Il y a plus : ces règles fourniront encore le produit de plusieurs facteurs symboliques dont chacun serait la somme de plusieurs autres. Les formules ainsi obtenues seront précisément celles qui se rapportent à la multiplication des sommes de quantités, avec cette différence toutefois que, dans le cas où les quantités sont remplacées par les facteurs symboliques, on doit tenir compte de l'ordre dans lequel les multiplications s'effectuent. Ainsi, par exemple, si la somme ∇ de plusieurs facteurs symboliques ∇_1, ∇_2, ∇_3, ... est multipliée par un autre facteur symbolique $\square$, l'équation

$$\nabla = \nabla_1 + \nabla_2 + \nabla_3 + \ldots \tag{12}$$

entraînera la suivante

$$\square\nabla = \square\nabla_1 + \square\nabla_2 + \square\nabla_3 + \ldots, \tag{13}$$

et l'on aura aussi

$$\nabla\square = \nabla_1\square + \nabla_2\square + \nabla_3\square + \ldots. \tag{14}$$

Mais la formule (13) ou (14) deviendrait généralement inexacte si, dans l'un des produits qu'offre le premier ou le second membre, on renversait l'ordre des multiplications. Pareillement, si l'on suppose

$$\nabla = \nabla_1 + \nabla_2, \tag{15}$$

on en conclura

$$\nabla^2 = \nabla_1^2 + \nabla_1\nabla_2 + \nabla_2\nabla_1 + \nabla_2^2. \tag{16}$$

Mais, le produit $\nabla_1 \nabla_2$ étant généralement distinct du produit $\nabla_2 \nabla_1$, la réduction de la formule (16) à la suivante

$$\nabla^2 = \nabla_1^2 + 2\nabla_1 \nabla_2 + \nabla_2^2 \tag{17}$$

ne sera permise que dans certains cas spéciaux. Les réductions de ce genre s'effectueront, par exemple, si l'on emploie des facteurs symboliques dont chacun, exprimé à l'aide des lettres caractéristiques, en soit une fonction linéaire à coefficients constants.

Ainsi, en particulier, en élevant à la puissance du degré n les deux membres de chacune des formules symboliques

$$\left\{\begin{aligned} \mathrm{d} &= \mathrm{d}_x + \mathrm{d}_y + \mathrm{d}_z + \ldots, \\ \mathrm{D} &= \mathrm{D}_x + \mathrm{D}_y + \mathrm{D}_z + \ldots, \end{aligned}\right. \tag{18}$$

on obtiendra, pour déterminer d^n ou D^n considérés comme fonctions entières des lettres caractéristiques d_x, d_y, d_z, ... ou D_x, D_y, D_z, ..., des formules parfaitement semblables à celles auxquelles on parviendrait si ces lettres représentaient de véritables quantités.

Concevons maintenant que,

$$s, \quad S, \quad S_1, \quad S_2, \quad \ldots$$

étant des fonctions entières monodromes et monogènes des variables indépendantes

$$x, \quad y, \quad z, \quad \ldots,$$

on pose

$$\Box s = Ss + S_1\,\mathrm{d}s + S_2\,\mathrm{d}^2 s + \ldots + S_n\,\mathrm{d}^n s, \tag{19}$$

et que l'on demande la valeur s de $\Box s$ correspondante, non seulement à des valeurs données a, b, c, ... des variables x, y, z, ..., mais encore à des valeurs données α, β, γ, ... de leurs différentielles $\mathrm{d}x$, $\mathrm{d}y$, $\mathrm{d}z$, ... Pour obtenir s, il suffira évidemment de poser, dans s, S, S_1, S_2, ...,

$$x = \alpha t + a, \qquad y = \beta t + b, \qquad z = \gamma t + c, \qquad \ldots, \tag{20}$$

puis d'effectuer les différentiations relatives à t, et de prendre ensuite

$$t = 0, \qquad \mathrm{d}t = 1. \tag{21}$$

D'ailleurs $\square s$ sera de la forme indiquée par l'équation (19) si l'on a

$$\square = \nabla^n \tag{22}$$

et

$$\nabla = \omega\, \mathrm{d}, \tag{23}$$

ω étant une fonction monodrome et monogène des variables indépendantes $x, y, z, \ldots$.

Si les différentielles $\mathrm{d}x$, $\mathrm{d}y$, $\mathrm{d}z$, ... se réduisent toutes à l'unité, la formule (19) sera réduite à

$$\square s = Ss + S_1\, \mathrm{D}s + S_2\, \mathrm{D}^2 s + \ldots + S_n\, \mathrm{D}^n s, \tag{24}$$

et la formule (23) à

$$\nabla = \omega \mathrm{D}. \tag{25}$$

Dans cette dernière hypothèse, les valeurs données de $\mathrm{d}x$, $\mathrm{d}y$, $\mathrm{d}z$, ... ne pourront différer de l'unité : par conséquent les formules (20) devront être réduites aux suivantes :

$$x = t + a, \quad y = t + b, \quad z = t + c, \quad \ldots. \tag{26}$$

Enfin, si les valeurs données des variables x, y, z, ... se réduisent toutes à l'unité comme celles de leurs différentielles $\mathrm{d}x$, $\mathrm{d}y$, $\mathrm{d}z$, ..., alors, pour obtenir la valeur $\mathfrak{s}$ de $\nabla^n s$, en supposant $\nabla = \omega \mathrm{D}$, il suffira de poser, dans les fonctions s et ω,

$$x = y = z = \ldots,$$

et de réduire ainsi $\nabla^n s$ à une fonction de la seule variable x, puis de réduire ensuite cette variable à l'unité.

Concevons, pour fixer les idées, que, m étant le nombre des variables x, y, z, ..., on ait

$$\omega = s = x^{-1} y^{-1} z^{-1} \ldots. \tag{27}$$

Alors, en posant

$$x = y = z \ldots,$$

on aura

$$\begin{aligned} \omega &= s &&= x^{-m}, \\ \nabla s &= s\,\mathrm{D}s &&= -\,m x^{-2m-1}, \\ \nabla^2 s &= s\,\mathrm{D}\nabla s &&= m(2m+1)x^{-3m-2}, \\ &\ldots\ldots\ldots\ldots\ldots\ldots\ldots\ldots\ldots\ldots \end{aligned}$$

et généralement

$$\nabla^n s = s\,\mathrm{D}\nabla^{n-1} s = (-1)^{n-1} m(2m+1)\ldots(nm+n-1)x^{-(n+1)m-n+1}.$$

Donc, en réduisant x à l'unité, on trouvera

$$(28)\qquad \mathcal{S} = (-1)^{n-1} m(2m+1)(3m+2)\ldots(nm+n-1).$$

§ II. — *Réduction du nombre des variables dans les fonctions symboliques. Limites supérieures aux modules de ces fonctions.*

Le procédé dont je me suis servi à la fin du § I, et des procédés analogues, permettent de transformer des fonctions symboliques de plusieurs variables en fonctions symboliques d'une seule variable. Les transformations de ce genre offrant le moyen de rendre plus facile la détermination symbolique, je vais un instant y revenir.

Considérons un produit symbolique

$$\Box s$$

dans lequel chacun des deux facteurs $\Box$, s représente une fonction des variables indépendantes x, y, z, ... qui demeure monodrome, monogène et finie, du moins entre certaines limites, le premier facteur $\Box$ étant en outre une fonction entière de l'une des deux caractéristiques D, d. Si $\Box$ renferme seulement la caractéristique D, alors, pour transformer $\Box s$ en une fonction symbolique d'une variable auxiliaire t, il suffira d'écrire partout, dans les facteurs $\Box$ et s, à la place des variables indépendantes

$$x,\quad y,\quad z,\quad \ldots$$

les binômes

$$x+t,\quad y+t,\quad z+t,\quad \ldots,$$

et, à la place de la caractéristique D, la caractéristique D_t, sauf à poser, après les différentiations,

$$t = 0.$$

Si $\square$ renfermait seulement la caractéristique d, alors, pour transformer $\square s$ en une fonction symbolique de t, il suffirait de remplacer, dans les facteurs $\square$ et s, les variables

$$x, \quad y, \quad z, \quad \ldots$$

par les binômes

$$x + t\,\mathrm{d}x, \quad y + t\,\mathrm{d}x, \quad z + t\,\mathrm{d}x, \quad \ldots,$$

puis chacune des caractéristiques

$$\mathrm{d}, \quad \mathrm{d}_x, \quad \mathrm{d}_y, \quad \mathrm{d}_z, \quad \ldots$$

par la seule caractéristique D_t, sauf à poser ensuite $t = 0$.

Concevons, pour fixer les idées, que la fonction s se réduise à la fonction ω déterminée par la formule

$$(1) \qquad \omega = \left(1 - \frac{x}{\mathfrak{x}}\right)^{-1} \left(1 - \frac{y}{\mathfrak{y}}\right)^{-1} \left(1 - \frac{z}{\mathfrak{z}}\right)^{-1} \cdots,$$

$\mathfrak{x}$, $\mathfrak{y}$, $\mathfrak{z}$, ... désignant des quantités qui ne dépendent pas de x, y, z, ... Supposons encore que $\square$ renferme la seule caractéristique d, et soit de la forme

$$(2) \qquad \square = \nabla^n,$$

∇ étant déterminé par la formule

$$(3) \qquad \nabla = \omega\,\mathrm{d};$$

on aura

$$(4) \qquad \square\,\omega = \nabla^n\,\omega$$

ou, ce qui revient au même,

$$(5) \qquad \square\,\omega = (\omega\,\mathrm{d})^n\,\omega;$$

de plus, en opérant comme on vient de le dire, et posant

$$(6)\qquad \frac{dx}{\mathfrak{x}-x}=\frac{1}{\theta'},\qquad \frac{dy}{\mathfrak{y}-y}=\frac{1}{\theta''},\qquad \frac{dz}{\mathfrak{z}-z}=\frac{1}{\theta'''},\qquad \ldots,$$

$$(6\ bis)\qquad T=\left(1-\frac{t}{\theta'}\right)^{-1}\left(1-\frac{t}{\theta''}\right)^{-1}\left(1-\frac{t}{\theta'''}\right)^{-1}\ldots,$$

on devra, dans l'équation (5), remplacer ω par ωT, d par D_t, et l'on trouvera, en conséquence,

$$(7)\qquad \Box\,\omega=\omega^{n+1}(T D_t)^n T,$$

t devant être annulé après les différentiations. Si, pour abréger, on pose

$$(8)\qquad \Omega_n=(T D_t)^n T,$$

t étant réduit à zéro après les différentiations, on aura simplement

$$(9)\qquad \Box\,\omega=\Omega_n\,\omega^{n+1}.$$

Des deux facteurs que renferme le second membre de la formule (9), l'un ω^{n+1} est une fonction connue des quantités $x, y, z, \ldots, \mathfrak{x}, \mathfrak{y}, \mathfrak{z}, \ldots$, et pour qu'il conserve une valeur finie, il suffit que les modules des variables

$$x,\ y,\ z,\ \ldots$$

soient respectivement inférieurs aux modules des quantités

$$\mathfrak{x},\ \mathfrak{y},\ \mathfrak{z},\ \ldots.$$

J'ajoute que, si cette condition est remplie, l'autre facteur Ω_n aura lui-même une valeur finie, et qu'il sera facile d'assigner une limite supérieure à son module. Effectivement, eu égard à la formule (7), la fonction symbolique

$$(T D_t)^n T$$

sera une somme de termes dont chacun sera le produit de T pour des facteurs de la forme

$$D_t^{h'}\left(1-\frac{t}{\theta'}\right)^{-k'},\quad D_t^{h''}\left(1-\frac{t}{\theta''}\right)^{-k''},\quad \ldots,$$

$h', h'', \ldots$ étant des nombres entiers qui vérifieront la condition

$$h' + h'' + \ldots = n.$$

Comme d'ailleurs, en posant

$$t = 0,$$

après les différentiations, on aura

$$T = 1, \qquad D_t^{k'}\left(1 - \frac{t}{\theta'}\right)^{-k'} = \frac{k'(k'+1)\ldots(k'+h'-1)}{\theta'}, \qquad \ldots,$$

il est clair que, si l'on nomme $\frac{1}{\theta}$ le plus grand des modules qui appartiennent aux rapports $\frac{1}{\theta'}, \frac{1}{\theta''}, \frac{1}{\theta'''}, \ldots$, le module de Ω_n sera inférieur au produit

$$\frac{N}{\theta^n},$$

N étant le nombre entier auquel se réduit Ω_n quand on suppose

$$\theta' = \theta'' = \theta''' = \ldots = 1.$$

Mais, dans cette supposition, on a

$$T = (1 - t)^{-m},$$

m désignant le nombre des variables $x, y, z, \ldots$, et par suite

$$\Omega_n = m(2m+1)(3m+2)\ldots(nm+n-1).$$

Donc, si l'on nomme ε le module de ω, la formule (9) fournira pour le module de $\square\omega$ un nombre égal ou inférieur au produit

$$N\varepsilon\left(\frac{\varepsilon}{\theta}\right)^n, \tag{10}$$

N étant le nombre entier que détermine la formule

$$N = m(2m+1)(3m+2)\ldots(nm+n-1). \tag{11}$$

Il importe d'observer que, dans les formules (3) et (5), on a

$$d = dx\,D_x + dy\,D_y + dz\,D_z + \ldots, \tag{12}$$

et que les différentielles

$$\mathrm{d}x,\quad \mathrm{d}y,\quad \mathrm{d}z,\quad \ldots$$

des variables indépendantes x, y, z, ... peuvent être des fonctions données

$$\mathfrak{X},\quad \mathfrak{Y},\quad \mathfrak{Z},\quad \ldots$$

des quantités $\mathfrak{x}$, $\mathfrak{y}$, $\mathfrak{z}$, ... qui ne dépendent pas de x, y, z, ... Admettons cette hypothèse, et désignons par la lettre caractéristique $\mathfrak{D}$ ce que devient alors d. On aura

$$\mathfrak{D} = \mathfrak{X}\,\mathrm{D}_x + \mathfrak{Y}\,\mathrm{D}_y + \mathfrak{Z}\,\mathrm{D}_z + \ldots, \tag{13}$$

et les formules (3), (5) seront remplacées par les suivantes :

$$\nabla = \omega\mathfrak{D}, \tag{14}$$

$$\square\,\omega = (\omega\mathfrak{D})^n\omega. \tag{15}$$

D'ailleurs, dans l'expression (10), qui représentera toujours une limite supérieure au module de $\square\,\omega$, le rapport $\frac{1}{\theta}$ sera le plus grand des modules qui appartiendront aux rapports

$$\frac{\mathfrak{X}}{\mathfrak{x}-x},\quad \frac{\mathfrak{Y}}{\mathfrak{y}-y},\quad \frac{\mathfrak{Z}}{\mathfrak{z}-z},\quad \ldots. \tag{16}$$

Concevons maintenant que, l étant l'un quelconque des nombres entiers

$$1,\quad 2,\quad 3,\quad \ldots,\quad n,$$

on nomme

$$\omega_l,\quad \mathfrak{D}_l,\quad \nabla_l$$

ce que deviennent

$$\omega,\quad \mathfrak{D}\quad \text{et}\quad \nabla = \omega\mathfrak{D},$$

quand, au système des quantités

$$\mathfrak{x},\quad \mathfrak{y},\quad \mathfrak{z},\quad \ldots,\qquad \mathfrak{X},\quad \mathfrak{Y},\quad \mathfrak{Z},\quad \ldots,$$

on substitue un système analogue de quantités désignées par les mêmes lettres affectées de l'indice l. Soient encore

$$8_l,\quad \theta_l$$

ce que deviennent

$$8 \quad \text{et} \quad \theta$$

pour le nouveau système. On aura

(17) $$\nabla_l = \omega_l \mathfrak{O}_l;$$

et, si l'on détermine la fonction symbolique $\square\omega$, non plus par la formule (4), mais par la suivante

(18) $$\square\omega = \nabla_n \nabla_{n-1} \ldots \nabla_2 \nabla_1 \omega,$$

le module de $\square\omega$ sera inférieur à l'expression

(19) $$N 8 \frac{8_1 8_2 \ldots 8_n}{\theta_1 \theta_2 \ldots \theta_n},$$

qui, dans ce cas, remplacera évidemment le produit (10). Par suite, ce module sera encore inférieur au produit

(20) $$N 8 \left(\frac{8}{\theta}\right)^n,$$

si l'on désigne par 8, non plus le module de ω, mais le plus grand des modules appartenant aux termes de la suite

$$\omega, \quad \omega_1, \quad \omega_2, \quad \ldots, \quad \omega_n,$$

et par $\frac{1}{\theta}$ le plus grand des rapports

$$\frac{1}{\theta_1}, \quad \frac{1}{\theta_2}, \quad \ldots, \quad \frac{1}{\theta_n}.$$

Concevons à présent que les fonctions

$$s, \quad X, \quad Y, \quad Z, \quad \ldots$$

des variables indépendantes

$$x, \quad y, \quad z$$

restent monodromes, monogènes et finies tant que les modules de ces variables sont inférieurs à certaines limites

$$\mathrm{x}, \quad \mathrm{y}, \quad \mathrm{z}, \quad \ldots,$$

et, en les supposant tels, prenons dans la formule (2)

$$\nabla = X\,\mathrm{D}_x + Y\,\mathrm{D}_y + Z\,\mathrm{D}_z + \ldots. \tag{21}$$

La fonction symbolique

$$\square s = \nabla^n s \tag{22}$$

aura une valeur finie dont le module sera inférieur à une certaine limite que nous allons déterminer.

Nommons

$$\mathfrak{x},\quad \mathfrak{y},\quad \mathfrak{z},\quad \ldots$$

des variables auxiliaires dont les modules soient constants, mais respectivement inférieurs aux limites

$$\mathrm{x},\quad \mathrm{y},\quad \mathrm{z},\quad \ldots,$$

ω une fonction de

$$x,\quad y,\quad z,\quad \ldots,\quad \mathfrak{x},\quad \mathfrak{y},\quad \mathfrak{z},\quad \ldots,$$

déterminée par la formule (1), et $\mathfrak{s}$ ce que devient s quand on y remplace $x, y, z, \ldots$ par $\mathfrak{x}, \mathfrak{y}, \mathfrak{z}, \ldots$. Supposons, en outre, que, l étant l'un quelconque des entiers

$$1,\quad 2,\quad 3,\quad \ldots,\quad n,$$

on désigne par

$$\mathfrak{x}_l,\quad \mathfrak{y}_l,\quad \mathfrak{z}_l,\quad \ldots$$

d'autres variables auxiliaires dont les modules respectifs soient encore inférieurs aux limites

$$\mathrm{x},\quad \mathrm{y},\quad \mathrm{z},\quad \ldots,$$

et par

$$\mathfrak{X}_l,\quad \mathfrak{Y}_l,\quad \mathfrak{Z}_l,\quad \ldots$$

ce que deviennent

$$X,\quad Y,\quad Z,\quad \ldots$$

quand on y remplace $x, y, z, \ldots$ par $\mathfrak{x}_l, \mathfrak{y}_l, \mathfrak{z}_l, \ldots$. Enfin, nommons ω_l ce que devient ω quand on y remplace $\mathfrak{x}, \mathfrak{y}, \mathfrak{z}, \ldots$ par $\mathfrak{x}_l, \mathfrak{y}_l, \mathfrak{z}_l, \ldots$; conservons aux notations $\mathfrak{D}_l$, ∇_l les significations ci-dessus admises, en sorte qu'on ait

$$\nabla_l = \omega_l \mathfrak{D}_l, \tag{17}$$

$\mathfrak{D}_l$ étant déterminé par la formule

(23) $$\mathfrak{D}_l = \mathfrak{x}_l D_x + \mathfrak{y}_l D_y + \mathfrak{z}_l D_z + \ldots,$$

et concevons que l'on attribue aux variables

$$x, \quad y, \quad z, \quad \ldots$$

des modules respectivement inférieurs à ceux de

$$\mathfrak{x}, \quad \mathfrak{y}, \quad \mathfrak{z}, \quad \ldots$$

et de

$$\mathfrak{x}_l, \quad \mathfrak{y}_l, \quad \mathfrak{z}_l, \quad \ldots.$$

La formule (5) de la page 336 donnera

(24) $$s = \mathfrak{M}(\omega \mathfrak{s}),$$

et l'on trouvera pareillement

(25) $$\nabla = \mathfrak{M}(\omega_l \mathfrak{D}_l) = \mathfrak{M}\,\nabla_l,$$

la moyenne isotropique qu'indique la lettre caractéristique $\mathfrak{M}$ étant relative, dans la formule (24), aux arguments des variables auxiliaires

$$\mathfrak{x}, \quad \mathfrak{y}, \quad \mathfrak{z}, \quad \ldots,$$

et dans la formule (25) aux arguments des variables auxiliaires

$$\mathfrak{x}_l, \quad \mathfrak{y}_l, \quad \mathfrak{z}_l, \quad \ldots.$$

Cela posé, on aura non seulement

(26) $$\nabla s = \mathfrak{M}(\mathfrak{s}\,\nabla\omega),$$

mais encore

(27) $$\nabla\omega = \mathfrak{M}(\nabla_1\omega), \qquad \nabla\nabla_1\omega = \mathfrak{M}(\nabla_2\nabla_1\omega), \qquad \ldots,$$

et de l'équation (26) jointe aux formules (27) on tirera

(28) $$\nabla^n s = \mathfrak{M}(\mathfrak{s}\,\nabla_n\nabla_{n-1}\ldots\nabla_2\nabla_1\omega),$$

la moyenne isotropique qu'indique le signe $\mathfrak{M}$ étant relative aux arguments de toutes les variables auxiliaires. D'ailleurs, si l'on attribue aux nombres N, θ, ȣ les valeurs qui leur ont été assignées dans l'expression (20), le module du produit symbolique

$$\nabla_n {}_n\nabla_{-1} \ldots \nabla_2 \nabla_1 \omega$$

sera constamment inférieur à cette même expression. Donc, en vertu de la formule (28), le module de la fonction symbolique

$$\Box s = \nabla^n s$$

sera inférieur au produit de l'expression (20) par la limite s que ne peut dépasser le module de $\mathfrak{s}$. Ainsi le module de $\Box s = \nabla^n s$ sera inférieur au produit

$$N \mathrm{s}\, \text{ȣ} \left(\frac{\text{ȣ}}{\theta}\right)^n. \tag{29}$$

Concevons maintenant que, t étant une nouvelle variable distincte de x, y, z, ..., et ∇ étant toujours déterminé par la formule (21), on construise la série

$$s, \quad \frac{t}{1} \nabla s, \quad \frac{t^2}{1.2} \nabla^2 s, \quad \ldots, \tag{30}$$

dont le terme général est

$$\frac{t^n}{1.2\ldots n} \nabla^n s. \tag{31}$$

D'après ce qu'on vient de dire, le coefficient de t^n dans l'expression (31) offrira un module inférieur au produit

$$\frac{N}{1.2\ldots n} s\, \text{ȣ} \left(\frac{\text{ȣ}}{\theta}\right)^n. \tag{32}$$

D'ailleurs, la valeur de N étant donnée par la formule (11), le module de la série qui aura pour terme général le rapport

$$\frac{N}{1.2\ldots n}$$

sera

$$m + 1.$$

Donc la série dont le terme général est l'expression (31) aura pour module le produit

$$(33)\qquad \frac{(m+1)\varepsilon}{\theta},$$

et la série (30) sera certainement convergente, si le module de t est inférieur à l'inverse du rapport (33), c'est-à-dire à

$$(34)\qquad \frac{\theta}{(m+1)\varepsilon}.$$

Si, dans cette hypothèse, on nomme $\square s$ la somme de la série, on aura

$$(35)\qquad \square = 1 + \frac{t}{1}\nabla + \frac{t^2}{1.2}\nabla^2 + \ldots.$$

D'ailleurs, lorsque ∇ représente une quantité, on a identiquement

$$(36)\qquad 1 + \frac{t}{1}\nabla + \frac{t^2}{1.2}\nabla^2 + \ldots = e^{t\nabla},$$

et par suite l'équation (35) se réduit à

$$(37)\qquad \square = e^{t\nabla}.$$

Donc, si l'on étend la formule (36) au cas où, ∇ étant un facteur symbolique, la série (30) est convergente, la somme $\square s$ de cette série sera déterminée par l'équation symbolique

$$(38)\qquad \square s = e^{t\nabla} s.$$

Mais cette équation ne subsistera que dans le cas où la série (30) sera convergente, et c'est dans ce cas seulement qu'il sera permis d'appliquer à la fonction s le multiplicateur symbolique

$$e^{t\nabla}.$$

Lorsque, ε et θ étant des quantités finies, θ ne s'évanouira pas, on pourra toujours, en attribuant au module de t une valeur suffisamment grande, choisir ce module de manière que la série (30) soit convergente. Donc alors il sera possible d'appliquer à la fonction s le multiplicateur symbolique $e^{t\nabla}$, au moins pour des valeurs de t suffisamment rapprochées de zéro.

Si dans la formule (21) les fonctions

$$X, \quad Y, \quad Z, \quad \ldots$$

se réduisent à des constantes, alors en représentant ces constantes par

$$\mathrm{d}x, \quad \mathrm{d}y, \quad \mathrm{d}z, \quad \ldots,$$

on réduira cette formule à l'équation

$$\nabla = \mathrm{d}, \tag{39}$$

et l'équation (38) donnera simplement

$$\Box s = e^{t\mathrm{d}} s = s + \frac{t}{1}\mathrm{d}s + \frac{t^2}{1.2}\mathrm{d}^2 s + \ldots. \tag{40}$$

Le dernier membre de cette dernière formule reproduit, lorsqu'on suppose $t = 1$, la série de Taylor qui sera convergente tant que les accroissements attribués aux variables $x, y, z, \ldots$ n'offriront pas des modules pour lesquels la fonction s cesse d'être monodrome, monogène et finie.

Dans un prochain article, je donnerai l'application des principes ici exposés à l'intégration des équations différentielles simultanées et des équations aux dérivées partielles. On retrouve ainsi des conditions du genre de celles que j'ai données le premier dans le Mémoire de 1835, c'est-à-dire des conditions auxquelles un système d'équations différentielles doit satisfaire pour que ces équations admettent des intégrales qui, du moins entre certaines limites, demeurent monodromes et monogènes.

570.

FONCTIONS SYMBOLIQUES. — *Sur la transformation des fonctions symboliques en moyennes isotropiques.*

C. R., T. XLIII, p. 261 (4 août 1856).

La transformation d'une fonction symbolique donnée en une moyenne isotropique peut être avantageusement appliquée à la recherche des propriétés de cette fonction. Ainsi, par exemple, une limite que ne pourra dépasser dans la moyenne isotropique le module de la quantité renfermée sous le signe $\mathfrak{M}$ sera encore évidemment une limite supérieure au module de la fonction symbolique, et, si cette fonction est le terme général d'une série ordonnée suivant les puissances ascendantes d'une variable, il sera possible d'assigner au module de cette variable une limite au-dessous de laquelle il pourra varier sans que la série cesse d'être convergente. Dès lors, on conçoit l'utilité de toute formule qui convertit une fonction symbolique en moyenne isotropique. J'ai déjà, dans la dernière séance, donné une formule de ce genre, l'équation (28) de la page 361. Mais à cette formule je vais en joindre deux autres qui paraissent dignes d'attention, et offrent même cette particularité remarquable qu'elles ne renferment plus sous le signe $\mathfrak{M}$ aucune lettre caractéristique. Je commencerai par établir les deux nouvelles formules, puis j'exposerai les conséquences importantes qui s'en déduisent.

Analyse.

Soient

x une variable indépendante;
$f(x)$ une fonction de cette variable.

Soit encore $\mathfrak{r}$ un accroissement fini attribué à la variable, et supposons que la fonction reste monodrome, monogène et finie, tant que le module de l'accroissement ne dépasse pas une certaine limite. On aura, dans cette hypothèse,

$$(1)\qquad f(x) = \mathfrak{M}\frac{\mathfrak{r}\, f(\mathfrak{r})}{\mathfrak{r} - x},$$

et l'on en conclura, en désignant par n un nombre entier,

$$(2)\qquad D_x^n f(x) = 1.2\ldots n\,\mathfrak{M}\frac{\mathfrak{r}\, f(\mathfrak{r})}{(\mathfrak{r} - x)^{n+1}};$$

puis, en réduisant x à zéro,

$$(3)\qquad f^{(n)}(0) = 1.2\ldots n\,\mathfrak{M}\frac{f(\mathfrak{r})}{\mathfrak{r}^n}.$$

Si, dans cette dernière formule, on remplace $f(\mathfrak{r})$ par $f(x + \mathfrak{r})$, elle donnera

$$(4)\qquad D_x^n f(x) = 1.2\ldots n\,\mathfrak{M}\frac{f(x + \mathfrak{r})}{\mathfrak{r}^n}$$

ou, ce qui revient au même,

$$(5)\qquad D_x^n f(x) = \Gamma(n + 1)\,\mathfrak{M}\frac{f(x + \mathfrak{r})}{\mathfrak{r}^n}.$$

Si l'on suppose en particulier $n = 1$, on aura simplement

$$(6)\qquad D_x f(x) = \mathfrak{M}\frac{f(x + \mathfrak{r})}{\mathfrak{r}}.$$

D'ailleurs, la formule (5) s'étend au cas même où l'on aurait $n = 0$, et donne alors

$$(7)\qquad f(x) = \mathfrak{M}\, f(x + \mathfrak{r}).$$

Les formules (5), (6), (7) offrent le moyen de transformer une fonction symbolique d'une ou de plusieurs variables en moyenne isotropique. Entrons à ce sujet dans quelques détails.

Soient

$$x,\quad y,\quad z,\quad \ldots$$

m variables indépendantes. Soient encore

$$s,\quad X,\quad Y,\quad Z,\quad \ldots$$

des fonctions de ces variables, qui restent monodromes, monogènes et finies, tandis que l'on attribue à ces variables des accroissements dont les modules demeurent inférieurs à certaines limites

$$\mathrm{x},\ \mathrm{y},\ \mathrm{z},\ \ldots.$$

Enfin posons

$$\nabla = X\mathrm{D}_x + Y\mathrm{D}_y + Z\mathrm{D}_z + \ldots \tag{8}$$

et

$$\square = \nabla^n. \tag{9}$$

Pour transformer en moyenne isotropique la fonction symbolique

$$\square s = \nabla^n s, \tag{10}$$

il suffira d'opérer comme il suit.

Désignons par

$$\mathfrak{x},\ \mathfrak{y},\ \mathfrak{z},\ \ldots$$

des accroissements simultanément attribués aux variables

$$x,\ y,\ z,\ \ldots;$$

soit encore $\mathfrak{s}$ ce que devient s, quand on attribue à $x, y, z, \ldots$ les accroissements $\mathfrak{x}, \mathfrak{y}, \mathfrak{z}, \ldots$, et posons

$$\omega = \frac{X}{\mathfrak{x}} + \frac{Y}{\mathfrak{y}} + \frac{Z}{\mathfrak{z}} + \ldots. \tag{11}$$

Si les modules de $\mathfrak{x}, \mathfrak{y}, \mathfrak{z}, \ldots$ sont respectivement inférieurs aux limites x, y, z, ..., alors, en vertu des formules (8) et (6), on aura évidemment

$$\nabla s = \mathfrak{M}(\omega\,\mathfrak{s}). \tag{12}$$

Concevons maintenant qu'aux accroissements

$$\mathfrak{x},\ \mathfrak{y},\ \mathfrak{z},\ \ldots$$

des variables $x, y, z, \ldots$ on ajoute successivement et à diverses époques d'autres accroissements

$$\mathfrak{x}_1,\ \mathfrak{y}_1,\ \mathfrak{z}_1,\ \ldots;\quad \mathfrak{x}_2,\ \mathfrak{y}_2,\ \mathfrak{z}_2,\ \ldots;\quad \mathfrak{x}_{n-1},\ \mathfrak{y}_{n-1},\ \mathfrak{z}_{n-1},\ \ldots,$$

et que ces divers accroissements offrent des modules constants. Supposons d'ailleurs les accroissements primitifs

$$\mathfrak{x}, \quad \mathfrak{y}, \quad \mathfrak{z}, \quad \ldots$$

et ceux qu'on leur ajoute, choisis de manière que les modules des accroissements successifs d'une même variable fournissent une somme inférieure

pour la variable x,	à la limite x,
pour la variable y,	à la limite y,
pour la variable z,	à la limite z,
................,	....

Soient

$$\mathfrak{s}, \quad \mathfrak{X}, \quad \mathfrak{Y}, \quad \mathfrak{Z}, \quad \ldots$$

ce que deviennent

$$s, \quad X, \quad Y, \quad Z, \quad \ldots$$

quand on attribue aux variables $x, y, z, \ldots$ les accroissements $\mathfrak{x}$, $\mathfrak{y}$, $\mathfrak{z}$, ... Enfin, l étant l'un quelconque des entiers

$$0, \quad 1, \quad 2, \quad 3, \quad \ldots, \quad n-1,$$

désignons par

$$\mathfrak{s}_l, \quad \mathfrak{X}_l, \quad \mathfrak{Y}_l, \quad \mathfrak{Z}_l, \quad \ldots$$

ce que deviennent

$$\mathfrak{s}_{l-1}, \quad \mathfrak{X}_{l-1}, \quad \mathfrak{Y}_{l-1}, \quad \mathfrak{Z}_{l-1}, \quad \ldots,$$

lorsqu'on attribue à $x, y, z, \ldots$ les accroissements $\mathfrak{x}_l, \mathfrak{y}_l, \mathfrak{z}_l, \ldots$, en effaçant l'indice $l-1$ dans le cas où l'on a

$$l=1, \qquad l-1=0;$$

et posons généralement

$$\omega_l = \frac{\mathfrak{X}_l}{\mathfrak{x}_l} + \frac{\mathfrak{Y}_l}{\mathfrak{y}_l} + \frac{\mathfrak{Z}_l}{\mathfrak{z}_l} + \ldots. \tag{13}$$

Pour convertir en moyenne isotropique non plus ∇s, mais $\nabla^2 s$, $\nabla^3 s$, ..., il suffira de substituer à l'équation (12) les formules

$$\nabla^2 s = \mathfrak{M}(\omega\,\omega_1\,\mathfrak{s}_1), \tag{14}$$

$$\nabla^3 s = \mathfrak{M}(\omega\,\omega_1\,\omega_2\,\mathfrak{s}_2), \tag{15}$$

et l'on trouvera géneralement

$$\square s = \nabla^n s = \mathfrak{M}(\omega\, \omega_1 \omega_2, \ldots, \omega_{n-1} s_{n-1}). \tag{16}$$

On peut encore, avec succès, appliquer la formule (5) à la question ici traitée en opérant comme il suit :

Concevons d'abord que, s étant toujours fonction des variables

$$x, \ y, \ z, \ \ldots,$$

le tétragone $\square$ renferme, avec les lettres caractéristiques

$$D_x, \ D_y, \ D_z, \ \ldots,$$

de nouveaux systèmes de variables

$$x_1, y_1, z_1, \ldots, \quad x_2, y_2, z_2, \ldots, \quad \ldots, \quad x_n, y_n, z_n, \ldots$$

distincts du système

$$x, \ y, \ z, \ \ldots,$$

et les lettres caractéristiques

$$D_{x_1}, D_{y_1}, D_{z_1}, \ldots, \quad D_{x_2}, D_{y_2}, D_{z_2}, \ldots, \quad \ldots, \quad D_{x_n}, D_{y_n}, D_{z_n}, \ldots.$$

Concevons encore que, l étant l'un quelconque des entiers

$$1, \ 2, \ 3, \ \ldots, \ n,$$

on désigne par

$$X_l, \ Y_l, \ Z_l, \ \ldots$$

ce que deviennent les fonctions ci-dessus nommées

$$X, \ Y, \ Z, \ \ldots,$$

quand on y remplace $x, y, z, \ldots$ par $x_l, y_l, z_l, \ldots$; prenons

$$\left\{\begin{aligned} \nabla_l = {} & X_l(D_x + D_{x_1} + \ldots + D_{x_{l-1}}) \\ & + Y_l(D_y + D_{y_1} + \ldots + D_{y_{l-1}}) \\ & + Z_l(D_z + D_{z_1} + \ldots + D_{z_{l-1}}) \\ & \ldots\ldots\ldots\ldots\ldots\ldots\ldots\ldots, \end{aligned}\right. \tag{17}$$

l'indice $l-1$ devant être effacé dans le cas où l'on a

$$l = 1, \qquad l - 1 = 0;$$

et posons

$$\square s = \nabla_n \nabla_{n-1} \ldots \nabla_2 \nabla_1 s. \tag{18}$$

Représentons d'ailleurs par

$$\mathfrak{x}_l, \quad \mathfrak{y}_l, \quad \mathfrak{z}_l, \quad \ldots$$

des accroissements attribués aux variables

$$x_l, \quad y_l, \quad z_l, \quad \ldots;$$

par

$$\mathfrak{X}_l, \quad \mathfrak{Y}_l, \quad \mathfrak{Z}_l, \quad \ldots$$

ce que deviennent, quand on tient compte de ces accroissements, les fonctions

$$X_l, \quad Y_l, \quad Z_l, \quad \ldots;$$

et supposons les modules de

$$\mathfrak{x}_l, \quad \mathfrak{y}_l, \quad \mathfrak{z}_l, \quad \ldots$$

constants, mais tellement choisis que, pour ces modules ou pour des modules plus petits, les fonctions

$$\mathfrak{X}_l, \quad \mathfrak{Y}_l, \quad \mathfrak{Z}_l, \quad \ldots$$

ne cessent pas d'être monodromes, monogènes et finies. Enfin soient

$$\alpha, \ \alpha_1, \ \alpha_2, \ \ldots, \ \alpha_n, \qquad \beta, \ \beta_1, \ \beta_2, \ \ldots, \ \beta_n, \qquad \gamma, \ \gamma_1, \ \gamma_2, \ \ldots, \ \gamma_n$$

des clefs analytiques assujetties à la seule condition que, dans une fonction entière de ces clefs, l'on substitue finalement à la $n^{\text{ième}}$ puissance de chacune d'elles le produit

$$1.2.3\ldots n = \Gamma(n+1),$$

et posons

$$\left\{\begin{aligned} \omega_l = {} & \left(\frac{\alpha}{\mathfrak{x}} + \frac{\alpha_1}{\mathfrak{x}_1} + \ldots + \frac{\alpha_{l-1}}{\mathfrak{x}_{l-1}}\right)\mathfrak{X}_l \\ & + \left(\frac{\beta}{\mathfrak{y}} + \frac{\beta_1}{\mathfrak{y}_1} + \ldots + \frac{\beta_{l-1}}{\mathfrak{y}_{l-1}}\right)\mathfrak{Y}_l \\ & + \left(\frac{\gamma}{\mathfrak{z}} + \frac{\gamma_1}{\mathfrak{z}_1} + \ldots + \frac{\gamma_{l-1}}{\mathfrak{z}_{l-1}}\right)\mathfrak{Z}_l \\ & \ldots\ldots\ldots\ldots\ldots\ldots\ldots\ldots \end{aligned}\right. \tag{19}$$

On aura évidemment, en vertu de l'équation (18) jointe aux formules (5) et (19),

$$(20) \qquad \square s = \mathfrak{M}(\omega_n \omega_{n-1} \ldots \omega_2 \omega_1 s).$$

Si maintenant on veut que la formule (20) fournisse une valeur de la fonction $\square s$ déterminée par l'équation (10), il suffira de poser

$$\begin{gathered} x_n = x_{n-1} = \ldots = x_1 = x, \\ y_n = y_{n-1} = \ldots = y_1 = y, \\ z_n = z_{n-1} = \ldots = z_1 = z, \\ \ldots\ldots\ldots\ldots\ldots\ldots ; \end{gathered}$$

par conséquent, il suffira d'admettre que, dans l'équation (19),

$$\mathfrak{X}_l, \quad \mathfrak{Y}_l, \quad \mathfrak{Z}_l, \quad \ldots$$

représentent ce que deviennent les fonctions

$$X, \quad Y, \quad Z, \quad \ldots$$

quand on attribue aux variables

$$x, \quad y, \quad z, \quad \ldots$$

des accroissements

$$\mathfrak{x}_l, \quad \mathfrak{y}_l, \quad \mathfrak{z}_l, \quad \ldots$$

dont les modules constants sont respectivement inférieurs aux limites ci-dessus exprimées par les lettres

$$\text{x}, \quad \text{y}, \quad \text{z}, \quad \ldots.$$

Les formules (16) et (20) sont celles que nous nous étions proposé d'établir. Dans la seconde comme dans la première, on peut supposer égaux entre eux les modules constants des divers accroissements relatifs à une même variable, par exemple des accroissements

$$\mathfrak{x}, \quad \mathfrak{x}_1, \quad \mathfrak{x}_2, \quad \ldots, \quad \mathfrak{x}_n$$

relatifs à la variable x. Mais, tandis que dans la formule (20), chacun de ces modules est seulement assujetti à rester au-dessous de la limite x, c'est leur somme qui, dans la formule (16), doit rester inférieure à la limite x; et il est clair que cette condition abaisse chacun des modules égaux au-dessous de la limite $\frac{x}{n}$. D'ailleurs, la formule (20) renferme des clefs analytiques qui doivent en être finalement exclues à l'aide des transmutations de la forme

$$|\alpha^n| = \Gamma(n). \tag{21}$$

Mais, la transmutation (21) pouvant s'écrire comme il suit

$$|\alpha_n| = \int_0^\infty \alpha^{n-1} e^{-\alpha} d\alpha, \tag{22}$$

on pourra évidemment supposer que dans la formule (19)

$$\alpha, \quad 6, \quad \gamma, \quad \ldots, \qquad \alpha_1, \quad 6_1, \quad \gamma_1, \quad \ldots, \qquad \alpha_n, \quad 6_n, \quad \gamma_n, \quad \ldots$$

représentent non plus des clefs analytiques, mais de véritables quantités, pourvu qu'en même temps à la formule (20) on substitue la suivante :

$$\square s = \int_0^\infty \int_0^\infty \ldots e^{-\alpha-6-\ldots-\alpha_n-6_n-\ldots} \mathfrak{M}(\omega_1 \ldots \omega_n s) \frac{d\alpha\, d6 \ldots d\alpha_n\, d6_n \ldots}{\alpha 6 \ldots \alpha_n 6_n \ldots}. \tag{23}$$

On peut aisément de chacune des formules (16), (20) déduire une limite supérieure au module de la fonction symbolique

$$\square s = \nabla^n s.$$

Effectivement, soient

$$a, \quad b, \quad c, \quad \ldots$$

des nombres respectivement inférieurs aux limites

$$x, \quad y, \quad z, \quad \ldots;$$

et

$$\varsigma, \quad X, \quad Y, \quad Z, \quad \ldots$$

les plus grandes valeurs que puissent atteindre les modules des fonctions

$$s, \quad X, \quad Y, \quad Z, \quad \ldots,$$

lorsque dans ces fonctions on attribue à x, y, z, ... des accroissements dont les modules ne dépassent pas les limites

$$\mathrm{a}, \quad \mathrm{b}, \quad \mathrm{c}, \ldots;$$

enfin réduisons aux rapports

$$\frac{\mathrm{a}}{n}, \quad \frac{\mathrm{b}}{n}, \quad \frac{\mathrm{c}}{n}, \quad \ldots$$

les modules des accroissements représentés dans la formule (11) par

$$\mathfrak{x}, \quad \mathfrak{y}, \quad \mathfrak{z}, \quad \ldots,$$

et dans la formule (13) par

$$\mathfrak{x}_{\prime}, \quad \mathfrak{y}_{\prime}, \quad \mathfrak{z}_{\prime}, \quad \ldots;$$

ω et $\omega_{\prime}$ offriront, en vertu de ces formules, des modules inférieurs à la limite

$$n\mathrm{K},$$

la valeur de K étant

(24) $$\mathrm{K} = \frac{\mathrm{X}}{\mathrm{a}} + \frac{\mathrm{Y}}{\mathrm{b}} + \frac{\mathrm{Z}}{\mathrm{c}} + \ldots;$$

et par suite le module de la fonction symbolique

$$\Box s = \nabla^n s.$$

sera, en vertu de la formule (16), inférieur à la limite

(25) $$n^n \mathrm{K}^n \varsigma.$$

Soient maintenant

$$\mathrm{s}, \quad \mathrm{A}, \quad \mathrm{B}, \quad \mathrm{C}, \quad \ldots$$

les plus grandes valeurs que puissent acquérir les modules des fonctions

$$s, \quad X, \quad Y, \quad Z, \quad \ldots,$$

lorsque dans ces fonctions on attribue à x, y, z, ... des accroissements dont les modules sont précisément a, b, c, ...; nommons $\frac{1}{\theta}$ le plus grand des rapports

$$\frac{\mathrm{A}}{\mathrm{a}}, \quad \frac{\mathrm{B}}{\mathrm{b}}, \quad \frac{\mathrm{C}}{\mathrm{c}}, \quad \ldots,$$

et posons

$$H = \frac{A}{a} + \frac{B}{b} + \frac{C}{c} + \ldots. \tag{26}$$

En vertu de la formule (20), le module de $\square s = \nabla^n s$ sera évidemment inférieur à

$$\frac{N}{\theta^n} s, \tag{27}$$

N étant le nombre entier déterminé par la formule

$$N = m(2m+1)\ldots(nm+n-1), \tag{28}$$

c'est-à-dire le nombre auquel se réduit $\nabla^n s$ lorsqu'on y pose

$$s = (1-t)^{-1}, \qquad \nabla = (1-t)^{-1} D_t,$$

et qu'après les différentiations on réduit à zéro la variable t. De plus, comme on augmentera toujours le nombre par lequel on doit remplacer définitivement le produit de plusieurs des clefs

$$\alpha, \quad \alpha_1, \quad \ldots, \quad \alpha_n, \qquad 6, \quad 6_1, \quad \ldots, \quad 6_n, \qquad \gamma, \quad \gamma_1, \quad \ldots, \quad \gamma_n,$$

si l'on égale ces clefs à l'une d'elles, la fonction symbolique $\square s = \nabla^n s$ offrira encore, en vertu de l'équation (20), un module inférieur à la limite

$$1.3.5\ldots(2n+1)H^n s, \tag{29}$$

que l'on déduit de la formule (20), en posant dans la formule (19)

$$\alpha = 6 = \gamma = \ldots, \qquad \alpha_1 = 6_1 = \gamma_1 = \ldots, \qquad \ldots.$$

En résumé, le module de la fonction symbolique

$$\square s = \nabla^n s,$$

dans laquelle ∇ est donné par la formule (10), sera inférieur à chacune des trois limites

$$n^n K^n \varsigma, \quad \frac{N}{\theta^n} s, \quad 1.3.5\ldots(2n+1)H^n s. \tag{30}$$

Par suite, le module de la série qui a pour terme général le produit

$$\frac{t^n}{1.2\ldots n}\nabla^n s$$

sera inférieur aux produits du module de t par les trois limites

$$(31)\qquad Ke,\quad \frac{m+1}{\theta},\quad 2H,$$

e désignant la base des logarithmes népériens. Donc cette série sera convergente, et le facteur symbolique

$$e^{t\nabla}$$

pourra être appliqué à la fonction s, si le module de t est inférieur à l'une des trois limites

$$(32)\qquad \frac{1}{Ke},\quad \frac{\theta}{m+1},\quad \frac{1}{2H}.$$

De ces trois limites, la première et la dernière sont celles que j'ai données dans un Mémoire présenté à l'Académie le 30 juillet 1849, et dans le Mémoire lithographié de 1835; la seconde est précisément celle à laquelle se réduit l'expression (33) de la page 363 lorsqu'on pose

$$8=1.$$

Pour la déduire immédiatement de cette expression, à l'aide des formules établies dans la dernière séance, il suffit de remplacer, dans ces formules,

$$x,\ y,\ z,\ \ldots \quad \text{par} \quad x+\xi,\ y+\eta,\ z+\zeta,\ \ldots,$$

et de réduire ensuite

$$x,\ y,\ z,\ \ldots,\quad \text{à} \quad \text{zéro},$$

puis

$$\xi,\ \eta,\ \zeta,\ \ldots,\quad \text{à} \quad x,\ y,\ z,\ \ldots.$$

Ajoutons que dans la formule (26) on pourrait prendre pour A, B, C, ... non les plus grandes valeurs que puissent acquérir les modules des fonctions

$$X, \quad Y, \quad Z, \quad \ldots,$$

lorsque dans ces fonctions on attribue à x, y, z, ... des accroissements $\mathfrak{x}$, $\mathfrak{y}$, $\mathfrak{z}$, ..., dont les modules sont a, b, c, ..., mais les valeurs qu'acquièrent, dans cette hypothèse, et pour un seul système de valeurs de $\mathfrak{x}$, $\mathfrak{y}$, $\mathfrak{z}$, ..., les modules de

$$X, \quad Y, \quad Z, \quad \ldots,$$

au moment où la somme

$$\frac{\mathrm{A}}{\mathrm{a}} + \frac{\mathrm{B}}{\mathrm{b}} + \frac{\mathrm{C}}{\mathrm{c}} + \ldots$$

devient la plus grande possible.

571.

Calcul intégral. — *Sur l'intégration définie d'un système d'équations différentielles.*

C. R., T. XLIII, p. 497 (8 septembre 1856).

Étant donné un système d'équations différentielles, on peut toujours réduire ces équations au premier ordre, en augmentant, s'il est nécessaire, le nombre des inconnues. Supposons que, les équations étant du premier ordre, m soit le nombre des inconnues x, y, z, ... Pour que celles-ci puissent être complètement déterminées en fonction de la variable indépendante t, il est nécessaire que les équations différentielles soient en nombre égal à celui des inconnues, et que, en vertu de ces équations, les dérivées des inconnues relatives à la variable indépendante soient des fonctions des diverses variables, savoir de la variable indépendante et des inconnues elles-mêmes. Ces conditions étant supposées remplies, l'*intégration définie* des équations proposées consiste à déduire d'un système donné de valeurs correspondantes des diverses variables un autre système de valeurs correspondantes de ces mêmes variables. Les *intégrales* que fournit l'intégration définie sont dites *générales*, lorsque la valeur primitive et la valeur finale de la variable indépendante peuvent être arbitrairement choisies.

Dans les applications du Calcul intégral à la Mécanique, à l'Astronomie, à la Physique mathématique, etc., les fonctions des diverses variables auxquelles se réduisent, en vertu des équations différentielles, les dérivées des inconnues, demeurent ordinairement monodromes et monogènes par rapport à ces mêmes variables, du moins entre certaines limites. Or je démontre que, si cette condition est remplie pour les valeurs primitives des diverses variables, on pourra satisfaire aux équations différentielles données en prenant, pour représenter les inconnues, des fonctions de la variable indépendante qui seront elles-mêmes monodromes et monogènes par rapport à cette variable, du moins entre certaines limites. J'y parviens, en effet, à l'aide des considérations suivantes.

Lorsque, dans le voisinage de la valeur primitive attribuée à la variable t, une fonction s de cette variable demeure monodrome et monogène, du moins entre certaines limites, alors l'accroissement de la fonction correspondant à un accroissement donné θ de la valeur primitive de t est, pour une valeur de θ voisine de zéro, développable, par la formule de Taylor, en une série ordonnée suivant les puissances ascendantes de θ; et la nouvelle valeur qu'acquiert la fonction, quand on attribue l'accroissement θ à la valeur primitive de t, peut être exprimée par une exponentielle symbolique. D'ailleurs cette exponentielle peut être présentée sous diverses formes, dont l'une convient spécialement au cas où s dépend de plusieurs variables t, x, y, z, ..., mais se réduit en définitive à une fonction de la seule variable t, parce que x, y, z, ... sont elles-mêmes des fonctions de t, déterminées par un système d'équations différentielles du premier ordre entre les variables x, y, z, ... et t. Or, la fonction s pouvant être l'une quelconque des inconnues x, y, z, ..., on pourra, en opérant comme on vient de le dire, déduire des valeurs primitives des diverses variables, et de la valeur finale de t, les valeurs finales des inconnues, si ces valeurs finales peuvent être des fonctions monodromes et monogènes de la variable t. Ajoutons que les valeurs finales ainsi obtenues se présenteront sous la forme abrégée d'exponentielles symboliques, et qu'elles satisferont certainement aux équations différentielles proposées tant que le module de l'accroissement attribué à la valeur primitive de la variable t ne deviendra pas assez considérable pour que les séries, dont ces exponentielles symboliques représenteront les sommes, cessent d'être convergentes. Remarquons d'ailleurs que, à l'aide des principes exposés dans le précédent Mémoire, on pourra déterminer une limite au-dessous de laquelle il suffira d'abaisser ce module pour que la condition énoncée se trouve remplie.

Analyse.

Des principes exposés dans les précédents Mémoires, on déduit immédiatement le théorème suivant :

Théorème I. — *Désignons par les lettres italiques*

$$s, \quad t$$

deux variables dont la première soit fonction de la seconde, et par les lettres romaines

$$\mathrm{s}, \quad \mathrm{t}$$

des valeurs primitives correspondantes de ces deux variables. Posons d'ailleurs

$$t = \mathrm{t} + \theta,$$

en sorte que θ *représente l'accroissement qu'il faut faire subir à* t *pour obtenir* t. *Si* s *est une fonction monodrome et monogène de la variable indépendante* t, *dans le voisinage de la valeur primitive* t *attribuée à cette variable, alors, pour un module suffisamment petit de*

$$\theta = t - \mathrm{t},$$

on aura

$$s = e^{\theta \mathrm{D}_{\mathrm{t}}} \mathrm{s}; \tag{1}$$

et l'on pourra encore présenter l'équation (1) *sous la forme*

$$s = e^{\mathrm{d}} \mathrm{s}, \tag{2}$$

pourvu que, la lettre d *indiquant une différentiation relative à* t, *on pose*

$$\mathrm{dt} = \theta = t - \mathrm{t}.$$

Concevons maintenant que s dépende de plusieurs variables

$$t, \quad x, \quad y, \quad z, \quad \ldots,$$

mais se réduise en définitive à une fonction de la seule variable t, parce que $x, y, z, \ldots$ sont des fonctions de t. Admettons encore que ces fonctions satisfassent à des équations de la forme

$$dx = X\,dt, \qquad dy = Y\,dt, \qquad dz = Z\,dt, \qquad \ldots, \tag{3}$$

X, Y, Z étant de nouvelles fonctions des variables

$$t, \quad x, \quad y, \quad z, \quad \ldots,$$

et la lettre d indiquant une différentiation appliquée à l'une de ces variables. Soit, d'autre part, t une valeur primitivement attribuée à t; nommons

$$\mathrm{x}, \quad \mathrm{y}, \quad \mathrm{z}, \quad \ldots$$

ce que deviennent

$$x, \quad y, \quad z, \quad \ldots$$

quand on y remplace t par t, et désignons par

$$\mathrm{s}, \quad \mathrm{X}, \quad \mathrm{Y}, \quad \mathrm{Z}, \quad \ldots$$

ce que deviennent

$$s, \quad X, \quad Y, \quad Z, \quad \ldots$$

quand on y remplace $t, x, y, z, \ldots$ par t, x, y, z, ... Enfin, supposons que, pour une valeur de t suffisamment rapprochée de t, les fonctions de t représentées par $x, y, z, \ldots$, et les fonctions de $t, x,$

y, z, ... représentées par X, Y, Z, ..., demeurent monodromes et monogènes. La formule (2) continuera de subsister, pourvu que, la lettre d indiquant toujours une différentiation relative à t, on considère x, y, z, ... comme des fonctions de t, et que l'on pose encore après les différentiations effectuées

$$\mathrm{dt} = t - \mathrm{t}.$$

D'ailleurs, puisque x, y, z, ..., considérées comme fonctions de t, satisfont aux équations (3), x, y, z, ..., considérées comme fonctions de t, vérifieront les formules

$$(4) \qquad \mathrm{dx} = \mathrm{X\,dt}, \qquad \mathrm{dy} = \mathrm{Y\,dt}, \qquad \mathrm{dz} = \mathrm{Z\,dt}, \qquad \ldots;$$

et par suite l'équation

$$(5) \qquad \mathrm{ds} = \mathrm{D_t\,s\,dt} + \mathrm{D_x\,s\,dx} + \mathrm{D_y\,s\,dy} + \mathrm{D_z\,s\,dz} + \ldots$$

donnera

$$(6) \qquad \mathrm{ds} = \nabla \mathrm{s\,dt},$$

la fonction symbolique ∇s étant déterminée par la formule

$$(7) \qquad \nabla \mathrm{s} = (\mathrm{D_t} + \mathrm{X\,D_x} + \mathrm{Y\,D_y} + \mathrm{Z\,D_z} + \ldots)\mathrm{s}.$$

Il y a plus : en remplaçant s par ∇s dans la formule (6), on trouvera

$$\mathrm{d}\nabla\mathrm{s} = \nabla\nabla\mathrm{s\,dt},$$

et l'on aura, par suite,

$$\mathrm{d^2 s} = \mathrm{d}\nabla\mathrm{s\,dt} = \nabla\nabla\mathrm{s\,dt^2}.$$

On trouvera de même

$$\mathrm{d^3 s} = \nabla\nabla\nabla\mathrm{s\,dt^3}.$$

Donc, en écrivant, pour abréger,

$$\nabla^2\mathrm{s}, \quad \nabla^3\mathrm{s}, \quad \ldots,$$

au lieu de

$$\nabla\nabla\mathrm{s}, \quad \nabla\nabla\nabla\mathrm{s}, \quad \ldots,$$

on aura

$$\mathrm{d^2 s} = \nabla^2\mathrm{s\,dt^2}, \qquad \mathrm{d^3 s} = \nabla^3\mathrm{s\,dt^3}, \qquad \ldots,$$

et l'on trouvera généralement, en désignant par n un nombre entier quelconque,

(8) $$\mathrm{d}^n s = \nabla^n \mathrm{s}\, \mathrm{dt}^n.$$

Cela posé, la fonction symbolique

$$e^{\mathrm{d}}\mathrm{s} = \mathrm{s} + \frac{\mathrm{ds}}{1} + \frac{\mathrm{d}^2\mathrm{s}}{1.2} + \ldots$$

pourra être présentée sous la forme

$$e^{\mathrm{dt}\nabla}\mathrm{s} = \mathrm{s} + \frac{\mathrm{dt}}{1}\nabla\mathrm{s} + \frac{\mathrm{dt}^2}{1.2}\nabla^2\mathrm{s} + \ldots,$$

et sera réduite, quand on remplacera dt par $t - \mathrm{t}$, à l'expression symbolique

(9) $$e^{(t-\mathrm{t})\nabla}\mathrm{s} = \mathrm{s} + \frac{t-\mathrm{t}}{1}\nabla\mathrm{s} + \frac{(t-\mathrm{t})^2}{1.2}\nabla^2\mathrm{s} + \ldots.$$

Donc, dans l'hypothèse admise, l'équation (2) donnera

(10) $$s = e^{(t-\mathrm{t})\nabla}\mathrm{s}.$$

Si, dans cette dernière formule, s se réduit à l'une des variables x, y, z, ..., on obtiendra la valeur de cette variable sous l'une des formes

(11) $$x = e^{(t-\mathrm{t})\nabla}\mathrm{x}, \quad y = e^{(t-t)\nabla}\mathrm{y}, \quad z = e^{(t-\mathrm{t})\nabla}\mathrm{z}, \quad \ldots.$$

En conséquence, on pourra énoncer la proposition suivante :

Théorème II. — *Soient données, entre la variable indépendante t et m inconnues $x, y, z, \ldots, m$ équations différentielles de la forme*

(3) $$dx = X\,dt, \quad dy = Y\,dt, \quad dz = Z\,dt, \quad \ldots,$$

dans lesquelles X, Y, Z, ... représentent des fonctions des $m+1$ variables

$$t, \quad x, \quad y, \quad z, \quad \ldots,$$

et désignons par s une autre fonction de ces variables. Soient d'ailleurs

$$\mathrm{t}, \quad \mathrm{x}, \quad \mathrm{y}, \quad \mathrm{z}, \quad \ldots$$

des valeurs primitivement attribuées aux variables

$$t,\quad x,\quad y,\quad z,\quad \ldots,$$

et désignons par

$$\mathrm{s},\quad \mathrm{X},\quad \mathrm{Y},\quad \mathrm{Z},\quad \ldots$$

ce que deviennent les fonctions

$$s,\quad X,\quad Y,\quad Z,\quad \ldots$$

quand on y remplace $t, x, y, z, \ldots$ *par* $\mathrm{t}, \mathrm{x}, \mathrm{y}, \mathrm{z}, \ldots$. *Enfin supposons que les fonctions*

$$s,\quad X,\quad Y,\quad Z,\quad \ldots$$

restent monodromes et monogènes dans le voisinage des valeurs $\mathrm{t}, \mathrm{x}, \mathrm{y}, \mathrm{z}, \ldots$, *primitivement attribuées aux variables* $t, x, y, z, \ldots$. *Si l'on peut satisfaire aux équations* (3) *par des valeurs de* $x, y, z, \ldots$, *qui, se réduisant à* $x, y, z, \ldots$ *pour la valeur* t *de* t, *soient dans le voisinage de cette valeur fonctions monodromes et monogènes de* t, *ces valeurs seront*

$$(11)\qquad x = e^{(t-\mathrm{t})\nabla}\mathrm{x},\qquad y = e^{(t-\mathrm{t})\nabla}\mathrm{y},\qquad z = e^{(t-\mathrm{t})\nabla}\mathrm{z},\qquad \ldots,$$

pourvu que la lettre caractéristique ∇ *placée devant une fonction de* $\mathrm{t}, \mathrm{x}, \mathrm{y}, \mathrm{z}, \ldots$ *soit définie par la formule*

$$(12)\qquad \nabla = \mathrm{D}_t + \mathrm{X}\,\mathrm{D}_x + \mathrm{Y}\,\mathrm{D}_y + \mathrm{Z}\,\mathrm{D}_z + \ldots,$$

dans laquelle $\mathrm{X}, \mathrm{Y}, \mathrm{Z}, \ldots$ *sont ce que deviennent les fonctions* $X, Y, Z, \ldots$ *quand on y remplace* $t, x, y, z, \ldots$ *par* $\mathrm{t}, \mathrm{x}, \mathrm{y}, \mathrm{z}, \ldots$. *Alors aussi, en supposant qu'une fonction* s *des variables*

$$t,\quad x,\quad y,\quad z,\quad \ldots$$

reste monodrome et monogène dans le voisinage des valeurs

$$\mathrm{t},\quad \mathrm{x},\quad \mathrm{y},\quad \mathrm{z},\quad \ldots$$

attribuées à ces variables, et en nommant s *ce que devient* s *pour ces mêmes valeurs, on aura, pour une valeur de* t *voisine de* t,

$$(10)\qquad s = e^{(t-\mathrm{t})\nabla}\mathrm{s}.$$

Dans l'hypothèse admise, le second membre de chacune des formules (10) et (11) représente la somme d'une série convergente; l'expression

$$e^{(t-\mathrm{t})\nabla}\mathrm{s}$$

en particulier représente la somme de la série

$$(13)\qquad \mathrm{s},\quad \frac{t-\mathrm{t}}{1}\nabla\mathrm{s},\quad \frac{(t-\mathrm{t})^2}{1.2}\nabla^2\mathrm{s},\quad \ldots.$$

D'ailleurs, en vertu des principes établis dans le précédent Mémoire, si les fonctions de t, x, y, z, ..., représentées par

$$(14)\qquad s,\quad X,\quad Y,\quad Z,\quad \ldots$$

sont monodromes et monogènes dans le voisinage des valeurs t, x, y, z, ..., primitivement attribuées aux variables t, x, y, z, ..., la série (13) sera convergente, tant que le module de $t-\mathrm{t}$ ne dépassera pas une certaine limite supérieure, correspondante à l'une des trois limites que nous avons calculées (page 375); et l'on peut ajouter qu'alors les valeurs de x, y, z, ..., données par les formules (11), vérifieront certainement les équations (3). Pour le démontrer, nous commencerons par établir les propositions suivantes :

THÉORÈME III. — *Supposons que les fonctions*

$$X,\quad Y,\quad Z,\quad \ldots$$

soient monodromes et monogènes dans le voisinage des valeurs t, x, y, z, ..., *primitivement attribuées aux variables t, x, y, z, ..., et concevons que la lettre caractéristique d appliquée à une fonction de t,* t, x, y, z, ..., *indique une différentiation relative à la variable t. Alors, n étant un nombre entier quelconque, les valeurs des différentielles*

$$d^n x,\quad d^n y,\quad d^n z,\quad \ldots,$$

tirées des formules (11), *se réduiront, quand on posera $t=\mathrm{t}$, aux produits*

$$\nabla^n\mathrm{x}\,dt^n,\quad \nabla^n\mathrm{y}\,dt^n,\quad \nabla^n\mathrm{z}\,dt^n,\quad \ldots.$$

Démonstration. — En effet, comme on aura par exemple, en vertu de la première des formules (11),

$$(15) \qquad x = \mathrm{x} + \frac{t-\mathrm{t}}{1}\nabla\mathrm{x} + \frac{(t-\mathrm{t})^2}{1.2}\nabla^2\mathrm{x} + \ldots,$$

il est clair que le coefficient de dt^n, dans la valeur de $d^n x$, se réduira pour $t = \mathrm{t}$ au facteur multiplié dans le second membre de la formule (15) par le rapport $\frac{(t-\mathrm{t})^n}{1.2\ldots n}$, c'est-à-dire à

$$\nabla^n \mathrm{x}.$$

THÉORÈME IV. — *La fonction s étant supposée, ainsi que X, Y, Z, ..., monodrome et monogène dans le voisinage des valeurs* t, x, y, z, ..., *primitivement attribuées aux variables t, x, y, z, ..., et* s *étant ce que devient s quand on attribue à ces variables leurs valeurs primitives, si l'on substitue à x, y, z, ..., dans la fonction s, les seconds membres des formules* (11), *cette fonction différentiée par rapport à t fournira une différentielle ds qui se réduira au produit*

$$\nabla\mathrm{s}\, dt.$$

Démonstration. — En effet, on aura, dans l'hypothèse admise,

$$(16) \qquad ds = \mathrm{D}_t s\, dt + \mathrm{D}_x s\, dx + \mathrm{D}_y s\, dy + \mathrm{D}_z s\, dz + \ldots.$$

D'ailleurs, pour $t = \mathrm{t}$, les différentielles

$$dx, \quad dy, \quad dz, \quad \ldots,$$

se réduiront, en vertu du théorème II, aux produits

$$\nabla\mathrm{x}\, dt, \quad \nabla\mathrm{y}\, dt, \quad \nabla\mathrm{z}\, dt, \quad \ldots,$$

par conséquent, aux produits

$$\mathrm{X}\, dt, \quad \mathrm{Y}\, dt, \quad \mathrm{Z}\, dt, \quad \ldots,$$

tandis que les diverses dérivées de s relatives aux variables t, x, y, z, ..., savoir

$$\mathrm{D}_t s, \quad \mathrm{D}_x s, \quad \mathrm{D}_y s, \quad \mathrm{D}_z s, \quad \ldots,$$

se réduiront aux diverses dérivées de s relatives à t, x, y, z, ..., c'est-à-dire à

$$\mathrm{D_t s}, \quad \mathrm{D_x s}, \quad \mathrm{D_y s}, \quad \mathrm{D_z s}, \quad \ldots.$$

Donc, pour $t = \mathrm{t}$, la différentielle ds se réduira au produit

$$(\mathrm{D_t s + X D_x s + Y D_y s + Z D_z s} + \ldots)\, dt$$

qui peut être présenté sous la forme

$$\nabla \dot{\mathrm{s}}\, dt.$$

THÉORÈME V. — *Les mêmes choses étant posées que dans le théorème IV, si l'on désigne par*

$$u, \quad v, \quad w, \quad \ldots$$

divers facteurs dont chacun soit ou une différentielle de x, ou de y, ou de z, ..., relative à t, cette différentielle pouvant d'ailleurs être d'un ordre quelconque, ou bien encore une fonction donnée d'une ou de plusieurs des variables t, x, y, z, ...; alors, en considérant x, y, z, ... comme des fonctions de t déterminées par les formules (11), *et nommant*

$$\mathrm{u}, \quad \mathrm{v}, \quad \mathrm{w}, \quad \ldots$$

ce que deviennent

$$u, \quad v, \quad w, \quad \ldots,$$

quand on réduit t à t, *on aura, pour $t =$* t,

$$d(uvw\ldots) = \nabla(\mathrm{uvw}\ldots)\, dt.$$

Démonstration. — En effet, on aura identiquement, d'une part,

$$d(uvw\ldots) = uvw\ldots\left(\frac{du}{u} + \frac{dv}{v} + \frac{dw}{w} + \ldots\right); \tag{17}$$

d'autre part,

$$\nabla(\mathrm{uvw}\ldots) = \mathrm{uvw}\ldots\left(\frac{\nabla\mathrm{u}}{\mathrm{u}} + \frac{\nabla\mathrm{v}}{\mathrm{v}} + \frac{\nabla\mathrm{w}}{\mathrm{w}} + \ldots\right). \tag{18}$$

On aura, par exemple, si les facteurs se réduisent à deux, d'une part,

$$d(uv) = u\, dv + v\, du,$$

d'autre part,

$$\nabla(\mathrm{uv}) = \mathrm{u}\, \nabla\mathrm{v} + \mathrm{v}\, \nabla\mathrm{u}.$$

Cela posé, comme en vertu des théorèmes III et IV les différentielles

$$du, \quad dv, \quad dw, \quad \ldots$$

se réduiront, pour $t = \mathrm{t}$, aux produits

$$\nabla \mathrm{u}\, dt, \quad \nabla \mathrm{v}\, dt, \quad \nabla \mathrm{w}\, dt, \quad \ldots,$$

il est clair qu'en prenant $t = \mathrm{t}$ on réduira l'expression (17) au produit de l'expression (18) par la différentielle dt.

Corollaire. — Concevons maintenant que l'on représente par s, non plus le produit $uvw\ldots$, mais une somme de produits de cette espèce, et par s ce que devient s quand on pose $t = \mathrm{t}$. Le théorème V, étant applicable à chacun des produits dont l'addition fournira la somme s, pourra être appliqué à cette somme elle-même. En conséquence, la différentielle

$$ds$$

se réduira, pour $t = \mathrm{t}$, au produit

$$\nabla \mathrm{s}\, dt.$$

D'ailleurs la différentielle

$$ds,$$

déterminée par l'équation (16), et les différentielles

$$d^2 s, \quad d^3 s, \quad \ldots,$$

déterminées par des équations du même genre, sont précisément de la forme ici indiquée par la lettre s. Donc, puisque ds se réduit, pour $t = \mathrm{t}$, au produit $\nabla \mathrm{s}\, dt$, la différentielle du second ordre $d^2 s$ se réduira, pour $t = \mathrm{t}$, au produit

$$\nabla(\nabla \mathrm{s}\, dt)\, dt = {}^2\nabla \mathrm{s}\, dt^2;$$

par suite aussi, la différentielle du troisième ordre $d^3 s$ se réduira, pour $t = \mathrm{t}$, au produit

$$\nabla(\nabla^2 \mathrm{s}\, dt^2)\, dt = \nabla^3 \mathrm{s}\, dt^3, \qquad \ldots,$$

et l'on pourra énoncer généralement la proposition suivante :

Théorème VI. — *Les mêmes choses étant posées que dans le théorème IV, si l'on désigne par n un nombre entier quelconque, la différentielle* $d^n s$ *se réduira, pour* $t = \mathrm{t}$, *au produit*

$$\nabla^n \mathrm{s}\, dt^n.$$

Du théorème I joint au théorème VI, on déduit immédiatement celui que nous allons énoncer :

Théorème VII. — *Les mêmes choses étant posées que dans le théorème IV, lorsqu'on substituera dans s, à la place de x, y, z, ..., les seconds membres des formules* (11), *on trouvera, pour une valeur de t suffisamment rapprochée de* t,

$$(10) \qquad s = e^{(t-\mathrm{t})\nabla}\mathrm{s}.$$

Corollaire. — Si, dans la formule (10), on prend successivement pour s les diverses fonctions

$$X, \quad Y, \quad Z, \quad \ldots,$$

on obtiendra les formules

$$(19) \qquad X = e^{(t-\mathrm{t})\nabla}\mathrm{X}, \qquad Y = e^{(t-\mathrm{t})\nabla}\mathrm{Y}, \qquad Z = e^{(t-\mathrm{t})\nabla}\mathrm{Z}, \qquad \ldots.$$

D'ailleurs la première des formules (11), ou, ce qui revient au même, l'équation (15) donne

$$D_t x = \nabla\mathrm{x} + \frac{t-\mathrm{t}}{1}\nabla^2\mathrm{x} + \frac{(t-\mathrm{t})^2}{1.2}\nabla^3\mathrm{x} + \ldots$$

ou, ce qui revient au même,

$$D_t x = \mathrm{X} + \frac{t-\mathrm{t}}{1}\nabla\mathrm{X} + \frac{(t-\mathrm{t})^2}{1.2}\nabla^2\mathrm{X} + \ldots = e^{(t-\mathrm{t})\nabla}\mathrm{X}.$$

Donc, eu égard à la première des formules (19), on aura

$$D_t x = X,$$

et l'on se trouvera ainsi ramené à la première des équations (3). On pourra pareillement, de la seconde ou de la troisième, ... des formules (11), déduire la seconde ou la troisième, ... des équations (3), et l'on arrivera ainsi définitivement au théorème que nous allons énoncer :

Théorème VIII. — *Les mêmes choses étant posées que dans le théorème IV, les valeurs de $x, y, z, \ldots$ données par les formules* (11) *vérifieront les équations* (3).

En vertu du théorème VIII, si l'on applique l'intégration définie aux équations (3), en assujettissant les inconnues $x, y, z, \ldots$ à prendre pour $t = \mathrm{t}$ les valeurs particulières $\mathrm{x}, \mathrm{y}, \mathrm{z}, \ldots$, les intégrales que l'on obtiendra, et qui détermineront les valeurs générales des inconnues quand t sera peu différent de t, seront précisément les formules (11). Ajoutons que les valeurs de $x, y, z, \ldots$ données par ces formules continueront de représenter les intégrales dont il s'agit et de vérifier les équations (3) tant que le module de la différence $t - \mathrm{t}$ ne deviendra pas assez considérable pour que les séries dont les seconds membres des formules (8) représentent les sommes cessent d'être convergentes.

Si l'on considère la valeur de s fournie par la formule (10), ou, ce qui revient au même, par la suivante

$$s = \mathrm{s} + \frac{t - \mathrm{t}}{1} \nabla \mathrm{s} + \frac{(t - \mathrm{t})^2}{1.2} \nabla^2 \mathrm{s} + \ldots, \tag{20}$$

non plus comme une fonction de t, mais comme une fonction de $\mathrm{t}, \mathrm{x}, \mathrm{y}, \mathrm{z}, \ldots$, cette fonction vérifiera évidemment la condition

$$\nabla s = 0, \tag{21}$$

c'est-à-dire l'équation aux dérivées partielles

$$\mathrm{D_t} s + \mathrm{X}\,\mathrm{D} \; s + \mathrm{Y}\,\mathrm{D_y} s + \mathrm{Z}\,\mathrm{D_z} s + \ldots = 0. \tag{22}$$

D'ailleurs la différentielle totale de s considérée comme fonction de $\mathrm{t}, \mathrm{x}, \mathrm{y}, \ldots$ sera

$$ds = \mathrm{D_t} s \, d\mathrm{t} + \mathrm{D_x} s \, d\mathrm{x} + \mathrm{D_y} s \, d\mathrm{y} + \mathrm{D_z} s \, d\mathrm{z} + \ldots. \tag{23}$$

Donc, eu égard à l'équation (22), cette différentielle pourra être réduite à la forme

$$(24)\quad ds = D_x s(dx - X\,dt) + D_y s(dy - Y\,dt) + D_z s(dz - Z\,dt) + \ldots.$$

La formule (24) fournit du théorème VIII une seconde démonstration qui est moins directe que la première, mais pourtant digne d'attention, et que nous allons indiquer en peu de mots.

L'intégration définie des équations (3), qui sont du premier ordre par rapport aux variables

$$t,\quad x,\quad y,\quad z,\quad \ldots,$$

consiste à déduire d'un système de valeurs simultanément attribuées à ces variables un autre système de valeurs correspondantes de ces mêmes variables. Supposons le premier système exprimé à l'aide des lettres romaines

$$\mathrm{t},\quad \mathrm{x},\quad \mathrm{y},\quad \mathrm{z},\quad \ldots,$$

et le second à l'aide des lettres italiques

$$t,\quad x,\quad y,\quad z,\quad \ldots.$$

Si l'on donne, non plus le premier système, mais le second, alors $t, x, y, z, \ldots$ devront être supposées constantes, et $\mathrm{t}, \mathrm{x}, \mathrm{y}, \mathrm{z}, \ldots,$ devenues variables, devront vérifier non les équations (3), mais les équations (4). Donc, pour effectuer l'intégration définie, on devra ou intégrer les équations (3) entre $t, x, y, z, \ldots,$ supposées variables, de manière que, pour $t = \mathrm{t}$, on ait

$$x = \mathrm{x},\qquad y = \mathrm{y},\qquad z = \mathrm{z},\qquad \ldots,$$

ou intégrer les équations (4) entre $\mathrm{t}, \mathrm{x}, \mathrm{y}, \mathrm{z}, \ldots,$ supposées variables, de manière que, pour $\mathrm{t} = t$, on ait

$$\mathrm{x} = x,\qquad \mathrm{y} = y,\qquad \mathrm{z} = z,\qquad \ldots.$$

Dans la dernière hypothèse, $t, x, y, z, \ldots$ étant regardées comme constantes, on devra aussi considérer comme constante une fonction s de $t, x, y, z, \ldots.$ Donc l'équation (24), à laquelle satisfait la valeur de s déduite des formules (11) fournies par l'intégration définie des équations (3), devra se vérifier, en même temps que les équations (4), si l'on y suppose s constante, et par suite

$$ds = 0. \tag{25}$$

Or, effectivement, cette supposition réduit la formule (24) à la suivante :

$$D_x s(dx - X\,dt) + D_y s(dy - Y\,dt) + D_z s(dz - Z\,dt) + \ldots = 0, \tag{26}$$

qu'entraînent avec elles les équations (4). Il y a plus : on établira sans peine la proposition suivante :

Théorème IX. — *Si l'on veut intégrer les équations* (4), *qui sont du premier ordre entre les variables* t, x, y, z, ..., *de manière que, pour une valeur donnée t de la variable indépendante* t, *les inconnues* x, y, z, ... *acquièrent elles-mêmes des valeurs données x, y, z, ..., et vérifient en conséquence les conditions*

$$\mathrm{x} = x, \quad \mathrm{y} = y, \quad \mathrm{z} = z, \quad \ldots,$$

il suffira d'assujettir t, x, y, z, ..., *considérées comme variables, à vérifier les formules* (11).

Démonstration. — Effectivement, si dans les formules (11) on suppose t, x, y, z, ... variables et t, x, y, z, ... constantes, on aura

$$dx = 0, \quad dy = 0, \quad dz = 0, \quad \ldots. \tag{27}$$

Mais ici les valeurs de dx, dy, dz, ... étant celles que déterminent les formules (11), il suffira, pour les obtenir, de remplacer successivement dans l'équation (24) la lettre s par les lettres x, y, z, ... Donc les équations (27) donneront

$$\left\{\begin{array}{l} D_x x(dx - X\,dt) + D_y x(dy - Y\,dt) + D_z x(dz - Z\,dt) + \ldots = 0, \\ D_x y(dx - X\,dt) + D_y y(dy - Y\,dt) + D_z y(dz - Z\,dt) + \ldots = 0, \\ D_x z\,(dx - X\,dt) + D_y z\,(dy - Y\,dt) + D_z z\,(dz - Z\,dt) + \ldots = 0, \\ \ldots\ldots\ldots\ldots\ldots\ldots\ldots\ldots\ldots\ldots\ldots\ldots, \end{array}\right. \tag{28}$$

et l'on en conclura

$$K(dx - X\,dt) = 0, \quad K(dy - Y\,dt) = 0, \quad K(dz - Z\,dt) = 0, \quad \ldots \tag{29}$$

K étant la résultante analytique des termes compris dans le Tableau

$$\begin{matrix} D_x x, & D_y x, & D_z x, & \ldots, \\ D_x y, & D_y y, & D_z y, & \ldots, \\ D_x z, & D_y z, & D_z z, & \ldots, \\ \ldots, & \ldots, & \ldots, & \ldots. \end{matrix}$$

Or cette résultante, qui se réduit à l'unité quand on pose

$$\mathrm{t} = t,$$

conservera par suite, pour une valeur de t voisine de t, une valeur finie distincte de zéro. Donc les formules (29) se réduisent aux équations (4), que vérifieront les valeurs de x, y, z, ... tirées des formules (11).

Le théorème IX étant ainsi démontré, il suffira, pour revenir au théorème VIII, d'observer que, dans l'intégration définie d'équations différentielles du premier ordre, on peut à volonté prendre pour représenter ou les valeurs primitives, ou les valeurs finales des inconnues, l'un quelconque des deux systèmes de quantités qui se déduisent l'un de l'autre à l'aide de ces équations différentielles.

572.

MATHÉMATIQUES. — *Observations de M.* AUGUSTIN CAUCHY *sur une Note publiée dans le* Compte rendu *de la dernière séance par* M. CATALAN.

C. R., T. XLIII, p. 627 (29 septembre 1856).

Les conditions que l'auteur de la Note présente sous le titre *Nouvelles règles de convergence*, et qu'il dit lui-même avoir tirées d'un théorème énoncé par M. Bertrand dans le Tome VII du *Journal de M. Liouville*, peuvent être réduites à la proposition suivante :

THÉORÈME I. — *Soit u_n le terme général, supposé réel et positif, de la* *série*

(1) $$u_0,\quad u_1,\quad u_2,\quad u_3,\quad \ldots;$$

cette série sera convergente si u_n *est de l'une des formes*

(2) $$\frac{A_n}{n^{1+k}},\quad \frac{A_n}{n(1n)^{1+k}},\quad \frac{A_n}{n\,1n(11n)^{1+k}},\quad \ldots,$$

k étant positif, et A_n *s'approchant indéfiniment, pour des valeurs croissantes de* n, *d'une limite finie* A.

Ce théorème et le théorème cité de M. Bertrand peuvent être évidemment remplacés par la proposition suivante :

Théorème II. — *Si, N étant l'un des rapports*

(3) $$\frac{1u_n}{n},\quad \frac{1(nu_n)}{1n},\quad \frac{1(n\,1n.u_n)}{11n},\quad \ldots,$$

N s'approche indéfiniment, pour des valeurs croissantes de n, d'une certaine limite h, la série dont le terme général est u_n sera convergente quand h sera négatif, divergente quand h sera positif.

D'ailleurs, dans un Mémoire que renferme le *Journal de M. Crelle* (Tome XLII, année 1851), M. Paucker observe que le théorème II et une règle de M. de Morgan, avec laquelle ce théorème s'accorde, sont *une conséquence très simple d'un théorème général sur la convergence des séries que M. Cauchy a donné depuis longtemps dans son* Analyse algébrique.

Effectivement, la limite vers laquelle converge la première des expressions (3), pour des valeurs croissantes de n, n'est autre chose que le logarithme du module de la série (1). Or, en vertu du théorème énoncé à la page 132 de l'*Analyse algébrique* (1), publiée en 1821, et reproduit à la page 388 du IIIe Volume des *Exercices d'Analyse et de Physique mathématique* (2), *la série* (1) *sera convergente si son module*

(1) *OEuvres de Cauchy*, S. II, T. III, p. 121.
(2) *OEuvres de Cauchy*, S. II, T. XIII.

est inférieur à l'unité, ou, en d'autres termes, si le logarithme de ce module est négatif; divergente, si le même module est supérieur à l'unité, ou, en d'autres termes, si le logarithme de ce module est positif.

D'autre part, en vertu du théorème énoncé à la page 135 de l'*Analyse algébrique*, si, u_n étant positif et $u_{n+1} < u_n$, on prend

$$(4)\qquad v_n = 2^n u_{2^n-1}, \qquad w_n = 2^n v_{2^n-1}, \qquad \ldots,$$

les séries qui auront pour termes généraux les quantités

$$(5)\qquad u_n, \quad v_n, \quad w_n, \quad \ldots$$

seront en même temps convergentes ou divergentes; et, en vertu de la première des équations (4), le module de la série dont v_n est le terme général sera précisément le produit de la quantité positive l2 par la limite vers laquelle converge, pour des valeurs croissantes de n, la seconde des expressions (3). Donc la série dont u_n est le terme général sera convergente quand cette limite sera négative, divergente quand elle sera positive. En continuant ainsi, on reconnaîtra immédiatement dans tous les cas l'exactitude de l'assertion émise par M. Paucker.

Au reste, le théorème I est une conséquence immédiate des propositions générales établies dans le second Volume des *Exercices de Mathématiques* (page 221, année 1827), spécialement du théorème énoncé à la page 226 ([1]), et c'est effectivement de ce dernier théorème que M. Bertrand a déduit la proposition avec laquelle coïncide le théorème II, en faisant voir que, si l'on pose

$$k = 1 - h = \lim(1 - N)$$

(les valeurs de h, N étant celles qui ont été indiquées), la série dont u_n est le terme général sera convergente ou divergente suivant que la limite k sera supérieure ou inférieure à l'unité. Ainsi, par exemple,

([1]) *Œuvres de Cauchy*, S. II, T. VII, p. 272 et 273.

si N est la seconde des expressions (3), k sera la limite de

$$\frac{\mathrm{l}\left(\frac{1}{u_n}\right)}{\mathrm{l}\,n} = \frac{\mathrm{l}(u_n)}{\mathrm{l}\left(\frac{1}{n}\right)},$$

et l'on se trouvera immédiatement ramené au théorème énoncé à la page 137 de l'*Analyse algébrique* (1).

573.

MÉCANIQUE ANALYTIQUE. — *Remarques faites à propos des observations présentées par M.* JOSEPH BERTRAND (2) *sur un Mémoire de M.* OSTROGRADSKI.

C. R., T. XLIII, p. 1066 (8 décembre 1856).

Comme vient de me le rappeler un de nos confrères, M. de Senarmont, et comme le constatent les notes qu'il a prises en suivant à l'École Polytechnique les cours que j'y faisais en 1828, j'avais traité moi-même à cette époque la question relative à la perte de forces vives

(1) *Œuvres de Cauchy*, S. II, T. III, p. 125.

(2) *Observations de M. Bertrand.* — M. Ostrogradski a publié en 1854 un Mémoire sur les changements brusques de vitesse dans les systèmes en mouvement. J'ai eu connaissance aujourd'hui seulement de ce nouveau travail, et je crois devoir faire remarquer que le savant géomètre de Saint-Pétersbourg s'est rencontré sans le savoir avec M. Sturm pour l'une des propositions qui s'y trouvent démontrées. M. Ostrogradski examine en effet la diminution de forces vives qu'éprouve un système quelconque lorsqu'on y introduit brusquement des liaisons nouvelles, et il prouve que cette diminution est égale précisément à la somme des forces vives dues aux vitesses perdues par chaque point du système. Or ce théorème, analogue au principe bien connu de Carnot, mais plus général et surtout beaucoup plus net, a été présenté précisément sous la même forme par M. Sturm; on peut consulter à ce sujet un Mémoire sur quelques propositions de Mécanique rationnelle, dont l'extrait a été imprimé dans les *Comptes rendus* de 1841, second semestre, page 1046. M. Sturm énonce précisément, et sous la même forme, la proposition à laquelle a été récemment conduit M. Ostrogradski. La démonstration n'est pas insérée dans les *Comptes rendus* de 1841; mais sans aucun doute elle se trouve dans les papiers laissés par M. Sturm, et il serait désirable qu'elle fût publiée avec celle de plusieurs autres propositions remarquables annoncées au même endroit.

dans un système de points matériels dont les vitesses varient brusquement. C'est aussi à ce sujet que se rapporte un article qui a pour titre : *Sur un nouveau principe de Mécanique,* et qui a été inséré dans le *Bulletin* de Férussac de 1829 ([1]). A la vérité, les énoncés des théorèmes donnés par moi-même dans les années 1828, 1829, et par M. Sturm en 1841, diffèrent quant aux conditions qu'ils supposent remplies, et il en résulte qu'au premier abord ces théorèmes paraissent entièrement distincts. Mais il n'est pas sans intérêt de les rapprocher l'un de l'autre, et de voir comment le second peut être déduit du premier. C'est ce que j'expliquerai dans un prochain article.

574.

Mécanique. — *Note sur les variations brusques de vitesses dans un système de points matériels.*

C. R., T. XLIII, p. 1137 (22 décembre 1856).

Dans un Mémoire que j'ai lu à l'Académie le 21 juillet 1828, et que renferme le *Bulletin des Sciences mathématiques* publié par M. de Férussac (Tome XII, année 1829, page 119), j'ai donné les deux théorèmes suivants :

Théorème I. — *Lorsque dans un système de points matériels les vitesses varient brusquement en vertu d'actions moléculaires développées par les chocs de quelques parties du système, la somme des moments virtuels des quantités de mouvement acquises ou perdues pendant le choc est nulle toutes les fois que l'on considère un mouvement virtuel dans lequel les vitesses de deux molécules qui réagissent l'une sur l'autre sont égales entre elles.*

([1]) *Œuvres de Cauchy,* S. II, T. II.

THÉORÈME II. — *S'il arrive que, après le choc tout point matériel qui a exercé une action moléculaire sur un autre point se réunisse à ce dernier, le principe que nous venons d'énoncer fournira toutes les équations nécessaires pour déterminer, après le choc, le mouvement de toutes les molécules ou de tous les corps dont se compose le système proposé. Dans le même cas, l'une de ces équations, savoir celle qu'on obtient en faisant coïncider les vitesses virtuelles avec les vitesses effectives après le choc, exprimera que la perte de forces vives est la somme des forces vives dues aux vitesses perdues.*

Les vitesses virtuelles qui, dans l'énoncé du premier théorème, sont supposées égales entre elles, sont évidemment les vitesses dont il est question à la page 118, c'est-à-dire les vitesses virtuelles des molécules projetées sur les directions des forces. C'est aussi ce que montrent les applications faites du premier théorème (pages 120 et 121).

Les deux théorèmes que je viens de rappeler sont immédiatement déduits, dans le Mémoire cité, de l'équation générale qu'on obtient quand on égale entre elles les deux sommes de moments virtuels, relatives aux deux systèmes de forces motrices que l'on considère en Dynamique, savoir, au système des forces motrices appliquées aux divers points, et au système de celles qui seraient capables de produire les mouvements observés, si ces points étaient libres et indépendants les uns des autres. J'observe que, à proprement parler, les vitesses ne varient jamais brusquement; ce qu'on a quelquefois nommé un changement brusque de direction ou d'intensité dans les vitesses n'étant autre chose qu'un changement survenu dans l'intervalle de temps compris entre deux époques très rapprochées l'une de l'autre.

Une intégration relative au temps, effectuée entre ces deux époques, introduit dans le calcul à la place de la somme des moments virtuels des forces qui seraient capables de produire les mouvements observés, la somme des moments virtuels des quantités de mouvement acquises ou perdues dans l'instant dont il s'agit, et à la place des moments virtuels des forces appliquées, une intégrale du genre de celles que j'ai nommées intégrales *singulières,* cette intégrale étant pour l'ordinaire sensiblement distincte de zéro, quoique prise entre deux limites très voisines. C'est ainsi que j'ai obtenu, dans le Mémoire cité, l'équation (3) qui, *dans le cas où l'intégrale singulière est nulle,* se réduit à l'équation (4), c'est-à-dire à une équation qui exprime que *la somme des moments virtuels des quantités de mouvement acquises ou perdues s'évanouit.* D'ailleurs l'intégrale singulière peut être décomposée en plusieurs termes relatifs, les uns à des forces finies, telles que les attractions ou répulsions provenant de corps étrangers au système que l'on considère; les autres à des forces très considérables, telles que les forces moléculaires développées par des chocs : et les termes de la seconde espèce sont évidemment les seuls dont on doit tenir compte. Or ces termes disparaissent sous la condition énoncée dans le premier théorème : donc, sous cette condition, la somme des moments virtuels des quantités de mouvement acquises ou perdues pendant le choc s'évanouira, et l'on pourra poser l'équation (4) qui entraîne avec elle le théorème II.

Lorsque le système donné de points matériels se réduit à une machine dans laquelle les mouvements des pièces sont obligés et solidaires, on est ramené par les considérations précédentes aux résultats énoncés par M. Poncelet dans le *Bulletin des Sciences* de 1829, p. 332, et dans son *Cours de Mécanique appliquée aux machines.*

Ajoutons encore une remarque qui n'est pas sans intérêt. On sait que, à des liaisons établies entre des points matériels, on peut substituer les résistances qu'elles opposent aux mouvements de ces points. Donc si, au moment du choc, de nouvelles liaisons sont établies entre ces mêmes points, on pourra en faire abstraction et poser encore l'équation (3), pourvu que l'on introduise dans l'intégrale singulière qu'elle renferme les résistances dont il s'agit. Alors aussi la réduction de cette intégrale à zéro sera toujours la condition nécessaire pour que l'on retrouve l'équation (4). C'est donc sous cette condition seulement que pourra subsister le théorème énoncé par M. Sturm en 1841, savoir que *la perte des forces vives dans un système de points entre lesquels on établit de nouvelles liaisons est la somme des forces vives dues aux vitesses perdues* (¹).

Dire que deux molécules se réunissent après le choc, c'est dire qu'elles sont alors invariablement liées l'une à l'autre. Donc la dernière partie du second théorème présente un des cas dans lesquels se vérifie le théorème énoncé par M. Sturm.

575.

Observations sur la Note insérée par M. Cauchy *dans le* Compte rendu *de la dernière séance; par M.* Duhamel.

C. R., T. XLIII, p. 1165 (29 décembre 1856).

M. Cauchy a rappelé dans la dernière séance des théorèmes dont il a donné la démonstration dans le *Bulletin* de Férussac, de 1829; mais, dans la Note qu'il a insérée à ce sujet dans le *Compte rendu*, il s'est glissé quelques passages inexacts que je crois devoir rectifier.

L'énoncé du premier théorème suppose que deux molécules qui se sont choquées ont acquis des vitesses égales; et, par les développements qui précèdent et qui suivent, dans le Mémoire de l'auteur, il est clair qu'il entend expressément que ces vitesses ont la même valeur et la même direction. Cependant, dans le *Compte rendu*, il dit qu'il faut entendre que ce sont simplement leurs projections sur la normale commune aux deux surfaces en contact, qui sont égales.

Cette interprétation étendrait beaucoup le théorème de M. Cauchy, et m'enlèverait une partie de celui que j'ai démontré dans une Note présentée à l'Académie, le 29 octobre 1832, et imprimée en 1835 dans le *Journal de l'École Polytechnique*.

Pour justifier cette interprétation, M. Cauchy renvoie à la page 118 du *Bulletin*. Je n'ai rien trouvé dans cette page qui ait rapport à ce point; mais à la page 119 je trouve cette phrase :

(¹) *Voir* le Tome XIII des *Comptes rendus*, page 1046.

« Or, dans cette dernière somme, les seules forces qui auront des valeurs très considérables, seront les forces moléculaires développées par les chocs, et elles disparaîtront de la somme dont il s'agit, si le mouvement virtuel est tellement choisi, que deux molécules qui réagissent l'une sur l'autre offrent des vitesses *égales et parallèles*. Donc, pourvu que cette condition soit remplie.... Il en résulte qu'on peut énoncer généralement la proposition suivante. »

Cette proposition est le théorème I du *Compte rendu*.

A la page 120 je trouve cette autre phrase :

« Ajoutons que les termes relatifs à ces forces moléculaires disparaîtront si le mouvement virtuel est tellement choisi, que deux molécules, qui réagissent l'une sur l'autre, aient des vitesses virtuelles *égales et parallèles*. »

Il est donc évident que M. Cauchy n'entendait alors son théorème comme applicable qu'au cas où les points où s'est exercé le choc ont acquis des vitesses égales et parallèles. C'est pour cela que j'avais jugé à propos de reprendre la même question, en considérant le cas le plus général du choc des corps mous, celui où la compression cesse au moment précis où les composantes normales des points en contact sont devenues égales et de même sens. Les composantes tangentielles, après le choc, peuvent d'ailleurs être très différentes, et les corps se séparer.

Ainsi, comme l'a dit avec raison M. Bertrand, j'ai démontré le théorème de Carnot dans un cas plus général que M. Cauchy; et l'inexactitude de la Note de notre honorable confrère ne peut tenir qu'à une inadvertance qu'il s'empressera sans doute de reconnaître. Quant au théorème énoncé par M. Sturm, et qui a amené cette discussion, je me propose de faire à ce sujet une Communication spéciale à l'Académie.

Réponse de M. Cauchy.

Notre honorable confrère me trouvera toujours disposé à lui rendre justice, et comprendra sans peine comment nous avons pu n'être pas entièrement d'accord sur l'étendue de deux théorèmes énoncés dans le Mémoire que j'ai lu à l'Académie le 21 juillet 1828. Ayant relu ce Mémoire, sans connaître le sien, j'y ai trouvé quelques expressions qui, n'étant pas assez précises, avaient besoin d'être interprétées ou même corrigées; j'ai reconnu que, à la page 118, le mot *projeté* devait être complété par un *e* muet, et appliqué, non à un point, mais à une vitesse; et pour que les applications faites de la formule (4) à la page 121 subsistassent sous la seule condition énoncée en cet endroit, savoir que les distances entre les molécules fussent invariables, il était nécessaire qu'à la page 120, comme dans le principe général de Dynamique rappelé à la page 118, à la place de ces mots, *les vitesses,* on lût *les vitesses projetées.* Quoi qu'il en soit de ces remarques, je ne fais nulle difficulté de reconnaître que notre confrère a pu légitimement attribuer le sens qu'il indique aux deux passages qu'il a cités. Mais il reconnaîtra certainement à son tour que le théorème énoncé par lui avec précision se déduit, comme les deux miens, de la formule (3) de la page 120 de mon Mémoire, et que, pour obtenir la formule (4), à l'aide de laquelle on peut les exprimer tous trois, par conséquent aussi, pour obtenir l'équation (13), qui n'est qu'une transformation de l'équation (4), il suffit de se placer dans des conditions telles, que l'intégrale singulière comprise dans la formule (4) s'évanouisse. Or c'est ce qui aura lieu, dans le choc des corps, pour un mouvement virtuel donné, *si ce mouvement est tel, que la somme des moments virtuels des forces moléculaires développées par le choc se réduise à zéro* (1).

(1) Pour la suite de cette polémique, *voir,* dans le Tome XLIV des *Comptes rendus,* les articles suivants :

Observations faites par M. Duhamel *au sujet d'un théorème de Mécanique* (p. 3);
Réponse de M. Augustin Cauchy *aux dernières observations de M.* Duhamel (p. 80);
Réplique de M. Duhamel (p. 81);
Observations générales sur la question relative au choc, par M. Poncelet (p. 82);
Observations de M. Morin (p. 89);
Sur quelques propositions de Mécanique rationnelle, par M. Augustin Cauchy (p. 101).

576.

Théorie des nombres. — *Recherches nouvelles sur la théorie des nombres.*

C. R., T. XLIV, p. 77 (19 janvier 1857).

Trois Mémoires que j'ai présentés à l'Académie, le 2 février 1824, puis le 31 mai (1) et le 5 juillet 1830, renferment sur la théorie des nombres, spécialement sur les communs diviseurs des polynômes à coefficients entiers, sur les rapports qui existent entre les équations et les équivalences ou congruences, sur l'usage que l'on peut faire des nombres figurés et des nombres de Bernoulli, soit pour résoudre des équations du second degré en nombres entiers, soit pour déterminer le nombre des résidus quadratiques, enfin sur la détermination des racines primitives des nombres premiers, divers théorèmes qui ont paru dignes d'attention. De ces trois Mémoires, paraphés, le premier par M. Fourier, le second par M. Cuvier, le troisième par M. Arago, un seul, le second, a été publié dans le Tome XVII des *Mémoires de l'Académie.* Parmi les propositions que renferme le premier Mémoire, l'une détermine un nombre entier que doit toujours diviser le plus grand commun diviseur de deux polynômes à coefficients entiers; et, dans le cas où, le coefficient de la plus haute puissance de la variable dans le premier polynôme étant l'unité, le second polynôme est la dérivée du premier, cette proposition assigne au nombre entier que doit diviser tout diviseur entier des deux polynômes une valeur égale, au signe près, au produit des carrés des différences entre les racines de l'équation que l'on forme en égalant le premier polynôme à zéro. De cette proposition, que j'ai reproduite dans le premier Volume des *Exercices de Mathématiques* (2), se tirent, comme on peut le voir dans le premier Volume et dans le quatrième, un grand nombre de conséquences qui intéressent la théorie des

(1) *Œuvres de Cauchy*, S. I, T. III.
(2) *Œuvres de Cauchy*, S. II, T. VI.

nombres. J'ajoute que, de cette même proposition combinée avec le théorème de Fermat, suivant lequel tout nombre premier p divise la différence $x^p - x$, on peut immédiatement déduire le théorème général dont voici l'énoncé :

THÉORÈME. — *Soient*

p, q deux nombres premiers;

θ une racine primitive de l'équation

$$\theta^p = 1, \tag{1}$$

ou, ce qui revient au même, une racine de

$$1 + \theta + \theta^2 + \ldots + \theta^{p-1} = 0, \tag{2}$$

et Θ une fonction entière de θ, à coefficients entiers, toujours évidemment réductible, en vertu de la formule (2), au degré $p - 2$. Soit encore n le nombre des valeurs distinctes que la fonction Θ peut acquérir, quand on remplace la racine primitive θ par une autre; nommons

$$\Theta_1, \quad \Theta_2, \quad \ldots, \quad \Theta_n$$

ces valeurs de Θ, et posons

$$f(x) = (x - \Theta_1)(x - \Theta_2)\ldots(x - \Theta_n); \tag{3}$$

enfin soit H le produit des carrés des différences entre les quantités Θ_1, Θ_2, ..., Θ_n, déterminé par la formule

$$H = (-1)^{\frac{n(n-1)}{2}} f'(\Theta_1) f'(\Theta_2)\ldots f'(\Theta_n). \tag{4}$$

Si q est supérieur à n, premier à H, et diviseur [1] *du binôme*

$$\Theta^q - \Theta, \tag{5}$$

l'équivalence du degré n

$$f(x) \equiv 0 \quad (\text{mod.}\, q) \tag{6}$$

aura n racines inégales et distinctes.

[1] Le binôme $\Theta^q - \Theta$ est une fonction entière de θ à coefficients entiers, et q est nommé *diviseur* de cette fonction, lorsqu'il divise tous les coefficients dans cette fonction réduite au degré $p - 2$.

Démonstration. — Si l'on pose

$$\varphi(x, \Theta) = (x - \Theta)(x - 1 - \Theta)\ldots(x - q + 1 - \Theta),$$

on aura, dans l'hypothèse admise, pour toute valeur entière de x,

$$\varphi(x, \Theta) = qQ,$$

Q désignant une fonction entière de θ à coefficients entiers. Cela posé, l'équation identique

$$f(x) f(x-1)\ldots f(x-q+1) = \varphi(x, \Theta_1)\varphi(x, \Theta_2)\ldots\varphi(x, \Theta_n)$$

donnera

$$(7) \qquad f(x) f(x-1)\ldots f(x-q+1) \equiv 0 \quad (\text{mod. } q^n).$$

Si, dans la formule (7), on remplace x par $x + kq$, k étant un nombre premier à q, et si l'on pose, pour abréger,

$$f(x + kq) = F(x),$$

on aura encore

$$(8) \qquad F(x) F(x-1)\ldots F(x-q+1) \equiv 0 \quad (\text{mod. } q^n).$$

Cela posé, l'équivalence

$$(9) \qquad f(x) \equiv 0 \quad (\text{mod. } q)$$

admettra évidemment une ou plusieurs racines, et le nombre des racines distinctes de cette équivalence sera le nombre des facteurs qui, dans chacun des produits

$$(10) \qquad f(x)\ f(x+1)\ldots f(x-q+1),$$

$$(11) \qquad F(x) F(x+1)\ldots F(x-q+1),$$

seront divisibles par q. D'ailleurs q, n'étant pas diviseur de H, ne pourra être diviseur commun de $f(x)$ et de $f'(x)$. Donc, si $f(x)$ est divisible par q^2, le polynôme

$$F(x) = f(x) + kq\, f'(x) + \ldots$$

sera, comme le produit

$$kq\,f'(x),$$

divisible par q seulement. De plus, si $f(x)$ est premier à q, on pourra en dire autant de $F(x)$. Enfin, si $f(x)$ est divisible une seule fois par q, une seule valeur de k, prise dans la suite

$$1,\ 2,\ 3,\ \ldots,\ q-1$$

rendra la somme

$$\frac{f(x)}{q} + k\,f'(x)$$

divisible par q, et $F(x)$ divisible par q^2; et, pour toute autre valeur de k prise dans la même suite, $F(x)$ sera divisible par q seulement.

Des remarques semblables s'appliquant à chacun des facteurs du produit (11), si l'on prend successivement pour k les divers termes de la suite

$$1,\ 2,\ 3,\ \ldots,\ q-1,$$

le nombre des valeurs de k pour lesquelles un des facteurs du produit (11) sera divisible par q^2 ne pourra surpasser le nombre des racines distinctes de l'équivalence (9). Soit l ce dernier nombre, qui ne pourra surpasser n. On aura nécessairement $l=n$. Car, si l était inférieur à n, alors la condition $q>n$ entraînerait la suivante $q-1>l$; et, parmi les valeurs

$$1,\ 2,\ 3,\ \ldots,\ q-1$$

successivement attribuées au nombre k, il y en aurait au moins une qui, en rendant divisible une seule fois par q chacun des facteurs du produit (11) correspondants aux diverses racines de la formule (6), rendrait ce même produit divisible l fois seulement par q, tandis que, en vertu de la formule (8), il devrait être divisible par q^n et non pas seulement par q^l.

Corollaire. — Du théorème de Fermat, rappelé à la page 402, il résulte que le nombre premier q est effectivement un diviseur du binôme

$$\Theta^q - \Theta$$

lorsque, n étant diviseur de $p-1$, q est racine de l'équivalence

$$(12) \qquad q^m \equiv 1 \pmod{p},$$

dans laquelle on suppose $m = \frac{p-1}{n}$, et lorsque d'ailleurs Θ est une fonction linéaire des périodes à m termes formées avec les racines primitives de l'équation (1).

577.

MÉCANIQUE. — *Mémoire sur le choc des corps élastiques, présenté à l'Académie le* 19 *février* 1827.

C. R., T. XLIV, p. 80 (19 janvier 1857).

Ce Mémoire sera publié dans le prochain *Compte rendu* (¹).

578.

ANALYSE MATHÉMATIQUE. — *Sur les compteurs logarithmiques appliqués au dénombrement et à la séparation des racines des équations transcendantes.*

C. R., T. XLIV, p. 257 (16 février 1857).

Dans la théorie des équations algébriques à une seule inconnue, c'est-à-dire des équations qu'on obtient en égalant à zéro des fonctions entières de cette inconnue, l'une des questions qui, les premières, ont justement préoccupé les géomètres, a été d'énumérer les racines et de les séparer les unes des autres. Quand on considère seulement les racines réelles, le problème consiste à déterminer le nombre des racines comprises entre deux limites données, et pour qu'on soit en état de la résoudre, il suffit que l'on sache déterminer le nombre

(¹) Cette publication n'a pas été faite.

des racines inférieures et le nombre des racines supérieures à chaque limite, par conséquent à une quantité réelle donnée. On peut même, en prenant pour inconnue la différence entre une racine et cette quantité réelle, réduire le problème à la détermination du nombre des racines positives et du nombre des racines négatives d'une équation algébrique. Ramenée à ces termes, la question peut se résoudre par la seule inspection des signes dont se trouvent affectées, quand on les réduit en nombres, certaines fonctions des coefficients. Elle n'était pas résolue par la règle de Descartes, qui, se bornant à considérer les coefficients eux-mêmes, fournit seulement une limite supérieure au nombre des racines réelles de chaque espèce, et, quant aux autres méthodes proposées pour cet objet dans les siècles précédents, Lagrange a observé qu'elles étaient ou insuffisantes, ou impraticables (1). Mais cette lacune, signalée par Lagrange en 1808, a été comblée, et l'on connaît aujourd'hui diverses solutions du problème. La première de ces solutions est celle que j'ai donnée dans un Mémoire présenté à l'Institut, dans la séance du 17 mai 1812. Plus tard, la question a été reprise par M. Sturm, qui l'a rattachée à la recherche du plus grand commun diviseur entre les premiers membres d'une équation algébrique et de l'équation dérivée. Plus tard encore elle a été de nouveau traitée, soit par moi-même, soit par d'autres auteurs, spécialement par MM. Sylvester, Hermite et Faa de Bruno, et l'on est arrivé à cette conclusion remarquable, que le nombre des racines réelles peut être fourni par l'application de la règle de Descartes aux seules quantités qui, *dans l'équation des différences*, servent de coefficients aux puissances de l'inconnue dont les degrés sont les *nombres triangulaires*.

Mais les équations auxquelles on est conduit dans les applications de l'Analyse à la Mécanique, à la Physique, à l'Astronomie, ne sont pas toujours algébriques; elles peuvent être, elles sont souvent trans-

(1) *Voir* le *Traité de la résolution des équations numériques*, par Lagrange, édition de 1808, page 43. — *OEuvres de Lagrange,* T. VIII, p. 66.

cendantes, et souvent aussi les racines imaginaires de ces équations algébriques ou transcendantes jouent un grand rôle dans la solution des problèmes. Il était donc important d'établir des principes généraux pour le dénombrement et la séparation des racines réelles ou imaginaires dans les équations algébriques ou transcendantes. C'est ce que j'ai fait dans le Mémoire lithographié du 27 novembre 1831 [1] et dans quelques autres, spécialement dans un Mémoire que renferme le Tome XL des *Comptes rendus*. Dans ce dernier Mémoire, le dénombrement des racines qui représentent les affixes de points renfermés dans un contour donné a été réduit à la détermination de la quantité que je nomme le *compteur logarithmique*. D'ailleurs cette détermination peut être aisément effectuée à l'aide des formules que fournit le *calcul des indices des fonctions*, quand, l'équation proposée étant algébrique, le contour donné est un polygone rectiligne, ou même un polygone curviligne dont les côtés sont des arcs de cercle. J'ajoute que les mêmes formules peuvent être employées avec succès pour le dénombrement et la séparation des racines réelles ou imaginaires d'équations transcendantes. C'est ce que l'on verra dans le présent Mémoire, où ces formules sont appliquées à deux équations fondamentales que présente la théorie du mouvement elliptique des planètes, savoir à l'équation qui détermine l'anomalie excentrique et à celle qu'on obtient lorsque, entre cette équation et sa dérivée, on élimine l'excentricité.

Analyse.

§ I. — *Formules générales.*

Soient

x, y les deux coordonnées rectangulaires d'un point qui se meut dans un plan;

$z = x + yi$ l'affixe de ce point;

S une aire comprise dans le plan donné, et limitée par un certain contour;

[1] *Œuvres de Cauchy*, S. II, T. XV.

$Z = \mathrm{f}(z)$ une fonction de z qui ne s'évanouisse en aucun point de ce contour, et qui demeure finie et continue, tandis que le point dont z est l'affixe se meut sans sortir de l'aire S;

X, Y les coordonnées rectangulaires du point dont l'affixe est Z, en sorte qu'on ait

$$Z = X + Y\mathrm{i}.$$

Concevons d'ailleurs que l'on cherche les racines de l'équation

$$Z = 0 \tag{1}$$

propres à représenter les affixes de points renfermés dans l'aire S; supposons que toutes ces racines soient du nombre de celles qu'on nomme racines *simples*, ou *doubles*, ou *triples*, etc., c'est-à-dire que, la lettre c désignant l'une quelconque de ces racines, le rapport de Z à la première, ou à la deuxième, ou à la troisième, ... puissance de la différence $z - c$ conserve, pour $z = c$, une valeur finie distincte de zéro. Si l'on nomme m le nombre total des racines dont il s'agit, égales ou inégales, c'est-à-dire la somme de plusieurs nombres entiers correspondants à ces racines et respectivement égaux à l'unité pour une racine simple, à deux pour une racine double, à trois pour une racine triple, ..., on aura

$$m = \frac{\Delta \,\overline{\mathrm{l}}\, Z}{\mathrm{I}}; \tag{2}$$

la valeur de I étant

$$\mathrm{I} = 2\pi\mathrm{i},$$

et la variation logarithmique qu'indique la lettre Δ s'étendant au contour entier de l'aire S.

Ajoutons que, si ce contour est décomposé en éléments divers, la variation logarithmique $\Delta \,\overline{\mathrm{l}}\, Z$ et le nombre m, exprimé par le *compteur logarithmique*

$$\frac{\Delta \,\overline{\mathrm{l}}\, Z}{\mathrm{I}},$$

se décomposeront à leur tour en éléments correspondants.

D'autre part, si par la notation $[u]$ on désigne la clef d'une quantité réelle u, c'est-à-dire une autre quantité qui se réduise à l'unité quand u est positif, à -1 quand u est négatif, alors, en étendant les opérations qu'indiquent les deux lettres Δ et $\mathfrak{J}$ soit au contour entier de l'aire S, soit à une partie seulement de ce contour, on aura

$$(3)\qquad \Delta\,\bar{l}Z = \Delta\frac{lZ + l(-Z)}{2} + \frac{1}{2}\mathfrak{J}\left(\frac{X}{Y}\right)$$

et

$$(4)\qquad \frac{lZ + l(-Z)}{2} = \frac{1}{2}l(X^2 + Y^2) + i\,\mathrm{arc\,tang}\frac{Y}{X} - \frac{1}{4}\left[\frac{Y}{X}\right].$$

Lorsque la variation logarithmique $\Delta\,\bar{l}Z$ s'étend au contour entier de l'aire S, la formule (3) se réduit à

$$(5)\qquad \Delta\,\bar{l}Z = \frac{1}{2}\mathfrak{J}\left(\frac{X}{Y}\right),$$

et par suite le nombre m peut être déterminé à l'aide de l'équation

$$(6)\qquad m = \frac{1}{2}\mathfrak{J}\left(\frac{X}{Y}\right),$$

l'indice intégral s'étendant au contour entier de l'aire S.

Si le contour de l'aire S est un rectangle, ou même un polygone rectiligne quelconque, l'indice intégral se décomposera en plusieurs autres, qui correspondront aux divers côtés de ce polygone, et les quantités Z, X, Y pourront être exprimées en fonction de longueurs mesurées sur ces mêmes côtés.

Concevons à présent que, dans le cas où x et $\mathrm{F}(x)$ sont réels, on désigne par

$$\overset{x=x''}{\underset{x=x'}{\Delta}}\mathrm{F}(x)$$

la différence entre les valeurs de $\mathrm{F}(x)$ correspondantes aux valeurs x'' et x' de x, en sorte qu'on ait

$$\overset{x=x''}{\underset{x=x'}{\Delta}}\mathrm{F}(x) = \mathrm{F}(x'') - \mathrm{F}(x').$$

Alors, en réduisant l'aire S à celle d'un rectangle compris entre les quatre droites représentées par les équations

$$x = x', \qquad x = x'',$$
$$y = y', \qquad y = y'',$$

on tirera de la formule (6)

$$(7) \qquad m = \frac{1}{2} \mathcal{J}_{y=y'}^{y=y''} \left(\Delta_{x=x'}^{x=x''} \frac{X}{Y} \right) - \frac{1}{2} \mathcal{J}_{x=x'}^{x=x''} \left(\Delta_{y=y'}^{y=y''} \frac{X}{Y} \right).$$

Pour que, dans le cas où

$$Z = f(z)$$

est une fonction réelle de z, la formule (7) fournisse le nombre m des racines réelles de l'équation (1), ou, ce qui revient au même, de la suivante

$$(8) \qquad f(x) = 0,$$

renfermées entre les limites x', x'', il suffit de poser

$$y' = -\varepsilon, \qquad y'' = \varepsilon,$$

ε étant un nombre infiniment petit. Si d'ailleurs les racines dont il s'agit sont toutes inégales, le rapport

$$\frac{X}{Y}$$

pourra être remplacé par le rapport

$$\frac{f(x)}{y\, f'(x)}$$

dont il différera très peu pour des valeurs de y voisines de zéro, et la formule (7) donnera

$$(9) \qquad m = \frac{1}{2} \Delta_{x=x'}^{x=x''} \left[\frac{f(x)}{f'(x)} \right] - \mathcal{J}_{x=x'}^{x=x''} \left(\frac{f(x)}{f'(x)} \right).$$

Concevons, pour fixer les idées, qu'on veuille déterminer le nombre total des racines réelles de l'équation (8). On devra poser

$$x' = -\infty, \qquad x'' = \infty,$$

dans la formule (9), qui donnera simplement

$$(10) \qquad m = 1 - \mathop{\mathfrak{J}}_{x=-\infty}^{x=\infty} \left(\frac{\mathrm{f}(x)}{\mathrm{f}'(x)}\right),$$

si $\mathrm{f}(x)$ est une fonction entière de x.

Si le contour de l'aire S était composé, non plus de droites, mais d'arcs de cercle, alors, dans la détermination des divers éléments du nombre m, on pourrait considérer Z, X, Y comme fonctions de longueurs mesurées sur ces arcs de cercle, ou d'angles proportionnels à ces longueurs, ou de lignes trigonométriques dans lesquelles entreraient ces mêmes angles.

Si, pour fixer les idées, on réduisait l'aire S à celle d'un cercle qui aurait pour rayon r, et pour centre le point dont l'affixe est c, alors, en posant

$$z = c + r_p \qquad \text{et} \qquad \theta = \operatorname{tang} \frac{p}{2},$$

on pourrait considérer X, Y, Z comme fonctions de p ou de θ. Dans cette même hypothèse, si Z est une fonction entière de degré n, pour déterminer le nombre m des racines de l'équation (1) qui représentent les affixes de points situés dans l'intérieur du cercle, il suffira de poser

$$(1 - \theta i)^n Z = V + Wi,$$

V, W étant réels, puis de recourir, si n est impair, à la formule

$$(11) \qquad m = \frac{n}{2} + \frac{1}{2} \mathop{\mathfrak{J}}_{\theta=-\infty}^{\theta=\infty} \left(\frac{V}{W}\right),$$

et si n est pair, à la formule

$$(12) \qquad m = \frac{n}{2} - \frac{1}{4} \mathop{\Delta}_{\theta=-\infty}^{\theta=\infty} \left[\frac{W}{V}\right] + \frac{1}{2} \mathop{\mathfrak{J}}_{\theta=-\infty}^{\theta=\infty} \left(\frac{V}{W}\right).$$

§ II. — *Application des formules établies dans le* § I.

Si, dans le mouvement elliptique d'une planète, on désigne par les lettres ψ, ε l'anomalie excentrique et l'excentricité de l'orbite, on aura

$$\psi - \varepsilon \sin\psi = T,$$

T désignant une fonction linéaire du temps. L'anomalie excentrique sera donc une racine réelle d'une équation de la forme

$$z - \varepsilon \sin z - T = 0, \tag{1}$$

ε, T étant des quantités réelles dont la première est inférieure à l'unité.

D'autre part, pour que l'équation (1) acquière des racines égales, il est nécessaire que l'inconnue z vérifie simultanément cette équation et sa dérivée

$$1 - \varepsilon \cos z = 0, \tag{2}$$

par conséquent aussi la formule

$$z - \operatorname{tang} z - T = 0, \tag{3}$$

que fournit l'élimination de ε entre les équations (1) et (2).

ε étant positif et inférieur à l'unité, toutes les racines de l'équation (2) sont nécessairement imaginaires. Mais il n'en est plus de même des équations transcendantes (1) et (3). Celles-ci admettent deux sortes de racines, les unes réelles, les autres imaginaires. D'ailleurs, pour séparer ces racines les unes des autres, pour assigner même des limites entre lesquelles chaque racine est comprise, il suffira, comme on va le voir, de recourir aux formules établies dans le § I.

Parlons d'abord de l'équation (1). Si l'on y suppose l'affixe z réduite à une quantité réelle x, elle deviendra

$$x - \varepsilon \sin x - T = 0; \tag{4}$$

et, pour déterminer le nombre m des racines réelles de l'équation (4) comprises entre deux limites données

$$x', \quad x'',$$

il suffira de recourir à la formule (9) du § I, et de poser, dans cette formule,

$$f(x) = x - \varepsilon \sin x - T,$$

par conséquent

$$f'(x) = 1 - \varepsilon \cos x.$$

Or, en vertu de ces dernières équations, la seconde des fonctions

$$f(x), \quad f'(x)$$

sera toujours positive, et la première se réduira simplement à $x - T$, pour toute valeur de x propre à vérifier la condition

$$(5) \qquad \sin x = 0,$$

c'est-à-dire toutes les fois que l'on prendra pour x un des termes de la progression

$$(6) \qquad \ldots - 3\pi, \quad -2\pi, \quad -\pi, \quad 0, \quad \pi, \quad 2\pi, \quad 3\pi, \quad \ldots,$$

indéfiniment prolongée dans les deux sens. Cela posé, concevons que l'on réduise les limites x', x'' à deux termes consécutifs de cette progression, et que l'on pose en conséquence

$$x' = k\pi, \qquad x'' = (k+1)\pi,$$

k étant une quantité entière. La formule (9) du § I donnera

$$(7) \qquad m = \frac{1}{2} \mathop{\Delta}_{x=x'}^{x=x''} [x - T] = [x'' - T] - [x' - T];$$

par conséquent le nombre m des racines de l'équation (4) comprises entre les limites dont il s'agit sera égal à 1, si T est compris entre ces mêmes limites, à zéro dans le cas contraire. Donc *l'équation* (4) *offrira une seule racine réelle; et, si l'on nomme* $k\pi$ *le plus grand des multiples de* π *inférieurs à* T, *cette racine unique sera comprise entre les limites*

$$k\pi,\quad (k+1)\pi.$$

Parlons maintenant des racines imaginaires de l'équation (1). Ces racines seront de la forme

$$z = x + y\mathrm{i},$$

x, y étant des quantités réelles dont la seconde ne sera pas nulle, et ces racines seront conjuguées deux à deux : car, si l'on pose

$$z - \varepsilon \sin z - T = X + Y\mathrm{i},$$

X, Y étant réels, on trouvera

$$(8)\qquad X = x - T - \varepsilon \frac{e^y + e^{-y}}{2} \sin x, \qquad Y = y - \varepsilon \frac{e^y - e^{-y}}{2} \cos x;$$

et par suite, si les équations

$$X = 0, \qquad Y = 0$$

se vérifient pour un système donné de valeurs de x et de y, elles se vérifieront encore quand y changera de signe, x demeurant invariable. Donc la recherche des racines imaginaires de l'équation (1) peut être réduite à la recherche de celles dans lesquelles y est positif. Cela posé, nommons m le nombre de celles dans lesquelles, y étant positif et compris entre deux limites données

$$y',\quad y'',$$

x est lui-même renfermé entre deux autres limites

$$x',\quad x''.$$

Pour obtenir le nombre m, il suffira de recourir à la formule (7) du § I, et d'y substituer les valeurs de X, Y fournies par les équations (8). D'ailleurs la seconde de ces équations donnera simplement

$$Y = y,$$

pour toute valeur de x propre à vérifier la condition

$$\cos x = 0, \tag{9}$$

c'est-à-dire toutes les fois que l'on prendra pour x un des termes de la progression

$$\ldots -\frac{5\pi}{2}, \quad -\frac{3\pi}{2}, \quad -\frac{\pi}{2}, \quad \frac{\pi}{2}, \quad \frac{3\pi}{2}, \quad \frac{5\pi}{2}, \quad \ldots, \tag{10}$$

indéfiniment prolongée dans les deux sens; et, dans cette hypothèse, on aura, en supposant y' et y'' positifs,

$$\mathfrak{J}_{y=y'}^{y=y''}\left(\frac{X}{Y}\right) = \mathfrak{J}_{y=y'}^{y=y''}\left(\frac{X}{y}\right) = 0.$$

Donc, si l'on prend pour x', x'' deux termes consécutifs de la progression (10), la formule (7) du § I donnera simplement

$$m = -\frac{1}{2}\mathfrak{J}_{x=x'}^{x=x''}\left(\Delta_{y=y'}^{y=y''}\frac{X}{Y}\right). \tag{11}$$

Si dans cette dernière formule on attribue à y une valeur positive très petite, on aura sensiblement

$$Y = y\,\mathrm{f}'(x) = y(1 - \varepsilon\cos x),$$

par conséquent $Y > 0$, et

$$\mathfrak{J}_{x=x'}^{x=x''}\left(\frac{X}{Y}\right) = 0.$$

Donc alors, en vertu de la formule (11), il suffira, pour obtenir m, de poser $y = y''$ dans l'équation

$$m = -\frac{1}{2}\mathfrak{J}_{x=x'}^{x=x''}\left(\frac{X}{Y}\right). \tag{12}$$

D'ailleurs, eu égard aux formules (8), l'équation

$$Y = 0$$

donne

$$\cos x = \frac{2y}{\varepsilon(e^y - e^{-y})}; \tag{13}$$

et, pour qu'une valeur réelle de x puisse vérifier la formule (13), y étant positif, il est nécessaire que la valeur positive attribuée à y soit égale ou supérieure à la racine positive unique β de l'équation

$$\frac{e^y - e^{-y}}{2y} = \frac{1}{\varepsilon}. \tag{14}$$

Ajoutons que si, cette condition étant remplie, on pose

$$\alpha = \text{arc}\cos\frac{2y}{\varepsilon(e^y - e^{-y})}, \tag{15}$$

deux termes consécutifs de la progression (10) comprendront entre eux deux racines de l'équation (13), ou n'en comprendront aucune. Le dernier cas aura lieu si x', x'' sont de la forme

$$x' = (2k+1)\pi - \frac{\pi}{2}, \qquad x'' = (2k+1)\pi + \frac{\pi}{2},$$

k étant une quantité entière. Si au contraire x', x'' sont de la forme

$$x' = 2k\pi - \frac{\pi}{2}, \qquad x'' = 2k\pi + \frac{\pi}{2},$$

l'équation admettra deux racines $x_{,}$, $x_{,,}$ comprises entre les limites x', x'', et déterminées par les formules

$$x_{,} = x' + \left(\frac{\pi}{2} - \alpha\right), \qquad x_{,,} = x'' - \left(\frac{\pi}{2} - \alpha\right),$$

ou, ce qui revient au même, par les formules

$$x_{,} = 2k\pi - \alpha, \qquad x_{,,} = 2k\pi + \alpha.$$

Alors aussi la formule (12) donnera

$$m = \frac{1}{2}\overset{x=x_{,,}}{\underset{x=x_{,}}{\Delta}}\left[\varepsilon\frac{e^y + e^{-y}}{2} - \frac{x - T}{\sin x}\right], \tag{16}$$

ou, ce qui revient au même,

$$(17)\qquad m = \frac{[A - B] + [A + B]}{2},$$

les valeurs de A, B étant

$$(18)\qquad A = \varepsilon \frac{e^y + e^{-y}}{2} - \frac{\alpha}{\sin\alpha}, \qquad B = \frac{2k\pi - T}{\sin\alpha}.$$

Or, en vertu de l'équation (15), on aura

$$\varepsilon \frac{e^y - e^{-y}}{2y} - \frac{1}{\cos\alpha} = 0,$$

et, comme on a d'ailleurs

$$\frac{e^y + e^{-y}}{2} > \frac{e^y - e^{-y}}{2y}, \qquad \frac{\alpha}{\sin\alpha} < \frac{1}{\cos\alpha},$$

la première des équations (18) donnera $A > 0$. Donc la formule (17) donnera $m = 0$ si y est assez petit pour que A reste inférieur à la valeur numérique de B, et $m = 1$ si A surpasse la valeur numérique de B, ce qui arrivera certainement pour une valeur de y suffisamment grande, puisque, y venant à croître indéfiniment, A converge vers la limite ∞ et B vers la limite $2k\pi - T$. Il suffira même, pour que A surpasse la valeur numérique de B, d'attribuer à y une valeur égale ou supérieure à la racine positive unique de l'équation

$$(19)\qquad \left(\frac{e^y + e^{-y}}{2} - \frac{e^y - e^{-y}}{2y}\right)\left[1 - \frac{1}{\varepsilon^2}\left(\frac{2y}{e^y - e^{-y}}\right)^2\right]^{\frac{1}{2}} - \frac{\theta}{\varepsilon} = 0,$$

θ étant la valeur numérique de $2k\pi - T$.

En résumé, on peut énoncer la proposition suivante :

THÉORÈME. — *L'équation* (1) *offre une infinité de racines imaginaires et de la forme* $x + yi$. *Parmi ces racines conjuguées deux à deux, une seule au plus de celles qui répondent à des valeurs positives de* y *offre une partie réelle* x *comprise entre les limites* $k\pi - \frac{\pi}{2}$, $k\pi + \frac{\pi}{2}$, *k étant une quantité entière; et même l'équation n'admet une telle racine que dans le cas où la valeur numérique de k est un nombre pair. D'ailleurs, dans cette même racine, le coefficient y de i est supérieur à la racine positive unique 6 de l'équation* (14), *et inférieur à la racine positive unique γ de l'équation* (19).

En appliquant les formules du § I, non plus à l'équation (1), mais à l'équation (3), on s'assurera : 1° que cette équation offre une infinité de racines réelles dont une seule est comprise entre deux termes consécutifs de la progression (6); 2° qu'elle offre seulement, comme l'a reconnu M. Serret, deux racines imaginaires conjuguées l'une à l'autre, et que, dans chacune de ces deux racines, la partie réelle est renfermée entre les deux termes de la progression qui comprennent entre eux le nombre *T*.

579.

ANALYSE MATHÉMATIQUE. — *Sur la résolution des équations algébriques.*

C. R., T. XLIV, p. 268 (16 février 1857).

J'ai, il y a vingt ans, adressé à l'Académie plusieurs Mémoires sur la résolution des équations algébriques. L'un de ces Mémoires, publié dans le Tome IV des *Comptes rendus* (1), renferme divers théorèmes qui paraissent dignes de quelque attention, entre autres le suivant :

THÉORÈME I. — *Lorsqu'une équation a toutes ses racines réelles et inégales, on peut obtenir chacune de ces racines développée en série convergente.*

D'autre part, en suivant diverses méthodes que j'ai développées dans le IVe Volume des *Exercices de Mathématiques* (2), et dont l'une a été indiquée par Lagrange, on peut établir encore le théorème dont voici l'énoncé :

THÉORÈME II. — *n variables étant assujetties à cette condition que leurs*

(1) *Œuvres de Cauchy*, S. I, T. IV, p. 66.
(2) *Ibid.*, S. II, T. IX.

carrés donnent pour somme l'unité, l'équation du degré n qui détermine les maxima d'une fonction de ces variables, entière, homogène et du second degré, a toutes ses racines réelles.

Enfin, aux deux théorèmes qui précèdent, on peut joindre le suivant :

Théorème III. — *Une fonction rationnelle de l'une quelconque des racines d'une équation algébrique du degré n peut être généralement réduite à une fonction entière de la même racine du degré* $n-1$.

Cela posé, soit $f(x)$ une fonction entière de la variable x à coefficients réels et du degré n. Désignons par

$$u, \quad v, \quad w, \quad \ldots$$

n autres variables assujetties à la condition

$$u^2+v^2+w^2+\ldots=1,$$

et par

$$y=F(u, v, w, \ldots)$$

une fonction de $u, v, w, \ldots$ entière, homogène et du second degré, les coefficients des carrés u^2, v^2, w^2, ... et des produits uv, uw, ..., vw, ..., dans la fonction y, étant eux-mêmes des fonctions entières de x à coefficients réels, et choisis de manière que les diverses racines de l'équation

(1) $$f(x)=0$$

vérifient encore l'équation produite par l'élimination de $u, v, w, \ldots$ entre les formules

$$D_u y=0, \qquad D_v y=0, \qquad D_w y=0, \qquad \ldots.$$

Les maxima et minima de y, considéré comme fonction de $u, v, w, \ldots$, seront déterminés par une équation nouvelle

(2) $$Y=0,$$

dans laquelle Y sera une fonction entière de x et de y, du degré n par rapport à y; et, pour une valeur réelle quelconque de la variable x, l'équation (2), résolue par rapport à y, offrira n racines réelles

$$y_1, \quad y_2, \quad \ldots, \quad y_n$$

développables en séries convergentes dont les divers termes seront des fonctions rationnelles de x. Quand on prendra pour x une racine réelle de l'équation (1), une racine y de l'équation (2) s'évanouira; et, eu égard au théorème III, la somme de la série qui représentera le développement de cette racine pourra être, avec les divers termes, réduite à une fonction entière de x du degré $n-1$. Soit X cette fonction entière. Si le développement de y est tel que cette fonction entière ne soit pas identiquement nulle, la racine réelle x, qui vérifiait l'équation (1), devra vérifier encore l'équation

$$X = 0, \tag{3}$$

dont le degré est $n-1$; elle sera même la seule racine commune à ces deux équations, s'il n'arrive jamais que pour une valeur réelle de x deux racines de l'équation (2) soient égales entre elles, et alors, pour déterminer la racine x, il suffira de chercher la racine commune aux équations (1) et (3).

Des principes que je viens d'exposer résulte évidemment, pour la résolution des équations algébriques, une méthode nouvelle, et qui semble devoir être remarquée. Dans les prochaines séances, je développerai cette méthode et j'examinerai comment on doit s'y prendre pour que la formule (3) ne se réduise pas à une équation identique. En raison de l'intérêt qui s'attache à cette question, l'Académie me permettra de laisser dormir pour l'instant la discussion relative aux forces instantanées. Je la reprendrai plus tard, en m'efforçant d'être tellement clair, tellement précis, que mes assertions, par leur évidence, entraînent l'assentiment de tous nos confrères.

580.

ANALYSE MATHÉMATIQUE. — *Sur les fonctions quadratiques et homogènes de plusieurs variables.*

C. R., T. XLIV, p. 361 (23 février 1857).

§ I — *Propriétés générales des fonctions quadratiques et homogènes.*

Lorsqu'une fonction homogène de plusieurs variables est en même temps *quadratique*, c'est-à-dire du second degré, elle jouit de propriétés diverses d'autant plus dignes d'être remarquées qu'on peut en déduire une méthode générale pour la résolution des équations algébriques. Ces propriétés constituent les théorèmes que nous allons énoncer.

THÉORÈME I. — *Soit*

$$y = F(\alpha, \beta, \ldots, \eta, \theta) \tag{1}$$

une fonction quadratique et homogène de n variables

$$\alpha, \quad \beta, \quad \ldots, \quad \eta, \quad \theta.$$

Soient encore

$$A, \quad B, \quad \ldots, \quad H, \quad \Theta$$

les demi-dérivées de cette fonction relatives à ces mêmes variables. Si l'on multiplie chacune de ces demi-dérivées par la variable correspondante, la somme des produits obtenus sera la fonction elle-même, en sorte qu'on aura

$$y = A\alpha + B\beta + \ldots + H\eta + \Theta\theta. \tag{2}$$

Démonstration. — Si le théorème est vrai quand on prend pour y certaines fonctions quadratiques et homogènes

$$u, \quad v, \quad w, \quad \ldots$$

des variables

$$\alpha, \quad \beta, \quad \ldots, \quad \eta, \quad \theta,$$

il continue évidemment de subsister quand on prendra pour y une fonction linéaire de u, v, w, ... D'ailleurs le théorème énoncé est évidemment exact, quand la fonction y se réduit au carré α^2 d'une seule variable, ou au double produit $2\alpha\beta$ de deux variables, attendu qu'on a, dans le premier cas

$$A = \alpha,$$

dans le second cas

$$A = \beta, \qquad B = \alpha,$$

et que, par suite, la formule (2) se réduit, dans le premier cas, à l'équation identique

$$\alpha^2 = \alpha\alpha,$$

dans le second cas, à l'équation identique

$$2\alpha\beta = \beta\alpha + \alpha\beta.$$

Donc le théorème énoncé sera généralement vrai.

Ce théorème, déjà connu, constitue pour les fonctions quadratiques ce qu'on nomme le *théorème des fonctions homogènes*. La démonstration très simple que nous venons d'en donner offre cet avantage qu'elle s'applique encore aux deux théorèmes suivants :

Théorème II. — *Les mêmes choses étant posées que dans le théorème I, désignons par*

$$\alpha_{\prime},\ \beta_{\prime},\ \ldots,\ \eta_{\prime},\ \theta_{\prime},$$
$$\alpha_{\prime\prime},\ \beta_{\prime\prime},\ \ldots,\ \eta_{\prime\prime},\ \theta_{\prime\prime}$$

deux systèmes de valeurs successivement attribuées aux variables

$$\alpha,\ \beta,\ \ldots,\ \eta,\ \theta,$$

et par

$$A_{\prime},\ B_{\prime},\ \ldots,\ H_{\prime},\ \Theta_{\prime},$$
$$A_{\prime\prime},\ B_{\prime\prime},\ \ldots,\ H_{\prime\prime},\ \Theta_{\prime\prime}$$

les valeurs correspondantes des demi-dérivées

$$A,\ B,\ \ldots,\ H,\ \Theta.$$

Si l'on multiplie les valeurs des variables dans l'un des systèmes donnés par les valeurs des demi-dérivées correspondantes dans l'autre système, la somme des produits obtenus ne changera pas de valeur quand on échangera les deux systèmes entre eux; en sorte qu'on aura

$$(3)\quad \mathbf{A}_{\prime}\alpha_{\prime\prime}+\mathbf{B}_{\prime}\beta_{\prime\prime}+\ldots+\mathbf{H}_{\prime}\eta_{\prime\prime}+\mathbf{\Theta}_{\prime}\theta_{\prime\prime}=\mathbf{A}_{\prime\prime}\alpha_{\prime}+\mathbf{B}_{\prime\prime}\beta_{\prime}+\ldots+\mathbf{H}_{\prime\prime}\eta_{\prime}+\mathbf{\Theta}_{\prime\prime}\theta_{\prime}.$$

Démonstration. — Le théorème II est évidemment exact quand la fonction y se réduit à α^2 ou à $2\alpha\beta$, attendu que la formule (3) se réduit, dans le premier cas, à l'équation identique

$$\alpha_{\prime}\alpha_{\prime\prime}=\alpha_{\prime\prime}\alpha_{\prime},$$

dans le second cas à l'équation identique

$$\beta_{\prime}\alpha_{\prime\prime}+\alpha_{\prime}\beta_{\prime\prime}=\beta_{\prime\prime}\alpha_{\prime}+\alpha_{\prime\prime}\beta_{\prime}.$$

Donc ce théorème sera généralement vrai.

Théorème III. — *Les mêmes choses étant posées que dans le théorème I, si l'on multiplie par le carré de chaque variable la différentielle du rapport qu'on obtient quand on divise par cette même variable la demi-dérivée correspondante, la somme des produits formés s'évanouira; en sorte qu'on aura*

$$(4)\qquad \alpha^2\, d\frac{\mathbf{A}}{\alpha}+\beta^2\, d\frac{\mathbf{B}}{\beta}+\ldots+\eta^2\, d\frac{\mathbf{H}}{\eta}+\theta^2\, d\frac{\mathbf{\Theta}}{\theta}=0.$$

Démonstration. — Le théorème III est évidemment exact quand la fonction y se réduit à α^2 ou à $2\alpha\beta$, attendu que la formule (4) se réduit, dans le premier cas, à l'équation identique

$$\alpha^2\, d\frac{\alpha}{\alpha}=0,$$

dans le second cas à l'équation identique

$$\alpha^2\, d\frac{\beta}{\alpha}+\beta^2\, d\frac{\alpha}{\beta}=0.$$

Donc ce théorème sera généralement vrai.

§ II. — *Sur l'équation qui détermine les maxima et minima d'une fonction réelle quadratique et homogène de plusieurs variables dont les carrés donnent pour somme l'unité.*

Soient, comme dans le § I,

$$y = \mathbf{F}(\alpha, \beta, \ldots, \eta, \theta) \tag{1}$$

une fonction quadratique et homogène de n variables

$$\alpha,\quad \beta,\quad \ldots,\quad \eta,\quad \theta,$$

et

$$\mathbf{A},\quad \mathbf{B},\quad \ldots,\quad \mathbf{H},\quad \mathbf{\Theta}$$

les demi-dérivées de cette fonction relatives à ces mêmes variables. Si, la fonction étant réelle, c'est-à-dire à coefficients réels, on assujettit les $\alpha, \beta, \ldots, \eta, \theta$ à la condition

$$\alpha^2 + \beta^2 + \ldots + \eta^2 + \theta^2 = 1, \tag{2}$$

les maxima et minima de cette fonction y seront déterminés par la formule

$$y = \frac{\mathbf{A}}{\alpha} = \frac{\mathbf{B}}{\beta} = \ldots = \frac{\mathbf{H}}{\eta} = \frac{\mathbf{\Theta}}{\theta}, \tag{3}$$

ou, ce qui revient au même, par les équations

$$\alpha y - \mathbf{A} = 0,\quad \beta y - \mathbf{B} = 0,\quad \ldots,\quad \eta y - \mathbf{H} = 0,\quad \theta y - \mathbf{\Theta} = 0. \tag{4}$$

Ces dernières équations étant linéaires et homogènes par rapport aux variables

$$\alpha,\quad \beta,\quad \ldots,\quad \eta,\quad \theta,$$

on pourra en déduire, par l'élimination de ces variables, et sans qu'il soit nécessaire de recourir à la condition (2), une équation finale

$$Y = 0, \tag{5}$$

dans laquelle Y sera fonction de y seulement. D'ailleurs, pour obtenir cette équation finale, il suffira de substituer dans la première des équations (4) des valeurs de α, β, ..., η, θ propres à vérifier les suivantes; par conséquent il suffira de prendre

$$(6) \qquad Y = \alpha y - \mathrm{A},$$

α, β, ..., η, θ étant choisis de manière à vérifier les équations

$$(7) \qquad \beta y - \mathrm{B} = 0, \quad \ldots, \quad \eta y - \mathrm{H} = 0, \quad \theta y - \Theta = 0.$$

Or on satisfera aux équations (7) en prenant pour α, β, ..., η, θ des fonctions entières de y déterminées par les formules

$$(8) \qquad \alpha = |\alpha\Omega|, \quad \beta = |\beta\Omega|, \quad \ldots, \quad \eta = |\eta\Omega|, \quad \theta = |\theta\Omega|,$$

jointes à l'équation

$$(9) \qquad \Omega = (\beta y - \mathrm{B})\ldots(\eta y - \mathrm{H})(\theta y - \Theta),$$

et en considérant, dans les seconds membres des formules (8), α, β, ..., η, θ comme des *clefs anastrophiques* assujetties à la condition

$$(10) \qquad |\alpha\beta\ldots\eta\theta| = 1.$$

Il importe d'observer qu'en vertu des formules (6) et (8) on aura

$$(11) \qquad Y = |(\alpha y - \mathrm{A})\Omega|,$$

par conséquent

$$(12) \qquad Y = |(\alpha y - \mathrm{A})(\beta y - \mathrm{B})\ldots(\eta y - \mathrm{H})(\theta y - \Theta)|,$$

α, β, ..., η, θ étant des clefs anastrophiques assujetties à la condition

$$|\alpha\beta\ldots\eta\theta| = 1.$$

D'autre part, en vertu de la première des formules (8), on aura

$$(13) \qquad \alpha = |(\beta y - \mathrm{B})\ldots(\eta y - \mathrm{H})(\theta y - \Theta)|,$$

pourvu qu'après avoir posé $\alpha = 0$ dans la fonction $\mathrm{F}(\alpha, \beta, \ldots, \eta, \theta)$, et, par suite, dans les demi-dérivées B, ..., H, Θ, on considère, dans le second membre de la formule (13), β, ..., η, θ comme des clefs anastrophiques assujetties à la condition

$$|6\ldots\eta\theta| = 1.$$

Cela posé, la fonction α de y, déterminée par la première des formules (8), sera évidemment ce que devient Y lorsqu'on réduit la fonction $F(\alpha, 6, \ldots, \eta, \theta)$ à $F(0, 6, \ldots, \eta, \theta)$ en posant $\alpha = 0$.

Observons encore que, dans la fonction Y déterminée par l'équation (12), le terme qui renfermera la plus haute puissance de y sera évidemment y^n. Donc l'équation (5), résolue par rapport à y, offrira n racines. J'ajoute que la fonction Y, déterminée par l'équation (12), jouira de plusieurs propriétés remarquables, desquelles se déduira aisément la nature des racines de l'équation (5). C'est ce que je vais faire voir.

Remarquons d'abord que les équations (6) et (7) peuvent être remplacées par la seule formule

$$(14)\qquad y = \frac{\mathrm{A} + Y}{\alpha} = \frac{\mathrm{B}}{6} = \ldots = \frac{\mathrm{H}}{y} = \frac{\Theta}{\theta}.$$

Cela posé, soient

$$y_{\prime},\quad y_{\prime\prime}$$

deux valeurs distinctes successivement attribuées à y, et, pour désigner les valeurs correspondantes des quantités représentées par les lettres

$$\alpha,\quad 6,\quad \ldots,\quad \theta,\quad \eta,\qquad \mathrm{A},\quad \mathrm{B},\quad \ldots,\quad \mathrm{H},\quad \Theta,\qquad Y,$$

et déterminées par les équations (6) et (8), plaçons au bas de ces lettres un accent simple ou double. La formule (14) donnera, pour $y = y_{\prime}$,

$$(15)\qquad y_{\prime} = \frac{\mathrm{A}_{\prime} + Y_{\prime}}{\alpha_{\prime}} = \frac{\mathrm{B}_{\prime}}{6_{\prime}} = \ldots = \frac{\mathrm{H}_{\prime}}{\eta_{\prime}} = \frac{\Theta_{\prime}}{\theta_{\prime}};$$

puis en posant, pour abréger,

$$(16)\qquad s = \alpha_{\prime}\alpha_{\prime\prime} + 6_{\prime}6_{\prime\prime} + \ldots + \eta_{\prime}\eta_{\prime\prime} + \theta_{\prime}\theta_{\prime\prime},$$

$$(17)\qquad S = \mathrm{A}_{\prime}\alpha_{\prime\prime} + \mathrm{B}_{\prime}6_{\prime\prime} + \ldots + \mathrm{H}_{\prime}\eta_{\prime\prime} + \Theta_{\prime}\theta_{\prime\prime},$$

on tirera de la formule (15)

(18) $$y_{\prime} = \frac{S + Y_{\prime}\alpha_{\prime\prime}}{s}.$$

Mais s ne change pas de valeur quand on échange entre eux $y_{\prime}$, $y_{\prime\prime}$, et en vertu du second théorème du § I, on pourra en dire autant de S. On aura donc encore

(19) $$y_{\prime\prime} = \frac{S + Y_{\prime\prime}\alpha_{\prime}}{s}$$

et, par suite,

(20) $$y_{\prime\prime} - y_{\prime} = \frac{Y_{\prime\prime}\alpha_{\prime} - Y_{\prime}\alpha_{\prime\prime}}{s},$$

ou, ce qui revient au même,

(21) $$s(y_{\prime\prime} - y_{\prime}) = Y_{\prime\prime}\alpha_{\prime} - Y_{\prime}\alpha_{\prime\prime},$$

ou bien encore

(22) $$\alpha_{\prime}\alpha_{\prime\prime}\frac{\frac{Y_{\prime\prime}}{\alpha_{\prime\prime}} - \frac{Y_{\prime}}{\alpha_{\prime}}}{y_{\prime\prime} - y_{\prime}} = s.$$

Si, dans cette dernière formule, on pose

$$y_{\prime\prime} = y_{\prime} = y,$$

elle donnera simplement

(23) $$\alpha^2 \mathrm{D}_y \frac{Y}{\alpha} = s,$$

la valeur de s étant déterminée par l'équation

(24) $$s = \alpha^2 + \beta^2 + \ldots + \eta^2 + \theta^2.$$

On peut, au reste, déduire directement l'équation (23) de la formule (14), de laquelle on tire

$$1 = \mathrm{D}_y \frac{\mathrm{A}}{\alpha} + \mathrm{D}_y \frac{Y}{\alpha} = \mathrm{D}_y \frac{\mathrm{B}}{\beta} = \ldots = \mathrm{D}_y \frac{\mathrm{H}}{\eta} = \mathrm{D}_y \frac{\Theta}{\theta}$$

et, par suite, eu égard au théorème III du § I,

(25) $$\alpha^2 \mathrm{D}_y \frac{Y}{\alpha} = \alpha^2 + \beta^2 + \ldots + \eta^2 + \theta^2.$$

Les formules (21) et (25) permettent de reconnaître aisément la nature des racines de l'équation (5). On peut conclure de la formule (21) que toutes ces racines sont réelles. En effet, la fonction $F(\alpha, \beta, \ldots, \theta, \eta)$ étant supposée réelle, c'est-à-dire à coefficients réels, la fonction de y représentée par Y sera pareillement réelle, et, si l'équation (5) admet des racines imaginaires, ces racines seront conjuguées deux à deux. D'ailleurs, si l'on nomme

$$y_{\prime}, \quad y_{\prime\prime}$$

deux racines conjuguées de l'équation (5), les valeurs

$$Y_{\prime}, \quad Y_{\prime\prime}$$

de Y correspondantes à ces deux racines s'évanouiront. On aura donc

$$Y_{\prime} = Y_{\prime\prime} = 0,$$

et, comme la différence

$$y_{\prime\prime} - y_{\prime}$$

sera le double du coefficient de i dans l'une des racines, par conséquent une quantité distincte de zéro, l'équation (21) donnera

$$s = 0$$

ou, ce qui revient au même,

$$\alpha_{\prime}\alpha_{\prime\prime} + \beta_{\prime}\beta_{\prime\prime} + \ldots + \eta_{\prime}\eta_{\prime\prime} + \theta_{\prime}\theta_{\prime\prime} = 0. \tag{26}$$

D'ailleurs,

$$y_{\prime}, \quad y_{\prime\prime}$$

étant deux expressions imaginaires conjuguées, on pourra en dire autant de

$$\alpha_{\prime} \text{ et } \alpha_{\prime\prime}, \quad \beta_{\prime} \text{ et } \beta_{\prime\prime}, \quad \ldots, \quad \eta_{\prime} \text{ et } \eta_{\prime\prime}, \quad \theta_{\prime} \text{ et } \theta_{\prime\prime}.$$

Donc chacun des produits

$$\alpha_{\prime}\alpha_{\prime\prime}, \quad \beta_{\prime}\beta_{\prime\prime}, \quad \ldots, \quad \eta_{\prime}\eta_{\prime\prime}, \quad \theta_{\prime}\theta_{\prime\prime}$$

sera positif, à moins que ses deux facteurs ne s'évanouissent simultanément, et l'équation (26) ne pourra subsister à moins que l'on n'ait en même temps

$$(27)\qquad \begin{cases} \alpha_{\prime}=0, & \beta_{\prime}=0, & \ldots, & \eta_{\prime}=0, & \theta_{\prime}=0, \\ \alpha_{\prime\prime}=0, & \beta_{\prime\prime}=0, & \ldots, & \eta_{\prime\prime}=0, & \theta_{\prime\prime}=0. \end{cases}$$

Donc toutes les racines de l'équation (5) seront certainement réelles si aucune d'elles ne vérifie avec la formule (5) les n équations

$$(28)\qquad \alpha=0, \quad \beta=0, \quad \ldots, \quad \eta=0, \quad \theta=0.$$

D'ailleurs cette dernière condition ne pourrait être remplie que pour des cas exceptionnels correspondants à des valeurs particulières des coefficients que renferme la fonction $F(\alpha, \beta, \ldots, \eta, \theta)$, et les valeurs qu'acquerraient, dans ces cas exceptionnels, les racines de l'équation (5), seraient certainement des limites vers lesquelles convergeraient des valeurs très voisines qu'on obtiendrait en altérant très peu une ou plusieurs des valeurs particulières attribuées aux divers coefficients. Ces valeurs voisines étant réelles, leurs limites seraient nécessairement réelles; d'où il résulte que, même dans les cas exceptionnels, l'équation (5) n'admettra point de racines imaginaires. Ainsi la formule (21) entraîne la proposition qui a été rappelée aux pages 418, 419, et que l'on peut énoncer comme il suit :

Théorème I. — *n variables étant assujetties à cette condition, que la somme de leurs carrés soit l'unité, l'équation du degré n qui détermine les maxima et les minima d'une fonction quadratique homogène et réelle de ces variables, a toutes ses racines réelles.*

Les n racines réelles de l'équation (5) seront généralement inégales, et ne pourront cesser d'être inégales que dans le cas où une même valeur de y vérifiera simultanément cette équation et sa dérivée

$$(29)\qquad D_y Y=0.$$

Dans ce cas particulier, les coefficients que renferme la fonction

$F(\alpha, \text{6}, \ldots, \eta, \theta)$ devront satisfaire à l'équation de condition que produira l'élimination de y entre les formules (5) et (29). Soit

$$(30) \qquad K = 0$$

cette équation de condition. On pourrait croire au premier abord qu'elle servira uniquement à déterminer un des coefficients renfermés dans $F(\alpha, \text{6}, \ldots, \eta, \theta)$ quand on connaîtra tous les autres. Mais il n'en est pas ainsi. Effectivement, lorsqu'une même valeur de y vérifiera les formules (5) et (29), l'équation (25) donnera

$$(31) \qquad \alpha^2 + \text{6}^2 + \ldots + \eta^2 + \theta^2 = 0,$$

et entraînera nécessairement avec elle les conditions (28). Il y a plus : ces conditions devront encore être vérifiées lorsque, dans les formules (8), on supposera la fonction Ω déterminée, non plus par l'équation (9), mais par l'une de celles qu'on en déduit à l'aide d'échanges opérés entre les clefs α, 6, ..., θ, η. En conséquence, on peut énoncer la proposition suivante :

Théorème II. — *Pour qu'une racine y de l'équation* (5) *soit une racine double ou multiple, il est nécessaire que cette racine vérifie chacune des équations* (28), *les valeurs de α, 6, ..., η, θ étant déterminées par les formules* (8) *jointes ou à l'équation* (9), *ou à l'une de celles qu'on en déduit quand on échange entre elles les clefs α, 6, ..., η, θ. Par suite, pour qu'une racine réelle de l'équation* (5) *soit double ou multiple, il est nécessaire qu'elle soit commune à cette équation et à toutes celles qu'on en déduit quand on remplace la fonction* $F(\alpha, \text{6}, \ldots, \eta, \theta)$ *par une des fonctions*

$$F(0, \text{6}, \ldots, \eta, \theta), \quad F(\alpha, 0, \ldots, \eta, \theta), \quad \ldots, \quad F(\alpha, \text{6}, \ldots, 0, \theta), \quad F(\alpha, \text{6}, \ldots, \eta, 0).$$

Observons encore qu'en vertu de la formule (25) la dérivée du rapport $\frac{Y}{\alpha}$, prise par rapport à α, sera toujours positive quand elle ne sera pas nulle. Donc, pour des valeurs croissantes de y, ce rapport croîtra sans cesse, tant qu'il conservera une valeur finie, et, quand il changera de signe avec Y en passant par zéro, la valeur de α devra être positive si Y passe du négatif au positif; elle devra être négative si Y passe du positif au négatif. Si d'ailleurs on nomme

$$y_1, \quad y_2, \quad \ldots, \quad y_{n-1}, \quad y_n \tag{32}$$

les racines de l'équation (5) rangées par ordre de grandeur, de manière qu'elles forment une suite croissante, et si l'on fait croître y par degrés insensibles depuis une limite inférieure à y_1 jusqu'à une limite supérieure à y_n, Y ne changera de signe qu'au moment où Y acquerra une valeur représentée par l'un des deux termes de la suite (32), et à deux termes consécutifs de cette suite correspondront deux changements de signe de la fonction Y en sens opposés, par conséquent deux valeurs de α, dont l'une sera positive, l'autre négative. Donc, si l'on nomme

$$\alpha_1, \quad \alpha_2, \quad \alpha_{n-1}, \quad \alpha_n \tag{33}$$

les valeurs de α correspondantes aux racines

$$y_1, \quad y_2, \quad \ldots, \quad y_{n-1}, \quad y_n$$

de l'équation (5), deux termes consécutifs de la suite (33) seront toujours deux quantités affectées de signes contraires. En conséquence, deux termes consécutifs de la suite (32) comprendront toujours entre eux l'une des $n - 1$ racines de l'équation

$$\alpha = 0, \tag{34}$$

et réciproquement deux racines consécutives de l'équation (34) comprendront toujours entre elles un terme de la suite (32). D'ailleurs, comme on l'a remarqué, α, dans l'équation (34), sera ce que devient Y lorsque, dans la fonction $F(\alpha, \beta, \ldots, \eta, \theta)$, on pose $\alpha = 0$. On peut donc énoncer la proposition suivante :

Théorème III. — *Soit* $y = F(\alpha, \beta, \ldots, \eta, \theta)$ *une fonction quadratique réelle et homogène de* n *variables* $\alpha, \beta, \ldots, \eta, \theta$ *dont les carrés donnent pour somme l'unité. Soit encore*

$$Y = 0 \tag{5}$$

l'équation en y du degré n, qui détermine les maxima et minima de cette fonction, et nommons

(32) $$y_1, \; y_2, \; \ldots, \; y_{n-1}, \; y_n$$

les n racines réelles de cette équation. Enfin soient

(35) $$y', \; y'', \; \ldots, \; y^{(n-1)}$$

les n — 1 racines de l'équation analogue à laquelle on parvient lorsque, dans la fonction $F(\alpha, 6, \ldots, \eta, \theta)$, *on réduit à zéro l'une des variables; et supposons les racines de chaque équation rangées par ordre de grandeur, de manière à former une suite croissante. Chacune des racines de l'équation* (5) *sera comprise entre deux termes consécutifs de la suite*

(36) $$-\infty, \; y', \; y'', \; \ldots, \; y^{(n-1)}, \; \infty.$$

Le troisième théorème, duquel on pourrait déduire le deuxième, était déjà énoncé dans le Mémoire sur l'équation à l'aide de laquelle on détermine les inégalités séculaires du mouvement des planètes (*voir* le Volume IV des *Exercices de Mathématiques*, p. 152) ([1]). Les principes ci-dessus exposés, en fournissant, comme on vient de le voir, une démonstration très simple de ce théorème, reproduisent avec la même facilité les autres propositions énoncées dans ce Mémoire.

581.

ANALYSE MATHÉMATIQUE. — *Note sur les résultantes anastrophiques.*

C. R., T. XLIV, p. 370 (23 février 1857).

Les résultats obtenus par l'auteur seront développés dans une prochaine séance.

([1]) *Œuvres de Cauchy*, S. II, T. IX, p. 174.

582.

Analyse mathématique. — *Théorie nouvelle des résidus.*

C. R., T. XLIV, p. 406 (2 mars 1857).

§ I. — *Considérations générales.*

C'est dans le premier Volume des *Exercices de Mathématiques*, publié en 1826 (¹), que j'ai, pour la première fois, exposé les principes du *Calcul des résidus*, qui, comme je l'ai fait voir et comme l'ont aussi montré divers auteurs, entre autres MM. Blanchet et Tortolini, s'applique avec succès, non seulement à la décomposition des fonctions rationnelles et à la détermination des intégrales définies, mais encore à l'intégration des équations différentielles ou aux dérivées partielles, et à la solution d'un grand nombre de problèmes, spécialement de ceux que présente la Physique mathématique. Toutefois la définition que j'avais d'abord donnée du *résidu partiel ou intégral* d'une fonction laissait quelque chose à désirer. A la vérité, cette définition était analogue à celle que Lagrange a donnée de la *fonction dérivée;* et de même que, suivant Lagrange, la *dérivée* d'une fonction y de x est le coefficient de la première puissance d'un accroissement ε attribué à la variable x, dans le développement de l'accroissement correspondant de y suivant les puissances ascendantes de ε, j'appelais *résidu partiel* de la fonction y, relatif à une valeur pour laquelle cette fonction devenait infinie, le coefficient de ε^{-1} dans le développement de la variation de y suivant les puissances descendantes de ε.

Mais les définitions précédentes de la dérivée d'une fonction et de son résidu partiel relatif à une valeur donnée de la variable s'appuient sur la considération des développements en séries; et, comme je l'ai remarqué dans l'*Analyse algébrique*, il convient d'éviter l'emploi des séries dont la convergence n'est pas assurée. On y parvient dans le

(¹) *Œuvres de Cauchy*, S. II, T. VI.

Calcul infinitésimal, en substituant à la définition de Lagrange la notion claire et précise du *rapport différentiel* de deux quantités variables, et en désignant sous ce nom la limite vers laquelle converge le rapport entre les variations infiniment petites et correspondantes de ces deux quantités.

Il était à désirer qu'on pût aussi appuyer le *Calcul des résidus* sur une notion claire, précise et facile à saisir, qui fût indépendante de la considération des séries. Après y avoir mûrement réfléchi, j'ai reconnu que les principes établis, d'une part dans mon Mémoire de 1825 *sur les intégrales prises entre des limites imaginaires*, et dans le Mémoire lithographié du 27 novembre 1831, d'autre part dans les Mémoires que j'ai publiés *sur les fonctions monodromes et monogènes*, permettraient d'atteindre ce but. C'est ce que je vais expliquer en peu de mots.

Supposons qu'un point mobile dont l'affixe est z se meuve dans l'intérieur d'une certaine aire S ou sur le contour de cette aire, et que, dans le dernier cas, en décrivant ce contour, il tourne autour de l'aire S dans le sens indiqué par la rotation d'une affixe dont l'argument croît avec le temps. Soit d'ailleurs Z une fonction de l'affixe z, qui reste *monodrome* dans toute l'étendue de l'aire, et conserve une valeur finie en chaque point du contour. Enfin, le contour étant partagé en éléments très petits, multiplions la variation que z subit quand on passe de l'origine d'un élément à son extrémité par une valeur de Z correspondante à un point de cet élément. La somme des produits ainsi formés aura pour limite une certaine intégrale (S). Or cette intégrale, qui dépendra en général non seulement de la fonction Z, mais aussi de la forme attribuée au contour de l'aire S, deviendra, du moins entre certaines limites, indépendante de ce contour, si la fonction Z, supposée déjà monodrome dans toute l'étendue de l'aire S, est de plus *monogène* en chaque point de cette aire. En effet, dans cette hypothèse, l'intégrale (S) ne changera pas de valeur si, le contour venant à se modifier par degrés insensibles et à changer de forme, la fonction Z reste non seulement monodrome et monogène, mais encore finie en chacun des points successivement occupés par ce contour. Cela posé, nommons *points singuliers* ceux dont les affixes rendent infinie la fonction Z, ou, en d'autres termes, ceux dont les affixes sont racines de l'équation

$$\frac{1}{Z}=0. \tag{1}$$

Quand la fonction Z sera monodrome et monogène dans toute l'étendue de l'aire S, l'intégrale (S) dépendra uniquement de cette fonction Z et de la position des points singuliers renfermés dans l'aire S. Il est aisé de voir, par exemple, qu'elle sera toujours nulle si l'aire S ne renferme aucun point singulier, et qu'elle aura pour valeur la constante

$$\mathrm{I}=2\pi i,$$

si, le pôle étant le seul point singulier que renferme l'aire S, l'équation

$$\frac{1}{Z}=0$$

se réduit à l'équation linéaire

$$z=0,$$

c'est-à-dire, en d'autres termes, si l'on a

$$Z=\frac{1}{z}.$$

Le rapport

$$\frac{(\mathrm{S})}{\mathrm{I}}, \tag{2}$$

qui se réduira dans le premier cas à zéro, dans le second cas à l'unité, est ce que nous nommerons, dans tous les cas, le *résidu intégral* de la fonction Z relatif à l'aire S. Si l'on substitue à la fonction Z la dérivée de son logarithme népérien prise par rapport à la variable z, l'intégrale (S) ne sera autre chose que la variation logarithmique de Z, et le résidu intégral

$$\frac{(\mathrm{S})}{\mathrm{I}}$$

se réduira au compteur logarithmique

$$\frac{\Delta 1 Z}{I}, \tag{3}$$

à l'aide duquel s'exprime la différence entre les deux entiers qui énumèrent les racines des deux équations

$$Z = 0, \tag{4}$$

$$\frac{1}{Z} = 0, \tag{1}$$

correspondantes à des points singuliers renfermés dans l'aire S.

Concevons à présent que le contour de l'aire S s'étende et se dilate, de manière à se transformer en un nouveau contour qui enveloppe le premier de toutes parts. L'aire S croîtra, et sa variation ΔS sera une nouvelle aire renfermée entre les deux contours. Si d'ailleurs une fonction Z, monodrome et monogène dans toute l'étendue de l'aire ΔS, conserve une valeur finie en chaque point de chaque contour, à la variation ΔS de l'aire S correspondra une variation Δ(S) de l'intégrale (S), et cette dernière variation dépendra uniquement de la fonction Z et de la position des points singuliers renfermés dans l'aire ΔS. Alors aussi le rapport

$$\frac{\Delta(S)}{I}$$

sera ce que nous nommerons le *résidu intégral* de la fonction Z relatif à l'aire ΔS.

Les définitions précédentes étant admises, si l'on décompose l'aire S ou ΔS en éléments finis ou infiniment petits, mais tels que la fonction Z conserve en chaque point de leurs contours une valeur finie, le résidu intégral

$$\frac{(S)}{I} \quad \text{ou} \quad \frac{\Delta(S)}{I}$$

sera la somme des résidus partiels correspondants à ces divers éléments, et, si les éléments sont choisis de manière que chacun d'eux ne renferme jamais plus d'un point singulier, un résidu partiel, quand il ne s'évanouira pas, sera un résidu relatif à un seul point singulier, par conséquent une quantité qui dépendra uniquement de la fonction Z et de l'affixe de ce point. Cela posé, on pourra dire que le résidu intégral relatif à une aire donnée est la somme des *résidus partiels* relatifs aux divers points singuliers que renferme cette aire.

Comme on le voit, dans cette nouvelle théorie des résidus, la considération des développements en séries est entièrement mise à l'écart et remplacée par la notion fondamentale de l'intégrale $\int Z\,dz$ étendue à tous les points situés sur le contour d'une certaine aire, de cette même intégrale sur laquelle j'ai appelé l'attention des géomètres dans le Mémoire lithographié du 27 novembre 1831 [1]. D'ailleurs cette notion se trouve maintenant complétée par la condition à laquelle j'assujettis la fonction Z, en supposant que cette fonction est tout à la fois monodrome et monogène, et l'on reconnaît ici combien il est utile de définir nettement les fonctions de quantités géométriques, ou, en d'autres termes, les fonctions de variables imaginaires, en distinguant non seulement les fonctions monodromes des fonctions non monodromes, mais aussi les fonctions monogènes des fonctions non monogènes.

Lorsque l'on adopte les définitions ci-dessus proposées, et que l'aire S se réduit à celle d'un cercle dont le pôle est le centre, le résidu intégral

$$\frac{(\mathrm{S})}{\mathrm{I}}$$

se réduit à la moyenne isotropique

$$\mathcal{M}(Zz) \tag{5}$$

du produit Zz considéré comme fonction de z.

Si l'aire S est celle d'un cercle qui ait pour centre le point dont l'affixe est c et pour rayon r, on devra évidemment, dans l'expres-

[1] *Œuvres de Cauchy*, S. II, T. XV.

sion (5), substituer à la variable z la quantité

$$(6) \qquad \zeta = z - c;$$

le module de ζ étant le rayon r, et alors le résidu intégral $\frac{(S)}{I}$ sera la moyenne isotropique

$$(7) \qquad \mathcal{M}(Z\zeta)$$

du produit $Z\zeta$ considéré comme fonction de ζ.

Si d'ailleurs on suppose

$$(8) \qquad Z = \frac{f(z)}{z - c},$$

c désignant une constante, et $f(z)$ une fonction de z qui demeure monodrome, monogène et finie dans toute l'étendue de l'aire S, on aura

$$Z\zeta = f(z) = f(c + \zeta);$$

par conséquent l'expression (7) sera réduite à la moyenne isotropique

$$(9) \qquad \mathcal{M} f(c + \zeta);$$

et, comme, sans altérer cette moyenne, on pourra faire décroître indéfiniment le rayon du cercle que l'on considère, ou, en d'autres termes, le module de ζ, elle ne pourra différer de la quantité $f(c)$ avec laquelle on la fait coïncider en posant $\zeta = 0$. Donc, en supposant la fonction Z déterminée par la formule (8), et le point dont c est l'affixe intérieur à l'aire S, on aura, si la fonction $f(z)$ est monodrome, monogène et finie dans toute l'étendue de l'aire S,

$$(10) \qquad \frac{(S)}{I} = f(c).$$

§ II. — *Équations fondamentales.*

Soient, comme dans le § I,

S et ΔS une aire plane et l'accroissement de cette aire compris entre deux contours, l'un intérieur, l'autre extérieur;

z l'affixe d'un point qui se meut dans le plan de l'aire S;

Z une fonction de z qui, toujours monodrome et monogène dans toute l'étendue de l'aire S, conserve une valeur finie en chaque point de l'un et l'autre contour;

(S) et Δ(S) l'intégrale $\int Z\,dz$ étendue, suivant les principes posés dans le § I, au contour entier de l'aire S, et la variation de cette intégrale correspondante à la variation ΔS de cette aire.

Concevons d'ailleurs que, pour rendre les notations plus précises, on nomme

u, v les affixes de deux points mobiles assujettis à décrire les deux contours qui limitent intérieurement et extérieurement l'aire ΔS;

U, V ce que devient Z quand on y écrit u ou v à la place de z.

La variation Δ(S) ne sera autre chose que la différence des intégrales

$$\int V\,dv, \quad \int U\,du,$$

étendues à tous les points des deux contours, ou, en d'autres termes, la différence entre les deux valeurs de l'intégrale

$$(\mathrm{S}) = \int Z\,dz$$

correspondantes à

$$z = v, \qquad z = u.$$

En conséquence, on pourra dire que u et v sont les deux limites de z dans la variation Δ(S), ce que nous indiquerons en écrivant ces deux limites au-dessous et au-dessus du signe Δ comme il suit :

$$\overset{z=v}{\underset{z=u}{\Delta}}(\mathrm{S}).$$

Cela posé, le rapport

$$\frac{\overset{z=v}{\underset{z=u}{\Delta}}(S)}{I}$$

sera le résidu intégral de Z relatif à l'aire ΔS, et si l'on nomme *extraction* l'opération par laquelle on extrait de la fonction Z le résidu intégral relatif à une aire donnée, si d'ailleurs on indique cette opération à l'aide de la lettre caractéristique $\mathcal{E}$, en écrivant cette lettre devant la fonction Z renfermée entre deux crochets trapézoïdaux et en plaçant au-dessous et au-dessus de la lettre $\mathcal{E}$ les deux limites de z, on aura

$$\frac{\overset{z=v}{\underset{z=u}{\Delta}}(S)}{I} = \overset{z=v}{\underset{z=u}{\mathcal{E}}}(Z) \tag{1}$$

ou, ce qui revient au même,

$$\frac{\int V dv - \int U du}{I} = \overset{z=v}{\underset{z=u}{\mathcal{E}}}(Z). \tag{2}$$

Si l'aire S est comprise entre deux circonférences de cercle qui aient pour centre commun le pôle, l'équation (1) donnera

$$\overset{z=v}{\underset{z=u}{\Delta}} \mathcal{M}(Zz) = \overset{z=v}{\underset{z=u}{\mathcal{E}}}(Z) \tag{3}$$

ou, ce qui revient au même,

$$\mathcal{M}(Vv) - \mathcal{M}(Uu) = \overset{z=v}{\underset{z=u}{\mathcal{E}}}(Z). \tag{4}$$

Comme on le voit, les équations fondamentales (1) et (3) se déduisent immédiatement des définitions claires et précises que nous avons adoptées. Ajoutons que pour tirer de ces équations les propriétés diverses des fonctions monodromes et monogènes, explicites ou implicites, leur décomposition en fractions rationnelles, leur transformation en produits composés d'un nombre fini ou infini de facteurs, et leurs développements en séries périodiques ou non périodiques, spécialement les théorèmes de Taylor, de Lagrange et de Paoli, avec les conditions sous lesquelles ces théorèmes subsistent, il suffit de s'appuyer sur le principe général énoncé dans le § I, savoir que le résidu intégral relatif à une aire limitée par un contour unique, ou comprise entre deux contours, équivaut à la somme des résidus partiels relatifs aux diverses parties de cette aire décomposée en éléments et à la somme des résidus partiels relatifs aux points singuliers que renferme l'aire dont il s'agit. Ces points singuliers seront de deux espèces distinctes, si la fonction Z se présente sous la forme d'un rapport, en sorte qu'on ait,

$$Z = \frac{f(z)}{F(z)}, \tag{5}$$

$f(z)$, $F(z)$ étant deux fonctions qui demeurent monodromes et monogènes dans toute l'étendue de l'aire ΔS. Alors, en effet, on vérifiera l'équation

$$\frac{1}{Z} = 0, \tag{6}$$

soit en posant

$$F(z) = 0, \tag{7}$$

soit en posant

$$\frac{1}{f(z)} = 0, \tag{8}$$

et par suite l'affixe d'un point singulier pourra être racine ou de l'équation (7) ou de l'équation (8). Alors aussi la somme des résidus partiels relatifs aux racines de l'équation (7) ou de l'équation (8) sera ce que nous nommerons le *résidu intégral* de Z relatif aux racines de l'une ou l'autre équation, et ce que nous désignerons à l'aide de la notation

$$\mathop{\mathcal{E}}_{z=u}^{z=v} \frac{f(z)}{((F(z)))} \quad \text{ou} \quad \mathop{\mathcal{E}}_{z=u}^{z=v} \frac{((f(z)))}{F(z)},$$

les crochets trapézoïdaux étant appliqués ou au dénominateur ou au numérateur du rapport $\frac{\mathrm{f}(z)}{\mathrm{F}(z)}$, suivant que les racines considérées vérifieront, ou l'équation (7), ou l'équation (8). Lorsque ces deux équations n'auront pas de racines communes, on aura évidemment

$$\underset{z=u}{\overset{z=v}{\mathcal{E}}}\left(\frac{\mathrm{f}(z)}{\mathrm{F}(z)}\right)=\underset{z=u}{\overset{z=v}{\mathcal{E}}}\frac{\mathrm{f}(z)}{((\mathrm{F}(z)))}+\underset{z=u}{\overset{z=v}{\mathcal{E}}}\frac{((\mathrm{f}(z)))}{\mathrm{F}(z)}. \tag{9}$$

Pour montrer une application très simple des formules ici établies, considérons spécialement le cas où, $\mathrm{F}(z)$ étant réduit à une fonction linéaire de z, on aurait

$$\mathrm{F}(z)=z-w,$$

w étant l'affixe d'un point renfermé dans l'aire ΔS. Alors le facteur Z étant de la forme

$$\frac{\mathrm{f}(z)}{z-w},$$

l'équation (3) donnerait

$$\underset{z=u}{\overset{z=v}{\mathcal{M}}}\frac{z\,\mathrm{f}(z)}{z-w}=\underset{z=u}{\overset{z=v}{\mathcal{E}}}\left(\frac{\mathrm{f}(z)}{z-w}\right); \tag{10}$$

par conséquent, eu égard à la formule (9) et à l'équation (10) du § I,

$$\mathcal{M}\frac{v\,\mathrm{f}(v)}{v-w}-\mathcal{M}\frac{u\,\mathrm{f}(u)}{u-w}=\mathrm{f}(w)+\underset{z=u}{\overset{z=v}{\mathcal{E}}}\frac{((\mathrm{f}(z)))}{z-w}. \tag{11}$$

De cette dernière formule on tire

$$\mathrm{f}(w)=\mathcal{M}\frac{v\,\mathrm{f}(v)}{v-w}+\mathcal{M}\frac{u\,\mathrm{f}(u)}{w-u}+\underset{z=u}{\overset{z=v}{\mathcal{E}}}\frac{((\mathrm{f}(z)))}{w-z}; \tag{12}$$

puis, en échangeant entre elles les deux lettres z et w,

$$\mathrm{f}(z)=\mathcal{M}\frac{v\,\mathrm{f}(v)}{v-z}+\mathcal{M}\frac{u\,\mathrm{f}(u)}{z-u}+\underset{w=u}{\overset{w=v}{\mathcal{E}}}\frac{((\mathrm{f}(w)))}{z-w}. \tag{13}$$

Ajoutons que, si l'on nomme

$$c,\quad c',\quad c'',\quad \ldots$$

les affixes des points singuliers renfermés dans l'aire ΔS, c'est-à-dire les racines de l'équation

$$\frac{1}{\mathrm{f}(z)} = 0, \tag{14}$$

qui offrent des modules compris entre les rayons des deux cercles limitateurs, le résidu intégral

$$\underset{w=u}{\overset{w=v}{\mathcal{E}}} \frac{[\mathrm{f}(w)]}{z - w},$$

composé de résidus partiels correspondants à ces racines, sera une somme de termes de la forme

$$\mathfrak{M} \frac{\zeta \mathrm{f}(c + \zeta)}{z - c - \zeta}, \tag{15}$$

le module de ζ pouvant être supposé aussi petit que l'on voudra. Cela posé, l'équation (13) aura la vertu de transformer une fonction monodrome et monogène quelconque $\mathrm{f}(z)$ de la variable z en une somme de moyennes isotropiques dans chacune desquelles la fonction sous le signe $\int$ sera proportionnelle à un rapport de l'une des trois formes

$$\frac{v}{v - z}, \quad \frac{u}{z - u}, \quad \frac{\zeta}{z - c - \zeta}, \tag{16}$$

le module de z étant compris entre les modules de u et de v, et le module de ζ pouvant être supposé infiniment petit. Or les dérivées de ces trois rapports différentiés une ou plusieurs fois par rapport à z, étant aussi bien que ces rapports eux-mêmes des fonctions rationnelles, par conséquent des fonctions monodromes et monogènes de z, on déduit immédiatement de la formule (13) la proposition suivante :

Théorème. — *Les dérivées des divers ordres de fonctions monodromes et monogènes d'une variable sont encore des fonctions monodromes et monogènes.*

Au reste, les formules (1) et (13) étant pareilles à celles que nous avons déjà obtenues dans de précédents Mémoires, spécialement aux formules (15) et (20) du Mémoire sur l'application du Calcul des résidus à plusieurs questions importantes d'Analyse (*voir* le Tome XXXII des *Comptes rendus*, page 207) ([1]), il est clair que la nouvelle théorie, appuyée sur des bases dont la solidité est manifeste, reproduira les résultats déjà trouvés par moi-même ou par d'autres auteurs, par exemple les théorèmes énoncés à la page 212 et à la page 704 du Tome XXXII déjà cité ([2]).

583.

Analyse mathématique. — *Addition au Mémoire sur les fonctions quadratiques et homogènes.*

C. R., T. XLIV, p. 416 (2 mars 1857).

On a pu remarquer la facilité avec laquelle, des formules (3) et (4) du premier paragraphe (page 423), se déduisent, dans le second, les théorèmes I, II, III dont le premier est connu depuis longtemps, et dont le troisième était déjà énoncé dans le Mémoire *sur l'équation qui détermine les inégalités séculaires du mouvement des planètes*. Ajoutons que la dernière partie du second théorème est une conséquence immédiate du troisième. En effet, deux racines y_1, y_2 de l'équation $Y = 0$, qui comprennent entre elles une racine y' de l'équation $\alpha = 0$, ne pourront évidemment devenir égales sans coïncider avec y'. Il y a plus : la formule (31) de laquelle se tire le second théorème, pourrait être déduite de la formule (26) par un raisonnement analogue à celui qui sert à démontrer le premier théorème (page 368), et, pour y parvenir, il suffirait de considérer les valeurs des variables α, β, ..., η, θ, correspondantes au cas exceptionnel où deux racines y_1, y_2 sont

([1]) *Œuvres de Cauchy*, S. I, T. XI, p. 306.
([2]) *Ibid.*, S. I, T. XI, p. 311 et 384.

égales, comme les limites de valeurs que ces variables acquièrent quand la différence $y_2 - y_1$ devient infiniment petite.

Je remarquerai encore que la formule (25), avec le second théorème qui en est une conséquence immédiate, s'était déjà produite, démontrée il est vrai d'une autre manière, dans le Mémoire de M. Duhamel qui a pour titre : *Sur le mouvement de la chaleur dans un système quelconque de points.*

584.

Calcul intégral. — *Mémoire sur l'intégration d'un système d'équations différentielles.*

C. R., T. XLIV, p. 528 (16 mars 1857).

Aujourd'hui absorbé par les préoccupations douloureuses qui le retiennent près du lit d'un frère bien-aimé, très gravement malade, l'auteur reproduira plus tard les résultats auxquels il est parvenu.

585.

C. R., T. XLIV, p. 595 (23 mars 1857).

Calcul intégral. — M. Augustin Cauchy présente à l'Académie la suite de ses recherches sur l'intégration d'un système d'équations différentielles.

586.

Calcul intégral. — *Sur l'intégration des systèmes d'équations différentielles, et spécialement de ceux qui expriment les mouvements des astres.*

C. R., T. XLIV, p. 805 (20 avril 1857).

Supposons données n équations différentielles entre n inconnues x, y, z, ..., u, v, w et le temps t. Les valeurs de ces inconnues, fournies par les intégrales générales de ces équations différentielles, seront des fonctions de t qui resteront *monodromes* et *monogènes* dans le voisinage d'une valeur donnée de t, si, dans ce voisinage, les dérivées des inconnues sont elles-mêmes, en vertu des équations différentielles, des fonctions *monodromes* et *monogènes* de ces inconnues, et si, pour la valeur donnée de t, ces dérivées ne s'évanouissent pas. Il y a plus : dans le cas dont il s'agit, les valeurs des inconnues seront développables en séries convergentes ordonnées suivant les puissances entières et positives de la variation attribuée à t, pourvu que le module de cette variation ne dépasse pas une certaine limite supérieure.

Ajoutons que les valeurs des inconnues, fournies par les intégrales générales, ne peuvent généralement vérifier, pour une même valeur de t, deux équations de condition qui ne renfermeraient aucune constante arbitraire.

De ces principes appliqués au système des équations qui représentent les mouvements simultanés de plusieurs astres, on conclut que les valeurs des inconnues comprises dans ces équations seront généralement développables en séries ordonnées suivant les puissances entières et positives de t, dans le voisinage de toute valeur finie de t à laquelle correspondront des valeurs finies des inconnues, à moins que cette valeur ne fasse évanouir l'une des variables qui représentent les distances mutuelles des astres donnés.

Toutefois les développements des inconnues en séries ordonnées suivant les puissances entières et positives du temps offrent l'inconvénient très grave d'exiger, dans le cas même où ils sont convergents, des calculs très pénibles, vu que la convergence est très lente quand le temps a une grande valeur. Pour ce motif, il convient de substituer au temps d'autres variables qui permettent d'obtenir à toutes les époques, et surtout pour de grandes valeurs de t, des développements dont la convergence soit assez rapide pour que les calculs puissent s'effectuer sans un immense labeur. On y parvient, dans le mouvement elliptique, en considérant les inconnues qui déterminent l'orbite décrite par une planète autour du Soleil, ou par un satellite autour de la planète qu'il accompagne, comme fonctions d'une variable que nous appellerons la *clef de l'orbite,* et qui n'est autre chose que l'exponentielle trigonométrique dont l'argument est l'anomalie moyenne. Comme on peut aisément le démontrer, les diverses inconnues, dans le mouvement elliptique, sont des fonctions monodromes et monogènes de la variable qui représente la clef de l'orbite, dans le voisinage de toute valeur de cette variable qui a pour module l'unité.

Dans le cas où l'on considère, non plus une planète tournant autour du Soleil, ou un satellite tournant autour d'une planète, mais plusieurs planètes circulant autour du Soleil, et un ou plusieurs satellites tournant autour de chaque planète, la première approximation donne encore pour chaque orbite une ellipse à laquelle correspond une clef spéciale. On peut d'ailleurs supposer que, dans chaque équation différentielle, la fonction perturbatrice est multipliée par un coefficient que nous appellerons le *régulateur,* et qui passe de la valeur zéro à la valeur 1 quand on passe du mouvement elliptique au mouvement troublé.

Cela dit, supposons toutes les inconnues développées suivant les puissances ascendantes du régulateur. Les premiers termes des développements, c'est-à-dire ceux que fournit la première approximation et qui répondent aux mouvements elliptiques, seront des fonctions monodromes et monogènes des *clefs* des diverses orbites décrites par les diverses planètes autour du Soleil et par les divers satellites autour de leurs planètes. Ces premiers termes seront donc développables suivant les puissances entières positives, nulles ou négatives des diverses clefs. Je me suis demandé si les termes suivants n'étaient pas susceptibles, sous certaines conditions, de développements du même genre; et pour éclaircir cette question, j'ai soumis à l'analyse le problème qui consiste à déterminer les mouvements simultanés du Soleil, d'une planète et d'un satellite de cette planète circulant dans un même plan, de telle sorte que les orbites décrites par la planète autour du

Soleil, et par le satellite autour de la planète, soient à peu près circulaires. En supposant ma présomption fondée, je devais obtenir, pour les seconds termes des développements des inconnues, des fonctions monodromes et monogènes des clefs des deux orbites. Or c'est ce qui est effectivement arrivé. D'ailleurs la méthode qui m'a conduit à ce résultat peut s'appliquer à la détermination des divers termes des développements des inconnues, aussi bien qu'à la détermination des seconds termes. Il y a donc lieu de croire que les grands problèmes de l'Astronomie pourront être traités avec succès par cette nouvelle méthode, qui d'ailleurs peut être utilement appliquée à l'intégration d'un grand nombre de systèmes d'équations différentielles, et que je me réserve d'exposer, avec les développements qu'elle comporte, dans les prochaines séances.

587.

Analyse mathématique. — *Sur les avantages que présente l'emploi des régulateurs dans l'Analyse mathématique.*

C. R., T. XLIV, p. 849 (27 avril 1857).

Des principes établis dans les divers Mémoires que j'ai publiés depuis 1831, résulte le théorème suivant :

Théorème I. — *Si une fonction* ω *de plusieurs variables*

$$x,\quad y,\quad z,\quad \ldots$$

reste, par rapport à chacune d'elles, monodrome, monogène et finie pour des modules de ces variables inférieures à des limites données, elle sera, pour de tels modules, développable en une série multiple, ordonnée suivant les puissances ascendantes et entières de ces mêmes variables.

Un artifice de calcul, auquel il est souvent utile de recourir, permet non seulement de réduire la série multiple à une série simple, mais encore de calculer avec facilité les divers termes. Cet artifice consiste à multiplier chacune des variables que comprend la fonction donnée ω par une variable auxiliaire θ, que l'on fait passer de la limite zéro à la limite 1. La fonction ainsi transformée peut être considérée comme une fonction de θ. Si d'ailleurs on désigne à l'aide de la lettre caractéristique $\mathcal{A}$ et de ses puissances entières $\mathcal{A}^2$, $\mathcal{A}^3$, ... ce que deviennent, quand la variable θ s'évanouit, les dérivées de la fonction ω transformée comme on vient de le dire et différentiée une ou plusieurs fois par rapport à θ, on reproduira la fonction ω en la multipliant par l'exponentielle symbolique $e^{\mathcal{A}}$, en sorte qu'on aura identiquement

$$\omega = e^{\mathcal{A}}\omega = \mathcal{A}^0\omega + \mathcal{A}\omega + \frac{\mathcal{A}^2\omega}{1.2} + \frac{\mathcal{A}^3\omega}{1.2.3} + \ldots. \tag{1}$$

Ajoutons que, dans la formule (1), on ne devra pas remplacer $\mathcal{A}^0$ par l'unité, attendu que $\mathcal{A}^0\omega$ représentera, non la valeur générale de la fonction ω, mais la valeur particulière qu'elle acquiert quand les variables

$$x, \quad y, \quad z, \quad \ldots$$

s'évanouissent simultanément.

Les divers termes que comprenait le développement de ω en série multiple ordonnée suivant les puissances ascendantes des variables x, y, z, ... se trouvent réunis par groupes dans le dernier membre de la formule (1), où la somme des termes que renferme un seul groupe est représentée par une expression de la forme

$$\frac{\mathcal{A}^n\omega}{1.2.3\ldots n}.$$

La variable auxiliaire θ, qui a été transitoirement introduite dans le calcul, mais qui a fini par disparaître et que ne renferme plus la formule (1), a servi à *régler* la répartition opérée des divers termes de la série multiple entre les divers groupes, par conséquent entre les divers termes de la série simple; et c'est pour ce motif que nous donnons à cette variable le nom de *régulateur*.

Au reste, pour que la formule (1) subsiste, il n'est pas absolument nécessaire que la fonction des variables x, y, z, ..., représentée par ω, soit monodrome, monogène et finie par rapport à chacune d'elles, pour tous les modules inférieurs à ceux que l'on assigne à la variable, et l'on peut évidemment énoncer la proposition suivante :

THÉORÈME II. — *Pour qu'un régulateur θ permette de développer une fonction ω en une série simple, il suffit que l'introduction de ce régulateur dans la fonction donnée la transforme en une fonction de θ qui reste monodrome, monogène et finie pour tout module de θ inférieur à l'unité.*

Il pourra d'ailleurs arriver que le développement fourni par l'introduction du régulateur reste convergent dans des cas où le développement ordonné suivant les puissances ascendantes d'une variable x, ou y, ou z, ... deviendrait divergent.

La formule (1) continuerait évidemment de subsister sous la condition indiquée par le théorème II, si la fonction donnée ω renfermait avec les variables x, y, z, ... divers paramètres α, β, γ, ..., et si le régulateur θ était introduit dans la fonction comme multiplicateur, non plus des variables x, y, z, ..., mais des paramètres α, β, γ, ..., ou de quelques-uns d'entre eux. Il y a plus : on peut considérer comme régulateur toute variable auxiliaire que l'on introduit dans une fonction ω, en assujettissant cette variable à la seule condition que la fonction reprenne, pour $\theta = 1$, la valeur assignée. Le choix à faire de ce régulateur mérite une attention spéciale, puisque de ce choix dépendent tout à la fois et l'existence de la formule (1) et la convergence plus ou moins rapide de la série qui représente dans cette formule le développement de ω.

L'intervention des régulateurs et de la formule (1) peut être appliquée avec succès à la détermination des fonctions implicites aussi bien qu'à celle des fonctions explicites.

Effectivement, considérons une ou plusieurs inconnues assujetties à vérifier ou des équations finies, ou des équations différentielles données, ou même des équations aux dérivées partielles. Ces inconnues seront généralement des fonctions des variables et des paramètres renfermés dans les équations dont il s'agit. Si d'ailleurs on ne peut arriver à obtenir les valeurs des inconnues en termes finis, on devra chercher à développer ces valeurs en séries convergentes. On y parviendra pour l'ordinaire à l'aide de la formule (1), en suivant la marche que nous allons indiquer.

Il arrive très souvent qu'il devient facile d'assigner les valeurs qu'acquièrent les inconnues pour des valeurs particulières de paramètres compris dans les équations données ou dans leurs intégrales. Alors on pourra prendre pour régulateur une variable auxiliaire θ, par laquelle on multipliera ces paramètres. Ainsi, par exemple, en Astronomie, quand il s'agira de déterminer les coordonnées de l'orbite qu'une planète décrit autour du centre du Soleil, on pourra prendre pour régulateur une variable θ par laquelle on multipliera les masses perturbatrices, et même, si l'on veut, les excentricités des diverses orbites. Cela posé, les développements que fournira la formule (1) auront pour premiers termes les valeurs des coordonnées dans une première approximation, c'est-à-dire dans le mouvement elliptique, ou même dans le mouvement circulaire d'une planète qui tournerait seule autour du Soleil.

Ajoutons que si un même paramètre reparaît à diverses places, soit dans les premiers membres des équations données, soit dans les intégrales de ces équations, on pourra le supposer multiplié par le régulateur, non dans toutes les places dont il s'agit, mais seulement dans quelques-unes de ces places. Cette remarque est importante, comme nous le verrons plus tard, et permet de simplifier notablement la solution des problèmes que présente l'Astronomie mathématique.

Remarquons enfin que, dans un grand nombre de cas, il peut être utile d'employer successivement ou même simultanément, deux, trois, quatre, ..., régulateurs distincts.

Si, pour fixer les idées, on emploie, outre le régulateur θ, un autre régulateur η, alors, en appliquant les deux régulateurs à la détermination de ω, et nommant δ ce que devient $\mathcal{J}$ quand on passe du premier régulateur au second, on obtiendra, au lieu de la formule (1), la suivante :

$$\omega = e^{\delta + \mathcal{I}} \omega. \tag{2}$$

588.

Astronomie mathématique. — *Méthode nouvelle pour la détermination du mouvement des astres.*

C. R., T. XLIV, p. 851 (27 avril 1857).

Pour calculer les mouvements des astres dont se compose notre système planétaire, savoir le mouvement des planètes autour du Soleil et des satellites autour des planètes, j'aurai recours à des approximations successives. Je prendrai pour inconnues les distances des planètes au Soleil et des satellites d'une planète à cette planète même, ou plutôt les coordonnées relatives qui expriment les projections algébriques de ces distances sur trois axes fixes rectangulaires. Alors, la dérivée du second ordre de chaque inconnue différentiée deux fois par rapport au temps se composera de deux parties, dont l'une se rapportera au mouvement elliptique, l'autre étant la fonction perturbatrice. D'ailleurs, je développerai chaque inconnue en une série simple ordonnée suivant les puissances ascendantes d'un régulateur θ, par lequel je multiplierai toutes les fonctions perturbatrices, et que je réduirai définitivement à l'unité. Cela posé, ω étant l'une quelconque des inconnues, et $\mathcal{I}$ la lettre caractéristique qui correspond au régulateur θ, j'aurai

$$\omega = \mathcal{I}^0 \omega + \mathcal{I} \omega + \frac{\mathcal{I}^2 \omega}{1.2} + \frac{\mathcal{I}^3 \omega}{1.2.3} + \ldots. \tag{1}$$

Le premier terme

$$\mathcal{I}^0 \omega$$

de cette série sera la valeur de ω qui correspond au mouvement elliptique.

Ce n'est pas tout : on peut très aisément déduire le mouvement elliptique lui-même du mouvement circulaire. En effet, considérons une planète dont la distance au Soleil ne puisse ni croître, ni décroître indéfiniment; cette distance r étant alors nécessairement comprise entre deux limites, l'une supérieure, l'autre inférieure, nommons a la demi-somme de ces limites, et ε le rapport de leur demi-différence à leur demi-somme; a sera ce qu'on nomme la *distance moyenne*, ε ce qu'on nomme l'*excentricité* de l'orbite, et la différence entre le rapport $\frac{r}{a}$ et l'unité, étant numériquement inférieure à ε, sera le produit de ε par une quantité numériquement inférieure à l'unité. Cette quantité sera donc le cosinus d'un certain angle ψ, qu'on nomme l'*anomalie excentrique*, en sorte qu'on aura

$$r = a(1 - \varepsilon \cos\psi). \tag{2}$$

Il est aisé d'en conclure que ψ est lié à t par une équation de la forme

$$\psi - \varepsilon \sin\psi = T, \tag{3}$$

T étant une fonction linéaire de t, qu'on nomme l'*anomalie moyenne*, en sorte qu'on a

$$D_t\psi = \frac{a\aleph}{r} = \frac{\aleph}{1 - \varepsilon \cos\psi}, \tag{4}$$

$\aleph$ désignant une constante qui représente la vitesse angulaire moyenne. Cela posé, pour déterminer les coordonnées de la planète dans le mouvement elliptique, et même pour les exprimer en termes finis, il suffira de substituer à la variable indépendante t l'exponentielle trigonométrique qui a pour argument l'anomalie moyenne ψ, en posant

$$\varsigma = e^{\delta i}, \tag{5}$$

et d'introduire dans les équations du mouvement un nouveau régulateur η considéré comme multiplicateur de l'excentricité ε. En désignant par δ la lettre caractéristique relative à ce nouveau régulateur, et nommant υ une inconnue quelconque, on aura

$$\upsilon = e^{\delta}\upsilon = \delta^0\upsilon + \delta\upsilon + \frac{\delta^2\upsilon}{1.2} + \frac{\delta^3\upsilon}{1.2.3} + \dots \tag{6}$$

et cette dernière formule, appliquée à la détermination des coordonnées, donnera simplement

$$(7) \qquad \upsilon = \delta^0 \upsilon + \delta \upsilon,$$

$\delta\upsilon$ étant alors une quantité constante.

J'ajouterai que la formule (6) fournit le développement en série simple de chacun des termes compris dans le second membre de la formule (1), quand on considère le régulateur η comme multiplicateur, non seulement de l'excentricité ε de l'orbite de l'astre dont on cherche les coordonnées, mais encore des excentricités ε_1, ε_2, ... des autres orbites. Alors, en nommant

$$\psi_1, \quad \psi_2, \quad \psi_3, \quad \ldots$$

ce que devient ψ quand on passe de la première orbite aux autres, et en prenant pour variables indépendantes ψ, ψ_1, ψ_2, ..., je déduis les variations des coordonnées d'équations à coefficients constants, du second et du troisième ordre, qui paraissent dignes de remarque. Dans un prochain article, je donnerai ces équations et je rechercherai si l'on peut toujours développer leurs intégrales en séries de termes proportionnels à des produits de la forme

$$(8) \qquad \varsigma^h \varsigma_1^k \varsigma_2^l \ldots,$$

h, k, l, ... étant des quantités entières, et ς, ς_1, ς_2, ... les exponentielles trigonométriques qui ont pour arguments les anomalies excentriques. Si, d'ailleurs, on pose

$$s = e^{T\mathrm{i}},$$

s sera la *clef de l'orbite* de la planète dont la distance moyenne au Soleil est représentée par a, et si l'on nomme s_1, s_2, ... les clefs des autres orbites, le produit (8) pourra toujours être développé suivant les puissances ascendantes et descendantes des clefs

$$s, \quad s_1, \quad s_2, \quad \ldots.$$

Enfin, après avoir discuté la question relative au développement des coordonnées des divers astres en séries ordonnées suivant les puissances ascendantes et descendantes des clefs des diverses orbites; je rechercherai les conditions de convergence des séries obtenues, lesquelles seront aussi évidemment les conditions de stabilité du système planétaire.

589.

Astronomie mathématique. — *Sur l'emploi des régulateurs en Astronomie.*

C. R., T. XLIV, p. 896 (4 mai 1857).

J'ai indiqué dans la séance précédente les avantages que présente l'emploi des régulateurs dans l'Analyse mathématique. J'ajouterai que l'on peut supposer développés suivant les puissances ascendantes d'un régulateur donné, non seulement les variables, mais encore les paramètres que renferment les équations données, finies ou différentielles, ou même aux dérivées partielles. Cette dernière remarque permet, dans un grand nombre de questions, et particulièrement en Astronomie, de rendre monodromes et monogènes les variations des divers ordres d'inconnues développées en séries suivant les puissances ascendantes d'un même régulateur. Ainsi se trouve résolue la question soulevée dans mon dernier Mémoire, relativement à la possibilité de développer les coordonnées qui déterminent les orbites des planètes tournant autour du Soleil, ou des satellites tournant autour des planètes, suivant les puissances ascendantes et descendantes des exponentielles trigonométriques qui ont pour arguments les anomalies excentriques ou les anomalies moyennes, et par suite suivant les puissances ascendantes et descendantes des clefs des orbites. C'est ce que j'expliquerai plus au long dans un prochain Mémoire.

SÉANCE DU LUNDI 25 MAI 1857.

PRÉSIDENCE DE M. PONCELET.

En l'absence de M. Isidore Geoffroy-Saint-Hilaire, appelé à présider la députation qui assiste aux funérailles de M. Augustin Cauchy, M. Poncelet ouvre la séance à $3^h 30^m$.

« M. Poncelet annonce la perte douloureuse, inopinée et irréparable pour la Science, que vient de faire l'Académie dans la personne de l'un des plus illustres géomètres de notre époque, et dont le merveilleux talent d'analyse s'est tour à tour exercé avec succès sur les questions les plus variées des Mathématiques pures et des Mathématiques appliquées à la Mécanique, à la Physique et à l'Astronomie. »

FIN DU TOME XII DE LA PREMIÈRE SÉRIE.

TABLE DES MATIÈRES

DU TOME DOUZIÈME.

PREMIÈRE SÉRIE.

MÉMOIRES EXTRAITS DES RECUEILS DE L'ACADÉMIE DES SCIENCES DE L'INSTITUT DE FRANCE.

NOTES ET ARTICLES EXTRAITS DES COMPTES RENDUS HEBDOMADAIRES DES SÉANCES DE L'ACADÉMIE DES SCIENCES.

FIN DE LA TABLE DES MATIÈRES DU TOME XII DE LA PREMIÈRE SÉRIE.

PARIS. — IMPRIMERIE GAUTHIER-VILLARS,
26225 Quai des Grands-Augustins, 55.

TABLE

DES

EXTRAITS DES COMPTES RENDUS

AVEC L'INDICATION

DE LEUR CLASSIFICATION DANS LE RÉPERTOIRE BIBLIOGRAPHIQUE ([1]).

Numéros des extraits.	Indication du répertoire.	Tomes des *C. R.*
Tome IV des Œuvres.		
1	[H]	II
2 à 7	[T3b]	»
8	[T3b]	III
9	[D3bα]	IV
10 à 13	[D3cβ]	»
14	[A3d]	V
15	[D3cβ]	»
16 à 18	[A3g]	»
19 à 24	[T3b]	VII
25 à 32	[T3b]	VIII
33 à 35	[T1a]	»
36	[H5d]	»
37 à 41	[T2a]	»
42	[T3b]	»
43	[T2a]	»
44, 45	[T3b]	»
46 à 48	[T1b]	»
49 à 52	[H5a]	»
53, 54	[T3b]	»
55 à 57	[Tβb]	IX
58	[D3bα]	»
59	[T3b]	»
60	[H10b]	»
61	[T3b]	IX
62	[V9]	»
63, 64	[I13b]	»
65, 66	[T1a]	»
67	[D3cβ]	»
68	[T1b]	»
Tome V des Œuvres.		
69	[H10b]	IX
70 à 73	[T3b]	»
74 à 78	[I13b]	X
79	[T2c]	»
80	[T3b]	»
81	[I4]	»
82	[I7aα]	»
83	[I7c]	»
84	[D3bα]	»
85	[I7aα]	»
86	[T2c]	»
87	[T2a]	»
88	[H1c]	»
89	[H7a]	»
90	[H7a]	XI
91 à 94	[U3]	»

([1]) Dans cette Table auxiliaire, les *Extraits des Comptes rendus* sont rangés par ordre chronologique. On a indiqué dans une colonne spéciale le Tome des *Comptes rendus* dans lequel se trouve chaque Extrait; cette indication, destinée à faciliter les recherches, permet, en outre, de connaître immédiatement la date approximative de l'Extrait, les Tomes $2n$ et $2n+1$ des *Comptes rendus* correspondant respectivement au premier et au second semestre de l'année $1835+n$. On a donné seulement ici l'indication principale du *Répertoire*. (*Voir* la Note de la page 473.)

Numéros des extraits.	Indication du répertoire.	Tomes des *C. R.*
95, 96	[U4]	XI
97 à 99	[U3]	»
100 à 102	[H1c]	»
103, 104	[A5b]	»
105, 106	[I1]	»
107 à 109	[A3g]	»
110	[T2c]	»
111	[V9]	»

Tome VI des Œuvres.

Numéros des extraits.	Indication du répertoire.	Tomes des *C. R.*
112	[C2j]	XI
113, 114	[U4]	XII
115, 116	[V9]	»
117	[I1]	»
118	[A5b]	»
119	[D6bβ]	»
120	[B3a]	»
121	[B1a]	»
122, 123	[I12b]	»
124	[V9]	»
125	[D3c]	»
126	[G1e]	»
127	[A3]	»
128	[C2k]	»
129	[H10b]	XIII
130, 131	[C2j]	»
132 à 134	[H10b]	»
135	[C2k]	»
136, 137	[T3b]	»
138	[V9]	»
139	[U4]	»
140	[T3b]	»
141 à 145	[H10b]	»
146	[U4]	»
147	[D3bα]	»
148	[U4]	»
149	[D2bα]	»
150	[A1b]	»
151	[T3b]	»
152	[O2a]	»
153	[C2h]	»
154, 155	[H10b]	»
156, 157	[H10b]	XIV
158 à 160	[V9]	»
161 à 163	[H8d]	»
164	[H9hα]	»
165	[H8d]	»
166	[H9hα]	XIV
167	[H1a]	»
168	[H8d]	»

Tome VII des Œuvres.

Numéros des extraits.	Indication du répertoire.	Tomes des *C. R.*
169	[H13]	XV
170, 171	[H7a]	»
172	[H1c]	»
173	[H9h]	»
174	[H13]	»
175	[H1c]	»
176	[U3]	»
177	[H1c]	»
178	[H2a]	»
179 à 183	[U4]	»
184 à 190	[T3b]	»
191, 192	[T2c]	»
193	[T3b]	»
194	[V9]	»
195	[T3b]	»
196	[V9]	»
197	[T3b]	»
198	[R1h]	»
199	[R1h]	XVI
200	[T1b]	»
201	[T2a]	»
202	[O2n]	»
203	[E1]	»
204	[H10]	»
205	[T4c]	»
206	[H10]	»
207 à 209	[$L^2$9a]	»
210 à 212	[K]	»
213, 214	[T1b]	»
215	[$M^1$1c]	XVII

Tome VIII des Œuvres.

Numéros des extraits.	Indication du répertoire.	Tomes des *C. R.*
216	[D3bα]	XVII
217	[V9]	»
218	[C1a]	»
219	[A3d]	»
220	[E1e]	»
221	[E1a]	»
222, 223	[H12b]	»
224	[V9]	»
225 à 228	[F1c]	»
229 à 232	[F3]	»

Numéros des extraits.	Indication du répertoire.	Tomes es *C. R.*
233	[V9]	XVII
234	[D3bα]	»
235	[U4]	»
236	[F3]	»
237	[C1f]	»
238	[D2aα]	»
239, 240	[T2aβ]	»
241	[U4]	XVIII
242	[V9]	»
243	[D3bα]	»
244	[V9]	»
245	[D3bα]	»
246	[U4]	»
247	[T2a]	»
248, 249	[K18g]	»
250, 251	[V9]	»
252	[T3b]	»
253	[D3cα]	»
254	[U4]	XIX
255	[E1]	»
256	[D2bα]	»
257	[U4]	»
258	[D2bα]	»
259, 260	[U4]	»
261	[D2c]	»
262	[D1b]	»
263	[H12b]	»
264	[D1b]	»
265	[U4]	»
266	[D1b]	»
267	[D3a]	»
268	[D2aα]	»
269	[D3a]	»
270	[D3d]	»
271	[D2b]	»
272	[D2c]	XX
273	[V9]	»
274	[D3bα]	»
275, 276	[D3d]	»

Tome IX des Œuvres.

277	[D2]	XX
278	[D2aδ]	»
279	[D3bα]	»
280	[D3d]	»
281 à 284	[D3cα]	»
285	[V9]	»

Numéros des extraits.	Indication du répertoire.	Tomes des *C. R.*
286	[U4]	XX
287	[U3]	»
288	[C2]	»
289	[V9]	»
290 à 292	[U4]	»
293	[T2]	»
294, 295	[T1b]	XXI
296, 297	[K6a]	»
298	[C2g]	»
299	[V9]	»
300 à 303	[J4c]	»
304 à 308	[J4a]	»
309	[V9]	»
310	[J4c]	»
311 à 317	[J4a]	»
318, 319	[J4c]	»

Tome X des Œuvres.

320	[J4c]	XXII
321, 322	[J4d]	»
323 à 325	[J4b]	»
326, 327	[J4d]	»
328, 329	〃	XXIII
330	[K6a]	»
331	[C21]	»
332	[D3a]	»
333 à 335	[G1e]	»
336	[V9]	»
337	[D3cγ]	»
338	[V9]	»
339	[G1e]	»
340	[C21]	»
341	[V9]	»
342	[D3cα]	»
343, 344	[H1g]	»
345	[D3g]	»
346, 347	[H1g]	»
348	[C2h]	»
349	[H1g]	»
350, 351	[U2]	»
352, 353	[U2]	»
354	[I22b]	XXIV
355	[T2a]	»
356	[I22b]	»
357	[T2a]	»
358 à 362	[I22b]	»
363	[C1f]	»

Numéros des extraits.	Indication du répertoire.	Tomes des *C. R.*
364 à 367	[I22b]	XXIV
368, 369	[I3c]	»
370 à 373	[I22b]	XXV
374	[B12c]	»
375 à 378	[I22b]	»
379	[T3b]	»
380 à 390	[U2]	»
391 à 393	[U2]	XXVI
394	[T3b]	»
395	[V9]	»
396 à 398	[U2]	»

Tome XI des Œuvres.

Numéros des extraits.	Indication du répertoire.	Tomes des *C. R.*
399	[K14c]	XXVI
400	[V9]	»
401	[K14c]	»
402, 403	[C2h]	»
404 à 407	[T2a]	»
408, 409	[V9]	»
410	[C2h]	XXVII
411	[T2a]	»
412	[C5]	»
413	[T2a]	»
414	[T3b]	»
415	[T2a]	»
416	[V9]	»
417 à 420	[H10b]	»
421	[E5]	»
422	[D3cα]	»
423 à 427	[H10b]	»
428, 429	[T3b]	»
430 à 432	[T3b]	XXVIII
433	[V9]	»
434 à 436	[T3b]	»
437	[D3cα]	XXIX
438, 439	[H1c]	»
440	[V9]	»
441	[B12b]	»
442	[C2h]	»
443	[V9]	»
444, 445	[T2a]	»
446	[H5d]	»
447	[T2a]	»
448	[T3b]	»
449	[H5d]	»
450, 451	[T3b]	»
452 à 457	[T3b]	XXX
458	[D2bα]	XXX
459, 460	[D2c]	»
461	[V9]	»
462	[T3b]	»
463	[V9]	»
464, 465	[T3b]	XXXI
466	[V9]	»
467 à 477	[T3b]	»
478, 479	[D3g]	XXXII
480	[D3a]	»
481	[D3g]	»
482, 483	[D3c]	»
484, 485	[V9]	»
486	[T2a]	»
487	[V9]	»
488	[D3c]	»
489	[D2b]	»
490, 491	[V9]	»
492	[D3a]	»
493, 494	[V9]	»
495	[D3b]	»
496	[D3cα]	»
497	[D3cγ]	XXXIII
498	[U3]	»
499 à 502	[D3c]	XXXIV
503	[D3b]	»
504	[H1a]	»
505	[V9]	»
506, 507	[D3cγ]	»
508 à 511	[H10b]	XXXV
512	[R8c]	»
513	[R8c]	XXXVI
514	[B12c]	»

Tome XII des Œuvres.

Numéros des extraits.	Indication du répertoire.	Tomes des *C. R.*
515	[R8c]	XXXVI
516, 517	[B12c]	»
518	[D2aγ]	»
519	[J2e]	»
520, 521	[C1c]	XXXVII
522, 523	[J2e]	»
524	[H8b]	»
525 à 530	[J2e]	»
531	[T2a]	»
532	[T3b]	XXXVIII
533, 534	[T2aβ]	»
535	[V9]	»

Numéros des extraits.	Indication du répertoire.	Tomes des *C. R.*	Numéros des extraits.	Indication du répertoire.	Tomes des *C. R.*
536 à 538	[D3c]	XXXVIII	564	[D6a]	XLI
539, 540	[U2]	»	565	[D3f]	XLIII
541	[D6a]	»	566	[V9]	»
542	[D6e]	XXXIX	567	[D3a]	»
543	[E1c]	»	568	[H1c]	»
544	[H12b]	»	569, 570	[C5]	»
545	[D2bα]	XL	571	[H1g]	»
546	[H8]	»	572	[D2aα]	»
547	[H1c]	»	573	[V9]	»
548, 549	[H1a]	»	574, 575	[R9b]	»
550	[H1g]	»	576	[I22b]	XLIV
551	[D5a]	»	577	[R9b]	»
552, 553	[H1g]	»	578	[D3cβ]	»
554, 555	[V9]	»	579	[A3]	»
556 à 558	[D3cβ]	»	580	[A3j]	»
559	[D6a]	»	581	[A1]	»
560, 561	[D3cβ]	»	582	[D3a]	»
562	[D3b]	XLI	583	[A1]	»
563	[I12b]	»	584 à 589	[H1c]	»

TABLE GÉNÉRALE DES MATIÈRES

CONTENUES

DANS LES DOUZE VOLUMES DE LA PREMIÈRE SÉRIE.

I. — Mémoires extraits des *Mémoires présentés par divers savants à l'Académie des Sciences.*

II. — Mémoires extraits des *Mémoires de l'Académie des Sciences.*

III. — Notes et articles extraits des *Comptes rendus hebdomadaires des séances de l'Académie des Sciences* (1).

CLASSE A.

(Algèbre élémentaire; théorie des équations algébriques et transcendantes; groupes de Galois; fractions rationnelles; interpolation.)

(1) Ces Notes et articles ont été classés d'après des indications de l'*Index du Répertoire bibliographique des Sciences mathématiques*. On a reproduit, d'après l'*Index*, le titre de chaque classe et, dans les classes les plus chargées, la signification des divisions les plus importantes. Lorsqu'une Note se rangeait à la fois dans plusieurs divisions, on n'a reproduit son titre qu'à l'une d'elles (en principe, à celle qui a paru la plus importante); mais on a fait suivre ce titre d'un renvoi, qui permet de connaître plus complètement la nature du sujet traité. De plus, à la fin de chaque division de la Table, on a classé les renvois qui y sont relatifs de la manière qui a paru la plus commode pour permettre de retrouver rapidement dans les autres classes les énoncés correspondants.

CLASSE B.

(Déterminants; substitutions linéaires; élimination; théorie algébrique des formes: invariants et covariants; quaternions; équipollences et quantités complexes.)

CLASSE C.

(Principes du Calcul différentiel et intégral; applications analytiques; quadratures; intégrales multiples; déterminants fonctionnels; formes différentielles; opérateurs différentiels.)

CLASSE D.

(Théorie générale des fonctions et son application aux fonctions algébriques et circulaires; séries et développements infinis, comprenant en particulier les produits infinis et les fractions continues considérées au point de vue algébrique; nombres de Bernoulli; fonctions sphériques et analogues.)

1, 2. — *Fonctions de variables réelles. Séries et développements infinis.*

3, 4, 5. — *Théorie des fonctions au point de vue de Cauchy, de Weierstrass, de Riemann.*

[**D3bα**] *Voir* [**V9**] 233. — [**D3c**] *Voir* [**U2**] 389. — [**D3cγ**] *Voir* [**D3bα**] 84; [**V9**] 336, 505. — [**D3d**] *Voir* [**D3bα**] 84; [**D3cα**] 281, 283, 284. — [**D3e**] *Voir* [**V9**] 535. — [**D3fγ**] *Voir* [**D3bα**] 9; [**D3cβ**] 12. — [**D3g**] *Voir* [**V9**] 484.

6. — *Fonctions algébriques, circulaires et diverses.*

CLASSE E.

(Intégrales définies, et en particulier intégrales eulériennes.)

CLASSE F.

(Fonctions elliptiques avec leurs applications.)

CLASSE G.

(Fonctions hyperelliptiques, abéliennes, fuchsiennes.)

CLASSE H.

(Équations différentielles et aux différences partielles; équations fonctionnelles; équations aux différences finies; suites récurrentes.)

1, 2, 3, 4, 5. — *Équations différentielles ordinaires.*

CLASSE I.

(Arithmétique et théorie des nombres; analyse indéterminée; théorie arithmétique des formes et des fractions continues; division du cercle; nombres complexes, idéaux, transcendants.)

[**I1**] *Voir* [**V9**] 116. — [**I13b**] *Voir* [**D3a**] 269. — [**I19b**] *Voir* [**I22b**]; [**V9**] 62, 115.

CLASSE J.

(Analyse combinatoire; Calcul des probabilités; Calcul des variations; Théorie générale des groupes de transformations [en laissant de côté les groupes de Galois (A), les groupes de substitutions linéaires (B) et les groupes de transformations géométriques (P)]; Théorie des ensembles de M. Cantor.)

2. — *Calcul des probabilités.*

4. — *Théorie générale des groupes de transformations* (*Cf.* **A4a**).

CLASSE K.

(Géométrie et Trigonométrie [étude des figures formées de droites, plans, cercles et sphères]; Géométrie du point, de la droite, du plan, du cercle et de la sphère; Géométrie descriptive; perspective.)

CLASSE L.

(Coniques et surfaces du second degré.)

CLASSE M.

(Courbes et surfaces algébriques; courbes et surfaces transcendantes spéciales.)

CLASSE O.

(Géométrie infinitésimale et Géométrie cinématique; applications géométriques du Calcul différentiel et du Calcul intégral à la théorie des courbes et des surfaces; quadrature et rectification; courbure; lignes asymptotiques, géodésiques, lignes de courbure; aires; volumes; surfaces minima; systèmes orthogonaux.)

CLASSE R.

(Mécanique générale; Cinématique; Statique comprenant les centres de gravité et les moments d'inertie; Dynamique; mécanique des solides; frottement; attraction des ellipsoïdes.)

CLASSE T.

(Physique mathématique; élasticité; résistance des matériaux; capillarité; lumière; chaleur; électricité.)

1. — *Généralités, action des corps voisins;* 2. — *Élasticité.*

3. — *Lumière;* 4. — *Chaleur.*

CLASSE U.

(Astronomie, Mécanique céleste et Géodésie.)

2. — *Détermination des éléments elliptiques. — Theoria motus.*

[**U2**] *Voir* [**D3c**] 537; [**H1c**] 588, 589; [**V9**] 395, 461.

CLASSE V.

(Philosophie et histoire des Sciences mathématiques; Biographie.)

9. — *XIX*e *siècle*.

CLASSE X.

(Procédés de calcul.)

[X3a] *Voir* [V9] 224. — [X7] *Voir* [V9] 111.

NOTES DIVERSES NE RENTRANT DANS AUCUNE CLASSE DU RÉPERTOIRE.

FIN DE LA TABLE DE LA PREMIÈRE SÉRIE.

26225 Paris. — Imprimerie GAUTHIER-VILLARS, quai des Grands-Augustins, 55.

Printed in the United States
By Bookmasters